JN297443

大学初年級向 —— 楽しく学べる

微分積分マスター30題

住友　洸 著

現代数学社

まえがき

雑誌『BASIC 数学』(『理系への数学』の前身) に 95 年 12 月号より 98 年 5 月号まで連載した大学一年生向きの数学読物をこんど一冊の本にまとめることにした．問題を解いたり，問題の周辺をいろいろさぐったりするおしゃべりな本である．全体を 2 つに分けて前半は計算量の多い問題を並べ，収束のつめなどが必要な問題は後半に比較的多く位置づけられている．

この 30 回のシリーズを書いた 3，4 年前の自分自身をふりかえってみて，私が解こうとしたのは一つ一つの問題ではなく別のものであったといえるような気がする．それは一言でいうと“微積分って何になるの”という自身への問いかけへの解答をさぐることと言えるかも知れない．

本書のもととなった雑誌への執筆をおすすめ下さった現代数学社の富田栄氏にあつく感謝いたします．

2000 年 2 月　　　　住友　洸

目　次

§1 3角不等式と ε-N 論法

問題1

(1) 任意の実数a, bに対し

$$|a|-|b| \leqq |a \pm b| \leqq |a|+|b|$$

(2) 2組のnこの実数 $a_1, \cdots, a_n, b_1, \cdots, b_n$ に対し，次の不等式が成立する．

$$\sqrt{(a_1 \pm b_1)^2+\cdots+(a_n \pm b_n)^2} \leqq \sqrt{a_1{}^2+\cdots+a_n{}^2}+\sqrt{b_1{}^2+\cdots+b_n{}^2}$$

これらは三角不等式という名がついている．三角形ABCをとり，その辺をa, b, cとしたとき，aの長さを$\overline{a}$，bのそれを$\overline{b}$，cのそれを$\overline{c}$とそれぞれ名づけておく．

三角不等式とは $\overline{a}+\overline{b}>\overline{c}$ のことである．数直線上に3点をとり，つぶれた三角形としてこの不等式を引用する．ただしつぶれているから等号をつけて $\overline{a}+\overline{b} \geqq \overline{c}$ である．

この様に幾何的意味を持つ定理との関係をふくめて(1)の証明は以下の様に代数的に行う．

(1)の証明（その1） 実数は加減乗除の演算法則を持ち，大小関係を持っている．これらに関するいくつもの法則があるがここではこれらをならべたてることはしない．必要なものを引用するだけとしよう．

実数aがあたえられたとき，$a, -a$を要素とする集合$\{a, -a\}$の2つの元のうち大きい方（$a=-a$，つまり $a=0$ の時は0自身）を$\mathrm{Max}\{a, -a\}$又は$|a|$と表わし，aの絶対値という．絶対値の定義は次の様にも云い表わせる．

絶対値の定義（その2） aが正の時 $|a|=a$，aが0の時 $|a|=0$，aが負の時 $|a|=-a$．

絶対値の定義（その3） $|a|=\sqrt{a^2}$．

3番目の定義は公式 $|ab|=|a||b|$ の説明には便利である．すなわち $|ab|=\sqrt{(ab)^2}=\sqrt{a^2b^2}=\sqrt{a^2}\sqrt{b^2}=|a||b|$．

まず実数の第2の定義を使って不等式(1)を証明しよう．2つの実数a, bの正，負，0に応じて次の様に不等式がチェックされる．±は＋の場合だけで十分である．

(1)の第2の不等式を，a, bの正，負，0にしたがって9通りにわけて以下の様に証明する．

1) $a>0, b>0$ の時 $|a|+|b|=a+b=|a+b|$

2) $a>0$，$b=0$ の時

$$|a|+|b|=a=|a+0|=|a+b|$$

3) $a>0$，$b<0$ の時

$$|a|+|b|=a-b \gneqq |a+b|.$$

最後の不等式は $a-b \gneqq a+b$ かつ，$a-b \geqq -(a+b)$ として示すことも出来るが，意味を考えると，すぐわかる．

4) $a=0$，$b>0$，2)と同一．

5) $a=0$，$b=0$，この場合不等式はあきらか．

6) $a=0$，$b<0$，$|a|+|b|=-b$，$|a+b|=|b|=-b$．よって等号成立．($|a+b|=|a|+|b|$)

7) $a<0$，$b>0$，3）と同一．

8) $a<0$，$b=0$　6）と同一．

9) $a<0$，$b<0$，$|a+b|=-(a+b)=|a|+|b|$．等号成立．証了

このようにケースバイケースで行う証明について，もちろん正しければそれで良いという説も成立するが，それだけでは満足出来ない人もあらわれる．数学の定理の証明は定理が正しいことを示すだけでは充分ではない．出来れば定理の位置

づけ，応用の可能性 etc.，とさまざまな内容を含むものを要求されるのである．上の解き方はその意味で物足りない．以下にもう一つ別の解を提示するので，その辺をじっくり考えて欲しい．

(1)の証明（その２）　上で紹介した Max による絶対値の定義によると

$$|a|=\mathrm{Max}\{a,-a\}\geqq a,$$
$$|b|=\mathrm{Max}\{b,-b\}\geqq b$$

より和をとって

$$|a|+|b|\geqq a+b\ \cdots\cdots *$$

となる．

一方

$$|a|=\mathrm{Max}\{a,-a\}\geqq -a,$$
$$|b|=\mathrm{Max}\{b,-b\}\geqq -b$$

より，この場合も和をとって

$$|a|+|b|\geqq -(a+b)\ \cdots\cdots **$$

$*$ と $**$ より

$$|a|+|b|\geqq|a+b|$$

を得る．何故なら $|a+b|$ は $a+b$，$-(a+b)$ のどちらかであるから．

さて $|a+b|\leqq|a|+|b|$ から $||a|-|b||\leqq|a+b|$ を導くには $a+b=c$，$a=d$ とおき $b=c-a=c-d$ となることに注意すると

$$|c|\leqq|d|+|c-d|\ \cdots\cdots *$$

が得られる．ここで c と d を交換すると

$$|d|\leqq|c|+|c-d|\ \cdots\cdots **$$

が得られ，$||c|-|d||\leqq|c-d|$ が $*$ と $**$ の結果として出て来る．d のかわりに $-d$ を入れるなどにより問題１の(1)が証明された．

(2)の証明　問題１(2)は問題１(1)を特別の場合としてふくむのであるから以下に述べる不等式(2)の証明はもちろん①の証明にもなっている．(2)の両辺をそれぞれ２乗して引算をすると

$$\begin{aligned}&a_1^2+\cdots+a_n^2+b_1^2+\cdots+b_n^2\\&+2\sqrt{a_1^2+\cdots+a_n^2}\sqrt{b_1^2+\cdots+b_n^2}\\&-\{a_1^2+\cdots+a_n^2+b_1^2+\cdots+b_n^2\\&\pm2(a_1b_1+\cdots+a_nb_n)\}\\=&2\{\sqrt{a_1^2+\cdots+a_n^2}\sqrt{b_1^2+\cdots+b_n^2}\\&\pm(a_1b_1+\cdots+a_nb_n)\}\geqq0\end{aligned}$$

最後の不等号は**シュワルツの不等式**という．その説明も記しておこう．t に関する一次式 $a_it\pm b_i$ の２乗の和について $\sum(a_it\pm b_i)^2\geqq0$ は明らかであろう．この式を展開すると

$$(a_1^2+\cdots+a_n^2)t^2\pm2(a_1b_1+\cdots+a_nb_n)t+(b_1^2+\cdots+b_n^2)\geqq0$$

が任意の実数値 t について成立するからその判別式を計算して

$$(a_1b_1+\cdots+a_nb_n)^2\leqq(a_1^2+\cdots+a_n^2)(b_1^2+\cdots+b_n^2)$$

となり，両辺の平方根をとって求める不等式は得られた．したがって

$n=1$ の時もふくめて三角不等式はシュワルツの不等式から出るといえる．

そこで本来の**三角不等式も証明**してみよう．数直線上に３つの実数 a,b,c をとり，(つぶれた) ３角形と考える．３辺の長さは $|a-b|$，$|b-c|$，$|c-a|$ であるから，

$$|a-b|+|b-c|\geqq|c-a|$$

がそれにあたる．これは問題１(1)で a,b,c の代りに $a-b$，$b-c$，$a-b+b-c=a-c$，をとって，

$$|a-b|+|b-c|\geqq|a-c|=|c-a|$$

となって成立する．

数直線上の２点 a,b の間の距離が $|a-b|$ であたえられる．

これが絶対値を価値づける最大の理由である．入学試験などで問題を難しくするために絶対値が使われている印象が強すぎて，学生はその意義を間違って受けとめていることが多い．

ε-N 論法　数列 a_n の番号 n を限りなく大きくしたとき a_n が a に近づくことを

$$\lim_{n\to\infty}a_n=a$$

と表わすが，極限概念はなかなか難しい．**特に数列の四則演算とからみあわせたとき，収束性の吟味が難しくなる．**そこで極限概念を２点間の距離すなわち絶対値の性質を使って次の様に導入するのが普通である．a_n が a に近づくというのは $|a_n-a|$ つまり a_n と a の距離が小さくなることである．小さくなるといっても n の大きさに関係して小さくなるのである．もっと正確に云い表わすと

任意の $\varepsilon>0$ に対して，

$$|a_n-a|<\varepsilon$$

をみたす n の集合は，正整数全体のうちある有限個を除いたすべてである．

この時 $\lim_{n\to\infty}a_n=a$ と書きあらわす．

例 1．$\lim_{n\to\infty}\frac{2}{n}=0$ の証明を ε-N 論法で書いてみよ．

解 $\left|\frac{2}{n}-0\right|<\varepsilon$ と $\frac{2}{\varepsilon}<n$ は同等．$\frac{2}{\varepsilon}$ を超える最小の整数を $\boldsymbol{N}$ とすると $N<n$ ならば $\left|\frac{2}{n}-0\right|<\varepsilon$ となる．任意の正数 ε に対し上記の N をとると，N 以下の整数(これは有限個)を除いて $|a_n-0|<\varepsilon$ をみたしている．0 はこの数列の極限である．

例 2．$(-1)^n+\frac{1}{n}=a_n$ とするとき $\lim_{n\to\infty}a_n$ は存在しない．

解 この数列の極限の候補は明らかに ±1 である．$|a_n-1|<\varepsilon$ とおく．

$$0\leqq\left|(-1)^n+\frac{1}{n}-1\right|=\begin{cases}\frac{1}{n} & n\text{ が偶数}\\ -2+\frac{1}{n} & n\text{ が奇数}\end{cases}$$

$-2+\frac{1}{n}<\varepsilon$ をみたす正奇数の n は，有限個しかなく，よって任意の正数 ε に対して

$|a_n-1|<\varepsilon$ をみたさない n は無限個ある．したがって 1 はこの数列の極限ではない．-1 についても同様の考察が出来るから例 2 は示された．

> **応用例 1**．$\lim_{n\to\infty}a_n=a$，$\lim_{n\to\infty}b_n=b$ の時
>
> (0) $\{a_n\}$ に対し数 k，l が存在して
> $$l\leqq a_n\leqq k\ (n=1,\ \cdots).$$
> (1) $\lim_{n\to\infty}ka_n=ka$
>
> (2) $\lim_{n\to\infty}(a_n+b_n)=a+b$
>
> (3) $\lim_{n\to\infty}(a_nb_n)=ab$

解 まず $\lim_{n\to\infty}a_n=a$ は

任意の ε に対しある番号 N が存在して

$$n>N\Longrightarrow|a_n-a|<\varepsilon$$

となる．十分先に N をとると，$|a_n-a|<\varepsilon$ でない n は N より大の所には存在しないからである．(この様な n は有限個しかない．) 同様にある N' が存在して $n>N'\Longrightarrow|b_n-b|<\varepsilon$ となる．

(0)の解 $\lim_{n\to\infty}a_n$ の ε-近傍の外側には a_n は有限個のみである．

(1)の解 数直線上の ka_n と ka との距離は

$$|ka_n-ka|=|k||a_n-a|.$$

したがって $|ka_n-ka|<\varepsilon$ である n の全体は $|a_n-a|<\frac{\varepsilon}{|k|}$ である n の全体と一致する．

仮定によってこの様な n は有限個であり，ある N' を $n>N'\Longrightarrow|a_n-a|<\frac{\varepsilon}{|k|}$ と取れるから，この様な n について $|ka_n-ka|<\varepsilon$ となる．

(2)の解

a_n+b_n が $a+b$ に近づくことを示すには両者の距離 $|a_n+b_n-(a+b)|$ を考え

$$|a_n-a+b_n-b|<\varepsilon$$

をみたす n の全体を考える．ここで三角不等式を使う：

$|a_n-a+b_n-b|\leqq|a_n-a|+|b_n-b|$．任意の ε に対して $|a_n-a|<\frac{\varepsilon}{2}$ であるためには仮定からある N_1 に対して $n>N_1$ であればよい．同様にして $|b_n-b|<\frac{\varepsilon}{2}$ であるためにはある N_2 について $n>N_2$ であればよい．

したがって

$$|a_n-a|+|b_n-b|<\frac{\varepsilon}{2}+\frac{\varepsilon}{2}$$

となるためには $n>\max(N_1,N_2)$ とすれば十分である．

(3)の解 a_nb_n と ab の距離 $|a_nb_n-ab|$ を $|a_n-a|$ と $|b_n-b|$ にからませるには三角不等式を使って

$$|a_nb_n-ab|=|(a_n-a)b_n+a(b_n-b)|$$
$$\leqq|a_n-a||b_n|+|a||b_n-b|$$

とする．ここで $n>\max(N_1,N')$ とすると，

$$\leqq\varepsilon|b_n|+|a|\varepsilon$$

となる．(0)において存在が示された数 k'，l'：$l'\leqq b_n<k'$ を使い，

$|b_n|\leqq\max(|k'|,|l'|)(=c$ とおくと)

$$|a_nb_n-ab|<(c+|a|)\varepsilon.$$

となる．$(c+|a|)\varepsilon$ は，ε が任意の数の時，やはりそれ自身任意の数と考えてよいから，ε と同等であり，

任意の ε に対して

$$|a_nb_n-ab|<\varepsilon$$

が十分大きな n に対して成立するといえるのである．

> **応用例 2**．$\lim_{n\to\infty}a_n=a$ ならば

$$\lim_{n\to\infty}\frac{a_1+\cdots+a_n}{n}=a.$$

解 仮定は任意の ε に対してある正数 N が存在して $n>N$ ならば

$$|a_n-a|<\varepsilon$$

となるとしてよい．

したがって

$\left|\dfrac{a_1+\cdots+a_n}{n}-a\right|$ をしらべてみよう．まず通分して

$$=\frac{1}{n}|(a_1-a)+(a_2-a)+\cdots+(a_N-a)+\cdots+(a_n-a)|.$$

三角不等式をくりかえし apply することにより

$$\leqq\frac{1}{n}(|a_1-a|+\cdots+|a_N-a|+|a_{N+1}-a|+\cdots+|a_n-a|)$$

仮定によってカッコの中の最後の $n-N$ 個は ε より小さいから

$$\leqq\frac{1}{n}(|a_1-a|+\cdots+|a_N-a|+(n-N)\varepsilon)$$

$$\leqq\frac{1}{n}(|a_1-a|+\cdots+|a_N-a|+\varepsilon.$$

ここからあとを証明出来ない学生が多い．

第一項 $\dfrac{|a_1-a|+\cdots+|a_N-a|}{n}$ は $\dfrac{c}{n}$（c は定数）の形をしていて

$\displaystyle\lim_{n\to\infty}\frac{c}{n}=0$ であるから ε-N 論法を使って，任意の ε に対しある N' が存在して $n>N'$ ならば

$\left|\dfrac{c}{n}-0\right|<\varepsilon$ となる．

したがって，任意の ε に対して $n>\max(N,N')$ とすると

$$\left|\frac{a_1+\cdots+a_n}{n}-a\right|<2\varepsilon$$

が満されている．任意の ε に対しての 2ε はそれ自身任意性を持っているから，応用例 2 は証明された．

［**注意 1**］以上 2 所ぐらいで使用した言い方をあらためて次の様に記しておく．

任意の ε に対しある N が存在して $n>N$ ならば

$$|a_n-a|<c\varepsilon$$

であることは $\displaystyle\lim_{n\to\infty}a_n=a$ の必要かつ十分な条件である．

［**注意 2**］この応用例 2 で主張されている内容は非常に応用が多い．そのうちのもっとも有名なものを一つ紹介しておこう．

今大学で微積分の勉強をはじめたばかりの学生達にずっと先において出会う話を述べることになるが，又具体的な知識として述べるわけでもないが，数学（あるいはどんな勉強でも同じであるが）を学ぶときはたとえその定理や問題の証明がわからなくとも，又理解出来ない時であっても，その定理の効果を決して限定した範囲ではなく，ひろく求めること，精一杯のアンテナを張ってその輪郭あるいはその幻影であっても求めつづけなければならない．そのつみ重ねが個性を築きあげるし，ひるがえっては若人達のその様な姿勢と努力が新しいエネルギー新しい感覚を社会や民族にあたえることになる．

微積分学につづいて学ぶ数学としてフーリエ解析というものがあり，その最初にフーリエ級数とよばれるものがある．これは $[-\pi,\pi]$ で定義された適当な条件をみたす関数 $f(x)$ が

$$f(x)=\frac{a_0}{2}+\sum_{n=1}^{\infty}a_n\cos nx+b_n\sin nx$$

と表わされることである．フーリエ級数あるいは一般にフーリエ解析は物理学にあらわれる色々な微分方程式たとえば熱方程式や波動方程式の研究に関連してうまれて来たものであり，そのフーリエ級数の基本的な所に Fejér の定理というのがあって上の応用例 2 を用いたものである．

［**注意 3**］ついでにここでのべておく．大学の基礎課程で初めて微積分を学ぶ学生にとって数学とは受験数学の問題解きの様なものとしか考えられないかも知れない．しかし，受験数学あるいは他の英語や国語でも大同小異であるが人間をふるいわける道具としてあるが故に本末転倒している所がある．受験数学は特に難しく出来て居り，この著者はそれを解く能力など全然ない．大学へ入ってしまえばそんなものはすべて捨て去ることだ．他人が作った問題をより速く解くということにほとんど価値はない．高等学校の勉強でも本当に大切なのは教科書の本文の公式とか歴史的記述のことであって，それを運用出来る様に最小限度の問題が書いてある．それを解くだけで十分なのだ．といってそれを入試問題に出すと定員の何倍もの人が満点を取ってしまう．それで出

題者もやっと解ける様な問題を出すのである．所が大学へ入るとこんどは一変して教科書には数えるばかりの問題しかない．これが学生を困惑させるらしい．このシリーズも問題30題ということであるが，実に30題程度しか必要な問題は無いのである．それも非常に基礎的なものしかないのだが，それらは易しい様に見えて奥深く，又横にもつながっている．その事を理解してもらうのがこの稿の目的の一つである．

以下ではε-N 論法の考え方をつかって解く問題をとりあげてみた．類題とは応用例のそれを意味する．

類題 1　$\lim_{n\to\infty}\frac{a^n}{n^k}$ を求めよ．

（$a>1$，k；正整数）

解　$k=1$ の時 $a=1+h$ とおくと $h>0$, $\frac{a^n}{n}>\frac{n(n-1)}{2n}h=\frac{n-1}{2}h^2$

よって $h\to\infty$ の時 $\frac{a_n}{n}\to\infty$ は明らか．

$k>1$ の時も同様である．各自工夫せよ．

類題 2　$\lim_{n\to\infty}\frac{a^n}{n!}=0$ を示せ．

解　$2a$ より大きな正整数 k をとって fix する．

又 $C=\frac{a^k}{k!}$ とおく．

$n>k$ とするとき，k のえらび方より

$$\frac{a^n}{n!}=\frac{a}{n}\frac{a}{n-1}\cdots\frac{a}{k+1}\cdot\mathrm{C}\leqq\frac{\mathrm{C}}{2^{n-k}}$$
$$=\frac{\mathrm{C}\cdot 2^k}{2^n}<\frac{\mathrm{C}\cdot 2^k}{n}$$

$\lim_{n\to\infty}\frac{1}{n}=0$ であるから $\lim_{n\to\infty}\frac{a_n}{n!}=0$ が示される．

この解き方は十分先の番号より先では0に収束する他の数列と比較出来ることを使っていてε-N 論法の感覚が少しだけ応用されている．

分母の方が分子よりスピード早く，大きくなっているから0に収束するという直観的把握でも許されるときがあるが他の問題には通用しないから，やはり上の証明の out line を理解しておくことは大切である．

あとがき　問題1の(2)は多変数関数の微分法において基本的なことがらである．

§2 数列と級数から, e の定義, ζ 関数, オイラーの常数など

問題 2

(1) 有界で単調な数列は収束することを概略説明せよ.

(2) $\lim_{n\to\infty}\left(1+\frac{1}{n}\right)^n$ の存在を示せ.

(3) 級数の和 $\sum\frac{1}{n!}$ は(2)の極限と一致することを示せ.

(4) $\sum_{n=1}^{\infty}\frac{1}{n^\lambda}$ $(\lambda>1)$ の収束を示せ. (ζ (ゼータ)関数)

(5) $\lim_{n\to\infty}\left(1+\frac{1}{2}+\cdots+\frac{1}{n}-\log(n+1)\right)$ の存在を示せ. (オイラーの常数)

(1)の解

(1)は問題というよりは基礎的な定理であるがこれを論じなくてはどうにも話が立ちゆかない.

実数の全体を $\boldsymbol{R}$ とする. $\boldsymbol{R}$ の元つまり実数は次の 4 つの条件をみたしていることを証明なしで了承してもらう.

①加減乗除の四則演算が成立している.
②大小関係をみたしている.
③稠密性
④連続性の公理

④だけを公理と記したがもちろん①〜④はすべて公理で, 約束事として押しつけられたものなのである. くわしくは大学の教科書で読んでほしい. ここでは上の 4 番目の公理は色々な形で述べられることを注意するのにとどめる. 連続性の公理の述べ方は 7 通りあるといわれている. 7 通りというのは沢山ということでもあるが実際 7 種類位あるのは事実である. その中の一つを記す (用語を 2, 3 導入してそれから公理をのべる.)

ある実数の集合 M が上に (又は下に) **有界**であるとは M がある集合 $\{x: x\leqq k\}\{(x: x\geqq k)\}$ の部分集合であるときとする. つまり M が上に有界であるとはある数 k が存在して数直線上 M は k より右側にはまったく元を持たないことである. 下に有界も同様にのべられる. M が上に有界なら, この様な k は少くとも 1 つある. $\boldsymbol{k}$ より大きい $\boldsymbol{k'}$ は $\boldsymbol{k}$ と同様な性質を持ち, この様な $\boldsymbol{k}$ を M の上界という. 一言注意しておくと界という語は日本語では一点ではなくひろがりを持った集合を意味することが多いが境界の様にひろがりを持つとは限らないひびきを持つ場合もある. 上界の場合は後者とも違う使い方で, その点より左側には M の元が存在しない, そんな点を意味している.

さて公理は次の形になる.

連続の公理　上に有界な実数の集合は最小の上界を持つ.

この公理の良さは問題 1 (1)を解くことによって理解されることになっている.

(1)の解　有界で単調な数列 $\{a_n\}$ だからある実数 k があって $a_1\leqq a_2\leqq\cdots\leqq a_n<k$ をみたしている.

$\{a_n\}$ は有界だから上の連続の公理が適用され $\{a_n\}$ は最小の上界を持っている. それを a としよう. あとは $\lim_{n\to\infty}a_n=a$ をしめせば十分である.

ε を正の数として 1 つとり, あきらかに $a-\varepsilon<a$ である. $a_n\leqq a$ (a は上界であるから) となるが, もし, a_n はすべて $a_n\leqq a-\varepsilon$ とすればこれ

はムジュンである．何故なら $a-\varepsilon$ が $\{a_n\}$ の上界となってしまうのに $\{a_n\}$ の上界の中の最小のものが a だったからである．したがってある番号 N が存在して a_N は $a-\varepsilon<a_N\leqq a$ となり，$\{a_n\}$ の単調増大性より $N<n$ なら $a-\varepsilon<a_n\leqq a$ となる．これは前回の $\varepsilon-N$ 論法の説明からわかるように

$$\lim_{n\to\infty} a_n=a$$

を意味する．(1)の解おわり．

(2)の解　(1)を使って(2)を証明する方針でのべていく．

$a_n=\left(1+\frac{1}{n}\right)^n$ の単調増大性を示すのに a_n と a_{n+1} の双方を2項展開して比較することにしよう．すなわち，

$a_n=1+{}_nC_1\left(\frac{1}{n}\right)+{}_nC_2\left(\frac{1}{n}\right)^2+\cdots+{}_nC_n\left(\frac{1}{n}\right)^n$ を書き換えて次の $n+1$ 項にあらわす．

${}_nC_k=\frac{n(n-1)\cdots(n-k+1)}{k!}$ であるから

$$(2.1)\quad a_n=1+1+\frac{1}{2!}\left(1-\frac{1}{n}\right)+\frac{1}{3!}\left(1-\frac{1}{n}\right)\left(1-\frac{2}{n}\right)+\cdots+\frac{1}{p!}\left(1-\frac{1}{n}\right)\cdots\left(1-\frac{p-1}{n}\right)+\cdots+\frac{1}{n!}\left(1-\frac{1}{n}\right)+\cdots+\left(1-\frac{n-1}{n}\right)$$

同様に a_{n+1} を展開すると $n+2$ 項になり，次の様にあらわされる．

$$a_{n+1}=1+1+\frac{1}{2!}\left(1-\frac{1}{n+1}\right)+\cdots+\frac{1}{p!}\left(1-\frac{1}{n+1}\right)\cdots\left(1-\frac{p-1}{n+1}\right)+\cdots+\frac{1}{n!}\left(1-\frac{1}{n+1}\right)\cdots\left(1-\frac{n-1}{n+1}\right)+\frac{1}{(n+1)!}\left(1-\frac{1}{n+1}\right)\cdots\cdots\left(1-\frac{n+1-1}{n+1}\right)$$

a_n と a_{n+1} の第 p 項同士 $(p\leqq n)$ を比較すると a_{n+1} のそれの方が大きく，しかも最後に正項が1つだけ a_{n+1} の方にあまっているので $a_{n+1}>a_n$ となる．

さて単調性が証明されたので，あとは上に有界であることを示したい．上の (2.1) からすぐ観察できるのだが，

$$a_n\leqq1+1+\frac{1}{2!}+\frac{1}{3!}+\cdots+\frac{1}{n!}$$

が成立する．

あきらかに $\frac{1}{n!}<\frac{1}{2^{n-1}}$ である．したがって

$$a_n<1+1+\frac{1}{2}+\frac{1}{2^2}+\cdots+\frac{1}{2^{n-1}}$$

$$=1+\frac{1}{1-\left(\frac{1}{2}\right)^n}<3$$

(3)の説明をするに際して，級数の概念について少しのべておこう．

級数の定義　数列 $\{a_n\}$ があたえられたとき，a_1，a_1+a_2，$a_1+a_2+a_3$，…，$a_1+a_2+\cdots+a_n$，…と第 n 項までの部分和がつくる新しい数列を，もとの数列 $\{a_n\}$ から眺めて級数といい，$\sum a_n$ などと表わす．級数というと大学に入ったばかりの学生にとっては受験数学に出て来る難問を思い出すことになり，何か特別の計算術の様に受けとる向きが多い．したがって面白い，あるいは面白くないといった判断による価値観だけになる．むずかしい問題を解くことよりも級数の基本的概念を身につけ，数学全体の基礎であることを理解出来るよう感覚を切りかえる努力が必要である．

物理学を自然認識の代表選手と見たとき，（ここで物理学といってもガリレオ，ニュートン以来の古典的なもののことであるが）自然の記述は微分方程式によっている．微分方程式というと高校時代ならば変数分離形のやさしいものを考えることになるがそれでもよろしい．

微分方程式の解法は一般に困難である．そして微分方程式が常微分方程式を超えて偏微分方程式と進み，それに対処してこの2世紀の数学は物理学と共に大きな進歩をとげた．その方法は一言にいうと級数論の行きつく先であると云えるのである．

級数が**収束する**とはその第 n 部分和 S_n の作る数列（つまり級数それ自身のことであるが）が収束することとあらためて定義しておく．

(3)の解　展開 (2.1) を $k=p$ の所までを残し他を捨てると

$$a_n\geqq1+1+\frac{1}{2!}\left(1-\frac{1}{n}\right)+\frac{1}{3}\left(1-\frac{1}{n}\right)\left(1-\frac{2}{n}\right)+\cdots+\frac{1}{p!}\left(1-\frac{1}{n}\right)\cdots\left(1-\frac{p-1}{n}\right)$$

ここで p をとめたまま n を無限大に近づける

と

$$\lim_{n\to\infty} a_n \geqq 1+1+\frac{1}{2!}+\frac{1}{3!}+\cdots+\frac{1}{p!}$$

さらに左辺が p に無関係な量であることを頭において右辺の p を無限大に近づけると

$$\lim_{n\to\infty} a_n \geqq \sum_{n=0}^{\infty}\frac{1}{n!}. \tag{2.2}$$

一方 (2.1) より $a_n \leqq 1+1+\dfrac{1}{2!}+\cdots+\dfrac{1}{n!}$

も得られ，(2.2) の逆の不等号がこの式から得られる．

(4) の 解　$\dfrac{1}{1^\lambda}+\dfrac{1}{2^\lambda}+\dfrac{1}{3^\lambda}+\cdots+\dfrac{1}{n^\lambda}+\cdots$ $(\lambda>1)$ の各項は正である．一般に各項がすべて正又は 0 である級数を正項級数という．正項級数には比較判定法とか，コーシーあるいはダランベールの収束判定法などがあるが今日はその様な一般論ではなく，級数の重要例としてとりあつかうだけであり，(1)の応用として考えるだけである．まず $\lambda=2$ のケースと，問題には含まれないが $\lambda=1$ のケースをまずとりあげる．

$\lambda=2$ の時　$a_n=\dfrac{1}{n^2}\leqq\dfrac{2}{n(n+1)}$ （何故なら $2n^2\geqq n(n+1)$） で $\dfrac{2}{n(n+1)}=\dfrac{1}{2}\left(\dfrac{1}{n}-\dfrac{1}{n+1}\right)$，よって，$\displaystyle\sum_{n=1}^{k} a_n\leqq\frac{1}{2}\left(1-\frac{1}{k+1}\right)$，したがって

$$\lim_{K\to\infty}\sum_{n=1}^{k} a_n\leqq\frac{1}{2}.$$

正項級数に対しその部分和 $S_n\ (n=1,2,\cdots)$ は明らかに単調増加である．(1)によりこの級数は収束する．

$\lambda=1$ のケース

$$\begin{aligned}\Sigma a_n&=\frac{1}{1}+\frac{1}{2}+\frac{1}{3}+\cdots+\frac{1}{n}+\cdots\\&\geqq 1+\frac{1}{2}+\left(\frac{1}{4}+\frac{1}{4}\right)+\left(\frac{1}{8}+\frac{1}{8}+\frac{1}{8}+\frac{1}{8}\right)\\&\quad+\cdots\\&=1+\frac{1}{2}+\frac{1}{2}+\frac{1}{2}+\cdots.\end{aligned}$$

Σa_n はこの場合あきらかに発散する．

いよいよ $\lambda>1$ の場合を証明しよう．念のためのべておくと λ は $\dfrac{3}{2}$ でも 3.14 でも良いのであって整数とはかぎらないことを忘れないように．

$\Sigma\dfrac{1}{n^\lambda}$ の各項は正であるから収束をたしかめるには有界性を示せば十分である．この級数の第 n 部分和を S_n としたとき，v を大きくえらんで $n<2^v$ であるように選ぶ．しかもこのとき

$$S_n\leqq S_{2^v-1}=\sum_{\mu=0}^{v-1}\left(\frac{1}{(2^\mu)^\lambda}+\cdots+\frac{1}{(2^{\mu+1}-1)^\lambda}\right)$$

が成立する．

上の右の等号の意味を説明しておこう．μ について $0,1,2,\cdots$ とおいてみると

$\mu=0$ の時 1，$\mu=1$ の時 $\dfrac{1}{2^\lambda}+\dfrac{1}{3^\lambda}$，$\mu=2$ の時 $\dfrac{1}{4^\lambda}+\dfrac{1}{5^\lambda}+\dfrac{1}{6^\lambda}+\dfrac{1}{7^\lambda}$ と $S_{2^v-1}=\dfrac{1}{2^\lambda}+\dfrac{1}{3^\lambda}+\cdots+\dfrac{1}{(2^{2^v-1})^\lambda}$ をわけているだけである．

これをさらに $\dfrac{1}{2^\lambda}+\dfrac{1}{3^\lambda}\leqq\dfrac{2}{2^\lambda}=\dfrac{1}{2^{\lambda-1}}$，$\dfrac{1}{4^\lambda}+\dfrac{1}{5^\lambda}+\dfrac{1}{6^\lambda}+\dfrac{1}{7^\lambda}\leqq\dfrac{4}{4^\lambda}=\dfrac{1}{4^{\lambda-1}}$，$\cdots S_{2^v-1}\leqq 1+\dfrac{1}{2^{\lambda-1}}+\dfrac{1}{4^{\lambda-1}}+\cdots+\dfrac{1}{(2\mu)^{\lambda-1}}+\cdots$ としていく．

初項が 1，公比が $\dfrac{1}{2^{\lambda-1}}$ の等比級数の無限和は $\dfrac{1}{1-\dfrac{1}{2^{\lambda-1}}}$ であるから

$$S_n\leqq S_{2^v-1}=\frac{2^{\lambda-1}}{2^{\lambda-1}-1}.$$

よって $\{S_n\}$ は n に無関係なある常数の左側にすべてあり，上に有界である．(4)の解終了．

各 λ ごとに(4)の級数は収束するので λ の関数と考えられ，これを $\displaystyle\sum_{n=1}^{\infty}\frac{1}{n^\lambda}=\zeta(\lambda)$ と書きあらわし，リーマンのゼータ関数とよぶ．$\lambda=2n$ のとき $\zeta(2n)$ の値は知られて居り，$\zeta(2)=\dfrac{\pi^2}{6}$，$\zeta(4)=\dfrac{\pi^2}{90}$ となっている．しかし λ が正の奇数の時には $\zeta(2n+1)$ は無理数であるかどうかもわかっていない．この外，ζ 関数にはまだ解けていない問題が多く整数論といわれる数学の一分野における世界の頭脳達が競って研究している．ζ 関数は数理物理学たとえば熱方程式などにもそのアナロジーが存在し，現代数学の象徴である総合的手法への第一歩でもある．

(4)の第 2 の解法　高校生でも判る第 2 の解法は積分を使う収束判定法による．まずそれを定理としてのべておこう．

定理（積分判定法）　関数 $f(x)$ は $1\leqq x<\infty$ において連続 $1\leqq x<y<\infty$ で $f(x)\geqq f(y)\geqq 0$ とする．正項級数 $\Sigma f(n)$ が収束するための必要

とする．正項級数 $\sum f(n)$ が収束するための必要かつ十分な条件は $\int_1^\infty f(x)dx$ が存在することである．

定理の説明 $\int_1^\infty f(x)dx$ は $\lim_{K\to\infty}\int_1^K f(n)dn$ のことと定義する．

この微積分30題ではまだ第2回で関数の極限をあつかっていないが高校程度でも判るのでそれを知っているものとすると，定理にいう必要かつ十分な条件はつぎの図からほとんどあきらかであろう．念のため式を2つ書いておく．

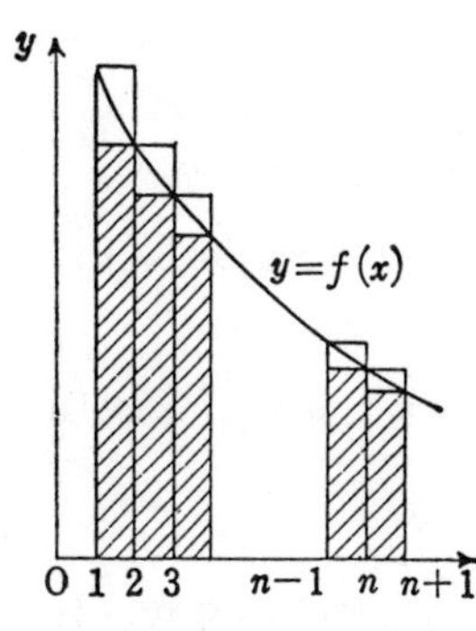

$$\sum_{n=2}^{[x]} f(n) < \int_1^x f(t)dt$$

$$\int_1^x f(t)dt < \sum_{n=1}^{[x]} f(n).$$

ここで $[x]$ はガウスの記号，すなわち実数 x に対し x を超えない最大の整数を $[x]$ で表わす．

上の2つの式で $x\to\infty$ とすると

$$\sum_{n=2}^{\infty} f(x) \leqq \int_1^\infty f(t)dt$$

$$\int_1^\infty f(t)dt \leqq \sum_{n=1}^{\infty} f(x)$$

これら2つの不等式から結論はただちに得られる．

さて $\sum\frac{1}{n^\lambda}$ $(\lambda>1)$ に対し，$f(x)=\frac{1}{x^\lambda}$ とおくと $f(x)$ は $x\geqq1$ で単調減少で正値かつ連続になる．(この辺は教科書をひもとけ)．

$\lambda>1$ の時 $\int_1^\infty \frac{1}{x^\lambda}dx=\lim_{M\to\infty}\left[\frac{t^{1-x^\lambda}}{1-\lambda}\right]_1^M=\frac{1}{\lambda-1}.$

よって $\int_1^\infty \frac{1}{x^\lambda}dx$ は収束し，定理によって $\sum\frac{1}{n^\lambda}$ も収束する．(4)の第2の解終り．

(5)の解 これも(1)の応用として解く．まず

$$\int_n^{n+1}\frac{dx}{x}<\frac{1}{n}\ (\text{ただし}\ n>1)$$

より $1+\frac{1}{2}+\cdots+\frac{1}{n}>\int_1^{n+1}\frac{dx}{x}=\log(n+1).$

したがって $1+\frac{1}{2}+\cdots+\frac{1}{n}-\log(n+1)>0$ でこの数列は下に有界である．$a_n=1+\frac{1}{2}+\cdots+\frac{1}{n}-\log n$ が単調減少であることは

$$a_n-a_{n+1}=\frac{-1}{n+1}-\log\frac{n}{n+1}$$

$$=\int_n^{n+1}\frac{dx}{x}-\frac{1}{n+1}>0$$

から結論される．よって単調減少で正な数列であるから(1)によって収束する．すなわち

$$\lim_{n\to\infty}\left(1+\frac{1}{2}+\cdots+\frac{1}{n}-\log n\right)=C$$

は存在する．C をオイラーの定数という．この量は数学を使う色々な分野に顔を出し，大学一年生の段階ではあまり表面に出ないが Γ 関数をすこし勉強するとこの量が大切であることがわかる．$C=0.5772\cdots$ である．(次の応用例(2)参照)

コーヒーブレイク

数学と物理学における定数の役割比較

e と C など数学における基本的定数が出現した機会に物理学における定数との比較を試みてみよう．誰でも知っている定数として π などがあるが，数学における定数について次の様な認識を我々は持っている．

1) e や π，あるいは C について，その正確な数値をあるいはその適当な近似値を数学ではあまり必要としない．

2) π を別あつかいにすると数学における定数は理論展開の技巧から生れたと思えるものが多い．

例えば $\log_e x$ と $\log_a x$ の違いは導関数が $\frac{1}{x}$ であるか否かであり，それ以上のものではない．オイラーの定数も次の応用例で示されている様にそれを使うと確かに証明が洗練されてくる．一方，物理学の数値はもちろん沢山あって数えきれないが，重力加速度，光の速度，その他書物を見るといくらでもある，10のマイナス何乗×何がしかの数といったものは物理学の記述そのものである．誰かが“物理学とは何か”と問うて来たら，一言で物理的数値の認識確定作業といえばすむ．理論はその認識のためであり，理論が進めばより高度の認識にかられて新しい数値が登場して来る．数学で，この様な本質的な数値は π 以外に一体あるのだろうか．

数学は物理学の僕（しもべ）であるというのはフランシスコ・ベーコンの弁であるが，

数学を学ぶには，時折，数学を貧弱なものの様に思うことも必要なのである．数論は数学の女王であると言って喜ぶ人も多いが数論は女王でしかないというのが真意であろう．王（キング）は物理学なのだから．数論の様な数学的ナルシズムは数学の中心でありつづけられず，実際，周辺分野以外の研究動機の提示はほとんどない．こんな風に考えるとeとかCが無理数であるかどうか超越数であるかどうかなどは小さな問題であることが判る．

応用例

(1)　$1-\frac{1}{2}+\frac{1}{3}-\frac{1}{4}+\cdots+(-1)^{n+1}\frac{1}{n}+\cdots$ の収束を示せ．

(2)　$1-\frac{1}{2}+\frac{1}{3}-\frac{1}{4}+\cdots+(-1)^{n+1}\frac{1}{n}\cdots=\log 2$ を示せ．

解　応用例の(1)は問題(1)の，応用例の(2)は問題(5)の，それぞれ応用としてのべる．

(1)を一般化して $a_na_{n+1}<0$ $\{|a_n|\}$ は単調減少，$\lim_{n\to\infty}a_n=0$ の3条件をみたすとき$\sum a_n$を**交項級数**という．一般に**交項級数が収束する**ことを示そう．

$a_1>0$ としても一般性は失われない．第$2n$部分和 $S_{2n}=(a_1+a_2)+(a_3+a_4)+\cdots+(a_{2n-1}+a_{2n})$ は数列として単調増加，又 S_{2n} は次の様に変形してみると

$S_{2n}=a_1+(a_2+a_3)+\cdots+(a_{2n-2}+a_{2n-1})+a_{2n}<a_1$ となり $\{S_{2n}\}$ は有界数列でもあって $\lim_{n\to\infty}S_{2n}$ は収束する．

一方，$S_{2n+1}=S_{2n}+a_{2n+1}$ で $\lim_{n\to\infty}a_{2n+1}=0$ の仮定より $\lim_{n\to\infty}S_{2n+1}=\lim_{n\to\infty}S_{2n}$ となり，結局 $\{S_n\}$ は収束する．

応用例の(2)の解　単に収束するだけでなくその値を求めるには何らかの技巧が必要である．

今 $b_n=1+\frac{1}{3}+\cdots+\frac{1}{2n-1}$,

$c_n=\frac{1}{2}+\frac{1}{4}+\cdots+\frac{1}{2n}$

とおくとオイラーの定数Cを使って新しい数列

$t_n=b_n+c_n-\log 2n-C$，$p_n=2c_n-\log n-C$

をつくると問題(5)の結果より

$$\lim_{n\to\infty}t_n=0 \qquad \lim_{n\to\infty}p_n=0$$

以上より b_n，c_n は次の様に表わされる．

$$b_n=\log 2+\frac{1}{2}\log n+\frac{C}{2}+m_n$$

$$c_n=\frac{1}{2}\log n+\frac{C}{2}+l_n$$

ここで $\{m_n\}\{l_n\}$ は0に収束するある数列である．

これらから

$$b_n-c_n=\log 2+m_n-l_n$$

となり b_n-c_n は応用例であたえられた級数と同一であるから

$$\lim_{n\to\infty}(b_n-c_n)=\log 2$$

から(2)が証明された．

類題　pを自然数とするとき次を示せ．

(1)　$0\leqq a_n<p$ である任意の整数列 $\{a_n\}$ に対し

$\sum\frac{a_n}{p^n}$ は収束することをしめせ．この時 $0\leqq\sum\frac{a_n}{p^n}\leqq 1$ である．

(2)　逆に $0\leqq x\leqq 1$ である任意の実数xは上のような級数に表わされる．(**p 進展開**)

解　a_n は整数であるから $a_n\leqq p-1$．したがって $\sum\frac{a_n}{p^n}<\sum\frac{p-1}{p^n}=1$.

$\sum\frac{a_n}{p^n}$ は有界な正項級数となり収束する．(1)の後半は前半のプロセスから読みとれる．

逆に任意の x $(0\leqq x\leqq 1)$ に対し $x=\frac{K}{p}$ (Kは整数) のときは主張は正しいからそうでないとする．$[px]$ ([　] はガウスの記号) を a_1 とおく．このとき $0\leqq x-\frac{a_1}{p}\leqq\frac{1}{p}$ となる．

以下数学的帰納法によって証明する．

整数 a_1, …, a_n が $0\leqq x-\left(\frac{a_1}{p}+\cdots+\frac{a_n}{p^n}\right)\leqq\frac{1}{p^n}$ をみたす様に定まったとすると $p^{n+1}\left\{x-\left(\frac{a_1}{p}+\cdots+\frac{a_n}{p^n}\right)\right\}$ より小さい最大の整数を a_{n+1} とすることによって次々に a_n が定まり，$0\leqq a_n<p$, $x-\frac{1}{p^n}\leqq\frac{a_1}{p}+\cdots+\frac{a_n}{p^n}<x$ であるからこれを次々とつづけていくと $\sum\frac{a_n}{p^n}=x$ となる．

§3 逆三角関数の基本と応用

問題 3

1 (i) $\mathrm{Sin}^{-1}\dfrac{3}{5}=\mathrm{Tan}^{-1}x$，$\mathrm{Sin}^{-1}a+\mathrm{Cos}^{-1}a=\mathrm{Sin}^{-1}x$ をみたす x をそれぞれ求めよ．

(ii) $\mathrm{Tan}^{-1}\dfrac{1}{2}+\mathrm{Tan}^{-1}\dfrac{1}{3}=\dfrac{\pi}{4}$ を証明せよ．

2 (i) $\dfrac{1}{2}\left(x\sqrt{a^2-x^2}+a^2\mathrm{Sin}^{-1}\dfrac{x}{a}\right)$ の導関数を求めよ．($a>0$)

(ii) $\dfrac{1}{2}(x\sqrt{x^2+a}+\log|x+\sqrt{x^2+a}|)$ の導関数を求めよ．

3 $\sinh x=\dfrac{1}{2}(e^x-e^{-x})$，$\cosh x=\dfrac{e^x+e^{-x}}{2}$，$\tanh x=\dfrac{\sinh x}{\cosh x}$（これらを双曲線関数という）について次の関係をたしかめよ．

$$\cosh^2x-\sinh^2x=1,\quad \sinh(x+y)=\sinh x\cosh y+\cosh x\sinh y$$

$$\cosh(x+y)=\cosh x\cosh y+\sinh x\sinh y\qquad \tanh^2x-1=\frac{-1}{\cosh^2x}.$$

4 $\theta=2\,\mathrm{Tan}^{-1}(e^u)-\dfrac{\pi}{2}$ とおく．u を θ で表し，それを使用して $\sinh u=\tan\theta$，$\cosh u=\sec\theta$ $\left(=\dfrac{1}{\cos\theta}\right)$，$\tanh u=\sin\theta$ の関係を示せ．

三角関数と双曲線関数の間のこの対応は**グーデルマニアン**と呼ばれている．グーデルマンは微積分学のいたる所で顔を出すワイアルストラスの師である．

注意 双曲線関数と三角関数の関係（ある意味で同一物）はここでは触れず，このシリーズでいずれとりあげる．

問題を解く前に**逆三角関数の基本的事項**を簡単な説明つきで紹介しよう．主として $y=\sin x$ の逆関数について述べる．

三角関数の周期性を考えると，$y=\sin x$ で y をあたえたとき対応する x は一通りには定まらない．この意味では $\sin x$ の逆関数は存在し得ない．そこで $-\dfrac{\pi}{2}\leqq x\leqq\dfrac{\pi}{2}$ の制限つきの $y=\sin x$ を考えると，この関数は $\left[-\dfrac{\pi}{2},\ \dfrac{\pi}{2}\right]$ で定義され，連続で単調増大な関数である．もちろんよく知られている様に微分可能でもある．一般に閉区間で単調増大で連続なら逆関数も存在して又連続である．$y=\mathrm{Sin}^{-1}x$ で制限つきの $\sin x$ の逆関数を表す．

$\mathrm{Sin}^{-1}x$ と $\dfrac{1}{\sin x}$ を間違える学生も多い．その点を考慮してか，Arcsin x とも表す．$\sin x$ に x を対応させるのが逆関数であるから，x はラジアン（弧長）であることを思い出すと arc（弧）をつける意味が判って来る．なお $\left[-\dfrac{\pi}{2},\dfrac{\pi}{2}\right]$ 以外へ制限する場合，$\sin^{-1}x$，$\arcsin x$ などと小文字を使うのである．

同様な理由で $y=\cos x$ を $0\leqq x\leqq\pi$ に制限

したものはそこで単調連続であってやはり逆関数をもち，これを $\mathrm{Arccos}\,x$ 又は $\mathrm{Cos}^{-1}x$ であらわす．これら3つの関数のグラフは次の様である．

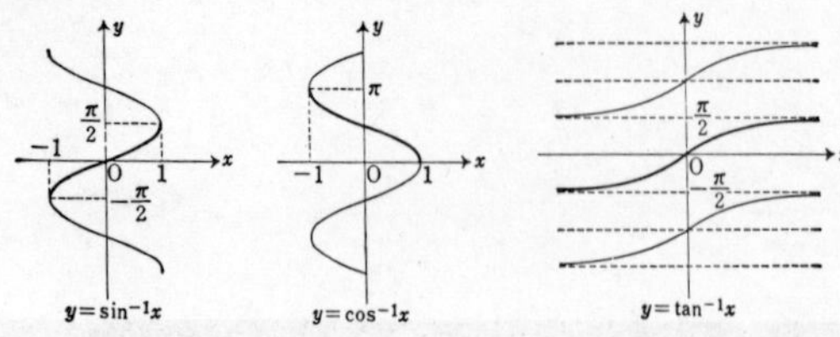

三角関数は演算法則として加法定理を持っている．逆三角関数は残念ながら加法定理といえる様なものを持っていない．したがって加法定理的な性質をしらべたいときは三角関数にもどして調べなければならない．問題3の1はそのための簡単な練習問題である．

1 (i)の最初の問の解　$\mathrm{Sin}^{-1}\dfrac{3}{5}=\mathrm{Tan}^{-1}x=a$ とおく．まず $\dfrac{3}{5}=\sin a\left(-\dfrac{\pi}{2}\leqq a\leqq\dfrac{\pi}{2}\right)$，よって，$0\leqq a\leqq\dfrac{\pi}{2}$ は明らかで，$\mathrm{Cos}\,a>0$ である．一方 $\mathrm{Tan}^{-1}x=a$ より，$x=\tan a\left(0\leqq a\leqq\dfrac{\pi}{2}\right)$

$\tan a=\dfrac{3}{4}=x$．解了．

2 (i)の第2問の解　$\sin(\mathrm{Sin}^{-1}a+\mathrm{Cos}^{-1}a)=\sin(\mathrm{Sin}^{-1}x)=x$．三角関数の加法定理によって $\sin(\mathrm{Sin}^{-1}a)\cos(\mathrm{Cos}^{-1}a)+\cos(\mathrm{Sin}^{-1}a)\sin(\mathrm{Cos}^{-1}a)=x$．したがって $a^2+\cos(\mathrm{Sin}^{-1}a)\sin(\mathrm{Cos}^{-1}a)=x$．

$-\dfrac{\pi}{2}\leqq\mathrm{Sin}^{-1}a\leqq\dfrac{\pi}{2}$ であるから $\cos(\mathrm{Sin}^{-1}a)>0$，同様に $0\leqq\mathrm{Cos}^{-1}a\leqq\pi$ であるから $\sin(\mathrm{Cos}^{-1}a)>0$，一方 $|\cos(\mathrm{Sin}^{-1}a)|=|\sin(\mathrm{Cos}^{-1}a)|=\sqrt{1-a^2}$ は簡単に示されるから $\cos(\mathrm{Sin}^{-1}a)\sin(\mathrm{Cos}^{-1}a)=1-a^2$．

よって $x=1$．解了．

1 (ii)の証明　左辺の tan を計算すると，加法定理により

$$\tan\left(\mathrm{Tan}^{-1}\frac{1}{2}+\mathrm{Tan}^{-1}\frac{1}{3}\right)=\frac{\dfrac{1}{2}+\dfrac{1}{3}}{1-\dfrac{1}{2}\cdot\dfrac{1}{3}}=1.$$

したがって $-\dfrac{\pi}{2}\leqq\mathrm{Tan}^{-1}\dfrac{1}{2}+\mathrm{Tan}^{-1}\dfrac{1}{3}\leqq\dfrac{\pi}{2}$ であれば $\mathrm{Tan}^{-1}\dfrac{1}{2}+\mathrm{Tan}^{-1}\dfrac{1}{3}=\dfrac{\pi}{4}$ となる．一方，$0\leqq\mathrm{Tan}^{-1}\dfrac{1}{2}\leqq\dfrac{\pi}{2}$，$0\leqq\mathrm{Tan}^{-1}\dfrac{1}{3}\leqq\dfrac{\pi}{2}$ だけでは $0\leqq\mathrm{Tan}^{-1}\dfrac{1}{2}+\mathrm{Tan}^{-1}\dfrac{1}{3}\leqq\pi$ しか出ない．

したがって $\mathrm{Tan}^{-1}\dfrac{1}{2}$，$\mathrm{Tan}^{-1}\dfrac{1}{3}$ の評価をもっと，きびしくしなければならない．$0\leqq\mathrm{Tan}^{-1}\dfrac{1}{2}\leqq\mathrm{Tan}^{-1}\dfrac{1}{\sqrt{2}}=\dfrac{\pi}{4}$，同様に $0\leqq\mathrm{Tan}^{-1}\dfrac{1}{3}\leqq\dfrac{\pi}{4}$，したがって $0\leqq\mathrm{Tan}^{-1}\dfrac{1}{2}+\mathrm{Tan}^{-1}\dfrac{1}{3}\leqq\dfrac{\pi}{2}$．よって証明された．

2の解　2を解く前に逆三角関数の微分公式のあらすじをのべておこう．逆三角関数とはかぎらず，もっと一般に逆関数の微分可能性について，つぎの定理がある．このシリーズはこの様な基本定理の証明を行う紙数はないので教科書で勉強して欲しい．

定理　$y=f(x)$ が $[a, b]$ で連続，(a, b) で微分可能，しかも $f'(x)>0$ 又は $f'(x)<0$ のどちらかとする．（今，$f'(x)>0$ としよう）．

$[f(a), f(b)]$ で逆関数 $x=f^{-1}(y)$ が存在し，一価単調，連続であり，$(f(a), f(b))$ でこの逆関数は又微分可能で，

$$\frac{dx}{dy}=1\Big/\frac{dy}{dx}$$

である．

$y=\mathrm{Sin}^{-1}x$ にこの定理を適用すると（上の定理とは x と y が反対になっているが）$x=\sin y$ の逆関数だから

$$\frac{dy}{dx}=\frac{1}{\dfrac{dx}{dy}}=\frac{1}{\cos y}.$$

左辺を与えられた関数 x の関数として表さねばならないので $\pm\sqrt{1-x^2}=\cos y$，この複号の内マイナスは関係ない．何故なら $-\dfrac{\pi}{2}\leqq y\leqq\dfrac{\pi}{2}$ でそこでの $\cos y$ は正だからである．

よって $\dfrac{d(\mathrm{Sin}^{-1}x)}{dx}=\dfrac{1}{\sqrt{1-x^2}}$，

同様に $\dfrac{d(\mathrm{Cos}^{-1}x)}{dx}=\dfrac{-1}{\sqrt{1-x^2}}$，$\dfrac{d(\mathrm{Tan}^{-1}x)}{dx}=\dfrac{1}{1+x^2}$ も簡単に得られる．

2 (i)の解　$\left(\mathrm{Sin}^{-1}\dfrac{x}{a}\right)'=\dfrac{\dfrac{1}{a}}{\sqrt{1-\left(\dfrac{x}{a}\right)^2}}=\dfrac{1}{\sqrt{a^2-x^2}}$

をまず確かめて

$$\frac{1}{2}\left(x\sqrt{a^2-x^2}+a^2\mathrm{Sin}^{-1}\frac{x}{a}\right)'$$

$$=\frac{1}{2}\left\{\sqrt{a^2-x^2}+\frac{-x\cdot x}{\sqrt{a^2-x^2}}+\frac{a^2}{\sqrt{a^2-x^2}}\right\}$$

$$=\sqrt{a^2-x^2}.$$

を得る．

この関数の導関数は $y=\sqrt{a^2-x^2}$，半径 a の上半円周のグラフを持つ関数である．

2 (ii)の解

$$\frac{1}{2}\{x\sqrt{x^2+a}+a\log|x+\sqrt{x^2+a}|\}'$$

$$=\frac{1}{2}\left\{\sqrt{x^2+a}+\frac{x^2}{\sqrt{x^2+a}}+a\frac{1+\dfrac{x}{\sqrt{x^2+a}}}{x+\sqrt{x^2+a}}\right\}$$

$$=\sqrt{x^2+a}.$$

不定積分の記号を使って表すと

$$\int\sqrt{a^2-x^2}\,dx=\frac{1}{2}\left\{x\sqrt{a^2-x^2}+a^2\mathrm{Sin}^{-1}\frac{x}{a}\right\}.$$

$$\int\sqrt{x^2+a^2}\,dx$$

$$=\frac{1}{2}\{x\sqrt{a^2+x^2}+a^2\log(x+\sqrt{x^2+a^2})\}.$$

$$\int\sqrt{x^2-a^2}\,dx$$

$$=\frac{1}{2}(x\sqrt{x^2-a^2}-a^2\log|x-\sqrt{x^2-a^2}|\}.$$

2 (i)と 2 (ii)を比較して 2 (ii)の第 2 項 $\log(x+\sqrt{x^2+a})$ の逆関数を求めてみよう．簡単のため $a=1$ として求める．

$y=\log(x+\sqrt{x^2+1})$ とおくと

$$e^y=x+\sqrt{x^2+1},$$

$\dfrac{1}{x+\sqrt{x^2+1}}=\sqrt{x^2+1}-x$ であるから $e^{-y}=\sqrt{x^2+1}-x$ であり，これらより $x=\dfrac{1}{2}\{e^y-e^{-y}\}$, x と y をとりかえ，あらためて表示すると $y=\dfrac{1}{2}(e^x-e^{-x})$ となる．

この関数は次の 3 で導入された 3 つの関数の最初のものである $\sinh x$ に外ならない．

3 の解答　$\sinh x$ は hyperbolic sine（ハイパボリック サイン）双曲線正弦ともいう．$\sinh x$ で sinh は立体で，x はもちろんイタリックで書く．黒板や自分のノートでは $\mathrm{ch}x$，$\mathrm{sh}x$，$\mathrm{th}x$ 等と書いて良い．公式の証明を記すので眺めていただければそれで良い．

$$\cosh^2x-\sinh^2x=\frac{1}{4}\{(e^x+e^{-x})^2-(e^x-e^{-x})^2\}$$

$$=1.$$

$$\sinh(x+y)=\frac{1}{2}(e^{x+y}-e^{-x-y}).$$

一方 $\sinh x\cosh y+\cosh x\sinh y$

$$=\frac{1}{4}\{(e^x-e^{-x})(e^y+e^{-y})+(e^y-e^{-y})(e^x+e^{-x})\}$$

$$=\frac{1}{4}\{e^{x+y}-e^{y-x}+e^{x-y}-e^{-x-y}+e^{y+x}-e^{x-y}+e^{y-x}-e^{-x-y}\}$$

$=\dfrac{1}{2}(e^{x+y}-e^{-x-y})=\sinh(x+y)$．よって $\sinh x$ の加法定理は成立．上と大略同様に

$$\cosh(x+y)=\frac{1}{2}(e^{x+y}+e^{-(x+y)})$$

一方，

$\cosh x\cosh y+\sinh y\sinh x$

$$=\frac{1}{4}\{e^{x+y}+e^{x-y}+e^{y-x}+e^{-x-y}+e^{x+y}+e^{-(x+y)}-e^{x-y}-e^{y-x}\}$$

$$=\frac{1}{2}(e^{x+y}+e^{-(x+y)})=\cosh(x+y)$$

よって $\cosh x$ の加法定理は成立．

$$\tanh^2x-1=\frac{\sinh^2x-\cosh^2x}{\cosh^2x}=\frac{-1}{\cosh^2x}.$$

これで 3 の解答はすんだが，双曲線関数についてまだ言い残したものがあるのでそれをならべてみたい．

まず微分演算としては

1° $(\cosh x)'=\sinh x$，$(\sinh x)'=\cosh x$．

2° $(\tanh x)'=\dfrac{1}{\cosh^2x}$.

3° $\sinh x, \cosh x$ は単調増大でそれぞれ $[-\infty, \infty)$，$[1, \infty)$ に値をとる．

4° $\tanh x$ は単調増大で開区間 $(-1, 1)$ に値をとる．

5° 双曲線関数はどれも周期関数ではない．

以上より，三角関数と比較すると，非常に似てはいるがまったく違う所もあるといえるだろう．解答の最初でも述べた様に両者はある意味で同一の関数といえるのだが，ここではこれ以上は述べない事にする．

4 の解答　まず $\theta=2\,\mathrm{Tan}^{-1}(e^u)-\dfrac{\pi}{2}$ の変動をしらべて見よう．$\mathrm{Tan}^{-1}x$ はグラフで見た様に単調増大で有界な関数であり，e^u もまた u の関数として単調増大である．したがって θ は u の単調増大な連続関数（もちろん微分可能でもある）．

したがって，この関数は逆関数をもち，その逆関数も又単調増大であるが実際 u について解いてみると，つぎの様になる．

$e^u=\tan\left(\dfrac{\theta}{2}+\dfrac{\pi}{4}\right)\left(\dfrac{\theta}{2}+\dfrac{\pi}{4}>0\right)$ となる．

$$u=\log\tan\left(\frac{\theta}{2}+\frac{\pi}{4}\right)=\log\left(\frac{\cos\dfrac{\theta}{2}+\sin\dfrac{\theta}{2}}{\cos\dfrac{\theta}{2}-\sin\dfrac{\theta}{2}}\right)$$

$$=\frac{1}{2}\log\left(\frac{1+\sin\theta}{1-\sin\theta}\right)$$

したがって

$$\sinh u(\theta)=\frac{1}{2}\left(e^{\frac{1}{2}\log\left(\frac{1+\sin\theta}{1-\sin\theta}\right)}-e^{\frac{1}{2}\log\left(\frac{1-\sin\theta}{1+\sin\theta}\right)}\right)$$

$$=\frac{1}{2}\left[\left(\frac{1+\sin\theta}{1-\sin\theta}\right)^{\frac{1}{2}}-\left(\frac{1-\sin\theta}{1+\sin\theta}\right)^{\frac{1}{2}}\right]$$

$$=\frac{1}{2}\frac{(1+\sin\theta)-(1-\sin\theta)}{(1-\sin^2\theta)^{\frac{1}{2}}}=\tan\theta.$$

$$\cosh u(\theta)=\frac{1}{2}\left(e^{\frac{1}{2}\log\left(\frac{1+\sin\theta}{1-\sin\theta}\right)}+e^{\frac{1}{2}\log\left(\frac{1-\sin\theta}{1+\sin\theta}\right)}\right)$$

$$=\frac{1}{2}\left[\left(\frac{1+\sin\theta}{1-\sin\theta}\right)^{\frac{1}{2}}+\left(\frac{1-\sin\theta}{1+\sin\theta}\right)^{2}\right]$$

$$=\frac{1}{2}\frac{(1+\sin\theta)+(1-\sin\theta)}{(1-\sin^2\theta)^{\frac{1}{2}}}$$

$$=\frac{1}{\cos\theta}=\sec\theta.$$

（$\dfrac{1}{\cos\theta}$ を $\sec\theta$（セカント）という．）

同様にして

$$\tanh u(\theta)=\frac{\sinh u(\theta)}{\cosh u(\theta)}=\frac{\tan\theta}{\sec\theta}=\sin\theta.$$

となる．

これで4番目の問題も解けたのだが，グーデルマニアンをもうすこし調べてみよう．色々な形があるが $u=\log\tan\left(\dfrac{\theta}{2}+\dfrac{\pi}{4}\right)$ を使ってみよう．この関数の導関数は

$$\frac{du}{d\theta}=\frac{1}{2}\frac{1}{\tan\left(\dfrac{\theta}{2}+\dfrac{\pi}{4}\right)}\cdot\frac{1}{\cos^2\left(\dfrac{\theta}{2}+\dfrac{\pi}{4}\right)}$$

$$=\frac{1}{2\sin\left(\dfrac{\theta}{2}+\dfrac{\pi}{4}\right)\cos\left(\dfrac{\theta}{2}+\dfrac{\pi}{4}\right)}$$

$$=\frac{1}{\sin\left(\theta+\dfrac{\pi}{2}\right)}=\frac{1}{\cos\theta}.$$

つまり，グーデルマニアンは $\cos\theta$ の逆数の原始関数の1つ

$$\int\frac{d\theta}{\cos\theta}=\log\tan\left(\frac{\theta}{2}+\frac{\pi}{4}\right)+C$$

である．この式から

$$\int\frac{d\theta}{\sin\theta}=\log\tan\frac{\theta}{2}+C$$

であることもわかる．

不定積分をいずれ系統的にとりあげる予定であるが，三角関数の分数関数の積分を求めるとき，$\tan\dfrac{\theta}{2}=t$ とおいて変数変換を行うパターンがあるが，そのルーツは通常良くは知られていない．それはグーデルマンに発想があり，楕円関数論から電磁気学まで色々面白い応用がある．

グーデルマンはこの位にして逆三角関数の応用，それも基本的なものに目を向けよう．

$y=\sin x$ は $y'=-\cos x,\ y''=-\sin x=-y$，同様に $y=\cos x$ も $y''=-y$ をみたすことはあきらかである．そこで $y''=-y$ をみたす y は $\sin x$，$\cos x$ 以外にあるのであろうかという問題が頭にうかんで来る．一般に未知関数とその第一，第二，…，第 n 次導関数をふくんだ

$$F(y, y', \cdots, y^{(n)})=0$$

を n 階の（常）微分方程式という．したがって $y''=-y$ は2階の微分方程式といってよい．

上の n 階の微分方程式に対して，区間 $[a, b]$ で定義されたある $f(x)$ が存在して

$$F(f(x), f'(x), \cdots, f^{(n)}(x))=0$$

を満たすとき，$f(x)$ はこの微分方程式の**解**であるという．解を求めることを**微分方程式を解く**という．

あらためて微分方程式として，

$$\frac{d^2y}{dx^2}=\lambda y\quad(\lambda<0)\quad \lambda \text{は定数}.$$

をとりあげてこの方程式を解いてみよう．逆三角関数の導入が解法の鍵になっていることに注目して欲しい．

この微分方程式の両辺に $\dfrac{2dy}{dx}$ をかけて，

$$\frac{d}{dx}\left(\frac{dy}{dx}\right)^2=2\frac{dy}{dx}\frac{d^2y}{dx^2}=2\lambda y\frac{dy}{dx}=\lambda\frac{d(y^2)}{dx}$$

と計算し，$\dfrac{d}{dx}\left\{\left(\dfrac{dy}{dx}\right)^2-\lambda y^2\right\}=0$ であるから

$$\left(\frac{dy}{dx}\right)^2+(\sqrt{-\lambda}\cdot y)^2=c_1{}^2$$

$c_1{}^2$ は非負の定数という意味でこの様に表した.

$$\frac{dy}{dx}=\sqrt{c_1{}^2-(\sqrt{-\lambda}\,y)^2} \quad (c_1>0)$$

この一解微分方程式は高校数学で唯一マスターされている**変数分離形**の微分方程式である. 少し復習してみよう. 変数分離形とは

$$\frac{dy}{dx}=f(x)g(y)$$

の形の微分方程式がそれであるが, これを解くには両辺を $g(y)$ で割り

$$f(x)=\frac{d}{dx}\left\{\left(\int\frac{dy}{g(y)}\right)\right\}_{y=y(x)} \quad \text{であるから}$$

$$\int\frac{1}{g(y)}dy=\int f(x)dx+c$$

が求める解 $y=y(x)$ と同等な x と y の関数関係である.

この一般的な解法を我々の微分方程式にあてはめて解くと

$$\int\frac{dy}{\sqrt{(c_1)^2-(\sqrt{-\lambda}\,y)^2}}=\int dx+c_2$$

ここで逆三角関数が不定積分として登場し,

$\mathrm{Sin}^{-1}\dfrac{\sqrt{-\lambda}}{c_1}y=\sqrt{-\lambda}\,x+c_2$ となり,

よって $y=\dfrac{c_1}{\sqrt{-\lambda}}\sin(\sqrt{-\lambda}\,x+c_2)$ が解として得られた.

特に $\lambda=-1$ の時 この微分方程式の解は $\sin x$ と $\cos x$ の一次結合であることがわかる.

三角関数の微分方程式とほとんど同一なプロセスで双曲線関数, 特に双曲線正弦, 双曲線余弦を次の微分方程式の解として特徴づけることが出来る.

まず $y=\dfrac{e^{\sqrt{\lambda}x}+e^{-\sqrt{\lambda}x}}{2}$

および $y=\dfrac{e^{\sqrt{\lambda}x}-e^{-\sqrt{\lambda}x}}{2}$

は共に微分方程式 $y''=\lambda y$ の解である. 逆に $\lambda>0$ の条件で2階微分方程式 $y''=\lambda y$ の解は, 上記の2種の関数の一次結合に限るのであろうか. これも又肯定される. 二通りの証明をもって導きたい.

$\lambda>0$ の時 $y''=\lambda y$ の解は $c_1e^{\sqrt{\lambda}x}+c_2e^{-\sqrt{\lambda}x}$ ここで c_1, c_2 は任意定数.

第一の解法は三角関数の場合と同様に積分法による. $2y'$ を微分方程式の両辺にかけて

$\dfrac{d}{dx}\left\{\left(\dfrac{dy}{dx}\right)^2-xy^2\right\}=0$ であるから

$$\left(\frac{dy}{dx}\right)^2-(\sqrt{\lambda})^2y^2=0.$$

したがって $\dfrac{dy}{dx}=\sqrt{\lambda}\,y$ 又は $\dfrac{dy}{dx}=-\sqrt{\lambda}\,y$ となる. (微分方程式の場合この様に因数分解してよいかどうか. 今は, 触れている暇がないので許容して欲しい. これら2つの微分方程式の解は $c_1e^{\sqrt{\lambda}x}$, $c_2e^{-\sqrt{\lambda}x}$ とそれぞれ求まる. したがって $c_1{}^{\sqrt{\lambda}x}+c_2e^{-\sqrt{\lambda}x}$ は与えられた微分方程式の解である. これがあたえられた解のすべてであるかどうか. これは以下にのべる第2の解法の中で少しばかり触れることにする.

$\dfrac{d^2y}{dx^2}=\lambda y$ は線形微分方程式である. 一般に $F(x, y, y', \cdots, y^{(n)})$ が y とその導関数たち $y', \cdots, y^{(n)}$ の斉一次関数であるとき, $F(x, y, y', \cdots, y^{(n)})=0$ は線形微分方程式であるという. 線形微分方程式の解についてはいずれあらためて取りあげるが, 2階の線形微分方程式は適当な条件の下で, 一次独立な2つの解 $\phi_1(x)$, $\phi_2(x)$ を持ち, それらの一次結合 $c_1\phi_1(x)+c_2\phi_2(x)$ 以外の解は存在しない. あたえられた微分方程式 $\dfrac{d^2y}{dx^2}=\lambda y$ について

$\lambda<0$ の時 $\phi_1(x)=\sin\sqrt{\lambda}\,x$, $\phi_2(x)=\cos\sqrt{\lambda}\,x$

$\lambda>0$ の時 $\phi_1(x)=e^{\sqrt{\lambda}x}$, $\phi_2(x)=e^{-\sqrt{\lambda}x}$

が視察によって解としての存在が明らかであるから上述の定理の引用によってこれらの一次結合以外の解は存在しない.

以上で三角関数, 逆三角関数, 双曲線関数に関する今回の話は終ったのであるが, 歴史的なノートに少し触れる形でしめくくりたい.

微分法はドイツ人のライプニッツとニュートンが前後して独立に創始した. ライプニッツの方が記号としても現在のそれにつながり $\dfrac{dy}{dx}$ の記号は彼によっている. 因みに $\int dx$ も彼の工夫である. ニュートンのそれは $\dfrac{\Delta y}{\Delta x}$, $\Sigma\Delta x$ に近い形で, これだけで考えると不完全なものに見えるがニュートンは物理学者であり, 大きく間違うことはなかった. 彼等の微分法がはじめから微分方程式につながっていたことに注目しよう. ニュート

ンの場合は物理学者であるから当然といえようが，ライプニッツの場合微分方程式とどんなつながりがあったか，沢山の研究者がこの点に集中した．彼が微積分を案出するすこし前にオランダの物理学者ホイヘンスの所に一週間ほど滞在していることにすべての人が注目したのである．ホイヘンスというとすぐ連想されるのがガリレオ・ガリレイである．彼のあまたの成果のうちの2つに焦点をしぼりたい．1つはピサの斜塔が象徴する彼の等加速度運動としての落下現象の把握であり，他の一つは教会のつり燭台のゆれの観察から振り子の周期一定の洞察をはたしたエピソードで，これらは今日2階微分方程式の言葉で記述される問題である．もちろん，ニュートン，ライプニッツの微積分の前夜（といっても50年ほど前）であるから微分は使われず，又ホイヘンスはガリレオ死去の頃は中学生位の年齢で，もちろん直接の弟子ではない．デカルトとパスカルに師事して，デカルトの数理物理的自然科学創造の構想の直接の影響を受けつつ，ガリレオの振り子の原理の解明に成功した人物である．一方，三角法はその起源を遠く，エジプト，メソポタミアの昔にさかのぼらせられるが，三角関数として意識して使用されたのは，ニュートン，ライプニッツの同時代のベルヌーイ一族およびその一門から出たオイラーによる．微分法は多項式の微分法などからうまれたものではなく，むしろ三角関数，逆三角関数の微積分として単振動に関連して登場したといってよいのである．

ひるがえって読者諸君はdrillとして微分法の計算から始めるのであるが，限りなく沢山の無味乾燥な演習問題を解くよりは，数学と平行して自然科学史の書物をひもとくことをすすめるものである．物の見方を確立する方が もっと直接的に数学を体得することになるのであり，人間としての深みをつける業(わざ)でもあるので，一挙両得ということになる．

§4 ライプニッツの定理の計算練習としての直交多項式入門

問題 4

(1)　$y=\mathrm{Sin}^{-1}x$ について

$(1-x^2)y^{(n+2)}-(2n+1)xy^{(n+1)}-n^2y^{(n)}=0$ が成立することを示し，$y^{(n)}(0)$ を求めよ．

(1)′　$y=\mathrm{Tan}^{-1}x$ について

$(1+x^2)y^{(n)}+2(n-1)xy^{(n-1)}+(n-1)(n-2)y^{(n-2)}=0$ であることを示し，$y^{(n)}(0)$ を求めよ．

(2)　$P_n(x)=\dfrac{1}{2^n n!}\dfrac{d^n}{dx^n}(x^2-1)^n$ とおく時

$(x^2-1)P_n''(x)+2xP_n'(x)-n(n+1)P_n(x)=0$ を示せ．**(ルジャンドル球関数)**

(3)　$L_n(x)=e^x\dfrac{d^n}{dx^n}(x^ne^{-x})$ について

$xL_n''(x)-(x-1)L_n'(x)+nL_n(x)=0$ を示せ．**(ラグエル多項式)**

また，$L_n{}^m=\dfrac{d^mL_n}{dx^m}$ は次の関係式を満たすことを示せ．

$xL_n{}^{m''}+(m+1-x)L_n{}^{m'}+(n-m)L_n{}^m=0$ **(ラグエル同伴多項式)**

第4回目は高階微分のドリルである．まず n 次導関数についての基本事項はつぎの3つである．$\left(\dfrac{d^nf}{dx^n}=f^{(n)}\right)$

基本事項

その1　$\sin^{(n)}x=\sin\left(x+\dfrac{n\pi}{2}\right)$

その2　$\left(\dfrac{1}{x+a}\right)^{(n)}=\dfrac{(-1)^nn!}{(x+a)^{n+1}}$

その3　$\{f(x)\cdot g(x)\}^{(n)}=\sum_{r=0}^{n}{}_n\mathrm{C}_rf^{(n-r)}g^{(r)}(x)$

(ライプニッツ)

(f, g は何回でも微分可能とする)

その1について，まず

$$(\sin x)'=\cos x=\sin\left(x+\frac{\pi}{2}\right)$$

であり，これを $n=1$ のケースとして，一般の場合を数学的帰納法で示すと r 次の導関数について $\sin^{(r)}(x)=\sin\left(x+\dfrac{r\pi}{2}\right)$ とすると

$$(\sin^{(r)}(x))'=\sin^{(r+1)}(x)=\sin\left(\left(x+\frac{r\pi}{2}\right)+\frac{\pi}{2}\right)$$
$$=\sin\left(x+\frac{(r+1)}{2}\pi\right)$$

となって正しいことがわかる．

基本事項（その2）について，

$$\left(\frac{1}{x+a}\right)^{(1)}=\left(\frac{1}{x+a}\right)'=-\frac{1}{(x+a)^2}$$

で $n=1$ の時成立し

$$\left(\frac{1}{x+a}\right)^{(r+1)}=\left(\left(\frac{1}{x+a}\right)^{(r)}\right)'$$
$$=\left(\frac{(-1)^rr!}{(x+a)^{r+1}}\right)'$$
$$=\frac{(-1)^{r+1}(r+1)!}{(x+a)^{r+2}},$$

となるから $n=r$ の時正しいとするとき，$n=r+1$ の場合も正しいことが示された．

基本事項その3についても証明をつけておく．

$$(f(x)g(x))'=f'(x)g(x)+f(x)g'(x)$$

この係数を1,1と記す．

$(f(x)g(x))''$
$$=f''(x)g(x)+2f'(x)g'(x)+f(x)g''(x)$$
であるからこの係数も 1, 2, 1 と記すことにする．
$$(f(x)g(x))'''=((f(x)g(x))'')'$$
であるので直接計算を実行し，まとめると
$$=f(x)g(x)'''+3f'(x)g(x)''+3f''(x)g(x)' +f'''(x)g(x)$$
となり，この係数も $(a+b)^3$ の 2 項展開係数 1, 3, 3, 1 と一致する．

一般の証明は数学的帰納法で行なう．($f(x)=f^{(0)}(x)$ とする)
$$\begin{aligned}(f(x)g(x))^{(k+1)}&=\{\textstyle\sum_{r=0}^{k}\ {}_kC_r f^{(k-r)}(x)g^{(r)}(x)\}'\\ &=\textstyle\sum_{r=0}^{k}\ {}_kC_r f^{(k-r+1)}(x)g^{(r)}(x)\\ &\quad +f^{(k-r)}(x)g^{(r+1)}(x))\\ &=f^{(k+1)}(x)g^{(0)}(x)+\textstyle\sum_{r=1}^{k}\ {}_kC_r f^{(k-r+1)}(x)g^{(r)}(x)\\ &\quad +\sum_{r=0}^{k-1}{}_kC_r f^{(k-r)}(x)g^{(r+1)}(x)+f^{(0)}(x)g^{(k+1)}(x)\end{aligned}$$

上式で第 2 項と第 3 項をまとめて (項数が同一である)
$$\sum_{r=1}^{k}({}_kC_r+{}_kC_{r-1})f^{(k-r+1)}(x)g^{(r)}(x)$$
$$=\sum_{r=1}^{k}{}_{k+1}C_r f^{(k+1-r)}(x)g^{(r)}(x),$$

ここで公式 ${}_kC_r+{}_kC_{r-1}={}_{k+1}C_r$ を使った．

ここで第 n 次導関数の簡単な問題を解いてみよう．

> **練習問題**　第 n 次導関数を求めよ．
>
> (a)　$e^{kx}\sin x$　　　(b)　$\dfrac{x}{(1-x)^2}$

(a)の解

第 n 次導関数に関係する問題は初学者がとりつきにくい所がある．**一回か二回微分して見よ，**というのが一つの方法提示である．もちろんすべてがこれでうまくいく訳ではないが．
$$y=e^{kx}\sin x,$$
$$\begin{aligned}y'&=ke^{kx}\sin x+e^{kx}\cos x\\ &=\sqrt{k^2+1}\,e^{kx}\left(\sin x\cdot\frac{k}{\sqrt{k^2+1}}+\cos x\frac{1}{\sqrt{k^2+1}}\right)\\ &=\sqrt{k^2+1}\,e^{kx}\sin(x+\theta).\end{aligned}$$
ここで　$\theta=\mathrm{Sin}^{-1}\dfrac{1}{\sqrt{k^2+1}}$

これをくりかえすのであるから，必要ならば数学的帰納法の援助を借りて
$$y^{(n)}=(\sqrt{k^2+1})^n e^{kx}\sin(x+n\theta)$$
となる．

(b)の解
$$\frac{x}{(1-x)^2}=\frac{x-1}{(1-x)^2}+\frac{1}{(1-x)^2}=-\frac{1}{x-1}+\frac{1}{(x-1)^2}$$

第一項は基本事項のその 2 から，第二項はその一次だけ多い微分として眺めると
$$\begin{aligned}y^{(n)}&=\left\{\frac{x}{(1-x)^2}\right\}^{(n)}\\ &=-\left\{\frac{1}{x-1}\right\}^{(n)}+\left\{-\frac{1}{(x-1)^2}\right\}^{(n)}\\ &=-\frac{(-1)^n n!}{(x-1)^{n+1}}+\frac{(-1)^{n+1}(n+1)!}{(x-1)^{n+2}}\end{aligned}$$

これを整理して答が出る．
$$y^{(n)}=\frac{(-1)^{n+1}n!(x+n-1)}{(x-1)^{n+2}}$$

問題 4—(1)の解　一，二回微分して見よというヒントは以下で示される様にここでも有効である．

$y'=\dfrac{1}{\sqrt{1-x^2}}$ であるから $y'\sqrt{1-x^2}=1$ と書きなおし，もう一度微分してみると
$$y''\sqrt{1-x^2}+y'\frac{(-x)}{\sqrt{1-x^2}}=0,$$
この式の分母をはらって
$$y''(1-x^2)-xy'=0$$
を得る．

そこでライプニッツの定理をこの上式左辺に適用する．上式をさらに n 回微分するのであるが，ライプニッツの定理を適用するとき，$1-x^2$ は 3 回微分すると消えることを念頭において $(f(x)g(x))^{(n)}$ の計算をしなければならぬ．つまり y'' と $1-x^2$ のどちらを $f(x)$ に選ぶかによって結果が複雑になったりするので，ここを見極めなければならない．
$$\begin{aligned}&y^{(n+2)}\times(1-x^2)+{}_nC_1y^{(n+1)}\times(-2x)\\ &\quad+{}_nC_2y^{(n)}\times(-2)\\ &\qquad=xy^{(n+1)}+{}_nC_1y^{(n)}\end{aligned}$$
これをまとめると
$$(1-x^2)y^{(n+2)}-(2n+1)xy^{(n+1)}-n^2y^{(n)}=0$$
となる．この式は $n\geqq 0$ で成立することを注意しておく．

上式に $x=0$ を代入すると
$$y^{(n+2)}(0)=n^2y^{(n)}(0).$$
したがって自然数 n を偶数と奇数の場合にわけて，

n が偶数の時,

$$y^{(n)}(0)=(n-2)^2(n-4)^2\cdots 2^2\cdot y''(0)$$

n が奇数の時,

$$y^{(n)}(0)=(n-2)^2(n-4)^2\cdots 1^2 y'(0)$$

$y'(0)=1$. $y''(0)=0$ が途中で求めた y', y'' を含む2つの式から（又は直接計算によって）求まるから，これを上式に代入して(1)の解は終了した.

問題 4—(1)′ の解　$y=\mathrm{Tan}^{-1}x$ を一回微分して $y'=\dfrac{1}{1+x^2}$ であるが，この両辺に $1+x^2$ を乗じて $(1+x^2)y'=1$ とし，この両辺を $(n-1)$ 回微分し，ライプニッツの定理を適用して

$(1+x^2)y^{(n)}+2x\cdot{}_{n-1}C_1 y^{(n-1)}+2\cdot{}_{n-1}C_2 y^{(n-2)}=0$.

これを整理して問題 4—(1)′ の形を得る. $x=0$ を代入して

$$y^{(n)}(0)+(n-1)(n-2)y^{(n-2)}(0)$$

となり，$(\mathrm{Tan}^{-1}x)'_{x=0}=1$，$(\mathrm{Tan}^{-1}x)''_{x=0}=0$ を使うと

$$y^{(n)}(0)=\begin{cases}(-1)^k(n-1)! & n=2k-1 \text{ は奇数} \\ 0 & n=2k.\end{cases}$$

さて，(1)および(1)′ の目標を $f^{(n)}(0)$ の計算においた. その理由に触れておかねばならない. これは**何故高次導関数が必要であるか**との問いかけに対する解答でもある.

Taylor 展開について

微分法にもっともピッタリの関数は多項式である. $(x^n)'=nx^{n-1}$ で各項の微分計算が容易である上に

$f(x)=a_n x^n+\cdots+a_1x+a_0$ とするとき，

$$a_0=f(0),\ \ a_1=\left(\frac{df}{dx}\right)(0),\ \ 2a_2=\left(\frac{d^2f}{dx^2}\right)(0),$$

$$\cdots,\ \ n!\,a_n=\frac{d^nf}{dx^n}(0)$$

であるから

(1)　$f(x)=f(0)+f'(0)\cdot x+f''(0)/2!\,x^2+\cdots$
$\qquad +f^{(n)}(0)/n!\,x^n$

とも表わされ，一点における高次導関数の値で関数自身が定まる. この事を云い換えると，$n=2$ の時は等加速度運動を表わす2次式であるが，その一般化として初期条件によって関数自体が記述される仕組みを持っている.

多項式関数の一般化として収束巾級数で表わされる関数が考えられる. すなわち

$$F(x)=a_0+a_1x+\cdots+a_nx^n+\cdots=\sum_{i=0}^{\infty}a_ix^i$$

である. この場合右辺が収束する様な x の範囲が関数 F の定義域となる. 実は高校以来勉強して来た初等関数はすべてこの様な性質を持っている. 証明なしにのべるのであるが，e^x, $\sin x$, $\cos x$ は

$$e^x=1+\frac{x}{1!}+\frac{x^2}{2!}+\cdots+\frac{x^n}{n!}+\cdots$$

$$\sin x=x-\frac{x^3}{3!}+\frac{x^5}{5!}-\frac{x^7}{7!}+\frac{x^9}{9!}\cdots$$

$$\cos x=1-\frac{x^2}{2!}+\frac{x^4}{4!}-\frac{x^6}{6!}+\frac{x^8}{8!}+\cdots$$

と表わされる. これらの3つの関数は(1)の拡張形である $\displaystyle\sum_{n=0}^{\infty}\frac{f^{(n)}(0)}{n!}x^n$ の形をしていることがいずれわかる. この様に収束巾級数で表わされた場合，色々な性質がわかって来る. もちろん収束する様な x に限ってではあるが.

$\mathrm{Sin}^{-1}x$，$\mathrm{Tan}^{-1}x$ についてもこの様な展開があり，その係数となる0における n 次導関数の値は問題4の(1)および(1)′によってそれぞれ計算される.

n 回微分可能な関数について第一次，第二次の導関数といえば誰しも速度，加速度とそれぞれ関連させて考えることが出来，その意義は明らかである. しかし，第5次とか第34次の導関数は？と聞かれて答えられる人はいない. 一般的に云って3次以上の個々の導関数について，もはや意味（一般的な）はない. 上の級数展開で見られるように無限回までの導関数の系列から逆に $f(x)$ を再構成することに力点がある.

では一体何故この様に展開する必要があったのか，この問に答えなければならないが，それに答を出すのが大学前期課程の数学教育の目的の1つであると論ずるものである.

前回もすでに述べた所だが，ライプニッツとニュートンによる微分学の発見は当初より微分方程式とからみあっていた. 微分が確立してはじめて微分方程式が考えられるというのもたしかに事実ではあるが，微分方程式をもって運動方程式その他の物理的記述を全うするために微分学が生れて来たとする立場も正しく，かつ弁証法にかなう見方である. 要するに，微分と微分方程式は一方が卵とすると片方はにわとりなのである.

ポアンカレの言葉に“**ニュートンは，微分方程式の解はべき級数の形でかならず解けると信じていた**”とある．ニュートンが2項展開，ニュートン補間法，そして弟子，および孫弟子であるテイラーやマクローリンの仕事の先駆者としての認識を持っていたことは間違いなく，その先に巾級数で表わされる関数の族，いわゆる C^{ω} 級関数の色々な可能性を夢見ていたことも部分的には認められる．そんな微分学の胎動時代に遠く思いをはせながら筆を次の問題に移して行きたい．

問題 4 の(3)と(4)はルジャンドル多項式とラグエル多項式である．(3)の方はほとんどの教科書に載っているので知っている学生が多いはずである．この外にエルミート，ヤコビ等の名をつけた関数がいくつかあるがこれらを総称して直交多項式という．ここにえらんだ2つはあまり知識が無くとも文字通りライプニッツの定理だけによって把握出来るものである．他のものは母関数というものから出発する事もあり，このシリーズが本来大学前期の一年生を読者として想定しているので別の機会に説明する予定である．

問題 4—(2)の解　ここでも，1,2 回の微分を手初めとする．$u=(x^2-1)^n$ とおくと

$$u'=n(x^2-1)^{n-1}2x$$

両辺に (x^2-1) をかけると $(x^2-1)y'=2nxy$ が成立する．

これを $n+1$ 回微分するとライプニッツの定理より

$$(x^2-1)u^{(n+2)}+{}_{n+1}C_1 2xu^{(n+1)}+{}_{n+1}C_2 2u^{(n)}$$
$$=2n(xu^{(n+1)}+{}_{n+1}C_1 u^{(n)})$$

これを整理して

$$(x^2-1)u^{(u+2)}+2xu^{(n+1)}-n(n+1)u^{(n)}=0$$

$u^{(n)}=CP_n(x)$ だから $P_n(x)$ は微分方程式 (C は定数)

$$(x^2-1)y''+2xy'-n(n+1)y=0$$

の解である．

問題4—(4)の解　$L_n(x)=e^x\dfrac{d^n}{dx^n}(x^n e^{-x})$ とし，$w=x^n e^{-x}$ とおく．直接計算によって w は次の微分方程式をみたす．

$$x\frac{dw}{dx}+(x-n)w=0$$

この式を $n+1$ 回 x について微分するとやはりライプニッツの定理によって次式を得る．

$$x\frac{d^2z}{dx^2}+(x+1)\frac{dz}{dx}+(n+1)z=0$$

ここで

$$z=\frac{d^n w}{dx^n}=\frac{d^n}{dx^n}(x^n e^{-x})=e^{-x}L_n(x).$$

これらより直接計算により

$$x\frac{d^2L_n}{dx^2}+(1-x)\frac{dL_n}{dx}+nL_n=0 \quad \cdots ⊛$$

を得る．（前半の証明終り）

$L_n{}^m=\dfrac{d^m}{dx^m}L_n$ をラグエル**同伴多項式**（又は**陪多項式**という）．⊛をm回微分するとここでもライプニッツの定理を使って

$$x\frac{d^2L_n{}^m}{dx^2}+{}_mC_1\frac{dL_n{}^m}{dx}+(1-x)\frac{dL_n{}^m}{dx}$$
$$+{}_mC_1(-1)L_n{}^m+nL_n{}^m=0$$

これを整理して

$$x\frac{d^2L_n{}^m}{dx^2}+(m+1-x)\frac{dL_n{}^m}{dx}+(n-m)L_n{}^m=0$$

となる．ラグエル同伴関数は初等量子力学で基本的な水素原子に対する Schrödinger の方程式の解としてあらわれ，他の類似の原子の場合にも，又気体分子の速度分布にも応用される．
(たとえば S.Sternberg の group theory and physics, Cambridge (1994) p. 192)

ルジャンドルの多項式について，さらにもう一歩進めて見よう．

練習問題 1

① 高々 $n-1$ 次のすべての多項式 $\varphi(x)$ に対して $\int_a^b \varphi(x)\widetilde{P}_n(x)dx=0$ となる n 次の多項式 $\widetilde{P}_n(x)$ がもし存在すれば，それは定数倍を除いてただ一つである．

② 定積分の部分積分法を応用してこの様な $\widetilde{P}_n(x)$ は

$$c\frac{d^n}{dx^n}\{(x-a)^n(x-b)^n\}$$

である．すなわち，$a=-1$，$b=1$ の時，この様な $\widetilde{P}_n(x)$ はルジャンドルの多項式 $P_n(x)$ と定

数倍を除いて一致する．

③ $$P_n(1)=1,\ \ P_n(-1)=(-1)^n$$

④ $$\int_{-1}^{1}P_n(x)^2dx=\frac{2}{2n+1}$$

⑤ $$\int_{-1}^{1}P_n(x)P_n(x)dx=0\quad(m\neq n)$$

練習問題 1—①の解　もし，$\widetilde{P}_n(x)$ と $\widetilde{\widetilde{P}}_n(x)$ が①の条件をみたす 2 つの多項式とする．c を選んで $\varphi(x)=\widetilde{P}_n(x)-c\,\widetilde{\widetilde{P}}_n(x)$ が高々 $n-1$ 次の多項式であるようにとる．$\int_a^b(\widetilde{P}_n(x)-c\,\widetilde{\widetilde{P}}_n(x))\varphi(x)dx=0$，したがって $\int_a^b\varphi^2(x)dx=0$，$\varphi(x)$ は多項式であるから $\varphi(x)\equiv 0$．よって $\widetilde{P}_n(x)=c\,\widetilde{\widetilde{P}}_n(x)$．

（①の解終了）

練習問題 1—②の解　まず定積分の部分積分法の公式を記しておく．

公式

$$\int_a^b f'(x)g(x)dx$$
$$=[f(x)g(x)]_a^b-\int_a^b f(x)g'(x)dx$$

ここで $f(x)$，$g(x)$ は $[a,b]$ で C^1 級とする．

$\widetilde{P}_n(x)$ は n 次の多項式だからある $2n$ 次多項式 $F(x)$ の第 n 次導関数 $F^{(n)}(x)$ としてよい．したがって①の条件より

$$0=\int_a^b\varphi(x)\widetilde{P}_n(x)dx=\int_a^b\varphi(x)F^{(n)}(x)dx$$
$$=[\varphi(x)F^{(n-1)}]_a^b-\int_a^b\varphi'(x)F^{(n-1)}(x)dx$$
$$=\cdots=[\varphi F^{(n-1)}-\varphi'F^{(n-2)}+\cdots\pm\varphi^{(n-1)}F]_a^b$$

この条件をみたすには，

$F(a)=F(b)=0$，$F'(a)=F'(b)=0$，…，

$F^{(n-1)}(a)=F^{(n-1)}(b)=0$

なら十分であり，それをみたす関数は $F(x)=(x-a)^n(x-b)^n$ として得られる．

区間が $[-1,1]$ の場合には

$$P_n(x)=\frac{1}{2^nn!}\frac{d^n}{dx^n}(x^2-1)^n$$

としてよい．問題 4—(2)の出発点がこの様にして得られたのである．（係数の $\frac{1}{2^nn!}$ は別の理由があってこの様にするのが普通である）

上の $P_n(x)$ の定義において $(x^2-1)^n=(x+1)^n(x-1)^n$ とし，ライプニッツの定理を適用すると

$$P_n(x)=\frac{1}{2^nn!}\left\{\frac{d(x-1)^n}{dx^n}(x+1)^n+n\frac{d^{n-1}(x-1)^n}{dx^{n-1}}\frac{d(x+1)^n}{dx}+\cdots+(x-1)^n\frac{d^n(x+1)^n}{dx^n}\right\}$$

でこの $n+1$ 項のうち最初と最後以外は $(x-1)(x+1)$ で割れるから

$$P_n(x)=\frac{1}{2^n}(x+1)^n+\frac{1}{2^n}(x-1)^n+(x+1)(x-1)G(x).$$

ここで $G(x)$ はある多項式を表わす．この式より③の 2 つの式：$P_n(1)=1$，$P_n(-1)=(-1)^n$ は明らかである．練習問題③の解了．

④と⑤のうち⑤は①～②の説明によって明らかである．したがって④だけを証明する．

定積分の部分積分法によって次式が成立する．

$$[P_n(x)P_{n+1}(x)]_{-1}^{1}$$
$$=\int_{-1}^{1}P_n'(x)P_{n+1}(x)dx+\int_{-1}^{1}P_nP_{n+1}(x)Y'dx.$$

よって③の結果により，又 $P_n'(x)$ は $P_{n+1}(x)$ より次数が少いので(1)より

$$2=\int_{-1}^{1}P_n(x)P_{n+1}'(x)dx.$$

$P_n(x)=\frac{1}{2^nn!}\frac{d^n}{dx^n}(x^2-1)^n$ は x について n 次の多項式であり，その最高次の項 x^n の係数は x^{2n} の微分の係算より

$$\frac{1}{2^nn!}\times 2n(2n-1)\cdots(n+1),$$

したがって $P_{n+1}'(x)$ における x^n の係数は

$$\frac{2(n+1)(2n+1)\cdots(n+2)}{2^{n+1}(n+1)!}(n+1)$$

となり，$P_{n+1}'(x)=(2n+1)P_n(x)+Q(x)$

とすると $Q(x)$ は $n-1$ 次以下の多項式であり，

$$2=\int_{-1}^{1}P_nP_{n+1}'\,dx=(2n+1)\int_{-1}^{1}P_n^2(x)\,dx$$

よって　$\displaystyle\int_{-1}^{1}P_n^2dx=\frac{2}{2n+1}$

となる．

上の解は $P_n(x)$ の色々な性質を使っていて面白いが初学者にはとっつきにくい面がある．次の解は少し違った感じのするもので，参考のため記しておく．

練習問題 2

① $\displaystyle I_n=\int_{-1}^{1}x^nP_n(x)\,dx=\frac{2\cdot n!}{1\cdot3\cdots(2n+1)}$

（部分積分法のくりかえしによって計算すること）

② $\displaystyle J_n=\int_{-1}^{1}P_n^2(x)\,dx=\frac{2}{2n+1}$

（①の結果を使う）

①の解．$\displaystyle I_n=\frac{1}{2^nn!}\left[x^nD^{n-1}(x^2-1)^n\right]_{-1}^{1}$

$$-\frac{n}{2^nn!}\int_{-1}^{1}x^{n-1}D^{n-1}(x^2-1)^ndx,$$

ここで $\displaystyle D^{n-1}=\frac{d^{n-1}}{dx^{n-1}}$．$D^l(x^2-1)^n$ は $l<n$ のとき，$x=\pm1$ で 0 であるから

$$I_n=-\frac{n}{2^nn!}\int_{-1}^{1}x^{n-1}\{D^{n-2}(x^2-1)^n\}'dx$$

$$=-\frac{n(n-1)}{2^nn!}\int_{-1}^{1}x^{n-2}\{D^{n-3}(x^2-1)^n\}'dx\cdots$$

$$=\frac{(-1)^nn!}{2^nn!}\int_{-1}^{1}(x^2-1)^ndx$$

$$=\frac{1}{2^n}\int_{-1}^{1}(1-x^2)^ndx$$

この積分は色々な方法で計算出来るが高校生にでも出来る方法として $(1-x^2)^n=(1+x)^n(1-x)^n$ として，ふたたび部分積分法で計算しよう．

$$=\frac{1}{2^n}\int_{-1}^{1}(1-x)^n(1+x)^ndx$$

$$=\frac{1}{2^n}\left[(1-x)^n(1+x)^{n+1}/n+1\right]_{-1}^{1}$$

$$+\frac{1}{2^n}\frac{n}{n+1}\int_{-1}^{1}(1-x)^{n-1}(1+x)^{n+1}dx$$

$$=\frac{1}{2^n}\frac{n}{n+1}\int_{-1}^{1}(1-x)^{n-1}(1+x)^{n+1}dx$$

この方法をつづけていって

$$=\frac{1}{2^n}\frac{n(n-1)\cdots2\cdot1}{(n+1)(n+2)\cdots(2n-1)2n}\int_{-1}^{1}(1+x)^{2n}dx$$

$$=\frac{2\cdot n!}{(2n+1)(2n-1)\cdots5\cdot3\cdot1}$$

$\displaystyle=\frac{2\cdot n!}{(2n+1)!!}$．（!! は１つおきの階乗を示す記号）

②の解　$\displaystyle\int_{-1}^{1}P_n^2(1)\,dx=\int_{-1}^{1}\frac{(2n)!}{2^n(n!)^2}x^nP_n(x)\,dx$

$$=\frac{2}{2n+1}.$$

ルジャンドルの多項式はルジャンドル球関数と呼ばれることが多い．直交多項式の名など色々深いわけがあるがここでは説明を割愛する．この様な関数を総称して特殊関数というが，その深い内容にまでこのシリーズが触れるわけではない．道具となっているライプニッツの定理の使い方が分かればそれで良いとするものである．

§ 5 ベクトル値関数の微分，空間曲線の曲率，捩率とフレネの公式

問題 5

(1) デカルトの葉線 $x^3+y^3-3axy=0$ をつぎの二つの方法でパラメータ曲線 $x=\varphi(t)$, $y=\psi(t)$ として表せ．

(i) t として平面の極座標の第 2 変数 θ をとる．

(ii) 原点を通る直線 $y=tx$ と葉線との交点の座標を $x=\varphi(t)$, $y=\psi(t)$ と表わす．

(2) $y=f(t)$, $x=g(t)$ がどちらも C^1 級の関数であるとき，合成関数 $y=f(g(t))$ についての 2 次，3 次の微分に関する次の等式が成立する様に四角を埋めよ．解に至るプロセスも記せ．

$$\frac{d^2y}{dt^2}=\frac{d^2y}{dx^2}\boxed{(イ)}+\frac{dy}{dx}\cdot\boxed{(ロ)}$$

$$\frac{d^2y}{dt^3}=\frac{d^3y}{dx^3}\boxed{(ハ)}+\boxed{(ニ)}\frac{d^2y}{dx^2}\cdot\frac{d^2x}{dt^2}\boxed{(ホ)}+\frac{dy}{dx}\boxed{(ヘ)}$$

(3) 3 つの C^2 級関数 $x=f(t)$, $y=g(t)$, $z=h(t)$ について次のラグランジュ恒等式が成立することを

(i) 直接展開して， (ii) **グラミアン**(グラムの行列式)によって，

の二様の方法で示せ．

$$(x'^2+y'^2+z'^2)(x''^2+y''^2+z''^2)-(x'x''+y'y''+z'z'')=\begin{vmatrix}y' & z'\\ y'' & z''\end{vmatrix}^2+\begin{vmatrix}z' & x'\\ z'' & x''\end{vmatrix}^2+\begin{vmatrix}x' & y'\\ x'' & y''\end{vmatrix}^2$$

(4) 空間の曲線 $x=a\cos t \quad y=a\sin t \quad z=bt$

($a>0$, $b\neq 0$ は定数，$t\in(-\infty,\infty)$) について

この曲線の曲率，捩率を求めよ．(これらの定義は曲率の項で導入する．)

問題を解く前にベクトル値関数についてすこしのべておく．通常の関数は変数 x と従属変数 y との間の関係で，$y=f(x)$ などと表わすが，それの一般化として，変数はやはり 1 つ，(通常 t で表すとする) しかし，従属変数は n 個，すなわち $x_i=f_i(t)$ $(i=1,\cdots,n)$ を考えよう．これは又 n 項数ベクトルの形をとって $\boldsymbol{x}(t)=(x_1(t),\cdots,x_n(t))$ と表すことが出来る．これがベクトル値関数である．さて，n 項数ベクトルは力学における力の様なベクトルを表わすと同時に，そのベクトルを代表する有向線分の始点を原点に固定して，その端点である点を表示するものとも考えられる．したがってベクトル値関数は n 次元空間における曲線と同一視出来るのである．大学の前期課程では関数の一般化として多変数の関数，さらには n 次元空間を m 次元空間へ写す写像の概念が導入される．この一般形の理解のためには，2 変数，3 変数の関数の学習と同時に 2, 3 次元空間のベクトル値関数，すなわちこれらの空間における曲線などへの習熟が必要なのである．

(1)の解 平面の極座標 $x=r\cos\theta, y=r\sin\theta$ を代入するとデカルトの葉線の式は

$$r^2(r\cos^3\theta+r\sin^3\theta-3a\cos\theta\sin\theta)=0$$

したがって $r=\dfrac{a\cos\theta\sin\theta}{\cos^3\theta+\sin^3\theta}$ となりこの式を極座標の定義式に代入して

$$x=\frac{a\cos^2\theta\sin\theta}{\cos^3\theta+\sin^3\theta},\quad y=\frac{a\cos\theta\sin^2\theta}{\cos^3\theta+\sin^3\theta}$$

となる．これが(i)の解である．

一方 $y=tx$ を葉線の定義式に代入すると

$$x^2(t^3x+x-3at)=0$$

であるから $x=\dfrac{3at}{t^3+1}$, $y=\dfrac{3at^2}{t^3+1}$ となる．これが(ii)の解である．

これらふたつのパラメータ表示のどちらが使いやすいかは利用する立場によって違う．この曲線のグラフは次の図の様になるが，この囲いこまれた部分の面積を計算するためには(i)よりも(ii)を使う方が簡単である．この演習シリーズではとりあげないが重積分の問題である．(1)の解了．

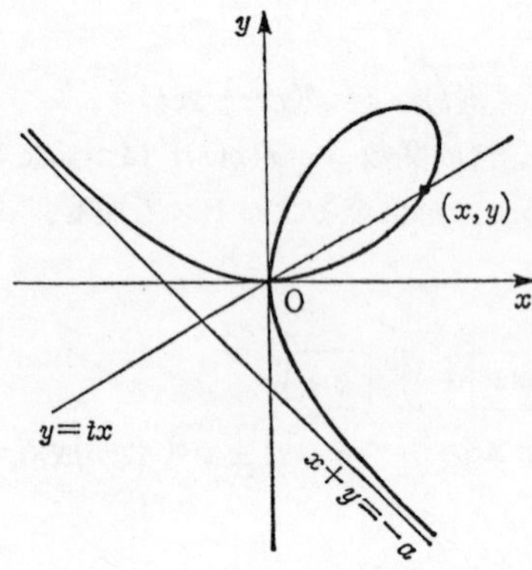

(2)の解　この問題は一般理工学部学生にとってやさしいはずであるのに出来がわるい種類に属する．永年教えて来た関西のO大とK大のどちらでも，意外に点がとれない．まず一次微分について，合成関数の微分法の公式は教科書通り，

$$\frac{dy}{dt}=\frac{dy}{dx}\frac{dx}{dt} \qquad ☆$$

である．この両辺を t で微分するのであるが，

$$\frac{d^2y}{dt^2}=\frac{d^2y}{dx^2}\left(\frac{dx}{dt}\right)^2+\frac{dy}{dx}\frac{d^2x}{dt^2} \qquad ☆☆$$

となり，したがって(イ)は $\left(\dfrac{dx}{dt}\right)^2$，(ロ)は $\dfrac{d^2x}{dt^2}$ である．これを試験問題としてみるとかなり正解は多いのだが，解答だけを記入する方針では学生の力がはっきり表われない例としてこの問題を出してみたのである．

まず☆を変数 t で微分しなければならない．関数の積の微分法，すなわち $(fg)'=f'g+fg'$ を使って計算するにあたり非常に沢山の学生が次の様に運算する．

$\dfrac{d^2y}{dt^2}=\dfrac{d^2y}{dtdx}\dfrac{dx}{dt}+\dfrac{dy}{dx}\dfrac{d^2x}{dt^2}$，そこで上の問題と比較して $=\dfrac{d^2y}{dx^2}\left(\dfrac{dx}{dt}\right)^2+\dfrac{dy}{dx}\dfrac{d^2x}{dt^2}$ にたどりつくのである．問題は $\dfrac{d^2y}{dtdx}$ にある．こんな表記法は世の中に存在しないのである．$\dfrac{dy}{dx}$ は y を x の関数として微分したものだが，それを t で微分するためには $\dfrac{dy}{dx}$ に $x=g(t)$ を代入して得た合成関数を t で微分しなければならず，それをこの様な形での簡略記述はしないのである．

$\dfrac{d^2y}{dtdx}$ ではなく $\dfrac{d^2y}{dx^2}\dfrac{dx}{dt}$ と記さねばならないのである．こんなことは2次微分あるいは高次微分の授業ではどんな教官も手短かく述べるので，学生はつい見逃がしてしまうのである．しかし，試験の為一通り勉強を整理する際にこの事に気がつかないのはsenselessに近い．まったく同様のことが第2次偏微分係数の変数変換でもおこって来る．一変数のうちから注意しておかなければ先に行ってからはずかしい目にあう．第3次導関数についてはまったく同様の操作のくりかえしによって次の様になる．

$$\begin{aligned}\frac{d^3y}{dt^3}&=\frac{d^3y}{dx^3}\frac{dx}{dt}\left(\frac{dx}{dt}\right)^2+\frac{d^2y}{dx^2}\cdot 2\left(\frac{dx}{dt}\cdot\frac{d^2x}{dt^2}\right)\\&\quad+\frac{d^2y}{dx^2}\frac{dx}{dt}\frac{d^2x}{dt^2}+\frac{dy}{dx}\frac{d^3x}{dt^3}\\&=\frac{d^3y}{dx^3}\left(\frac{dx}{dt}\right)^3+3\frac{d^2y}{dx^2}\frac{dx}{dt}\frac{d^2x}{dt^2}+\frac{dy}{dx}\frac{d^3x}{dt^3}\end{aligned}$$

すなわち，(ハ)は $\left(\dfrac{dx}{dt}\right)^3$ (ニ)は3，(ホ)は $\dfrac{dx}{dt}$，(ヘ)は $\dfrac{d^3x}{dt^3}$ である．

(3)の解　(i)　直接計算するにはまず右辺を計算して，

$$(y'z''-y''z')^2+(z'x''-z''x')^2+(x'y''-x''y')^2$$

となる．これを展開すると $(y')^2(z'')^2$ の様な2乗の項が右辺に6項あるが左辺の第一項には2乗の積が9つあり，そのうち，第2項の3つの2乗項と消し合うものを除くと右辺のそれと一致する．残った $-2x'x''y'y''$ などの項も両辺に3つずつあって一致する．この様に計算してイコールになってもただそれだけであり，何らの観察も出来ない．(ii)へ移る．

(ii)の解法を概略のべておく．2行3列の行列，

$A=\begin{pmatrix} x' & y' & z' \\ x'' & y'' & z'' \end{pmatrix}$ をとり，グラミアン $|A^tA|$ を計算する（^tA の定義は下にある）．一般に (m, n) 行列 A と (n, m) 行列 B $(m<n)$ の積 AB の行列式について，$|AB|=\sum_{(i_1\cdots i_m)}|A(i_1i_2\cdots i_m)|B(i_1i_2\cdots i_m)|$ が成立する．ここに $A(i_1\cdots i_m)$ は A の第 i_1 第 i_2 … 第 i_m 列 $(i_1\leqq i_2\leqq\cdots\leqq i_m)$ からなる小行列式 $B(i_1\cdots i_m)$ は第 i_1 行，第 i_2 行，…，第 i_m 行からなる小行列式である．この性質を適用すると上の $|A^tA|$ は(3)の主張をみたすのである．

さて(ii)の解法というよりはその結果を（ある理由があって）もう一つつけ加えよう．3 次元空間に 2 つのベクトル $\boldsymbol{a}=(a_1, a_2, a_3)$，$\boldsymbol{b}=(b_1, b_2, b_3)$ をとり，この 2 つのベクトルが定める平行四辺形の面積を計算してみると $|\boldsymbol{a}||\boldsymbol{b}|\sin\theta$ となる．ここで $|\boldsymbol{a}|$ はベクトル $\boldsymbol{a}$ の長さ，θ は 2 つのベクトルを代表する有向線分の間の角である．内積を使って変形すると

$$\begin{aligned}|\boldsymbol{a}|^2|\boldsymbol{b}|^2\sin^2\theta&=|\boldsymbol{a}|^2|\boldsymbol{b}|^2-|\boldsymbol{a}|^2|\boldsymbol{b}|^2\cos^2\theta\\&=|\boldsymbol{a}|^2|\boldsymbol{b}|^2-(\boldsymbol{a}, \boldsymbol{b})^2\\&=(a_1^2+a_2^2+a_3^2)(b_1^2+b_2^2+b_3^2)\\&\quad-(a_1b_1+a_2b_2+a_3b_3)^2\end{aligned}$$

もちろんこれは，$(a_1b_2-a_2b_1)^2+(a_1b_3-a_3b_1)^2+(a_2b_3-a_3b_2)^2$ と一致するのである．大切なのは問題(3)の恒等式の左辺が平行四辺形の面積と関係があることなのである．　解了

すこし寄り道． 問題の解法から，すこしはなれて，**不変式**という話に寄り道したい．面積，長さ，角は内積で表わされることを思い出しながら内積を不変にする一次変換，すなわち直交変換の概念を導入しよう．3 行 3 列の実行列

$$A=\begin{pmatrix} a_{11} & a_{12} & a_{13} \\ a_{21} & a_{22} & a_{23} \\ a_{31} & a_{32} & a_{33} \end{pmatrix}$$ が $^tAA=E$ をみたす時

A を**直交行列**という．ここで ^tA は A の**転置行列**，E は**単位行列**である．直交行列はベクトルの長さ，2 つのベクトルの内積を保存する．くわしくいうと，

$\boldsymbol{X}={}^t(x_1, x_2, x_3)$　$\boldsymbol{Y}={}^t(y_1, y_2, y_3)$ とするとき，

$\widetilde{\boldsymbol{X}}=A\boldsymbol{X}$，$\widetilde{\boldsymbol{Y}}=A\boldsymbol{Y}$ について

$$(\widetilde{\boldsymbol{X}}={}^t(\widetilde{x_1}, \widetilde{x_2}, \widetilde{x_3}),\ \ \widetilde{\boldsymbol{Y}}={}^t(\widetilde{y_1}, \widetilde{y_2}, \widetilde{y_3}))$$

$(\widetilde{\boldsymbol{X}}, \widetilde{\boldsymbol{Y}})=(\boldsymbol{X}, \boldsymbol{Y})$ すなわち

$$\widetilde{x_1}\widetilde{y_1}+\widetilde{x_2}\widetilde{y_2}+\widetilde{x_3}\widetilde{y_3}=x_1y_1+x_2y_2+x_3y_3,$$

とくに $\boldsymbol{X}=\boldsymbol{Y}$ の時

$$(\widetilde{x_1})^2+(\widetilde{x_2})^2+(\widetilde{x_3})^2=x_1^2+x_2^2+x_3^2$$

をみたす．直交変換は実は回転と折りかえしの合成であることが示されるがその説明はしない．

さて曲線 $\widetilde{\boldsymbol{X}}(t)$ にもどる．3 次元空間に直交座標系 (x_1, x_2, x_3) をとり，

$$\text{合同変換}\ \ \boldsymbol{X}^*=A\boldsymbol{X}+\boldsymbol{b}=\widetilde{\boldsymbol{X}}+\boldsymbol{b}$$

を考え，曲線 $\boldsymbol{X}(t)=(x_1(t),\ x_2(t),\ x_3(t))$ に作用させよう．すなわち

$$(1)\quad \begin{pmatrix} x_1^*(t) \\ x_2^*(t) \\ x_3^*(t) \end{pmatrix}=\begin{pmatrix} a_{11} & a_{12} & a_{13} \\ a_{21} & a_{22} & a_{23} \\ a_{31} & a_{32} & a_{33} \end{pmatrix}\begin{pmatrix} x_1(t) \\ x_2(t) \\ x_3(t) \end{pmatrix}+\begin{pmatrix} b_1 \\ b_2 \\ b_3 \end{pmatrix}$$

は元の曲線 $\boldsymbol{X}(t)$ を適当な回転，折りかえし，平行移動の合成でうつしたものとする．両辺を変数 t で微分すると，

$$(2)\quad \begin{pmatrix} (x_1^*)'(t) \\ (x_2^*)'(t) \\ (x_3^*)'(t) \end{pmatrix}=\begin{pmatrix} a_{11} & a_{12} & a_{13} \\ a_{21} & a_{22} & a_{23} \\ a_{31} & a_{32} & a_{33} \end{pmatrix}\begin{pmatrix} x_1'(t) \\ x_2'(t) \\ x_3'(t) \end{pmatrix}$$

となる．$\boldsymbol{X}(t)$ は曲線を表わすがその微分 $\boldsymbol{X}'=\left(\dfrac{dx_1}{dt},\ \dfrac{dx_2}{dx},\ \dfrac{dx_3}{dt}\right)$ は

$$\lim_{\Delta t\to 0}\left(\frac{x_1(t+\Delta t)-x_1(t)}{\Delta t},\ \frac{x_2(t+\Delta t)-x_2(t)}{\Delta t},\ \frac{x_3(t+\Delta t)-x_3(t)}{\Delta t}\right)$$ と表わされ

$$\text{有向線分}\ \overrightarrow{\boldsymbol{X}(t)\boldsymbol{X}(t+\Delta t)}$$

の極限であるから曲線上の点における接ベクトルと考えられる．（向きは t の増加する方向）

次の命題にまず留意しよう．

命題　曲線 $\boldsymbol{X}(t)$ を 3 次元空間の合同変換でうつした曲線を $\boldsymbol{X}^*(t)$ とするとき，$\boldsymbol{X}(t)$ に関するラグランジュ恒等式の右(左)辺は $\boldsymbol{X}^*(t)$ に関するラグランジュ恒等式の右(左)辺と一致する．

解　(2)より，

$$\begin{aligned}&((x_1^*)')^2+((x_2^*)')^2+((x_3^*)')^2\\&=(x_1')^2+(x_2')^2+(x_3')^2\end{aligned}$$

又(2)をもう一度微分して，

$$(3)\quad \begin{pmatrix} (x_1^*)''(t) \\ (x_2^*)''(t) \\ (x_3^*)''(t) \end{pmatrix}=\begin{pmatrix} a_{11} & a_{12} & a_{13} \\ a_{21} & a_{22} & a_{23} \\ a_{31} & a_{32} & a_{33} \end{pmatrix}\begin{pmatrix} x_1''(t) \\ x_2''(t) \\ x_3''(t) \end{pmatrix}$$

を得るので

$$(4)\quad ((x_1^*)''^2+((x_2^*)'')^2+((x_3^*)'')^2$$

$$=(x_1'')^2+(x_2'')^2+(x_3'')^2$$

を得る．(3)と(4)より

$$(x_1^*)'(x_1^*)''+(x_2^*)'(x_2^*)''+(x_3^*)'(x_3^*)''$$
$$=x_1'x_1''+x_2'x_2''+x_3'x_3''$$

が初等的にみちびかれる．これらから結論はただちに出る．解了．

曲率　ラグランジュ恒等式の両辺は曲線を合同変換しても変らない性質を持っているが実は(2)で調べた様にパラメータの変換でまったく変ってしまう．したがってパラメータを自然なものにえらぶことによって幾何学的量をつくりたい．そこで曲線の長さに目をつける．平面曲線の長さ s は，微積分の教科書にあり，

$$ds=\sqrt{\left(\frac{dx}{dt}\right)^2+\left(\frac{dy}{dt}\right)}\,dt$$

を満している．まったく同様にして C^1 級の空間曲線 $(x_1(t), x_2(t), x_3(t))$ $t\in[a, b]$ の弧長 s は

$$ds=\sqrt{\left(\frac{dx_1}{dt}\right)^2+\left(\frac{dx_2}{dt}\right)^2+\left(\frac{dx_3}{dt}\right)^2}\,dt$$

を満している．曲線上の一点より 2 つの方向のどちらか一方へパラメータとして s を使って表わすと，積分の変数変換により，$\left(\frac{dx_1}{ds}\right)^2+\left(\frac{dx_2}{ds}\right)^2+\left(\frac{dx_3}{ds}\right)^2=1$ を得る．これを s で微分すると

$$(5)\quad 2\left(\frac{dx_1}{ds}\frac{d^2x_1}{ds^2}+\frac{dx_2}{ds}\frac{d^2x_2}{ds^2}+\frac{dx_3}{ds}\frac{d^2x_3}{ds^2}\right)=0$$

となり，結局パラメータとして弧長 s をとったときラグランジュ恒等式は

$$\left(\frac{d^2x_1}{ds^2}\right)^2+\left(\frac{d^2x_2}{ds^2}\right)^2+\left(\frac{d^2x_3}{ds^2}\right)^2$$
$$=\begin{vmatrix}\frac{dx_1}{ds} & \frac{dx_2}{ds}\\ \frac{d^2x_1}{ds^2} & \frac{d^2x_2}{d^2s_2}\end{vmatrix}^2+\begin{vmatrix}\frac{dx_2}{ds} & \frac{dx_3}{ds}\\ \frac{d^2x_2}{ds^2} & \frac{d^2x_3}{ds^2}\end{vmatrix}^2+\begin{vmatrix}\frac{dx_3}{ds} & \frac{dx_1}{ds}\\ \frac{d^2x_3}{ds^2} & \frac{d^2x_1}{ds^2}\end{vmatrix}^2$$

の形になってしまう．

この式の平方根 $(\geqq 0)$ を曲線 $x_1=x_1(s)$，$x_2=x_2(s)$，$x_3=x_3(s)$ の s における**曲率**といい，κ（ギリシャ文字**カッパー**）であらわす．空間曲線の曲率は見かけ上，上の 2 つの表現を持つことを注意せねばならない．

数学と力学で使うために，曲率の幾何学的意味を調べよう．弧長 s でパラメータが入っているといっても向きは 2 つある．s が増加する方向とその逆方向ははっきり区別しなければならない．

$\left(\frac{dx_1}{ds}, \frac{dx_2}{ds}, \frac{dx_3}{ds}\right)$ はベクトルとしてその曲線の一点で接し，s の増える方向を向いた有向線分で代表される．この有向線分は長さが 1 である．これを $\boldsymbol{i}(s)$ で表わす．式(5)より $\left(\frac{d^2x_1}{ds^2}, \frac{d^2x_2}{ds^2}, \frac{d^2x_3}{ds^2}\right)$ の方向はもし零ベクトルでないならば $\boldsymbol{i}(s)$ のそれとは直交する有向線分で代表される．この有向線分と同じ方向の長さ 1 のベクトルを $\boldsymbol{j}(s)$ と記す．$\boldsymbol{j}(s)$ の向きが曲線のどちら側に向いているかを次の例を参考に理解して欲しい．

例　半径 1 の球面で大円をとって弧長でパラメータを入れる．向きがどちらであっても $\boldsymbol{j}(s)$ は始点が $\boldsymbol{x}(s)$，終点が球の中心である有向線分が代表するベクトルである．

解　一般の空間曲線 $\boldsymbol{x}(s)$ に対して接ベクトル $\frac{d\boldsymbol{x}}{ds}=\left(\frac{dx_1}{ds}, \frac{dx_2}{ds}, \frac{dx_3}{ds}\right)$ の球面表示を次の様に導入する．座標原点を始点とし，$\frac{d\boldsymbol{x}}{ds}$ を代表する有向線分の終点は半径 1 の球面上にあり，s と共に球面上の 1 つの曲線上を動く，$\frac{d\boldsymbol{x}}{ds}$ のつくる曲線を考えるのである．$\frac{d^2\boldsymbol{x}}{ds^2}$ はこの球面表示の曲線の接ベクトルになる．

単位球面上の大円 $\boldsymbol{X}(s)$ の接ベクトル $\frac{d\boldsymbol{X}(s)}{ds}$ の球面表示は $\boldsymbol{X}\left(s+\frac{\pi}{2}\right)$ と一致する．そこでの単位接ベクトルはもとの点で球面の内側向けの単位法線ベクトルと一致する．　　解了．

つまり $\boldsymbol{j}(s)$ はまがりの内側向き，（上の例は平面曲線の場合であるが多少変形しても同様だから）ただ内側の意味はあいまいであるが大体の目安をあたえた．

さて曲線上の点 $\boldsymbol{x}(s)$ に，$\boldsymbol{i}(s)$, $\boldsymbol{j}(s)$ ともう一つ $\boldsymbol{k}(s)$ をつけ加えて，右手系の正規直交基を attach する．（正規直交とは 3 つのベクトルがどれも長さ 1 でたがいに直交していることを指す）つぎの公式はフレネの公式とよばれている．

公式 $\begin{cases} \text{(a)} \quad \dfrac{d\boldsymbol{i}(s)}{ds} = \varkappa \boldsymbol{j}(s) \\ \text{(b)} \quad \dfrac{d\boldsymbol{j}(s)}{ds} = -\varkappa \boldsymbol{i}(s) + \tau \boldsymbol{j}(s) \\ \text{(c)} \quad \dfrac{d\boldsymbol{k}(s)}{ds} = -\tau \boldsymbol{j}(s) \end{cases}$

ここで $\varkappa$ は曲率，τ は次の説明で明らかになる量で，捩率（れいりつ）と呼ばれるものである．曲線は C^3 級を仮定しておく．

公式の証明 公式の(a)は $\boldsymbol{j}(s)$ と $\varkappa$ の定義からあきらかだが説明をつける．$\boldsymbol{j}(s)$ は $\dfrac{d\boldsymbol{i}(s)}{ds}$ すなわち $\left(\dfrac{d^2x_1}{ds^2}, \dfrac{d^2x_2}{ds^2}, \dfrac{d^2x_3}{ds^2}\right)$ を成分とするベクトルと同一方向の長さ1のベクトルである．$\dfrac{d\boldsymbol{j}(s)}{ds}$ の長さは $\left(\left(\dfrac{d^2x_1}{ds^2}\right)^2 + \left(\dfrac{d^2x_2}{ds^2}\right)^2 + \left(\dfrac{d^2x_3}{ds^2}\right)^2\right)^{\frac{1}{2}}$ であり，$\varkappa$ と一致する．

次に公式の(b)より先に(c)の説明をする．まず，$\dfrac{d\boldsymbol{k}(s)}{ds}$ は $\boldsymbol{i}(s)$ と $\boldsymbol{k}(s)$ に直交していることを示す．これは内積の計算による．

$$\left(\frac{d\boldsymbol{k}(s)}{ds}, \boldsymbol{i}(s)\right) = \frac{d}{ds}(\boldsymbol{k}(s), \boldsymbol{i}(s)) - \left(\boldsymbol{k}(s), \frac{d\boldsymbol{i}(s)}{ds}\right)$$
$$= 0 - \varkappa(\boldsymbol{k}(s), \boldsymbol{j}) = 0.$$
$$\left(\frac{d\boldsymbol{k}(s)}{ds}, \boldsymbol{k}(s)\right) = \frac{1}{2}\frac{d}{ds}(\boldsymbol{k}(s), \boldsymbol{k}(s)) = 0$$
$$((\boldsymbol{k}(s), \boldsymbol{k}(s)) = 1 \text{ だから})$$

よって $\dfrac{d\boldsymbol{k}(s)}{ds} = -\tau(s)\boldsymbol{j}(s)$ とおくことが出来る．**これが $\boldsymbol{\tau(s)}$ の定義である．** (b)については

$$\frac{d\boldsymbol{j}(s)}{ds} = A\boldsymbol{i}(s) + B\boldsymbol{j}(s) + C\boldsymbol{k}(s)$$

とおいて，まず $B=0$ は $\left(\dfrac{d\boldsymbol{j}(s)}{ds}, \boldsymbol{j}(s)\right) = B = 0$ から出る．A の値は

$$\left(\frac{d\boldsymbol{j}(s)}{ds}, \boldsymbol{i}(s)\right)$$
$$= \frac{d}{ds}(\boldsymbol{j}(s), \boldsymbol{i}(s)) - \left(\boldsymbol{j}(s), \frac{d\boldsymbol{i}(s)}{ds}\right)$$
$$= 0 - \varkappa = -\varkappa.$$

C の値は $\boldsymbol{k}(s)$ との内積を計算して

$$\left(\frac{d\boldsymbol{j}(s)}{ds}, \boldsymbol{k}(s)\right)$$
$$= \frac{d}{ds}(\boldsymbol{j}(s), \boldsymbol{k}(s)) - \left(\boldsymbol{j}(s), \frac{d\boldsymbol{k}(s)}{ds}\right)$$
$$= 0 - (-\tau) = \tau.$$

解了．

さて $\varkappa$ と τ の値について次の公式をかかげよう．

公式 $\begin{cases} \text{(d)} \quad \varkappa = \sqrt{\left(\dfrac{dx_1}{ds}\right)^2 + \left(\dfrac{dx_2}{ds}\right)^2 + \left(\dfrac{dx_3}{ds}\right)^2} \\ \text{(e)} \quad \tau = \dfrac{\begin{vmatrix} x_1' & x_2' & x_3' \\ x_1'' & x_2'' & x_3'' \\ x_1''' & x_2''' & x_3''' \end{vmatrix}}{\varkappa^2} \end{cases}$

（ダッシュは s による微分を表わす．）

(e)の説明

フレネの公式を使うと，右辺の分子は $\boldsymbol{i}$ の成分 (α, β, γ)，$\boldsymbol{j}$ の成分 (l, m, n)，$\boldsymbol{k}$ の成分を (λ, μ, ν) としたとき

(e)の右辺の分子＝

$$\begin{vmatrix} \alpha & \beta & \gamma \\ \varkappa l & \varkappa m & \varkappa n \\ \varkappa' l + (-\varkappa^2\alpha) + \varkappa\tau\lambda & \varkappa' m + (-\varkappa^2\beta) + \varkappa\tau\mu & \varkappa' n + (-\varkappa^2\gamma) + \varkappa\tau\nu \end{vmatrix}$$

$= \varkappa^2\tau \begin{vmatrix} \alpha & \beta & \gamma \\ l & m & n \\ \lambda & \mu & \nu \end{vmatrix} = \varkappa^2\tau$，ここで $\boldsymbol{i}, \boldsymbol{j}, \boldsymbol{k}$ は右手系であるから $\begin{vmatrix} \alpha & \beta & \gamma \\ l & m & n \\ \lambda & \mu & \nu \end{vmatrix} = 1$ である．

フレネの公式などは高木貞治の解析概論（岩波）に出ている．このノートとは記号が少し違う．

命題 曲線 $\boldsymbol{x}(s)$ が合同変換(1)で $\boldsymbol{x}^*(s)$ にうつったとする．s は新しい曲線 $\boldsymbol{x}^*$ においても弧長であるが，対応点において両者の曲率は一致する．合同変換(1)の係数行列 A が正の（行列式が正という意味）直交行列であるとき，両者の捩率は対応点において一致する．

説明 合同変換は線分を線分に，折れ線を折れ線にうつし，長さは変らない．したがって折れ線の極限としての曲線の弧長も合同変換で変らない．s は新しい曲線においても弧長である．曲率が合同変換で変らないことはすでに説明した．変換(2)をさらに微分，2回微分した式を並べて行列式をとる．ただしパラメータ t は弧長 s とすると

$$\tau^*\varkappa^{*2} = \begin{vmatrix} x_1^{*\prime} & x_1^{*\prime\prime} & x_1^{*\prime\prime\prime} \\ x_2^{*\prime} & x_2^{*\prime\prime} & x_2^{*\prime\prime\prime} \\ x_3^{*\prime} & x_3^{*\prime\prime} & x_3^{*\prime\prime\prime} \end{vmatrix}$$

$$=\begin{vmatrix} a_{11} & a_{12} & a_{13} \\ a_{21} & a_{22} & a_{23} \\ a_{31} & a_{32} & a_{33} \end{vmatrix}\begin{vmatrix} x_1' & x_1'' & x_1''' \\ x_2' & x_2'' & x_2''' \\ x_3' & x_3'' & x_3''' \end{vmatrix}=\begin{vmatrix} x_1' & x_1'' & x_1''' \\ x_2' & x_2'' & x_2''' \\ x_3' & x_3'' & x_3''' \end{vmatrix}=\tau\varkappa^2$$

$\varkappa=\varkappa^*$ であるから $\tau^*=\tau$ である．逆に２つの曲線の間に $s,\varkappa,\tau$ を保存する対応がある時，これらの曲線は合同変換でうつりあうものであることもわかっていて，曲線論の基本定理といわれる．これは微積分学をこえて微分幾何学になってしまうのでここではのべない．

(4)の解　この曲線のグラフは右の様になっている．

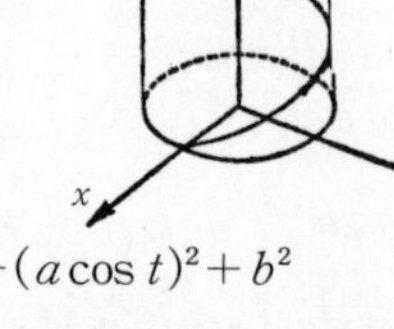

$$\left(\frac{dx}{dt}\right)^2+\left(\frac{dy}{dt}\right)^2+\left(\frac{dz}{dt}\right)^2$$

$$=\left(\frac{ds}{dt}\right)^2=(-a\sin t)^2+(a\cos t)^2+b^2$$

$$=a^2+b^2.$$

$\dfrac{ds}{dt}=\sqrt{a^2+b^2}$（$t$ の増加方向に弧長 s でパラメータを入れた時）

$$\frac{dt}{ds}=\frac{1}{\sqrt{a^2+b^2}}.$$

$$\boldsymbol{i}(s)=\left(\frac{dx}{ds}\cdot\frac{dy}{ds}\cdot\frac{dz}{ds}\right)$$

$$=\frac{1}{\sqrt{a^2+b^2}}\left(\frac{dx}{dt}\cdot\frac{dy}{dt}\cdot\frac{dz}{dt}\right)$$

$$=\frac{1}{\sqrt{a^2+b^2}}(-a\sin t,\ a\cos t,\ b)$$

$\boldsymbol{j}(s)$ は

$$\left(\frac{d^2x}{ds^2},\ \frac{d^2y}{ds^2},\ \frac{d^2z}{ds^2}\right)$$

$$=\frac{1}{a^2+b^2}(-a\cos t,\ -a\sin t,\ 0)$$

と同一方向の単位ベクトル

曲率 $\varkappa(s)=\sqrt{\left(\dfrac{d^2x}{ds^2}\right)^2+\left(\dfrac{d^2y}{ds^2}\right)^2+\left(\dfrac{d^2z}{ds^2}\right)^2}$

$$=\frac{a}{a^2+b^2}.$$

$$\varkappa^2\tau=\begin{vmatrix} \dfrac{dx}{ds} & \dfrac{dy}{ds} & \dfrac{dz}{ds} \\ \dfrac{d^2x}{ds^2} & \dfrac{d^2y}{ds^2} & \dfrac{d^2z}{ds^2} \\ \dfrac{d^3x}{ds^3} & \dfrac{d^3y}{ds^3} & \dfrac{d^3z}{ds^3} \end{vmatrix}$$

$$=\frac{1}{(a^2+b^2)^3}\begin{vmatrix} -a\sin t & a\cos t & b \\ -a\cos t & -a\sin t & 0 \\ a\sin t & -a\cos t & 0 \end{vmatrix}$$

$$=\frac{ba^2}{(a^2+b^2)^3}$$

$$\tau=\frac{b}{a^2+b^2}.$$

又 $\boldsymbol{k}(s)=\boldsymbol{i}(s)\times\boldsymbol{j}(s)$　（×は外積）

$$=\begin{vmatrix} \boldsymbol{e}_1 & \boldsymbol{e}_2 & \boldsymbol{e}_3 \\ \alpha & \beta & \gamma \\ l & m & n \end{vmatrix}$$

$$=\frac{1}{(a^2+b^2)^{\frac{3}{2}}}(ab\sin t,\ -ab\cos t,\ a^2).$$

§ 6 関数の連続性と一様連続性 (定積分論の前奏曲として)

問題 6

(1) 有界な数列 $\{a_n\}$ について

$\sup\{a_n\}-\inf\{a_n\}=\sup\{a_p-a_q \mid p\geqq q\geqq 1\}$ を示せ.

(2) 次の関数 (a), (b), (c)について

(i) 有界性をしらべよ.

(ii) 不連続点があればそれをあげ, 説明せよ.

(a)
$$f(x)=\begin{cases}\sqrt[3]{x}\sin\dfrac{1}{x}, & x\neq 0,\\ 0 & , x=0\end{cases}\quad x\in \boldsymbol{R}\ (\boldsymbol{R}\text{ は実数の全体})$$

(b)
$$f(x)=\begin{cases}\dfrac{1}{x}-\left[\dfrac{1}{x}\right], & x\in(0,1],\\ 0 & , x=0\end{cases}$$

ここで $\left[\dfrac{1}{x}\right]$ は $\dfrac{1}{x}$ に対するガウスの記号である.

(c)
$$\begin{cases}f(x)=\dfrac{1}{n},\ \dfrac{1}{n}\leqq x<\dfrac{1}{n-1},\ n=2,3,\cdots,\\ f(0)=0,\end{cases}\quad x\in[0,1)$$

(3) 閉区間 $[a,b]$ を定義域とする連続関数の値域はひとつの閉区間であることを示せ.

(4) 数直線上の集合Dを定義域とする実数値関数 $f(x)$ に対して次の条件がみたされているとき f はDで**一様連続**という. **任意の $\varepsilon>0$ に対して $\delta>0$ が存在して $|x_1-x_2|<\delta,\ x_1,\ x_2\in D$ であれば $|f(x_1)-f(x_2)|<\varepsilon$ が成立つ.**

(i) $f(x)$ がDで一様連続でないとすれば次の条件が成立つことを示せ.

ある正の数 ε_0 に対してどんな正整数mについても, 2数 $p_m,q_m\in D$ をえらんで

$$|p_m-q_m|<\frac{1}{m}\ \text{かつ}\ |f(p_m)-f(q_m)|\geqq\varepsilon_0$$

が成立つ様に出来る.

(ii) 閉区間で連続な $f(x)$ はこの区間で一様連続であることを示せ. ((i)を使ってただちに結論を出せ)

4月になったので新一年生向けに大学数学の出発点に立とう. (上限の定義, 基本性質は30-2でとりあつかったが)

(1)の解 $\sup\{a_n\}$ は $\{a_n\}$ の最小の上界であるから2つの不等式で次の様に特徴づけられる.
(∀は任意の, ∃は…が存在, の省略記号)

$\sup\{a_n\}\geqq\forall a_n$, $\forall\varepsilon>0$ に対して $\exists a_m>\sup\{a_n\}-\varepsilon$ が成立する. ………………㊟

同様に下限 $\inf\{a_n\}$ について

$\forall a_n\geqq\inf\{a_n\}$, $\forall\varepsilon>0$ に対して $\inf\{a_n\}+\varepsilon>\exists a_k$ が成り立つ.

これらを組みあわせて次の2つがなり立つ.

$\sup\{a_n\}-\inf\{a_n\}\geqq a_m-a_k$, $\forall\varepsilon>0$ に対し，$\exists m,k$; $a_m-a_k>\sup\{a_n\}-\inf\{a_n\}-2\varepsilon$ これらの２式は $\sup\{a_m-a_k\}$ が $\sup\{a_n\}-\inf\{a_n\}$ と一致することを示す．(㊎をよく見ればこのことは明らか)

(2)の解，(a) について　$-1\leqq\sin\dfrac{1}{x}\leqq 1$ $(x\neq 0)$,

したがって有界であり，

$$\begin{cases} -\sqrt[3]{x}\leqq\sqrt[3]{x}\sin\dfrac{1}{x}\leqq\sqrt[3]{x} & (x>0)\\ -\sqrt[3]{x}\geqq\sqrt[3]{x}\sin\dfrac{1}{x}\geqq\sqrt[3]{x} & (x<0)\\ -\sqrt[3]{x}|_{x=0}=\sqrt[3]{x}|_{x=0}=0 \end{cases}$$ が成立し，

よって $y=\sqrt[3]{x}, y=-\sqrt[3]{x}$ の２つのグラフの間に $y=f(x)$ のグラフが存在する．まず，原点において f は連続である．ここで連続の定義にもどってそれを調べて見よう．点 a の近傍で定義された関数 $f(x)$ について **$x=a$ で $f(x)$ が連続である条件**は次式である．

$$\lim_{x\to a}f(x)=f(a).$$

したがって(a)の関数が原点で連続であるためには $\lim_{x\to 0}f(x)=f(0)$ を示せば良い．$\lim_{x\to 0}\sqrt[3]{x}=0=-\lim_{x\to 0}\sqrt[3]{x}$ であるから $\lim_{x\to 0}\sqrt[3]{x}\sin\dfrac{1}{x}=0$ である．$x=0$ 以外では $f(x)$ は微分可能であって当然連続である．

(b) の解　(i)　ガウスの記号すなわち x を越えない最大の整数 $[x]$ の基本的性質として

$$[x]\leqq x<[x]+1$$

は明らかであろう．したがって，$0\leqq\dfrac{1}{x}-\left[\dfrac{1}{x}\right]<1$ が成立するから $\dfrac{1}{x}-\left[\dfrac{1}{x}\right]$ は有界な関数である．

(ii)　ガウスの記号は変数 x の整数値で関数として不連続であるから $f(x)$ は $x=\dfrac{1}{n}$ で不連続である．実際 $\lim_{x\to\frac{1}{n}+}\left(\dfrac{1}{x}-\left[\dfrac{1}{x}\right]\right)=1$, $\lim_{x\to\frac{1}{n}-}\left(\dfrac{1}{x}-\left[\dfrac{1}{x}\right]\right)=0$ である．

また $x=0$ でもこの関数は不連続であることがわかる．この関数は定積分に関して典型的な例となる．

(c) の解　この関数は，整数の逆数 $\dfrac{1}{n}$ で不連続は明らか．$x=0$ ではどうであろうか．それを調べるには $f(x)$ と x の大小を調べればよい．明らかに $f(x)\leqq|x|$ であるから $x=0$ で連続（右側連続）になる．(証明は(a)と同一の感覚で行えばよい)．有界も明らかであろう．

問題 6―(2)の解了．

6―(3)の解　この問題はテキストではいくつかの定理にわかれ，そのそれぞれの準備としてさらに基礎的な定理がいくつか必要になっている．それをまとめて出来るだけ手短かにのべる練習である．

まずこの様な問題は実数の諸性質の理解と運用にカギがあることを知るべきである．実数の公理はテキストによって色々違い，それにしたがって証明も多少の変化がある．公理が多少違っても変らない基礎事項は，まず**集合の上限，下限の存在，すなわち，実数の集合 M で上に有界ならば上限 $\sup M$，下に有限なら下限 $\inf$ が存在する**ことであろう．テキストによってはこれが公理の様にあつかわれている．これは証明しないことにしよう．次に，ボルツアノ-ワイアルストラスの定理というのがほとんどのテキストに出て来る大切な定理である．それを定理Aとする．

定理 A　有界な無限数列 $\{a_n\}$ は必ず収束する部分数列を持つ．

証明をして見よう．与えられた数列 $\{a_n\}$ に対し次の性質を持つ x の全体 S を考える．数直線上の点 x の右側にある $\{a_n\}$ の数が無限個存在するという条件をみたす x の全体を S とするのである．S は有界で，かつ空集合ではない．したがって上限について述べた上の性質から，$\sup S$ が存在する．これを a と記す．任意の $\varepsilon>0$ をとり開区間 $(a-\varepsilon,\ a+\varepsilon)$ を考えよう．(1)の解でも使った sup (すなわち上限) の性質であるが，まず $a-\varepsilon<s\leqq a$ をみたす S の元 s がある．s の右側には $\{a_n\}$ の元が無限個あるから $a-\varepsilon\in S$ となる．しかし，$a+\varepsilon$ は S には入らない．したがって任意の ε に対して $(a-\varepsilon,\ a+\varepsilon)$ に属する a_n は無限個存在する．よって $(a-1, a+1)$ に含まれる $\{a_n\}$ の元を１つとり出し a_{n_1} と名づけ，$\left(a-\dfrac{1}{2},\ a+\dfrac{1}{2}\right)$ に含まれる $\{a_n\}$ の元を１つとり出し a_{n_2} とする．同様にして $\left(a-\dfrac{1}{k},\ a+\dfrac{1}{k}\right)$ に含まれる

$\{a_n\}$ の元を a_{n_k} とすると明らかに $\lim_{k\to\infty} a_{n_k}=a$ となる. 証了.

f が $[a, b]$ で連続であるとは $[a, b]$ の各点で連続であるというのがまず頭になければならない.

さてこの様な準備の上で 6—(3)を眺めよう. f の値域が閉区間をなすことが要求されているのであるから, その値域が有界であることを示すのが第一歩である. これを背理法で証明して見よう. 今 $f(x)$ が $[a, b]$ で上に有界でないとする. 有界でないとは, 任意の自然数 n に対して $f(x_n)>n$ をみたす x_n が存在することである. この数列 $\{x_n\}$ は無限数列であるから, 上の定理によって収束する部分列 x_{n_k} ($\lim_{k\to\infty} x_{n_k}=x_0\in[a, b]$) が存在する. しかし, $f(x_{n_k})>n_k$ であり, したがって $\lim_{k\to\infty} f(x_{n_k})=\infty$ も成立する. 一方, $\lim_{k\to\infty} f(x_{n_k})=f(x_0)$ が f の連続性から出て, $f(x_0)$ は有限確定であるから矛盾する. f が $[a, b]$ で下に有界でないとしても同様の矛盾が出るから, $f(x)$ は有界な関数である.

次のステップとして $f(x)$ の値域の両端の存在, すなわち最大値, 最小値の存在を云わねばならない. まず上の定理Aによって存在する $f(x)$ の上限 $\sup_{x\in[a,b]} f(x)$ について, $x_0\in[a, b]$ をえらんで $\sup f(x)=f(x_0)$ であることが示されれば十分である. その結論にすぐ行かずに連続関数の演算についてのべておこう. それを使ってこの第2ステップのつめが行われるからである.

定理 B $[a, b]$ で連続な2つの関数 $f(x)$, $g(x)$ について

$kf(x)+eg(x)$, $f(x)g(x)$ はまた $[a, b]$ で連続である. (k, e は定数).

さらに $g(x)$ が $[a, b]$ で0にならないとき, 商 $\dfrac{f(x)}{g(x)}$ はまた $[a, b]$ で連続である.

証明は各人のテキスト参照. 特に最後の関数の商に注目されたい.

元へもどって $\sup_{x\in[a,b]} f(x)\neq f(x_0)$ $\forall x_0\in[a, b]$ と仮定する. (背理法) 上の定理Bより

$$F(x)=\frac{1}{\sup_{x\in[a,b]} f(x)-f(x)}$$

は $[a, b]$ で連続な関数である.

一方 $\sup_{x\in[a,b]} f(x)>f(x_\varepsilon)>\sup_{x\in[a,b]} f(x)-\varepsilon$ をみたす $x_\varepsilon\in[a, b]$ が存在することは 6—(1)の解の中で説明した. これより次の不等式が導びかれる.

$$\frac{1}{\sup_{x\in[a,b]} f(x)-f(x_\varepsilon)}$$

$$>\frac{1}{\sup_{x\in[a,b]} f(x)-(\sup_{x\in[a,b]} f(x)-\varepsilon)}$$

$$=\frac{1}{\varepsilon}.$$

ε は任意であるから $[a, b]$ における連続関数 $F(x)$ が有界でなくなり, 第一段の主張に矛盾する.

さて f の値域が閉区間 $[\min f, \max f]$ ($\min f$ は f の $[a, b]$ における最小値, $\max f$ は同じく f の最大値) に一致するためには, $\min f<c<\max f$ となる任意の c について $\exists x_c\in[a, b]$ が存在して $f(x_c)=c$ を云えば十分であり, それを示すのを第3ステップとする. そのために $[a, b]$ の部分集合として $M=\{x : x\in[a, b]$ かつ $f(x)<c\}$ をとる. M は空集合ではない. 何故なら $\min f$ を実現する $[a, b]$ の点はMに属するからである. 又 Mは有界である. 何故なら $M\subset[a, b]$ だからである. したがって $\sup M$ が存在する. それを x_c としよう. すると $f(x_c)\leqq c$ がみたされる. 何故ならば 6—(1)で学んだ様に $\sup M\geqq x>\sup M-\varepsilon$ をみたす $x\in M$ が任意の $\varepsilon>0$ に対して存在する. f は連続であり, x_c のいくらでも近くに $f(x)<c$ をみたす x が存在するのであるから $f(x_c)\leqq c$ なのである. 今さらに $f(x_c)<c$ と仮定してみよう. この時 f の連続性から x_c の右側で x_c のすぐそばの $x\neq x_c$ に対して $f(x)<c$ であって, これは x_c がMの上限であることと矛盾する. したがって $f(x_c)=c$ である. この第3ステップは**中間値の定理**である. 解了.

さて上で補助的に導入説明した定理Aを他の連続公理から導いて見よう.

実数の公理として, 四則演算, 大小, 稠密性などに加えて連続公理として次のカントールによ

るものを採用していることが多い．

（カントール） 実数の２つの単調列 $\{l_i\}$，$\{m_i\}$ が $l_1 \leqq l_2 \leqq \cdots l_n \leqq \quad \leqq m_n \leqq \cdots \leqq m_1$ をみたし，さらに $m_i - l_i$ は０に近づくとする．

この時ある実数 ξ が存在して $\lim_{n\to\infty} l_n = \xi = \lim_{n\to\infty} m_n$ となる．

この公理を使って定理Ａを直接証明してみよう．

定理Ａの $\{a_n\}$ は有界だからある $[l_1, m_1]$ に属している．区間 $[l_1, m_1] = \left[l_1, \frac{l_1+m_1}{2}\right] \cup \left[\frac{l_1+m_1}{2}, m_1\right]$ と２つの区間に２等分する．$\{a_n\}$ は無限数列であるから，２つの区間の少くとも１つにその無限個の元が属する．それをあらためて $[l_2, m_2]$ と書きなおす．$[l_2, m_2]$ をさらに２等分して同様に $\{a_n\}$ の無限個の元を含むものを $[l_3, m_3]$ とする．この様にしてカントールの公理における $\{l_i\}$，$[m_i]$ が構成された．$[l_i, m_i]$ から１つ $\{a_n\}$ の元をとり出し，$\{a_{ni}\}$ と表わす．

$\lim_{i\to\infty} a_{ni} = \xi$ は明らかであろう．定理Ａの証明了．

この方法は２等分割法といって基本的定理の証明によく使われる．テキストにない人はここで目を通しておく必要がある．

コーヒーブレイク

日本の数学と数学教育（その１）

基礎的な話がつづいたので少し休んで日本の数学史の簡単な紹介をしよう．

大学へ入るとすぐ線形代数で教わる行列式はニュートン，ライプニッツそれに日本の関孝和が同時に発見した．発表は関が一番早かったが，ニュートンは何んでも書きためていて，あとでゆっくり発表する人であったからパテントは誰のものともはっきりはしない．そんな関を生み出した日本の数学史を概観しよう．

日本の書物に算の文字が初めて記載されたのは日本書記の大化２年（646）孝徳天皇の詔（みことのり）に〝書，算の工（たくみ）なるものを主政，主帳とせよ〞とある．班田収授に数学の必要を生じ，そのために算にたくみなものを役人にせよとの事で，数学の知識が入っていたことを裏書するものである．文武天皇（天智，持統天皇の子）の大宝令によって律令制のスタートがはじまるのであるが大宝令は現存せず，すこしあとの元正天皇の養老２年発布の養老令から律令制の出発時の状況をうかがい知るのが通例であるが，算博士２人，算生30人の記述がある．つづいて養老令の注解書である令義解（りょうぎかい）（淳和天皇の天長10年）によって大学寮における数学教育を見ると，５位以上，（請願によっては八位以上の）官人の子弟13歳〜16歳に９種の教科書，算経，孫子，五章，九章算術等で教えるとある．これらの内６種は中国，３種は朝鮮半島，他に一種，国産のテキストを使い，注意深く再編している．この時代の算についてその特徴を箇条にしてみると，

(1) 租税とか建築，土木，天文や暦などの勘定計算の必要から学ばれた．

(2) 上述のごとく，書物のえらび方から大学寮の制度に至るまで唐制と三国制の取捨選択を注意深く行っている．

(3) 正税帳中に三分之一，四分之三など比例配分の計算があり，又，東大寺にある当時の書物などから連立一次方程式の解法に至るまで（後年の鶴亀算に発展していく）かなりの充実した教育が行われたと（あくまでも推測であるが）思われる．

(4) イデアの世界がない．現実中心のもので，観念的なものがまったくない．（日本にプラトンが居なかったからではあるが，その代り無用の用といった後世の考え方に通じるものがあったのかも知れない．これはこれからの研究にまつものである．）

(5) 数学にかぎらず文物の輸入が政治支配，上層階級の利益に関係して行われたことは明らかだが，それが下へ滲透して行って民衆の中に深く残ったものがあるか．今の時点ではその文献的に確固とした証明はない．

飛鳥，奈良朝に移入，発達した中国系数学のその後について，算書などは平安中期以降はあとかたもなくなったかの様に見える．とぼしい文献の中から明治時代に，主として東北大学の数学者達がひろいあつめ推定したも

のを見よう．その1は掛算の九九である．平安朝の口遊（くちずさみ）と室町時代の拾芥抄によると九九，八十一から逆に初まり，1，1が1に終っている．九九のルートは敦煌文書(流沙)として発掘された木簡残片に九九八十一で初まる九九の表があり，我が奈良時代の万葉集古今往来に　若草之，新手枕乎(を)　巻始而(そめて)　夜哉特聞(よやへだてん)　二八十一(にくく)不在国(あらなくに)　という萬葉仮名の利用記録があるが敦煌と口遊のつなぎ目となっている．

上述の口遊とは竹束問題という数列の和の問題が残っていて有名である．これに類似した他の問題は残っていないどころか我が国の文献上唯一の数学問題で，中国でも日本でも失われた算書にあったと推定される．非常に発達した数学の存在を思わせる．

今有竹束周員二十一惣数幾，術日置周加三竿　自乗五百七十六以十二除得四十八で，$3+9+15+21=\dfrac{(6\times 3+3+3)^2}{12}=48$ ということである．さらに27を加えると $\dfrac{(6\times 4+3+3)^2}{12}=75$ なのである．(この竹束の形を考えてみよ．)

鎌倉・室町時代には数学を学んだ記録として禅寺のものがあげられる．鎌倉末期の建仁寺の中巌円月和尚が自伝の中で12歳の折の勉学の思い出として記した詩（算↔参に注意）「春在池房，就導専和尚，読孝経語且学九章参法，秋帰大慈寺」は有名である．禅寺がヨーロッパの教会の役割を果していたのであろう．江戸時代に紀伊の久田玄哲が京都東福寺で算学啓蒙という書物を得たという話もある．室町時代には継子立，百五減，方陣，など江戸時代の書物に娯楽的な要素を与えている問題が見出される．ちなみに百五減とは3で割れば2，5で割れば3，7で割れば残2となるときその数を求めよという問題で x が解であれば $x+105k$ も又解であり，百五をいくつも減ずる意味で百五減となっている．今日整数論の研究者にも残っている研究のための信条〝無用の用〟は室町時代に出来た語句である．自然哲学が存在しない日本では勉学のためのエネルギーを確立するのも至難のわざであったろう．結局表面的には律令制とその興亡を共にした算の国制とは独立に室町時代までに算は僧侶，在家武士へ上から滲透していく．禅の精神主義が影響したのか実学より美学との結びつきを強める．(中山茂氏の所論，学は権威づけ，芸は遊び，(日本人の科学観，創元社113頁)だけでは和算の興隆の説明には足りない．）算の美学的傾向は今日の数学研究にまで影響大なのである．

(4)の証明　一様連続の定義は条件文であるからその否定形を作るのは国語の力だけによる．……どんな $\varepsilon>0$ に対してもある δ が存在してこれこれが満される……の形の文を否定すると〝ある ε に対してはどんな δ を持って来てもこれこれは満されない〟の形をとる．

ところで，一様連続の定義は ε-δ 形式によっているのに，問題の否定形は ε_0-$1/m$ の形式になっていてギャップがあるかの様に見える．そこで一様連続の定義の方も ε-$1/m$ 論法に変えなければならない．これは以下の様に容易に行われる．

問題(4)で導入した意味で一様連続があたえられたとき，$\delta>\dfrac{1}{m}$ である m をとると $|x_1-x_2|<\dfrac{1}{m}\Rightarrow|x_1-x_2|<\delta$ となり，$|f(x_1)-f(x_2)|<\varepsilon$ となるから，ε-$\dfrac{1}{m}$ で書いた一様連続も成立する．逆に ε-$\dfrac{1}{m}$ 論法で一様連続の定義があたえられたとき，δ として $\dfrac{1}{m}$ をとればよいわけであるから問題の中の一様連続も成立する．したがって一様連続の定義を

> 任意の $\varepsilon>0$ に対してある整数 m が存在して $|x_1-x_2|<\dfrac{1}{m}$ で，かつ $x_1,\ x_2\in D$ であれば $|f(x_1)-f(x_2)|<\varepsilon$ が成立するとき，$f(x)$ は一様連続である

と云ってよい．この新しい云い方を否定してみよう．

> ある $\varepsilon_0>0$ に対してはどんな整数 m をとっても $|x_m-y_m|<\dfrac{1}{m}$ をみたす D 内の点 x_m，y_m が存在して $|f(x_m)-f(y_m)|\geqq\varepsilon_0$

となる．この不等号は＞としてもよいことがわ

かるがここでは $<$ の否定として $\geqq$ を採用した．

以上が(4)—(i)の解である．すべてをひっくりかえせばよいのである．

(4)—(ii)の解　この問題は微積分学の諸定理の中で中核の位置を占めるものである．その証明は色々あるがここでは(i)の結果に f の連続性を加味して結論づけることになる．ここであらためて関数の連続性を復習して見よう．$f(x)$ が $x=a$ で連続であるとは $\lim_{x\to a}f(x)=f(a)$ となることであり，f がその定義域の各点で連続の時，f は連続関数であるという．

今 $f(x)$ が $[a,b]$ で連続で，かつ一様連続でないと仮定し矛盾を導びこう．

$[a,b]$ で一様連続でないから，$[a,b]$ にふくまれる2つの数列 $\{x_m\}$，$\{y_m\}$ が存在して $|x_m-y_m|<\dfrac{1}{m}$ かつ $|f(x_m)-f(y_m)|\geqq\varepsilon_0$ をみたす様に出来る．

$\{x_m\},\{y_m\}$ は共に有界な無限数列であるから定理Aによって $\{x_m\}$ の無限部分数列で $[a,b]$ の一点 x_0 に収束するものが存在する．この数列を $\{x_{m_i}\}$ と記す．又 $\{y_m\}$ にも同様な収束無限部分数列 $\{y_{m_j}\}$ が存在する．その極限は y_0 としよう．

$|x_m-y_m|<\dfrac{1}{m}$ であるから $\lim_{i\to\infty}x_{m_i}=x_0=y_0=\lim_{j\to\infty}y_{m_j}$ である．これから矛盾が出ることはあきらかであろう．　　　　解了．

例　関数 $f(x)=\dfrac{1}{x}$，$x\in(0,1)$ は連続であるがこの区間で一様連続でないことを示せ．

解　$|x-y|<\delta,\ x,\ y\in(0,1)\Rightarrow\varepsilon>\left|\dfrac{1}{x}-\dfrac{1}{y}\right|$ と仮定する．すなわち一様連続とする．これから矛盾を出そう．今特に x,y を $\dfrac{\delta}{2}<|x-y|<\delta$ かつ $x>y$ とする．

$\left|\dfrac{1}{y}-\dfrac{1}{x}\right|=\left|\dfrac{x-y}{yx}\right|>\dfrac{\delta}{2}/yx>\varepsilon$　ただし $yx<\dfrac{\delta}{2\varepsilon}$ とすればである．この最後の不等式は xy を小さくとればOKである．この結果は一様連続の仮定に矛盾する．

問題　$f(x)=\sin\dfrac{1}{x}$，$x\in(0,1)$ は連続であるが，この区間で一様連続か．

まず一様連続か否かを直感的に理解すること．証明はあとからついて来る．

§7 不定積分のテクニック

問題 7

(1) (i) $f(x)(x^2+\sqrt{2}x+1)+g(x)(x^2-\sqrt{2}x+1)\equiv 1$ となる様に多項式関数 $f(x), g(x)$ を定めよ.

(ii) (i)の結果を利用して不定積分 $\int \frac{x}{x^4+1}dx$ を求めよ.

(iii) $P(x), Q(x)$ をたがいに素な多項式関数とするとき,

$$f(x)P(x)+g(x)Q(x)\equiv 1$$

をみたす多項式 $f(x), g(x)$ の存在を示せ.

(2) 有理関数の不定積分は有理関数, 対数関数, 逆三角関数で表わされることを示せ.

(3) (i) $\int \frac{dx}{\sin^3 x}$ を求めよ.

(ii) $\int \frac{dx}{x\sqrt{x^2-1}}$

$=2\,\mathrm{Tan}^{-1}(x+\sqrt{x^2-1})+C_1$

$=\frac{|x|}{x}\mathrm{Cos}^{-1}\left(\frac{1}{x}\right)+C_2$ を示せ.

(iii) $\int \frac{\sqrt{x}\,dx}{\sqrt{k^3-x^3}}$, $(k\neq 0)$ を求めよ.

(4) (i) $I_{m,n}=\int \sin^m x\cos^n dx$ (m, n は整数 $m+n\neq 0$) とおくとき

$$I_{m,n}=\frac{-\sin^{m-1}x\cos^{n+1}x}{m+n}+\frac{(m-1)}{m+n}I_{m-2,n}\ (m, n\neq 1)$$
$$=\frac{\sin^{n+1}x\cos^{n-1}x}{m+n}+\frac{n-1}{m+n}I_{m,n-2}$$

が成立することを示せ.

(ii) $m+n=0$ の時はどんな公式が上の漸化式の代りに登場するか.

(5) 次の積分を求めよ.

(i) $\int\left(\frac{1-x}{1+x^2}\right)^2 e^x dx$　(ii) $\int \frac{(x^6+1)^{\frac{2}{3}}}{x^7}dx$　(iii) $\int \frac{\sin x}{\sqrt{1+\sin x}}dx$

(6) **(有理曲線に沿った不定積分)**

(i) $x^3+3xy+y^3=0$ によって定義される関数 $y=f(x)$ について不定積分 $\int \frac{dx}{y^2}$ を求めよ.

(ii) $y^2-x^2(x-a)=0$ によって定義される関数について $\int \frac{dx}{y}$ を求めよ.

問題を解く前に不定積分の基本(というよりは常識) をのべておこう.

まず不定積分の定義であるが $F'(x)=f(x)$ を

みたす $F(x)$ は $F(x)=\int f(x)dx+C$ と書き表わすことにする．C は任意定数である．$f(x)$ がどんな条件をみたせばこの様な $F(x)$ が存在するのかという問題はここではあつかわない．以下ですることは微分法の公式を逆手にとってこの様な $F(x)$ と $f(x)$ の組を出来るだけ多く見つけようという話である．

多項式関数，三角関数，指数関数，対数関数，逆三角関数等について，さらに $x^{\frac{m}{n}}$, x^{α} (α は実数) などの積分は存在し $\int x^{\alpha}dx=\frac{1}{\alpha+1}x^{\alpha+1}+C$ などは対数微分法と合成関数の微分法の焼きなおしで求められ，$\int\frac{f'(x)}{f(x)}dx$，$\int\frac{f'}{f^m}dx$ などもこの意味で簡単に処理出来る．

問題(1)がかかわるのはこの次のステップである．すなわち一般に有理関数の積分 $\int\frac{b_mx^m+\cdots+b_0}{a_nx^n+\cdots+a_0}dx$ を求めるとき，その被積分関数を部分分数展開することによって積分を処理するもので(1)—(iii)がそのためのカギになっている．

(1)—(i)の解　解法を2種類のべるが(iii)の解法につながる形からはじめる．

まず $x^2+\sqrt{2}x+1$ を $x^2-\sqrt{2}x+1$ で割り，あまりを記す形を

(a)　$x^2+\sqrt{2}x+1=(x^2-\sqrt{2}x+1)+2\sqrt{2}x$

とし，つづいて $x^2-\sqrt{2}x+1$ を x で割り，そのあまりを記す形を

(b)　$x^2-\sqrt{2}x+1=x(x-\sqrt{2})+1$

とする．(b)の右辺の x の代りに(a)から求めた x の表現を入れると

$$x^2-\sqrt{2}x+1=\left\{\frac{1}{2\sqrt{2}}(x^2+\sqrt{2}x+1)+\frac{(-1)}{2\sqrt{2}}(x^2-\sqrt{2}x+1)\right\}(x-\sqrt{2})+1$$

となり，同類項をまとめて

(c)　$$-\frac{1}{2\sqrt{2}}(x-\sqrt{2})(x^2+\sqrt{2}x+1)+\frac{1}{2\sqrt{2}}(x+\sqrt{2})(x^2-\sqrt{2}x+1)=1$$

を得る．この解法の意味がわからない人は(1)—(iii)の解を読んでその系として考え直せ．

(c)が(1)—(i)の解であるが，もうひとつの解法を考えよう．

$f(x)(x^2+\sqrt{2}x+1)+g(x)(x^2-\sqrt{2}x+1)\equiv 1$ に未定係数法を用いて $f(x), g(x)$ を求めたい．$f(x), g(x)$ を一次式としてよいことは，上式を

$$\frac{g(x)}{x^2+\sqrt{2}x+1}+\frac{f(x)}{x^2-\sqrt{2}x+1}=\frac{1}{x^4+1}\quad\cdots\cdots⊛$$

と書きなおすことによって容易に認識される．すなわち，この右辺の形を眺めるだけで $g(x)$, $f(x)$ が二次式以上の場合を考えなくてもよいことが判るのである．そこで⊛において

$$g(x)=ax+b,\quad f(x)=cx+d$$

とおいて，a, b, c, d に関する連立一次方程式を作るのである．たとえば $x=0$, $x=\pm1$, $x=\sqrt{2}$ を入れてもよいし，展開して，x^3, x^2x, 1 の係数を比較しても良い．前者によると

$$b+d=1,$$
$$\frac{a+b}{2+\sqrt{2}}+\frac{c+d}{2-\sqrt{2}}=\frac{1}{2},$$
$$\frac{-a+b}{-\sqrt{2}+2}+\frac{-c+d}{2+\sqrt{2}}=\frac{1}{2},$$
$$\frac{a\sqrt{2}+b}{5}+c\sqrt{2}+d=\frac{1}{5}$$

これらを解いて答を得る．答はとうぜん(c)と一致する．(1)—(i)の解了．

(1)—(ii)の解　(1)—(i)の結果を利用してまず次の様に積分を書きなおす．

$$\int\frac{x}{x^4+1}dx=\int\frac{x^2+\sqrt{2}x+1-1}{2\sqrt{2}(x^2+\sqrt{2}x+1)}dx-\int\frac{x^2-\sqrt{2}x+1-1}{2\sqrt{2}(x^2-\sqrt{2}x+1)}dx$$
$$=\frac{1}{2\sqrt{2}}x-\frac{1}{2\sqrt{2}}x-\frac{1}{2\sqrt{2}}\int\frac{dx}{\left(x+\frac{1}{\sqrt{2}}\right)^2+\left(\frac{1}{\sqrt{2}}\right)^2}+\frac{1}{2\sqrt{2}}\int\frac{dx}{\left(x-\frac{1}{\sqrt{2}}\right)^2+\left(\frac{1}{\sqrt{2}}\right)^2}$$
$$=-\frac{\sqrt{2}}{2\sqrt{2}}\mathrm{Tan}^{-1}\left(\sqrt{2}\left(x+\frac{1}{\sqrt{2}}\right)\right)+\frac{\sqrt{2}}{2\sqrt{2}}\mathrm{Tan}^{-1}\left(\sqrt{2}\left(x-\frac{1}{\sqrt{2}}\right)\right)$$
$$=\frac{-1}{2}\mathrm{Tan}^{-1}(\sqrt{2}x+1)+\frac{1}{2}\mathrm{Tan}^{-1}(\sqrt{2}x-1).$$

ここで公式

$$\frac{1}{a}\left(\mathrm{Tan}^{-1}\frac{x}{a}\right)'=\frac{1}{a}\frac{1}{1+\left(\frac{x}{a}\right)^2}\cdot\frac{1}{a}=\frac{1}{a^2+x^2},$$

すなわち　$\int\frac{dx}{\sqrt{a^2+x^2}}=\frac{1}{a}\mathrm{Tan}^{-1}\frac{x}{a}$，($a\neq0$)

を使った．(以上すべて積分定数省略)

(1)—(iii)の解(ユークリッド互除法)　(1)—(i)と同様の仕方で関数の列 $g_1(x)\,(=P(x))$, $g_2(x)\,(=Q(x))$, $g_3(x)$, $g_4(x)$, …を構成する．$P(x)$ の次数$\geqq Q(x)$ の次数 をまず仮定し，

$$g_1(x)=g_2(x)h_2(x)+g_3(x),$$
$$g_2(x)=g_3(x)h_3(x)+g_4(x)\cdots$$

とつづける．ここで g_i の次数は g_{i-1} の次数より小さくなる様にする．この操作を有限回 $(=n)$ することにより $g_n=0$ と考えてよい．一方 $g_1(x)$ と $g_2(x)$ の最大公約数は $g_2(x)$ と $g_3(x)$ の最大公約数に等しく，さらに $g_3(x)$ と $g_4(x)$ の最大公約数にも等しく，結局 $g_{n-2}(x)$ と $g_{n-1}(x)$ の最大公約数に等しい．n のえらび方より，$g_{n-2}(x)=g_{n-1}(x)h_{n-1}(x)+0$ となるからこの最大公約数は $g_{n-1}(x)$ に等しい．ここで問題の仮定である $g_1(x)$ と $g_2(x)$ が互いに素であることを考慮すると $g_1(x)$ $(=P(x))$, $g_2(x)$ $(=Q(x))$ に対し適当な $f(x), g(x)$ が存在して

$$f(x)g_1(x)+g(x)g_2(x)=g_{n-1}(x)\ \ (=1)$$

が成立するのである．　(1)—(iii)解了．

(2)の解　x の有理関数 $\dfrac{f(x)}{g(x)}$ の分母 $g(x)$ が

$$a(x-a_1)^{l_1}(x-a_2)^{l_2}\cdots(x-a_s)^{l_s}\cdot\{(x-b_1)^2+c_1{}^2\}\{(x-b_2)^2+c_2{}^2\}\cdots\{(x-b_t)^2+c_t{}^2\}^{\eta t}\qquad **$$

と因数分解されたとする．この時(1)—(iii)の結果をくりかえすことにより

$$\frac{f(x)}{g(x)}=h(x)+\sum_i\frac{p_i(x)}{(x-a_i)^{l_i}}+\sum_j\frac{g_j(x)}{\{(x-b_j)^2+c_j{}^2\}^{m_j}}$$

と表わされる．上式右辺の第2項，第3項はそれぞれ

$$\frac{A}{(x-a)^l},\quad \frac{Bx+C}{\{(x-b)^2+c^2)^m}\qquad ***$$

の形の項の有限和として一意的に表わすことが出来る．したがって***の形の有理関数の不定積分を求めることが問題である．

$$\int\frac{Bx+C}{((x-b)^2+c^2)^n}dx=\int\frac{B(x-b)}{((x-b)^2+c^2)^n}dx+\int\frac{Bb+C}{((x-b)^2+c^2)^n}dx$$

となり，右辺の第一項は

$$\frac{1}{2(1-n)}\cdot\frac{B}{((x-b)^2+c^2)^{n-1}}$$

となり，第2項は有名な漸化式によって(テキスト参照のこと)

$$=\frac{Bb+C}{c^2}\left\{\frac{x-b}{2(n-1)((x-b)^2+c^2)^{n-1}}+\frac{2n-3}{2n-2}\int\frac{1}{((x-b)^2+c^2)^{n-1}}dx\right\}$$

となり，これをくりかえして次数 n を下げ

$$\int\frac{1}{(x-b)^2+c^2}dx$$

に帰着させることが出来る．この最後の積分は Tan^{-1} 型である．　解了

不定積分の公式2つをかかげておく．

$$\int f(x)dx=\int f(\varphi(t))\varphi'(t)dt+C\quad\textbf{(置換積分法)}$$

$$\int f'(x)g(x)dx=f(x)g(x)-\int f(x)g'(x)dx+C$$

(部分積分法)

(3)—(i)の解　$\sin x$ の（あるいは$\sin x$, $\cos x$ の）有理関数は $\tan\dfrac{x}{2}=t$ とおくのが有効である．(この変換のルーツについて第3回で触れた．)

この時 $\sin x=\dfrac{2t}{1+t^2}$, $\cos x=\dfrac{1-t^2}{1+t^2}$, $\dfrac{dx}{dt}=\dfrac{2}{1+t^2}$ となる．

$$\int\frac{dx}{\sin^3x}=\int\frac{(1+t^2)^3}{(2t)^3}\frac{2}{1+t^2}dt$$
$$=\frac{1}{4}\int\frac{1+2t^2+t^4}{t^3}dt$$
$$=\frac{1}{4}\left(-\frac{1}{2t^2}+2\log|t|+\frac{t^2}{2}\right)$$
$$=-\frac{1}{8}\cot^2\frac{x}{2}+\frac{1}{2}\log\left|\tan\frac{x}{2}\right|+\frac{1}{8}\left(\tan\frac{x}{2}\right)^2$$

(積分定数省略)

(3)—(ii)の解　2通りの置換積分で計算して見よう．ある意味での難問である．$\sqrt{x^2-1}$ が入っている場合 $x+\sqrt{x^2-1}=t$ とおくのが普通である．$\sqrt{x^2-1}=t-x$, $\left(1+\dfrac{x}{\sqrt{x^2-1}}\right)dx=dt$, 又 $x^2-1=x^2-2tx+t^2$, したがって $x=\dfrac{t^2+1}{2t}$ である．

$$\int\frac{dx}{x\sqrt{x^2-1}}=\int\frac{(t-x)/t}{\dfrac{t^2+1}{2t}(t-x)}dt$$
$$=2\int\frac{1}{t^2+1}dt$$
$$=2\,\mathrm{Tan}^{-1}t$$
$$=2\,\mathrm{Tan}^{-1}(x+\sqrt{x^2-1})$$

(積分定数省略)．

他の置換積分として $x=\sec\theta\left(=\dfrac{1}{\cos\theta}\right)$ を採

用すると，

$$\int\frac{dx}{x\sqrt{x^2-1}}=\int\frac{\cos\theta}{\sqrt{\sec^2\theta-1}}\frac{\sin\theta}{\cos^2\theta}d\theta$$
$$=\pm\int 1d\theta$$
$$=\pm\theta=\pm\mathrm{Cos}^{-1}\left(\frac{1}{x}\right)$$

$\pm$はxの符号と一致し，逆三角関数は主値のみ採用．

$\pm\mathrm{Cos}^{-1}\frac{1}{x}$, $2\,\mathrm{Tan}^{-1}(x+\sqrt{x^2-1})$ はともにあたえられた関数の不定積分であるがみた目には異なる．その説明を概略記すと，$x>0$ の時

$\cos\frac{3\pi}{2}=0$, $\sin\frac{3\pi}{2}=-1$ であるから

$$\cos(2\,\mathrm{Tan}^{-1}(x+\sqrt{x^2-1}))\cos\frac{3\pi}{2}$$
$$-\sin(2\,\mathrm{Tan}^{-1}(x+\sqrt{x^2-1}))\left(\sin\frac{3\pi}{2}\right)$$
$$=-\sin(2\,\mathrm{Tan}^{-1}(x+\sqrt{x^2-1}))(-1)$$
$$=2\cos(\mathrm{Tan}^{-1}(x+\sqrt{x^2-1})\sin(x+\sqrt{x^2-1})$$
$$=2\frac{1}{\sqrt{2x(x+\sqrt{x^2-1})}}\frac{x+\sqrt{x^2-1}}{\sqrt{2x(x+\sqrt{x^2-1})}}$$
$$=\frac{1}{x}$$

となる．

$x<0$ の場合も適当な積分定数の追加によって同様な式が成立するのである．

(3)—(iii)の解　無理式が入っていては積分は無理だから変数の置換を試みてみよう．$\sqrt{k^3-x^3}=t$ とおく以外に方法はさしあたってない．$-3x^2dx=2tdt$, $x^3=k^3-t^2$ だから

$$与式=\int\frac{\sqrt{x}}{t}\left(-\frac{2}{3}\right)\frac{t}{x^2}dt$$
$$=-\frac{2}{3}\int\frac{dt}{x^{\frac{3}{2}}}$$
$$=-\frac{2}{3}\int\frac{dt}{\sqrt{-t^2+k^3}}.$$

各自のテキストに必ずある公式を使って

$$=-\frac{2}{3}\mathrm{Sin}^{-1}\left(\frac{t}{k^{\frac{3}{2}}}\right)=-\frac{2}{3}\mathrm{Sin}^{-1}\left(\frac{\sqrt{k^3-x^3}}{k^{\frac{3}{2}}}\right)$$

（積分定数省略）

(4)—(i)の証明　一般に三角関数の有理関数の不定積分は $\tan x/2=t$ とおいて(3)—(i)と同様に置換積分とすると形式的には求まるが，計算が大変になる場合があり，この様な漸化式も併用しなければならない．また，n, m は正とは限らないことに注意して論じなければならない，すなわち場合をわけて，まず

m, n が正の時　部分積分法を使って

$$I_{m,n}=\frac{\sin^{m+1}x\cos^{n-1}x}{m+1}$$
$$-\int\frac{n-1}{m+1}\sin^{m+1}x\cos^{n-2}x(-\sin x)dx$$

よって

$$I_{m,n}=\frac{\sin^{m+1}x\cos^{n-1}x}{m+1}+\frac{n-1}{m+1}(I_{m,n-2}-I_{m,n})$$

$m+n\neq 0$ であるから

$$I_{m,n}=\frac{\sin^{m+1}x\cos^{n-1}x}{m+n}+\frac{n-1}{m+n}I_{m,n-2}\quad(*)$$

又はmを下げる公式として

$$I_{m,n}=\frac{-\sin^{m-1}x\cos^{n+1}x}{m+n}+\frac{m-1}{m+n}I_{m-2,n}\quad(**)$$

を得る．

上の(*)および(**)は**m, n が負であっても**（$m+n\neq 0$より）成立するからこの場合は公式を逆に使って(*)ではnを(**)ではmを2だけ上げて計算すると，

$$I_{m,n}=-\frac{\sin^{m+1}x\cos^{n+1}x}{n+1}+\frac{m+n+2}{n+1}I_{m,n+2}$$
$$=\frac{\sin^{m+1}x\cos^{n+1}x}{m+1}+\frac{m+n+2}{m+1}I_{m+2,n}$$

$(m,\ n\neq -1)$

が成立し，実際にはこちらを利用する．

(ii)　$m+n=0$ のときは別に考えなければならない．(i)の漸化式が役に立たないからである．

簡単のため $m>0$, $n<0$, $m+n=0$ の場合をとりあげる．

$I_{m,-m}=\int\tan^m xdx$ となる．

$$\begin{cases}(\tan x)'=\dfrac{1}{\cos^2 x}=1+\tan^2 x,\\ \tan^m x=\tan^{m-2}x(\tan^2 x+1)-\tan^{m-2}x\end{cases}$$

の2式を利用すると

$$I_{m,-m}=\int\tan^m xdx$$
$$=\int\tan^{m-2}x(\tan x)'dx-I_{m-2,2-m}$$
$$=\frac{\tan^{m-1}x}{m-1}-I_{m-2,(m-2)}$$

これは(4)の漸化式の代りなのである．

(5)—(i)の解　この問は一般的にあつかうと次

の問題になる．

補助定理 $\int(f+f')e^x dx=fe^x$ を示せ．

証明は簡単で $(fe^x)'=(f+f')e^x$ から明らかである．

(i)にもどると

$$=\int\left(\frac{1+x^2-2x}{(1+x^2)^2}\right)e^x dx$$
$$=\int\left(\frac{1}{1+x^2}+\frac{-2x}{(1+x^2)^2}\right)e^x dx=\frac{1}{1+x^2}$$

となるのである．このたぐいの積分は工業数学ではよく出くわしてうろたえることが多いので微積分の教科書には演習としてかかげられることが多い．補助定理に気がつかない時は迷路に入ってしまう問題である．実際二つの項をそれぞれ不定積分するのは大変である．

(5)―(ii)の解　この問題は 7 乗とか 2/3 乗でおどろかされるのであるが普通の無理関数である．

$x^6+1=t^3$ とおく．$6x^5dx=3t^2dt$ であり，$(x^6+1)^{\frac{2}{3}}=t^2$ であるから

$$\int\frac{(x^6+1)^{\frac{2}{3}}}{x^7}dx=\int\frac{t^2}{x^7}\cdot\frac{3t^2}{6x^5}dt$$
$$=\frac{1}{2}\int\frac{t^4}{x^{12}}dt$$
$$=\frac{1}{2}\int\frac{t^4}{(t^3-1)^2}dt$$

$\dfrac{t^4}{(t^3-1)^2}$ を(1)―(iii)と同様に部分分数展開するのであるがその前に部分積分法で処理して出来るだけ簡単にすませたいのである．

$$\frac{1}{6}\int t^2\frac{3t^2}{(t^3-1)^2}dt$$
$$=\frac{-1}{6}\frac{t^2}{t^3-1}+\frac{1}{6}\int 2t/(t^3-1)dt.$$

$\dfrac{t}{t^3-1}$ の部分分数展開なら楽である．

$$\frac{A}{t-1}+\frac{Bt+C}{t^2+t^2+1}=\frac{t}{t^3-1}$$

とおいて $A(t^2+t+1)+(t-1)Bt+C=t$ と変形するとこのイコールは恒等式の意味であるから係数を比較して連立一次方程式

$$\begin{cases}A+B=0\\A+C-B=1\\A-C=0\end{cases}$$

これより $A=\frac{1}{3}$，$B=-\frac{1}{3}$，$C=\frac{1}{3}$ となる．

$$積分=-\frac{1}{6}\frac{t^2}{t^3-1}+\frac{1}{9}\int\left(\frac{1}{t-1}+\frac{-t+1}{t^2+t+1}\right)dt$$
$$=-\frac{1}{6}\frac{t^2}{t^3-1}+\frac{1}{9}\log|t-1|$$
$$+\frac{1}{18}\int\frac{-2t-1+3}{t^2+t+1}dt$$
$$=-\frac{1}{6}\frac{t^2}{t^3-1}+\frac{1}{9}\log|t-1|+\frac{1}{18}\log\frac{1}{t^2+t+1}$$
$$+\frac{1}{6}\mathrm{Tan}^{-1}\left(\left(t+\frac{1}{2}\right)\Big/\frac{\sqrt{3}}{2}\right),$$

もし，途中の変形なしに

$$\frac{t^4}{(t^3-1)^2}=\frac{A}{t-1}+\frac{Bt+C}{(t-1)^2}+\frac{Dt+E}{t^2+t+1}$$
$$+\frac{Ft+G}{(t^2+t+1)^2}$$

とやれば，計算ミスの可能性もありチェックに又時間のかかる所ともなる．　解了．

(5)―(iii)の解　あたえられた関数は三角関数の無理関数であるからまず平方根号の消去を工夫しなければならない．この場合はルートの中が 2 乗式であることに注意する．

$$1+\sin x=\sin^2\frac{x}{2}+\cos^2\frac{x}{2}+2\sin\frac{x}{2}\cos\frac{x}{2}$$
$$=\left(\sin\frac{x}{2}+\cos\frac{x}{2}\right)^2$$

よって　$\dfrac{\sin x}{\sqrt{1+\sin x}}=\pm\dfrac{2\sin\frac{x}{2}\cos\frac{x}{2}}{\sin\frac{x}{2}+\cos\frac{x}{2}}$

（x によって符号は異なって来る）

$$積分=\pm\int\frac{2\sin\frac{x}{2}\cos\frac{x}{2}}{\left(\sin\frac{x}{2}+\cos\frac{x}{2}\right)}\frac{\left(\sin\frac{x}{2}-\cos\frac{x}{2}\right)}{\left(\sin\frac{x}{2}-\cos\frac{x}{2}\right)}dx$$
$$=\pm\int\frac{\sin\frac{x}{2}(\cos x+1)+\cos\frac{x}{2}(\cos x-1)}{\cos x}dx$$
$$=\pm\int\left(\sin\frac{x}{2}+\cos\frac{x}{2}+\frac{\sin\frac{x}{2}-\cos\frac{x}{2}}{\cos x}\right)dx$$
$$=\pm\left(2\sin\frac{x}{2}-2\cos\frac{x}{2}+\int\frac{-dx}{\sin\frac{x}{2}+\cos\frac{x}{2}}\right).$$

（ここで最後の変形は $\cos x=\cos^2\frac{x}{2}-\sin^2\frac{x}{2}$ による．）…㊟

上の積分は $\tan\frac{x}{4}=t$ とおくことにより求まる．

変形㊟を用いずとも $\int\dfrac{\sin\frac{x}{2}-\cos\frac{x}{2}}{\cos x}dx$ を直接

積分出来るが大変な計算量になる.

$$dx=\frac{4}{1+t^2}dt,\ \cos\frac{x}{2}=\frac{1-t^2}{1+t^2},\ \sin\frac{x}{2}=\frac{2t}{1+t^2}$$

を代入して計算し

結局答は

$$\pm\left\{2\sin\frac{x}{2}-2\cos\frac{x}{2}-\sqrt{2}\log\left|\tan\left(\frac{x}{4}+\frac{\pi}{8}\right)\right|\right\}$$

(積分定数省略 (±はxによって異なる.))

±の明確な表示を各自試みよ.

不定積分をまとめてみると,有理関数はその分母の高々２次式の積への因数分解が初等的に可能な場合にかぎり積分実行可能である.(多項式の因数分解は数学的には存在するが初等的方法で得られないことが多い.) 無理関数や三角関数は適当な手段 (置換積分, 部分積分法) によって有理関数になおして積分するのだが,それは建前であって適当な方法,たとえば三角法の利用等で計算量を節約出来る道を探さなければならない.その例が上の(6)—(iii)である.

積分には不定積分と定積分がある.定積分を求めるためには不定積分の力をフルに利用することはもちろんであるが,実は定積分には独自の求め方が色々あって不定積分を一通り学んだからといってそれで定積分も終りとするのはあやまりである.**定積分のためというよりは不定積分を学ぶことによって色々の関数の相互関係を有機的に把握することに力点があるとすべきである.**

(6)—(i)の解　$x^3+3axy+y^3=0$ をみたす点 (x, y) の全体のグラフはデカルトの葉線といい, ４月号にそのグラフをのせた.又この曲線は原点を通る直線 $y=tx$ との交点を求めることにより $x=\dfrac{3at}{1+t^3},\ y=\dfrac{3at^2}{1+t^3}$ とパラメータ表示される.

一般に $F(x,y)=0$ が $x=\varphi(t),\ y=\psi(t)$ と書き表わされるための条件は偏微分法の陰関数定理という項目があってそこで本来取りあつかわれるのであるが,これがなかなかとっつきにくく,あたり前のことを証明しているかの様でその概要を把握出来ず, ついつい pass してしまう学生も多い.(6)はその陰関数定理の適用例を前もって勉強し,一般論の理解の土台にするということも目的の一つになっている.

デカルトの葉線の様に $F(x,y)=0$ が適当なパラメータ t によって $x=\varphi(t),\ y=\psi(t),\ \varphi,\ \psi$ はともに t の有理関数(多項式の分数で表わされる関数)であるとき, $F(x,y)=0$ を**有理曲線**という. $F(x,y)=0$ がどの様な条件をみたす時有理曲線になるかは専門的に云うと代数関数論の難しい理論を必要とし,私もすこしは知っているがここでは述べられない.

$$\int\frac{dx}{y^2}=\int\frac{1}{\left(\dfrac{3t^2}{1+t^3}\right)^2}\frac{d}{dt}\left(\frac{3t}{1+t^3}\right)$$

$$=\int\frac{(1+t^3)^2}{t^4}\frac{1-2t^3}{(1+t^3)^2}dt$$

$$=\int\left(\frac{1}{t^4}-\frac{2}{t}\right)dt=-\frac{1}{3}\frac{1}{t^3}-2\log|t|$$

$$=\frac{1}{3}\frac{x^3}{y^3}-\log\frac{y^2}{x^2}.$$

ただし $x^3-3xy+y^3=0$ の条件の下である(これも積分定数省略である.).

(6)—(ii)の解　$y^2-x^2(x-a)=0$ を有理曲線と見なすことが出来るようなパラメータ t の導入が先決である.その方法は(6)—(i)のアナログとして求めたい. すなわち $y=tx$ とおいてみる.

$t^2x^2-x^2(x-a)=0$ より $x=t^2+a,\ y=t^3+at$ および $x=0,\ y=0$ となり

$$\int\frac{dx}{y}=\int\frac{2tdt}{t^3+at}=\int\frac{2dt}{t^2+a}.$$

$a=0$ の時　$\displaystyle\int\frac{dx}{y}=-\frac{2}{t}=-\frac{2x}{y}$

$a>0$ の時　$\displaystyle\int\frac{dx}{y}=\frac{2}{\sqrt{a}}\mathrm{Tan}\frac{x}{\sqrt{a}}$

$a<0$ の時

$$\int\frac{dx}{y}=\int\frac{1}{\sqrt{-a}}\left(\frac{1}{t-\sqrt{-a}}-\frac{1}{t+\sqrt{-a}}\right)dt$$

$$=\frac{1}{\sqrt{-a}}\log\left|\frac{t-\sqrt{-a}}{t+\sqrt{-a}}\right|$$

(いずれも積分定数省略). ($a>0$ の時原点は孤立点で積分には無関係である)

6—(ii)であたえられた曲線のグラフは次の図である.

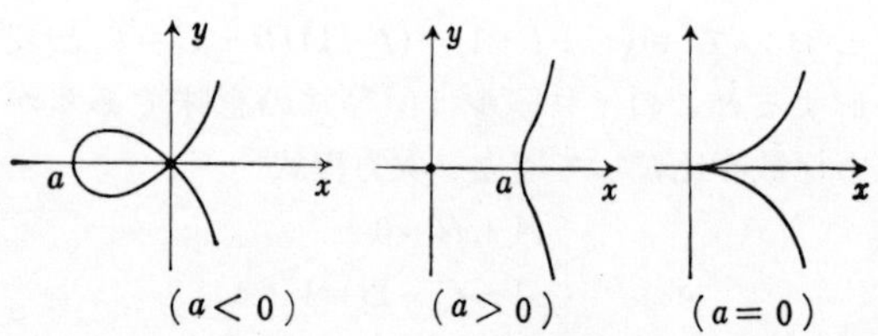

§8 変数分離形—階微分方程式の周辺

問題 8

(1) (i) $\dfrac{dy}{dx}=-\dfrac{x}{y}$, (ii) $\dfrac{dy}{dx}=\sqrt{ax+by+c}$ $(ab\neq 0)$

(iii) $\dfrac{dy}{dx}=\dfrac{x-y}{x+y}$ (同次形) (iv) $\dfrac{dy}{dx}=\dfrac{x-y+3}{x+y+1}$

(v) $\dfrac{dy}{dx}=\dfrac{x-y+3}{x-y+1}$

これら 5 つの微分方程式を解け.

(2) (i) □を埋めよ.

地球上で質量 m $gr.$ の物体を初速 v_0 m/sec で真上に投げるとする. 空気抵抗は物体の速さの 2 乗に比例するとしたとき（比例定数をRとする）最高点に達するまでの物体の運動方程式は

$$\boxed{(イ)}\ \frac{db}{dt}=-(\boxed{(ロ)}\ g+\mathrm{R}\ \boxed{(ハ)}\ )$$ である.

(ii) この物体が最高点に達するまでの時間を求めよ.

(3) x 軸, y 軸, x 軸の上方にある曲線の弧 $y=f(x)$, および $x=X$ (>0) で囲まれた図形の面積が $x=0$ と $x=X$ の間にあるこの曲線の弧の長さに比例するという. この曲線を求めよ.

(4) (i) 第一象限における $y=f(x)$ のグラフ上の点 (x, y) から両軸に平行な線を引き, 両軸とともに長方形をつくるとき, この長方形がこの曲線によって 1：2 (下部が 1 の割合) の面積比にわけられるという. この曲線を求めよ.

(ii) 比が $1:x$ の場合の曲線を求めよ.

(5) $y=\dfrac{1}{1-x}$ は $0<x<1$ において $x(1-x)y''+(1-3x)y'-y=0$ の 1 つの解であることを証明し, 次に $0<x<1$ におけるこの微分方程式の解として $\dfrac{1}{1-x}\{c_1 f(x)+c_2\}$ (c_1, c_2 は定数の形の関数を求めよ.

不定積分のつづきとして簡単な微分方程式の解法を学ぶ. 定積分はそのあとにする. 変数分離形は高校で学ぶ唯一の微分方程式の型であるせいか軽い簡単なものとされることが多い. しかしこの形は次にまとめた要点などによって basic なものなのである.

(i) 同次形, 線形 (いづれも後述) など基本的な一階微分方程式はこの型に帰着されて解く.

(ii) 非線形の微分方程式にも対処出来る, 数少い解法の 1 つである.

(iii) 波動方程式の解法に変数分離法というのがあり, 変数分離形とは内容が異なるが両者に共通の感覚もあり, その意味で偏微分方程式にもつながって行く.

(1)—(i)の解 変数分離形は $\dfrac{dy}{dx}=f(x)g(y)$ の形の微分方程式で $\displaystyle\int\frac{1}{g(y)}\frac{dy}{dx}dx=\int\frac{1}{g(y)}dy=$

$\int f(x)dx+c$ が成立し，この式が解，すなわち x と y の求める関係を与える．

したがって(i)の場合 $\int 2ydy=-\int 2xdx+c$ より $y^2+x^2=c_1{}^2$ ($c=c_1{}^2$ とおくことが出来る) が解である．

(1)—(ii)の解 (ii)は一見変数分離ではないので従属変数を $u=ax+by+c$ にとる．ここで $u=u(x)$ を変数 x で微分すると

$\dfrac{du}{dx}=a+b\dfrac{dy}{dx}=a+b\sqrt{u}$ であるから u と x の間の関係は変数分離形の微分方程式と見ることが出来るから上の解法により

$\displaystyle\int\frac{du}{a+b\sqrt{u}}=\int dx+c_1=x+c_1$ (c_1 は任意定数) で，

左辺の不定積分は $\sqrt{u}=t$ とおいて，$u=t^2$, $du=2tdt$ となるから

$$x+c_1=\int\frac{2t}{a+bt}dt=\frac{2}{b}\int\frac{t+\frac{a}{b}-\frac{a}{b}}{t+\frac{a}{b}}dt$$

$$=\frac{2}{b}\int dt-\frac{2a}{b^2}\int\frac{1}{t+\frac{a}{b}}dt$$

$$=\frac{2}{b}t-\frac{2a}{b^2}\log\left|t+\frac{a}{b}\right|$$

$$=\frac{2}{b}t-\frac{2a}{b^2}\log\left|\sqrt{ax+by+c}+\frac{a}{b}\right| \quad\cdots\cdots⊛$$

(積分定数省略)

なお，この解法は途中において，$a+b\sqrt{u}$ で両辺を割っているので，$a+b\sqrt{u}=0$ のケースも考えなければならない．このとき $-\dfrac{a}{b}=\sqrt{u}$ は，$ab\leqq 0$ の場合にのみ意味があり，その時 $u=\dfrac{a^2}{b^2}$．これを u の定義式に代入して $ax+by+c=\dfrac{a^2}{b^2}$ が答である．この解は $\sqrt{ax+by+c}+\dfrac{a}{b}=0$ を意味するから上の解⊛とは明らかに独立である．したがって，これらの双方が解である．

(1)—(iii)の解 同次形とは $\dfrac{dy}{dx}=f\left(\dfrac{y}{x}\right)$ の形のものをいう．$\dfrac{x-y}{x+y}=\dfrac{1-\frac{y}{x}}{1+\frac{y}{x}}$ であるからこの問題は同次形の1つであるといえる．一般にこのタイプは $\dfrac{y}{x}=u$ とおくことによって解ける．(この様な u の導入を **σ (シグマ) プロセス**という)

$y=ux$ $\dfrac{dy}{dx}=u+u'x$ であるから

$u+u'x=f(u)$，これは $u'=\dfrac{f(u)-u}{x}$ と表されるので変数分離形に帰着する．

この一般論を問題(1)—(iii)に適用すると $\dfrac{y}{x}=u$ とおいて，$y'=xu'+u=\dfrac{1-u}{1+u}$．これを書きかえた $\dfrac{2(1+u)}{u^2+2u-1}du=-\dfrac{2}{x}dx$ を積分して $\log|u^2+2u-1|=-\log x^2+c$ となる．x, y の関係にもどして

$\log\left|\dfrac{y^2}{x^2}+2\dfrac{y}{x}-1\right|+\log x^2=c$．すなわち

$\log|y^2+2yx-x^2|=c$．これを y について解くと $y=\pm\sqrt{2x^2+c'}-x$ を得る．

(1)—(iv)の解 $\dfrac{x-y+3}{x+y+1}$ は同次形の様に見えてそうではない．分母分子を x で割ってみても $f\left(\dfrac{y}{x}\right)$ の関数形にはならない．そこで変数変換をして，問題を，(iii)の形になおす工夫をしなければならない．$x=X+a$, $y=Y+b$ とおくと $=\dfrac{X-Y+a-b+3}{X+Y+a+b+1}$ であるから連立一次方程式

$\begin{cases}a-b+3=0\\a+b+1=0\end{cases}$ の解として $a=-2$, $b=1$

を採用すると，新しい変数 X, Y について $\dfrac{dY}{dX}=\dfrac{X-Y}{X+Y}$ となり，前問の解を借用して

$Y=\pm\sqrt{2X^2+c}-X$ より

$y=\pm\sqrt{2(x+2)^2+c}-x+1$ が解である．

この問題は座標系の平行移動だけが鍵である．

(1)—(v)の解 この問題は(iv)と似てはいるが残念ながら連立一次方程式が $\begin{cases}a-b+3=0\\a-b+1=0\end{cases}$ となり解を持たず上記(iv)の解法はこの場合には適用出来ない．もちろん同次形でもないから，まったく別の考え方を工夫しなければならない．ここは $u=x-y$ とおくのである．$u'=1-y'$ より

$1-u'=\dfrac{u+3}{u+1}$, $1-\dfrac{u+3}{u+1}=\dfrac{-2}{u+1}$ であるから $dx=\dfrac{u+1}{-2}du$ つまり変数分離形に変った．これを解いて

$x=-\dfrac{1}{4}u^2-\dfrac{u}{2}+c$.

すなわち $\dfrac{1}{4}(x-y)^2+\dfrac{(x-y)}{2}-x=c$ となる．又強いてさらに整理すると $x-y$ について解くことにより

$(x-y)^2+2(x-y)+1=x+c'$ $y=\pm\sqrt{x+c'}+x+1$ が最終的な解の形である．

結局，独立変数 x，従属変数 y の適当な変換で変数分離形になおして解くのが(1)の5問のすべてであった．

(2)の解 この物体の運動方程式は

$m\dfrac{dv}{dt}=-(mg+Rv^2)$ （g は重力加速度 R は定数）(i)の解は ［イ］は m ［ロ］は m ［ハ］は v^2

(ii)の解

$\dfrac{dv}{dt}=-g\left(1+\dfrac{v^2}{k^2}\right)$ $\left(\dfrac{R}{mg}=\dfrac{1}{k^2}\right.$ とおく$\left.\right)$,

$$\frac{\dfrac{dv}{dt}}{1+\dfrac{v^2}{k^2}}=-g.$$

これを解いて

$$\frac{k}{g}\mathrm{Tan}^{-1}\frac{v}{k}=-t+c \quad (c \text{ は任意定数})$$

この場合は $t=0$ の時 $v=v_0$ であるから（初期値問題）

$c=\dfrac{k}{g}\mathrm{Tan}^{-1}\dfrac{v_0}{k}$. よって

$t=\dfrac{k}{g}\left(\mathrm{Tan}^{-1}\dfrac{v_0}{k}-\mathrm{Tan}^{-1}\dfrac{v}{k}\right)$.

最高点では $v=0$ となるからそれまでの時間 t_1 は

$t_1=\dfrac{k}{g}\mathrm{Tan}^{-1}\dfrac{v_0}{k}$ (sec.) ……(ii)の解．（ただし k は上述の定義）．

(3)の解 まず高校時代のテキストから $y=f(x)$ $(0\leqq x\leqq X)$ のグラフが表す曲線弧の長さは $\displaystyle\int_0^X\sqrt{1+\left(\frac{dy}{dx}\right)^2}\,dx$ であることを知っていると，問題の方程式は

$\displaystyle\int_0^X\sqrt{1+\left(\frac{dy}{dx}\right)^2}\,dx=k\int_0^X f(x)dx$ （k は正の比例定数）…………………………㊉

で与えられる．微分と積分が入っているので微分積分方程式とでも呼んでよいと思う．といっても名前だけであり，両辺を微分すると微分方程式にたちまち変る．すなわち，

$$\sqrt{1+\left(\frac{dy}{dx}\right)^2}=ky \quad \cdots\cdots (**)$$

この微分方程式を $\dfrac{dy}{dx}$ について解く．（この操作を正規形に直すという．）

$\dfrac{dy}{dx}=\sqrt{k^2y^2-1}$ 又は $\dfrac{dy}{dx}=-\sqrt{k^2y^2-1}$ $(k>0)$

この積分は前回の不定積分のテクニックにも紹介した様に，$\left(\dfrac{dy}{dx}\equiv 0\right.$ を除いて$\left.\right)$ $ky+\sqrt{k^2y^2-1}=t$ とおいての置換積分によって居り，

解は $\log|ky+\sqrt{k^2y^2-1}|=\pm kx+c$

すなわち $y=\dfrac{1}{2k}(e^{c\pm kx}+e^{-(c\pm kx)})$

$=\dfrac{1}{2k}\cosh(c\pm kx)$ であたえられる．

上で例外とした $\dfrac{dy}{dx}\equiv 0$ の場合は $y=\pm\dfrac{1}{k}$ が解となる．

$y=\cosh x$ のグラフは**カテナリー**と呼ばれ，変分学と関連して重要な曲線である．この問題の解をみると独立，従属の各変数が一次変換を受けているが，大雑把に云ってカテナリーが解であるとして良いのである．

(4)の解 (i)まず積分方程式を立てる．

$$xf(x)=3\int_0^x f(t)dt$$

両辺を x で微分して

$$f(x)+xf'(x)=3f(x)$$

よって $xf'(x)=2f(x)$．変数分離形とみこんで整理し

$$\frac{f'(x)}{f(x)}=\frac{2}{x}$$

$$\log|f(x)|=\log x^2+c$$

$$f(x)=c\cdot x^2$$

この問題は高校生でも解けるであろう．

(ii) 積分方程式は $xf(x)=(x+1)\displaystyle\int_0^x f(t)dt$ であたえられる．

このまま微分しても積分記号は残るから両辺を $\frac{1}{x+1}$ 倍した後微分する．

$\left(\frac{x}{x+1}f(x)\right)'=f(x)$ を計算して

$\frac{x+1-x}{(x+1)^2}f(x)+\frac{x}{x+1}f'(x)=f(x)$, 結局変数分離形の微分方程式 $(x+1)f'(x)=(x+2)f(x)$ となり，

$(\log|f(x)|)'=1+\frac{1}{x+1}$ を得る．これを解いて

$|f(x)|=ce^x|x+1|$ が解である．　　　　解了．

線形一階微分方程式　第5問を解く前に変数分離形の発展形として線形一階微分方程式

1)　$y'+P(x)y=Q(x)$

の解法を論じておこう．線形というのは未知関数とその微係数について斉一次式であることを指す．上では左辺が y と y' について一次式であってその条件をみたしている．$Q(x)$ は一般でよろしい．この様な微分方程式に対して $Q(x)\equiv 0$ の微分方程式：

2)　$\frac{dy}{dx}+P(x)y=0$

を斉次線形一階微分方程式という．1) を解く方法はたくさんあるが 2) をまず解いてその結果を利用して 1) を解く方法がもっと一般の場合にもつながる basic な方法と思われるのでそれを紹介しよう．

2) を解くのは簡単である，これは変数分離形なのだから．2) の解として $y=0$ はあきらかであるがそれ以外の解は $\frac{dy}{y}=-P(x)dx$ より

$\log|y|=-\int P(x)dx+c$　$y=ce^{-\int P(x)dx}$ となる．

さて，2) の解がこの様に把握された時，かんじんの微分方程式の解はどの様にして得られるか，という第2ステップに関してというよりは原理に近いものを提示する．**定数変化法．** ここでは大げさに定数変化の原理とでも云っておこう．**2) の解における任意定数 c を関数 $c(x)$ におきかえて** 1) の解として $c(x)e^{-\int P(x)dx}$ を想定し，1) をみたす様に係数 $c(x)$ を定めようという考え方である．

一般に微分方程式の解を求めるのは至難のわざである．ほとんどの微分方程式は解けない．したがって解を推定する手段があるだけでも貴重なものなのである．この方法は非線形の時にも応用出来るケースがある．とにかく，微分方程式ではいつも心がけておかねばならない手段である．

1) に $c(x)e^{-\int P(x)dx}$ を代入してみると

$\frac{d}{dx}(c(x)e^{-\int P(x)dx})+P(x)c(x)e^{-\int P(x)dx}=Q(x)$

左辺を計算すると

$(e^{-\int P(x)dx})'=-P(x)e^{-\int P(x)dx}$ であるから

$c'(x)e^{-\int P(x)dx}=Q(x)$　すなわち

$c'(x)=e^{\int P(x)dx}Q(x)$.

これを積分して

$$c(x)=\int e^{\int P(x)dx}Q(x)dx+c$$

（この積分定数は省略しない）

よって解として

$(\int e^{\int P(x)dx}Q(x)dx+c)e^{-\int p(x)dx}$ が得られたのである．この解の形は覚えるか，又はその存在を頭の片すみに留めておくといった形で保持するのが理工系の学生の常識なのである．概形がうすぼんやりとでも思い出せると簡単な微分方程式にテストしてみることによりこの方法を再生出来るのである．

最後の問題(5)は定数変化の原理を2階微分方程式に応用したものである．

$\frac{1}{1-x}$ がこの微分方程式の解であることは

$x(1-x)\left(\frac{1}{1-x}\right)''+(1-3x)\left(\frac{1}{1-x}\right)'-\frac{1}{1-x}=0$ を示せばよい．

実際，

$$\left(\frac{1}{1-x}\right)'=\frac{1}{(1-x)^2},\ \left(\frac{1}{1-x}\right)''=\frac{2}{(1-x)^3}$$

であるから

$$x(1-x)\cdot\frac{2}{(1-x)^3}+(1-2x)\frac{1}{(1-x)^2}-\frac{1}{1-x}$$

$$=\frac{2x+1-3x-1+x}{(1-x)^2}=0.$$

この微分方程式は y, y', y'' について一次斉次すなわち線形微分方程式であるから $\frac{c}{1-x}$ も解である．ここで c は任意定数である．一体この2階微分方程式にもっと別の解があるとしてどうやってそれを見つけ出すことが出来ようか．それ

は定数変化の原理によって $\dfrac{c(x)}{1-x}$ の形の解を見つける以外に方法はない．(それが成功するかどうかは別として．ただし，問題ではこの方法を誘導している) そこでこの解 (候補) をあたえられた微分方程式に代入して $c(x)$ の形を定めようというわけである．$c(x)$ が定数の時は解なのであるから $c(x)$ に関して $c'(x)=0$ をふくむ条件が出て来ればしめたものなのである．

$$x(1-x)\left(\frac{c(x)}{1-x}\right)''+(1-3x)\left(\frac{c(x)}{1-x}\right)'-\frac{c(x)}{1-x}=0$$

を書きかえ，整理して得た $c(x)$ に対する微分方程式を眺めれば良い．

$$\left(\frac{c(x)}{1-x}\right)'=\frac{c'(x)(1-x)+c(x)}{(1-x)^2},$$

$$\left(\frac{c(x)}{1-x}\right)''$$

$$=\frac{(c''(x)(1-x)-c'(x))(1-x)^2+c'(x)(1-x)^2-2(x-1)(c'(x)(1-x)+c(x))}{(1-x)^4}$$

$$=\frac{c''(1-x)^3+2(1-x)^2c'+2(1-x)c(x)}{(1-x)^4}$$

$$=\frac{c''(1-x)^2+2(1-x)c'+2c}{(1-x)^3}$$

これらを代入して

$$x(1-x)\frac{c''(1-x)^2+2(1-x)c'+2c}{(1-x)^3}$$

$$+(1-3x)\frac{c'(x)(1-x)+c(x)}{(1-x)^2}-\frac{c(x)}{1-x}=0$$

上式左辺を同類項にまとめなおすと $c(x)$ を含む項は消え，$xc''(x)+c'(x)=0$

$c'=u(x)$ とおくと変数分離形の微分方程式

$$xu'+u=0$$

が得られる．これを解いて $u=\dfrac{c_1}{x}$ (c_1 は任意定数)

$c'=\dfrac{c_1}{x}$ より　$c(x)=c_1\log x+c_2$ (c_2 は任意定数)

したがって(5)の一般解は $\dfrac{c_1\log x+c_2}{1-x}$．

解了．

注意　2 階微分方程式は本シリーズではまだ本格的にあつかっていないがその重要な部分の一つを実質的にここで勉強したことになる．“すなわち $y''+p(x)y'+q(x)y=0$ の解 $y_1(x)$ を知っているとき，その解のすべてを知ることが求積法によって可能である”を与えられた微分方程式(5)の場合に実行したものである．又一般解などの用語の定義もこのシリーズが微分方程式にたどりついたとき説明する予定でありここでは適当に想像していて欲しい．

> **類題 1**　2 階微分方程式
>
> $$y''+p(x)y'+q(x)y=0$$
>
> の 1 つの解を $y_1(x)$ としたとき，($y_1(x)\neq 0$ をみたす点 x の近くで)
>
> $$y_2(x)=y_1(x)\int\frac{1}{{y_1}^2}e^{-\int p(x)dx}dx$$
>
> も又この 2 階微分方程式の解であることをたしかめよ．

解　$y_1(x)$ はあたえられた微分方程式の解であり，この微分方程式の形 (線形であること) より $cy_1(x)$ は又解になっている．ここで c は任意定数を表す．そこで c の代りに関数 $c(x)$ をとり $c(x)y_1$ が上の微分方程式の解であるために $c(x)$ がみたすべき必要かつ十分条件を求めてみよう．

$$(c(x)y_1(x))''+p(x)(c(x)y_1(x))'+q(x)c(x)y_1(x)$$
$$=0$$

とおき，ライプニッツの定理を使って書きながすとこの式の左辺は

$$c_1''(x)y_1+2c_1'(x)y_1'(x)+c_1(x)y_1''(x)$$
$$+p(x)c_1'(x)y_1(x)+p(x)c_1(x)y_1'(x)$$
$$+q(x)c_1(x)y_1(x)$$
$$=c_1''(x)y_1+c_1'(x)(2y_1'(x)+p(x)y_1(x))$$
$$+c_1(x)\{y_1''(x)+p(x)y_1'(x)+q(x)y(x))$$
$$=c_1''(x)y_1+c_1'(x)(2y_1'(x)+p(x)y_1(x))$$

よって

$$c_1''(x)y_1(x)+c_1'(x)(2y_1'(x)+p(x)y_1(x))=0$$

が c_1 に対する条件式で 2 階微分方程式であるが $y_1(x)$ を given と考えればこの微分方程式は変数分離形どころか求積法(積分による方法の意味)によって $c(x)$ が求まる．すなわち，

$$-\frac{c_1''(x)}{c_1'(x)}=(\log c_1'(x))'=-2\left(\frac{y_1'(x)}{y_1(x)}\right)+p(x),$$

$$\log c_1'(x)=-(\log y_1^2(x)+\int p(x)dx+c_2)$$

$$c_1'(x)=\frac{1}{{y_1}^2}e^{\int p(x)dx+c_2}.$$

積分して $c_1(x)=\displaystyle\int\frac{1}{{y_1}^2}e^{\int p(x)dx+c^2}dx+c_1$.

よって $c_1(x)y_1(x)=y_1(x)\left(\displaystyle\int\frac{1}{{y_1}^2}e^{\int p(x)dx+c^2}dx+c_1\right)$ は与えられた微分方程式の解である．

解了.

> **類題 2**　$(r,\ \theta)$ を極座標 $x=r\cos\theta$, $y=r\sin\theta$ とする. $(a,\ 0)$ を通る曲線で, 原点を通るすべての直線と定角 ω で交わるものは $r=$一定（円）または $r=ae^{\frac{\theta}{k}}$ ($k\neq 0$ は定数)（**対数スパイラル**）である.

解　求める曲線の式を $r=r(\theta)$ とする.

$$x=r(\theta)\cos\theta,\ \ y=r(\theta)\sin\theta,\ \ \frac{dy}{dx}=\frac{\frac{dy}{d\theta}}{\frac{dx}{d\theta}}$$

$$=\frac{r'\sin\theta+r\cos\theta}{r'\cos-r\sin\theta}$$

である. 一点 $(x,\ y)$ でこの曲線と直線が交わるとき, 両者の交角のコサインは 2 つのベクトル $(\cos\theta,\ \sin\theta)$ と $\dfrac{1}{\left(1+\left(\dfrac{r'\sin\theta+r\cos\theta}{r'\cos\theta-r\sin\theta}\right)^2\right.}\times$

$\left(1,\ \dfrac{r'\sin\theta+r\cos\theta}{r'\cos\theta-r\sin\theta}\right)$ との内積で与えられる.

これを計算すると $\cos\omega=\dfrac{r'}{\sqrt{r'^2+r^2}}$ で与えられる.（この計算は各自にまかせる）

ケースを 2 つにわけ, まず直角に交わる場合は $r'=0\rightarrow r=$定数, 円を表す.

直角以外の定角で交わる場合 $c_0=\cos\omega$ として

$$\frac{r'}{\sqrt{r^2+r'^2}}=c_0\ \text{（一定）より}\ \frac{r'}{r}=\frac{c_0}{\sqrt{1-c_0{}^2}}.$$

これを積分して

$$\log r=\frac{c_0}{\sqrt{1-c_0{}^2}}\theta+c_1\quad \text{すなわち}\quad r=c_1e^{\frac{c_0\theta}{\sqrt{1-c_0{}^2}}}$$

となる.

$\theta=0$ の時 $r=a$ であるから $a=c_1$,

又 $\dfrac{c_0}{\sqrt{1-c_0{}^2}}\neq 0$ であるから $\dfrac{c_0}{\sqrt{1-c_0{}^2}}=\dfrac{1}{k}$ とおくことが出来, $r=a\cdot e^{\frac{\theta}{k}}$ となる. この曲線を問題にも記した様に対数スパイラルと呼ぶ.

注　今回とりあつかった問題の解法に登場した微分積分方程式は数学の演習よりむしろ力学の演習によく登場するので, 理工学部の学生は覚えておいて損はない.

§9 定積分雑題
(定積分の基本的性質の概説をしながら解く)

問題 9

(1) (i) $\int_0^a \frac{x}{\cos x \cos(a-x)}dx$, 被積分関数の不定積分が簡単には求まらないことを承知した上で積分値を求めよ.(0<a<$\frac{\pi}{2}$ とする)

(ii) $\int_0^1 \frac{\log(1+x)}{1+x^2}dx=\frac{\pi}{8}\log 2$ を証明せよ.(23−(5)−(i)として同一問題あり)

(2) $\int_1^a f\left(x^2+\frac{a^2}{x^2}\right)\frac{dx}{x}=\int_1^a f\left(x+\frac{a^2}{x}\right)\frac{dx}{x}$ $(a>0)$

を証明せよ.

(3) $f(x)$ が $[a,\ b]$ で連続, かつ $f(x)>0$ ならば

$\log\left(\frac{1}{b-a}\int_a^b f(x)dx\right) \geqq \frac{1}{b-a}\int_a^b \log f(x)dx$

を示し, 不等号が等号になるために $f(x)$ がみたす条件を求めよ.

(4) $f(x)$ は 2 点 a, b を含む開区間において n 回微分可能又 $f^{(n)}(x)$ は連続関数とする. このとき

(i) $\frac{d}{dx}\left\{f(x)+(b-x)f'(x)+\cdots+\frac{(b-x)^{n-1}}{(n-1)!}f^{(n-1)}(x)\right\}=\frac{(b-x)^{n-1}}{(n-1)!}f^{(n)}(x)$

(ii) 上式の両辺を定積分して次の式を証明せよ.

$f(b)=f(a)+(b-a)f'(a)+\cdots+\frac{(b-a)^{n-1}}{(n-1)!}f^{(n-1)}(a)+\frac{1}{(n-1)!}\int_a^b (b-x)^{n-1}f^{(n)}(x)dx$

(テイラーの定理における剰余の積分による表示)

(5) (i) $[a,\ b]$ で連続な $f(x)$ について $\left|\int_a^b f(x)dx\right| \leqq \int_a^b |f(x)|dx$ を示せ.

(ii) $[a,\ b]$ で定積分可能な $f(x)$ についても上の不等式は成立することを示せ.

(1)−(i)の解 $\frac{x}{\cos x \cos(a-x)}$ の不定積分を初等的に求めることは絶望的である. 一般に関数の商の不定積分は処理しにくい. この問題をじっくり眺めると, 定積分区域 $[0, a]$ と $\cos(a-x)$ からヒントが浮かぶはずなのである. わからなければ先を読んで欲しい. テキストには basic な定積分公式がいくつか並んでいる. たとえば

☆ $\int_0^a f(x)dx=\int_0^a f(a-x)dx.$

証明を記す必要もないと思うが $t=a-x$ とおけば良い. この公式により求める積分値Aは

$A=\int_0^a \frac{x}{\cos x \cos(a-x)}dx$

$=\int_0^a \frac{a-x}{\cos(a-x)\cos x}dx$ となり, したがって

$A=\frac{a}{2}\int_0^a \frac{dx}{\cos x \cos(a-x)}$ と被積分関数の分子が定数になる. あとは楽である. 加法定理により

$\cos(a-x)\cos x=\frac{1}{2}(\cos a+\cos(a-2x))=$

$\frac{1}{2}(\cos a+\cos(2x-a))$ より

$A=a\int_0^a\frac{dx}{\cos a+\cos(2x-a)}$. $\theta=2x-a$ とおくと $d\theta=2dx$, かつ $\cos\theta$ が偶関数であるから

$A=\frac{a}{2}\int_0^a\frac{d\theta}{\cos a+\cos\theta}$ ここからは典型的な不定積分の計算になる.第2回でも触れたところの $\tan\frac{\theta}{2}=t$ と置く方法により

$\cos\theta=\frac{1-t^2}{1+t^2}$, $d\theta=\frac{2t}{1+t^2}$ であるから

$\sqrt{\frac{1+\cos a}{1-\cos a}}>0\left(\frac{\pi}{2}>a>0\right)$ に注意して

$$A=\frac{a}{2}\int_0^{\tan\frac{a}{2}}\frac{1}{\cos a+\frac{1-t^2}{1+t^2}}\frac{2dt}{1+t^2}$$

$$=a\int_0^{\tan\frac{a}{2}}\frac{1}{1+\cos a-t^2(1-\cos a)}dt$$

$$=a\int_0^{\tan\frac{a}{2}}\left(\frac{1}{\sqrt{\frac{1+\cos a}{1-\cos a}}-t}+\frac{1}{\sqrt{\frac{1+\cos a}{1-\cos a}}+t}\right)\frac{dt}{\sqrt{1-\cos a}\sqrt{1+\cos a}}$$

$$=\frac{a}{\sin a}\left[\log\left(\frac{t+\sqrt{\frac{1+\cos a}{1-\cos a}}}{\sqrt{\frac{1+\cos a}{1-\cos a}}-t}\right)\right]_0^{\tan\frac{a}{2}}$$

$$=\frac{a}{\sin a}\left(\log\frac{\tan\frac{a}{2}+\frac{\sin a}{1-\cos a}}{\frac{\sin a}{1-\cos a}-\tan\frac{a}{2}}\right)$$

$=-\frac{a}{\sin a}\log\cos a$. 解了.

解の最初の部分,公式☆の利用に気がつかねばノータッチとなる.この問題はその様に仕組まれた問題で一度通りすぎることで十分の教育効果があるとしたものであろう.受験数学とは違っておぼえる必要はない.

(1)—(ii)の解　この問題も(i)と同様に被積分関数の不定積分は簡単には求まらないことに気がつく.そこで右辺の解答も考慮に入れつつ分母の $1+x^2$ を処理するために $x=\tan t$ とおく.積分値をAとおくと

$$A=\int_0^{\frac{\pi}{4}}\frac{\log(1+\tan t)}{\frac{1}{\cos^2 t}}\cdot\frac{dt}{\cos^2 t}$$

$$=\int_0^{\frac{\pi}{4}}\log(1+\tan t)dt$$

分母は無くなったがまだ不定積分は明らかではない.しかし log の中味が $\frac{\cos t+\sin t}{\cos t}$ であるから対数の和法則を使って

$A=\int_0^{\frac{\pi}{4}}\{\log(\cos t+\sin t)-\log\cos t\}dt$.

$$\cos t+\sin t=\sqrt{2}\left(\frac{1}{\sqrt{2}}\cos t+\frac{1}{\sqrt{2}}\sin t\right)$$

$$=\sqrt{2}\sin\left(t+\frac{\pi}{4}\right)$$

を上式に代入して

$$A=\int_0^{\frac{\pi}{4}}\log\sqrt{2}dt+\int_0^{\frac{\pi}{4}}\log\sin\left(t+\frac{\pi}{4}\right)dt-\int_0^{\frac{\pi}{4}}\log\cos t\,dt$$

第2項は $t=\frac{\pi}{4}-s$ とおくと積分区域が $\frac{\pi}{4}$ ～0 となり

$$\int_{\frac{\pi}{4}}^0\log\sin\left(\frac{\pi}{2}-s\right)(-ds)$$

$=\int_0^{\frac{\pi}{4}}\log\cos s\,ds$ となり,第3項と打ち消しあう.したがって $A=\frac{\pi}{4}\log\sqrt{2}=\frac{\pi\log 2}{8}$ である.

この問題も当初から不定積分にのみ固執していては解答に近づくことすらおぼつかない.

> **類題 1**　$\int_0^\pi xf(\sin x)dx=\frac{\pi}{2}\int_0^\pi f(\sin x)dx$
> $=\pi\int_0^{\frac{\pi}{2}}f(\sin x)dx$ を示せ.(f は適当に考えよ.)

解　☆として紹介した公式を使用すると

$a=\pi$ として

$$\int_0^\pi xf(\sin x)dx=\int_0^\pi(\pi-x)f(\sin(\pi-x))dx$$

$$=\int_0^\pi(\pi-x)f(\sin x)dx$$

よって

$$2\int_0^\pi x\,f(\sin x)dx=\pi\int_0^\pi f(\sin x)dx$$

$$=2\pi\int_0^{\frac{\pi}{2}}f(\sin x)dx$$

よって $\int_0^\pi xf(\sin x)dx=\frac{\pi}{2}\int_0^\pi f(\sin x)dx$

$=\pi\int_0^{\frac{\pi}{2}}f(\sin x)dx$. 解了.

9—(2)の解

問題の左辺から出発する.まず $x^2=y$ とおいて見よう.

x が 1 から a まで変化するとき，y は 1 から a^2 まで変化する．又 $2xdx=dy$ であるから置換積分によって

$$\int_1^a f\left(x^2+\frac{a^2}{x^2}\right)\frac{dx}{x}=\int_1^{a^2} f\left(y+\frac{a^2}{y}\right)\frac{dy}{2x^2}$$

$$=\int_1^{a^2} f\left(y+\frac{a^2}{y}\right)\frac{dy}{2y}.$$

しかし，これだけでは何を計算したのやらさっぱりわからない．ただしこの置換積分は一番自然なのだからこの結果は何かの役に立つはずと確信しておいて，もうすこし別の置換積分を探してみようと思い立つのが筋なのである．他の置換積分として $y=\dfrac{a^2}{x^2}$, $y=\dfrac{a^2}{x}$ などとしてみてもあまり良い結果が出て来ない．結局上に出て来た形を見直すことになる．右辺を次の様に分解する．

☆☆ $$\frac{1}{2}\int_1^{a^2} f\left(y+\frac{a^2}{y}\right)\frac{dy}{y}$$

$$=\frac{1}{2}\int_1^a f\left(y+\frac{a^2}{y}\right)\frac{dy}{y}+\frac{1}{2}\int_a^{a^2} f\left(y+\frac{a^2}{y}\right)\frac{dy}{y}$$

右辺の第 2 項を $y=\dfrac{a^2}{z}$ と置換積分してみる．

$$\frac{1}{2}\int_a^{a^2} f\left(y+\frac{a^2}{y}\right)\frac{dy}{y}$$

$$=\frac{1}{2}\int_a^1 f\left(\frac{a^2}{z}+z\right)\frac{-a^2}{z^2}\cdot\frac{z}{a^2}dz$$

$$=\frac{1}{2}\int_1^a f\left(z+\frac{a^2}{z}\right)\frac{dz}{z}.$$

☆☆の右辺の第 1 項と第 2 項は等しく，したがって問題(2)は解決された．

9－(3)の解　この問題は有名な問題で解法もいくつかあり，積分の定義そのものによって解く方法もある．ここは，不等号の意味を探ることに焦点を置いてみよう．まず不等式 $x\geqq\log(1+x)$ $(x>0)$ を考える．これはグラフを書いて見ると明らかである．微分を使っての証明も簡単であり，ここには証明を記述しない．

さて問題の解答であるが $a=0$, $b=1$ の場合，すなわち，$\log\left(\int_0^1 f(x)dx\right)\geqq\int_0^1\log f(x)dx$ を考える方が少しばかり楽といっても本質は変わらず全く同様と云えるのだがそのケースを考えよう．まず上の不等式から

☆☆☆ $$\log\left(\frac{f(t)-\int_0^1 f(s)ds+\int_0^1 f(s)ds}{\int_0^1 f(s)ds}\right)$$

$$\leqq\frac{f(t)}{\int_0^1 f(s)ds}-1.$$

が出る．左辺は $\log f(t)-\log\int_0^1 t(s)ds$ と等しく，また，右辺はさらに 0 か 1 まで積分すると

$$\int_0^1\left(\frac{f(t)}{\int_0^1 t(s)ds}-1\right)dt=1-1=0$$

であるから不等式☆☆☆の両辺を 0 から 1 まで積分して $\log\int_0^1 f(s)ds$ が定数であることに注意すると

$$\int_0^1\log(f(t))dt-\log\int_0^1 f(s)ds\leqq 0$$

となってこの場合の証明は終りである．

一般の場合は式だけ記しておく．

$$\log f(t)-\log\left(\frac{1}{b-a}\int_a^b f(s)ds\right)$$

$$=\log\left(\frac{f(t)-\frac{1}{b-a}\int_a^b f(s)ds+\frac{1}{b-a}\int_a^b f(s)ds}{\frac{1}{b-a}\int_a^b f(s)ds}\right)$$

$$\leqq\frac{1}{\frac{1}{b-a}\int_a^b f(s)ds}\left(f(t)-\frac{1}{b-a}\int_a^b f(s)ds\right)$$

ここで左辺と右辺に $\dfrac{1}{b-a}\int_a^b$ を演算することにより

$\dfrac{1}{b-a}\int_a^b\log f(t)-\log\left(\dfrac{1}{b-a}\int_a^b f(s)ds\right)\leqq 0$ を得る．

等号の吟味　ある一点 t_0 で不等号がストリクトすなわち＜であれば（$f(t)$ が連続関数なので）t_0 の小さな近傍，$[t_0-\varepsilon, t_0+\varepsilon]$ でストリクトであり，この時

$$\frac{1}{b-a}\int_a^b\log f(t)dt<\log\left(\frac{1}{b-a}\int_a^b f(s)ds\right)$$

となる．したがって問題の不等号が等号であるためには各点 t で

$$\log\left(\frac{f(t)}{\frac{1}{b-a}\int_a^b t(s)ds}\right)$$

$$=\frac{f(t)}{\frac{1}{b-a}\int_a^b f(s)ds}-1$$

であることが必要かつ十分な条件である．一方準備した不等式 $\log(1+x)\leqq x$ において等号成立は $x=0$ の時のみであるから

$$\frac{f(t)}{\frac{1}{b-a}\int_a^b f(s)ds}=1,\ \text{すなわち}$$

$$f(t)=\frac{1}{b-a}\int_a^b f(s)ds,\ \forall t\in[a,\ b]$$

の時にかぎり問題の不等式は等式であり，このとき $f(t)$ は定数関数である．逆に f が定数のとき問題の不等式は等式になる．

9—(4)の解　テイラーの定理は微分法に属するが，このシリーズではここに，定積分の定理としてまず登場する．その方が積分の使い方を広く考えさせるからである．

さてテイラーの定理の普通の形を以下に記しておこう．これは(ii)の形と違って最後の頃(⇒剰余という)が積分ではなく n 次導関数を使ってあたえられる．証明は問題(ii)を解いた後その系として与えられるのである．

定理 9.1　$f(x)$ が (a, b) で n 回微分可能のとき

$$\boldsymbol{f(b)=f(a)+\frac{f'(a)}{1!}(b-a)+\frac{f''(a)}{2!}(b-a)^2+\cdots+\frac{f^{(n-1)}(a)}{(n-1)!}(b-a)^{n-1}+R_n(b),}$$

$R_n(b)=\dfrac{f^{(n)}(c)}{n!}(b-a)^n$ となる c：$a<c<b$ が存在する．又 $R_n(b)=\dfrac{f^{(n)}(c')}{(n-1)!}(b-c')^{n-1}(b-a)$ $(a<c'<b)$ と書き表すことも出来る．$R_n(b)$ を R_n と略記する．

R_n の上記 2 通りの表し方の内，前者を **Lagrange**（ラグランジュ）による剰余（の表示）といい，後者を **Cauchy**（コーシー）による剰余の表示という．

9—(4)—(i)の解　左辺を項別に微分していくと

$$f'(x)-1\cdot f'(x)+(b-x)f''(x)-(b-x)f''(x)+\frac{(b-x)^2}{2!}f'''(x)-\frac{(b-x)^2}{2!}f'''(x)+\cdots-\frac{(b-x)^{n-2}}{(n-2)!}f^{(n-1)}(x)+\frac{(b-x)^{(n-1)}}{(n-1)!}f^{(n)}(x)=\frac{(b-x)^{(n-1)}}{(n-1)!}f^{(n)}(x)$$

と最後の項だけが残って等式(1)が示される．

(ii)の解　(i)の両辺を a から b まで定積分すると左辺は

$$\left[f(x)+(b-x)f'(x)+\cdots+\frac{(b-x)^{(n-1)}}{(n-1)!}f^{(n-1)}(x)\right]_a^b=f(b)-f(a)-(b-a)f'(a)-\cdots-\frac{(b-a)^{(n-1)}}{(n-1)!}f^{(n-1)}(a).$$

また(i)の右辺を a から b まで定積分すると

$$\frac{1}{(n-1)!}\int_a^b(b-x)^{n-1}f^{(n)}(x)dx$$

となって証明が終った．しかしまだ上記のラグランジュおよびコーシーによる剰余の表示との関係がはっきりしていないのでそれを説明しておこう．そのために積分の平均値の定理を 2 通りのべておこう．まず，

定理 9.2　(積分の平均値定理)　$f(x)$，$\varphi(x)$ が $[a,\ b]$ で連続，$\varphi(x)$ が $[a,\ b]$ で定符号ならば $\int_a^b f(x)\varphi(x)dx=f(\xi)\int_a^b\varphi(x)dx$ となる $\xi(a<\xi<b)$ が存在する．

証明　$f(x)$ が定数の時には明らかに成立する．$f(x)$ は定数でなく $\varphi(x)>0$ とする．$f(x)$ の $[a,\ b]$ での最大値，最小値をそれぞれ M，m とすると

$$m\int_a^b\varphi(x)dx<\int_a^b f(x)\varphi(x)dx<M\int_a^b\varphi(x)dx$$

$\int_a^b\varphi(x)dx>0$ であるから

$$m<\frac{\int_a^b f(x)\varphi(x)dx}{\int_a^b\varphi(x)dx}<M$$

となり，連続関数 f に関する中間値定理の適用によってある $\xi(a<\xi<b)$ が存在して

$$f(\xi)=\frac{\int_a^b f(x)\varphi(x)dx}{\int_a^b\varphi(x)dx}$$

となる．よって証明された．

定理 9.3　(これも積分に関する平均値の定理という)

$f^{(x)}$ が $[a,\ b]$ で連続ならば $\int_a^b f(x)dx=(b-a)f(\xi)$ と $\xi(a<\xi<a)$ が存在する．

定理 9.2 で $\varphi(x)=1$ とおけばただちにこの定理の結論は得られる．

定理 9.1 の証明　9—4—(ii)の最後の項（＝剰余）に定理 9.2 を適用すると

$$R_n(b)=\frac{1}{(n-1)!}\int_a^b(b-x)^{n-1}f^{(n)}(x)^{dx}=\frac{f^{(n)}(a+\theta(b-a))}{(n-1)!}\int_a^b(b-x)^{n-1}dx$$

$$=\frac{f^{(n)}(a+\theta(b-a))}{n!}(b-a)^n$$

となり，上記ラグランジュによる剰余の表示と一致する．

又定理 9.2 の代りに定理 9.3 を適用すると

$$R_n(b)=\frac{f^{(n)}(a+\theta(b-a))(b-(a+\theta(b-a))^{n-1}}{(n-1)!}\int_a^b dx$$

$$=\frac{f^{(n)}(a+\theta(b-a))(b-a)^n(1-\theta)^n}{(n-1)!}$$

となり，上記の Cauchy（コーシー）による剰余の表示と一致する．証明了．

定積分ノート　(5)を解くに際し，定積分可能の概念をはっきりさせておきたい．今迄解いて来た問題(1)〜(4)を解くに際してもこの様な基本概念が多かれ少なかれ必要なのだが，このシリーズではあまり正面からの取組みは避け，定積分に慣れた所で 9 —(5)(ii)一問だけに限って基本にかかわる問題としてとりあげる．

$f(x)$ の定義域を閉区間 $[a,\ b]$ とし，$f(x)$ はそこで**有界**，すなわちある 2 数 m，M が存在して $m<f(x)<M$，$x\in[a,\ b]$ とする．

$[a,\ b]$ を分割して $\triangle$：$a=x_0<x_1<x_2\cdots<x_{n-1}<x_n=b$ とする．（この様な数列を区間の**分割**と呼び△で表示するのである．）

$f(x)$ を上記の分割によって出来た区間の一つ，たとえば $[x_{i-1},\ x_2]$ に制限したとき，$f(x)$ はもちろんここで有界であり，したがって $f(x)$ の $[x_{i-1},\ x_i]$ における上限下限が存在する．（上限とは最小の上界であり，上に有界なら上限が，下に有界なら下限が存在する．）それらをそれぞれ M_i，m_i で表記しよう．これらを使って

$S(\triangle)=\sum_{i=1}^{n}M_i(x_i-x_{i-1})$，$s(\triangle)=\sum_{i=1}^{n}m_i(x_i-x_{i-1})$

と 2 つの量を導入する．$b-a=\sum_{i=1}^{n}(x_i-x_{i-1})$ であるから

$$m(b-a)\leqq s(\triangle)\leqq S(\triangle)\leqq M(b-a)$$

であり，$s(\triangle)$，$S(\triangle)$ は△を変えると数値として変るが，その値は有界，すなわち閉区間 $[m(b-a),\ M(b-a)]$ に属する．

1 つの分割△に分点をさらにつけ加えて新しく△′を作ったとする．この時 $s(\triangle)\leqq s(\triangle')$，$S(\triangle)\geqq S(\triangle')$ が成立する．これは説明を省略しよう．（上限，下限の性質から出る）．したがって 2 つの分割 $\triangle_1$ と $\triangle_2$ を考えたとき，$\triangle_1$ と $\triangle_2$ の分点をすべて参加させた分割を $\triangle_0$ とすると $S(\triangle_1)\geqq S(\triangle_0)$，$s(\triangle_1)\leqq s(\triangle_0)$，$S(\triangle_2)\geqq S(\triangle_0)$ $s(\triangle_2)\leqq s(\triangle_0)$ となるから $S(\triangle_1)\geqq s(\triangle_2)$，（もちろん $S(\triangle_2)\geqq s(\triangle_1)$も）成立する．…◎

そこで $S=\inf\{S(\triangle)\}$　$s=\sup\{s(\triangle)\}$ つまり分割を変えたとき出来る数値 $S(\triangle)$ の集合の下限を S，$s(\triangle)$ の集合の上限を s とするとき，

定理 9.4　$S\geqq s$ が成立する．

証明をして見よう．背理法で $s>S$ と仮定する．s は $s(\triangle)$ の集合の上限であるから，ε_1，$\varepsilon_2>0$ について $s\geqq s(\triangle)>s-\varepsilon_1$ をみたす $s(\triangle)$ が存在し，同様に S が $S(\triangle)$ の集合の下限であるから $S+\varepsilon_2>S(\triangle')\geqq S$ をみたす $S(\triangle')$ が存在する．この ε_1 と ε_2 を $\frac{s-S}{4}$ にとると

$s\geqq s(\triangle)>s-\varepsilon_1>S+\varepsilon_2>S(\triangle')\geqq S$ となり上記◎に矛盾する．証了．

定義　$[a,b]$ における有界関数 $y=f(x)$ が定積分可能であるとは $S=s$ がみたされることとする．この時，

$$S=s=\int_a^b f(x)dx$$

と表す．

注意 1．定積分可能な $f(x)$ に対し $\int_a^b f(x)dx$ は有限確定である．

注意 2．$\int_b^a f(x)dx=-\int_a^b f(x)dx$，$\int_a^a f(x)dx=0$ と定義する．

分割△を上の様に導入した時

分割の大きさ $|\triangle|$ を

$$|\triangle|=\max\{|x_i-x_{i-1}|,\ i=1,\ \cdots,\ n\}$$

で導入する．この $|\triangle|$ を使って，次の定理が成立する．

定理 9.5　$f(x)$ が $[a,\ b]$ で定積分可能であるための必要かつ十分な条件は $\lim_{|\triangle|\to 0}\sum_{c=1}^{n}f(\xi_i)(x_i-x_{i-1})$ が存在することである．

ここで $\xi_i\in[x_{i-1},\ x_i]$ は任意に選ばれたものとする．この時この極限値は $\int_a^b f(x)dx$ と一致する．

この証明をするためには，sup, inf を使って定積分可能が定義されているので，$\lim_{|\triangle|\to 0}$ による定義

に切りかえなければならないのである．これは沢山の教科書で次のダルブーの定理の導入によって行われている．

定理 9.6 $\lim_{|\triangle|\to 0} S(\triangle)=S,\ \lim_{|\triangle|\to 0} s(\triangle)=s$ **が成立する．**（この定理は定積分可能でなくとも成立する）．

この定理の証明は割愛しよう．微積分のテキストの半分位には，紹介されている．代表的なものでは高木貞治 解析概論（岩波）106頁．その他学術図書出版の阪大系テキストにはのっている．

さて定理 9.6 が示された所で積分の公式をかかげておこう．

$f(x)$，$g(x)$ は定積分可能とする（定義域 $[a,\ b]$）

(1) **$Af(x)+Bg(x)$ （A, B 定数）は又定積分可能で**

$$\int_a^b (Af(x)+Bg(x)dx$$
$$=A\int_a^b f(x)dx+B\int_a^b g(x)dx$$

(2) **$[a,\ b]$ に属する 3 点 α，β，γ について**

$$\int_\alpha^\beta f(x)dx=\int_\alpha^\gamma f(n)dx+\int_\gamma^\beta f(x)dx$$

(3) **$[a,\ b]$ で $f(x)\geqq g(x)$ なら**

$$\int_a^b f(x)dx\geqq\int_a^b g(x)dx$$

$f(x)$ が $[a,\ b]$ で連続である場合，次の定理が成立する．

定理 9.7 $[a,\ b]$ で連続な関数 $f(x)$ はこの区間で定積分可能である．

証明の概要 第6回で論じた様に，この $f(x)$ は $[a,\ b]$ で一様連続である．すなわち任意の $\varepsilon>0$ に対して $\delta>0$ が存在して $[a,\ b]\ni x,\ y$ $|x-y|<\delta$ ならば $|f(x)-f(y)|<\varepsilon$ である．分割 $\triangle$ の大きさ $|\triangle|$ を δ より小さくとると $S(\triangle)-s(\triangle)=\sum_{i=1}^{N}(M_i-m_i)(x_i-x_{i-1})<\varepsilon(b-a)$．よって $S-s=\lim_{|\triangle|\to 0}(S(\triangle)-s(\triangle))=0$ となり，$S=s$ であるから定義によって $f(x)$ は定積分可能である．**定積分ノート終**

9—(5)(i)の証明 $f(x)$ が $[a,\ b]$ で連続であれば $|f(x)|$ も又連続である．それを示すには $\lim_{x\to a}f(x)=f(a)$ の時 $\lim_{x\to a}|f(x)|=|f(a)|$ をチェックすれば良い．これは明らかなので省略して問題の不等式の証明に入る．

$f(x)\leqq|f(x)|$ および $-f(x)\leqq|f(x)|$ より

$$\int_a^b f(x)dx\leqq\int_a^b|f(x)|dx,\quad -\int_a^b f(x)dx\leqq\int_a^b|f(x)|dx$$

が成立し，したがって $\left|\int_a^b f(x)dx\right|\leqq\int_a^b|f(x)|dx$ が成立する．

9—(5)(ii)の解 $f(x)$ が定積分可能であれば $|f(x)|$ は定積分可能であろうか．これがこの問題(ii)の要点である．不等号の証明は(i)とまったく同様であり，省略する．

$f(x)$ $|f(x)|$ のそれぞれについて S，$S(\triangle)$ s，$s(\triangle)$ を $S(f)$，$S(f,\ \triangle)$，$s(f)$ $s(f,\ \triangle)$ および，$S(|f|)$，$S(|f|,\ \triangle)$，$s(|f|)$，$s(|f|,\ \triangle)$ と表記したとき，定理 9.4 ～ 9.7 によって

$$S(|f|)-s(|f|)=\lim_{|\triangle|\to 0}\Big(\sum_{i=1}^{n}M_i(|f|)(x_i-x_{i-1})$$
$$-\sum_{i=1}^{n}m_i(|f|)(x_i-x_{i-1})\Big)$$
$$=\lim_{|\triangle|\to 0}\Big(\sum_{i=1}^{n}(M_i(|f|)-m_i(|f|))(x_i-x_{i-1}).$$

ここで f および $|f|$ についての M_i，m_i をそれぞれ $M_i(f)$，$M_i(|f|)$，$m_i(f)$，$m_i(|f|)$ と表した．一方仮定により

$$0=S(f)-s(f)=\lim_{|\triangle|\to 0}\Big(\sum_{i=1}^{m}m_i(f)-m_i(f))(x_{i-1})\Big)$$

であり，又

$M_i(|f|)-m_i(|f|)\leqq M_i(f)-m_i(f)$ が $[x_{i-1},\ x_i]$ において成立する（これは各自工夫せよ．f がこの区間で同符号の場合は明らかであろう．f の値が正負いずれの値をもとる時この不等式が成立することをたしかめよ）．

これらより

$S(|f|)=s(|f|)$ が結論づけられるのである．

§10 偏微分の基礎，および波動方程式とKdV方程式の入口

問題 10

(1) 偏微分係数の幾何学的意味をのべよ．

(2) (i) $f(x, y)=\begin{cases} \dfrac{xy}{x^2+y^2} \cdots\cdots (x, y)\neq(0,0) \\ 0 \quad \cdots\cdots (x, y)=(0,0) \end{cases}$ の $(0,0)$ における連続性と偏微分可能性を論ぜよ．

(ii) f の偏導関数が連続 (C^1 級) ならば f 自身連続関数であることを示せ．

(3) (i) $z=f(x, y)$ が C^2 級であるとき，

$$\frac{\partial^2 z}{\partial x \partial y}=\frac{\partial^2 z}{\partial y \partial x}$$

を示せ．

(ii) 次の関数について $z_{xy}(0,0)\neq z_{yx}(0,0)$ を示せ．

$$z=f(x, y)=\begin{cases} xy\,\mathrm{Sin}^{-1}\dfrac{x^2-y^2}{x^2+y^2} \cdots\cdots (x, y)\neq(0,0) \\ 0 \quad \cdots\cdots (x, y)=(0,0) \end{cases}$$

(4) (i) $z=f(x, y)$，$x=g(t)$，$y=h(t)$ がすべて C^1 級（導関数が連続）であるとき $\dfrac{dz}{dt}=\dfrac{\partial z}{\partial x}\dfrac{dx}{dt}+\dfrac{\partial z}{\partial y}\dfrac{dy}{dt}$ であることを概略説明せよ．

(ii) $z=f(x, y)$，$x=g(t, s)$，$y=h(t, s)$ がすべて C^1 級の時 $\dfrac{\partial z}{\partial t}=\dfrac{\partial z}{\partial x}\dfrac{\partial x}{\partial t}+\dfrac{\partial z}{\partial y}\dfrac{\partial y}{\partial t}$，$\dfrac{\partial z}{\partial s}=\dfrac{\partial z}{\partial x}\dfrac{\partial x}{\partial s}+\dfrac{\partial z}{\partial y}\dfrac{\partial y}{\partial s}$

であることが(i)の系として成立することを説明せよ．**(連鎖律)**

(5) (i) xy-平面上で C^2 級の関数 $u=u(x, y)$ が微分方程式 $u_{xy}=0$ をみたすための必要かつ十分な条件は適当な C^2 級関数 $F(x)$，$G(y)$ により $u(x, y)=F(x)+G(y)$ と表わされることである．

(ii) $\dfrac{\partial^2 u}{\partial t^2}=a^2\dfrac{\partial^2 u}{\partial x^2}$ $(a>0)$ をみたす C^2 級関数 $u(x, t)$ は適当な一変数関数 f，g により $u(x, t)=f(x-at)+g(x+at)$ と表すことが出来ることを(i)の結果を使って示せ．

(一次元波動方程式のダランベールの解法)

(6) $u_t+6uu_x+u_{xxx}$ の解で $u=f(x-at)$ $(a>0)$ の形のものを求めよ．ただし $\lim\limits_{s\to\infty}f(s)=\lim\limits_{s\to\infty}\dfrac{df(s)}{ds}=\lim\limits_{s\to\infty}\dfrac{d^2f(s)}{ds^2}=0$ (境界条件という) をみたしている様にとる．**(ソリトン，Kortweg-de Vries の方程式)**

(1)の解. $f(x,y)$ の定義域内の点 (a,b) において $\lim_{h\to 0}\frac{f(a+h,b)-f(a,b)}{h}$ が存在するとき，f は (a,b) で x に関して偏微分可能といい，その極限値を $f_x(a,b)$，又は $\frac{\partial f}{\partial x}(a,b)$ で表わし，f の x に関する偏微分係数（(a,b) における）という．$f_y(a,b)$，または $\frac{\partial f}{\partial y}(a,b)$ も $\lim_{k\to 0}\frac{f(a,b+k)-f(a,b)}{k}$ として同様に定義される．

$z=f(x,y)$ として多項式またはよく知られている関数，(たとえば x^2+y でも $\sin(2x+y)$ でも何でもよい) をとりあげる．前者であれば $\frac{\partial(x^2+y)}{\partial x}=2x$, $\frac{\partial(x^2+y)}{\partial y}=1$ となる．すなわち，x による偏微分係数を求めるには y を定数とみてうごかさず x の変動だけについての微分係数を計算することになる．y による偏微分係数も今度は x を固定し，同様にして得られる．また，3次元空間で $(x,y,f(x,y))$ で表わされる点の軌跡を関数 f のグラフという．今，$z=f(x,y)$ のグラフ上の点 $(a,b,f(a,b))$ を通って xz 平面に平行な平面を考える．図の様に，カステラの切り口のような曲線が現れる．これは曲線 $z=f(x,b)$ のグラフである．$z=f(x,y)$ の (a,b) における (x に関する) 偏微分係数はこの切り口の曲線の $x=a$ における微分係数である．同様に y に関する偏微分係数の幾何学的意味も yz 平面と平行な平面による曲面の切り口の微分係数として理解される．

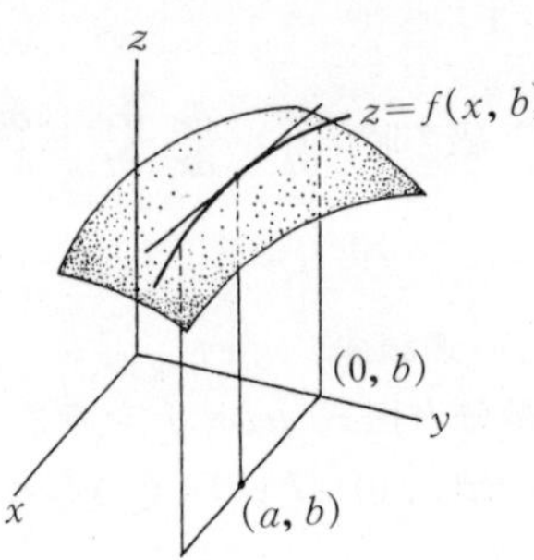

(2)の解. 関数 $f(x,y)$ の (a,b) における連続性は $\lim_{(x,y)\to(a,b)}f(x,y)=f(a,b)$ をチェックすることによりたしかめられる．したがって，(2)—(i)においては $\lim_{(x,y)\to(0,0)}\frac{xy}{x^2+y^2}=0$ を示す必要がある．しかしこれは成立しない．その説明をすると点 (x,y) を xy-平面上の直線 $y=\alpha x$ に沿って $(0,0)$ に近づけると $\frac{xy}{x^2+y^2}=\frac{\alpha x^2}{x^2(1+\alpha^2)}=\frac{\alpha}{1+\alpha^2}$ であるから，この直線上 $\frac{xy}{x^2+y^2}$ の値は定数 $\frac{\alpha}{1+\alpha^2}$ のままであり，したがってその直線上に限定した $\frac{xy}{x^2+y^2}$ の極限も $\frac{\alpha}{1+\alpha^2}$ である．α によって，つまり (x,y) ののっている直線によって極限値は変わる．したがって，2次元平面上の関数値の極限として $\lim_{(x,y)\to(0,0)}\frac{xy}{x^2+y^2}$ は意味を持たない (下のグラフ参照)．よってこの関数は原点 $(0,0)$ において連続ではない．

一方，偏微分を実行すると $f_x(0,0)=\lim_{h\to 0}\frac{f(h,0)-f(0,0)}{h}=\lim_{h\to 0}\frac{0-0}{h}=0$．同様に $f_y(0,0)=0$ である．

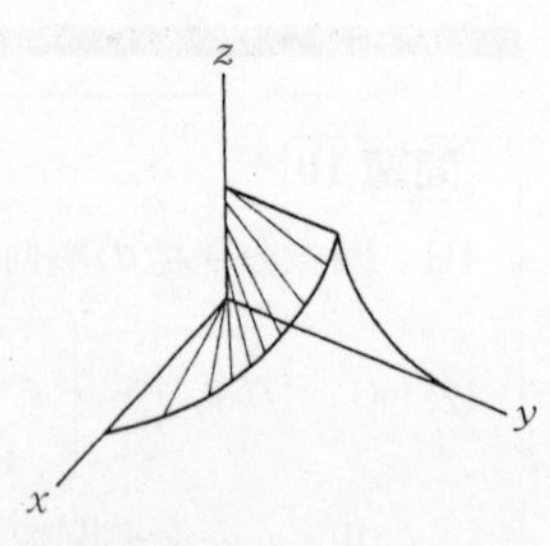

1変数の場合は $y=f(x)$ が $x=a$ で微分可能ならば $x=a$ で当然連続になるのだが2変数では事情が全く変わることを(i)は例として示している．

(2)—(ii)の解. (ii)を示すには2通りの方法がある．連続関数の最大(小)値存在の定理と平均値定理との系として示す方法，および C^1 級ならば全微分可能であることを平均値の定理を使って示す方法である．ここでは後者を紹介しておく．この方法は(4)の解につながるからである．

$z=f(x,y)$ をあたえられた2変数関数とする．C^1 級とは $f_x(x,y)$，$f_y(x,y)$ が定義域の各点 (x,y) で存在し，2変数関数として連続，すなわち，定義域の各点 (a,b) で $\lim_{(x,y)\to(a,b)}f_x(x,y)=f_x(a,b)$ $\lim_{(x,y)\to(a,b)}f_y(x,y)=f(a,b)$ が成立することとする．

今 $F(t)=f(a+ht,\ b+k)+f(a,b+kt)$ とおくと t の1変数関数が出来上がるがこの2項をよく眺めると第1項は第1変数の所にのみ t が入って居り，第2項の方は逆に第2変数の所にのみ t が入っている．$b+k$ や a は t とは無関係な定数であることと，t に関する一次関数 $a+ht$, $b+kt$ はもちろん t で微分可能（1変数として）であるから f の偏微分可能性がそのまま $f(a+ht,\ b+k)$ の t についての微分可能性を意味し，同様に $f(a,\ b+kt)$ も t で微分可能な関数である．そこで1変数の平均値の定理を使って

$F(1)-F(0)=F'(\theta)$ をみたす $\theta: 0<\theta<1$ が存在する．この式に上の $F(t)$ の定義をあてはめると $f(a+h, b+k)-f(a, b)(=f(a+h, b+k)+f(a, b+k)-(f(a, b+k)+f(a, b)))=hf_x(a+h\theta, b+k)+kf_y(a, b+k\theta)$ を得る．この式を（2変数へ焼きなおした）平均値の定理という．

注意． この平均値の定理には C^1 級の仮定は不必要でもっと弱く x および y についての偏微分可能性だけで良い．その理由は上の証明から明らかである．

上式の最右辺の $f_x(a+h\theta, b+k)$ と $f_x(a, b)$ の違いを ε_1 とおくと $\lim_{(h,k)\to(0,0)} \varepsilon_1(h, k)=0$ が f_x の (a, b) における連続性から結論される．同様に $f_y(a, b+\theta k)=f_y(a, b)+\varepsilon_2$ とおくと $\lim_{(h,k)\to(0,0)} \varepsilon_2(h, k)=0$ であることもわかる．よって

1) $f(a+h, b+k)-f(a, b)=h(f_x(a, b)+\varepsilon_1(h, k))+k(f_y(a, b)+\varepsilon_2(h, k))=hf_x(a, b)+kf_y(a, b)+h\varepsilon_1(h, k)+k\varepsilon_2(h, k)$.

ここで最後の項は次式をみたすことを注意しておこう．

2) $\displaystyle\lim_{(h,k)\to(0,0)} \frac{h\varepsilon_1+k\varepsilon_2}{\sqrt{h^2+k^2}}=0$

何故ならば $\left|\dfrac{h\varepsilon_1+k\varepsilon_2}{\sqrt{h^2+k^2}}\right| \leqq \varepsilon_1+\varepsilon_2$ だからである．

式 2) の性質を $h\varepsilon_1+k\varepsilon_2=o(\sqrt{h^2+k^2})$ と表し，$\sqrt{h^2+k^2}$ より**高位の無限小である**といい表す．

(ii)の解はすでに得られた等式1) に含まれている．すなわち，

1) の両辺に $\lim_{(h,k)\to(0,0)}$ を作用させると，h, k について一次および高次の項の性質より

$$\lim_{(h,k)\to(0,0)} f(a+h, b+k)=f(a, b)$$

が得られているのである．

(3)の解． (i)仮定として f の C^2 級は少しばかり強いのであるがここではその様な細かなことにはとんちゃくしない．

まず $f(a+h, b+k)-f(a, b+k)-f(a+h, b)+f(a, b)$ という量をつくり，$D(h, k)$ と表わす．$F(t)=f(a+ht, b+k)-f(a+ht, b)$ とおくことにより，

$D(h, k)=F(1)-F(0)=F'(\theta_1)=hf_x(a+\theta_1 h_1, b+k)-kf_x(a+\theta_1 h, b)=hkf_{xy}(a+\theta_1 h, b+\theta_2 k)$

$0<\theta_1, \theta_2<1$，$\displaystyle\lim_{(h,k)\to(0,0)} \frac{D(h, k)}{hk}=f_{xy}(a, b)$ となり，まったく同様にして

$\displaystyle\lim_{(h,k)\to(0,0)} \frac{D(h, k)}{hk}=f_{yx}(a, b)$ も導かれる．（後者を verify せよ）．

よって $f_{xy}(a, b)=f_{yx}(a, b)$．$(a, b)$ は任意だから(3)−(i)の証明終了．

(3)—(ii)の解． 以下はすべて偏微分の計算練習である．

$$f_x(0, 0)=\lim_{h\to 0}\frac{f(h, 0)-f(0, 0)}{h}=\lim_{h\to 0}\frac{0-0}{h}=0$$

$f_y(0, 0)$ も同様に 0.

$$f_x(0, k)=\lim_{h\to 0}\frac{f(h, k)-f(0, k)}{h}$$

$$=\begin{cases} \lim_{h\to 0}\dfrac{hk\,\mathrm{Sin}^{-1}\dfrac{h^2-k^2}{h^2+k^2}}{h}=k\,\mathrm{Sin}^{-1}(-1)=-\dfrac{\pi}{2}k & (k\neq 0) \\ \lim_{h\to 0}\dfrac{0-0}{h}=0 & (k=0) \end{cases}$$

よって

$$f_{xy}(0, 0)=\lim_{k\to 0}\frac{f_x(0, k)-f_x(0, 0)}{k}$$

$$=\lim_{k\to 0}\frac{-k\dfrac{\pi}{2}-0}{k}=-\frac{\pi}{2}.$$

同様な計算で

$f_{yx}(0, 0)=\dfrac{\pi}{2}$，$(0, 0)$ で $f_{xy}\neq f_{yx}$．　　　証了．

注意 (ii)は(i)が成立しない典型的な例である．実際には偏微分の順序は気にかけなくとも良い．大まかにいって，通常は(i)によって，$f_{xy}=f_{yx}$ は保証されたも同様である．この問題のために導入した $D(h, k)$ は関数 $f(x, y)$ の 2 つの変数 x, y に対する 2 次の差分を計算したものである．すなわち $\triangle_x f(x, y)=f(x+h, y)-f(x, y)$，および $\triangle_y f(x, y)=f(x, y+k)-f(x, y)$ とおいて，それぞれを x, y に関する第一次の差分といい，$f(x, y)$ に $\triangle_x$ を作用させた結果に $\triangle_y$ を作用させたものを $\triangle_y\triangle_x f(x, y)$ と表す．$\triangle_x\triangle_y f(x, y)$ も同様に定義される．このとき

$$\triangle_x\triangle_y f(x, y)=\triangle_y\triangle_x f(x, y)=D(h, k)$$

が成立する．$\triangle_x\triangle_y f(x, y)=\triangle_y\triangle_x f(x, y)$ のいわば極限として $f_{xy}=f_{yx}$ が成立すると上記の証明は述べているのである．

話をすこし変えて，日本でも有数の数学者であった阪大の故M教授から生前筆者に“私は偏微分

の順序はいつでも交換可能であると思っていた."と述懐していただいたことがある.偏微分の入口にある3—(ii)のような細かな反例は一度学んだら特にそれを利用する機会でも無いかぎり忘れてしまっても構わないのである.**しかし(3)—(i)は忘れてはいけない.**

(4)—(i)の解. まず $x=g(t)$ が変数 t に関し微分可能であることを高位の無限小で表わすと $\triangle x=g'(t)\triangle t+o(\triangle t)$, 同様に $y=h(t)$ の微分可能性は $\triangle y=h'(t)\triangle t+o(\triangle t)$ ここで $\lim_{\triangle t\to o}\dfrac{o(\triangle t)}{\triangle t}=0$ である.

又 $z=f(x,y)$ が C^1 級であるから(2)の(ii)の解の中で論じた式1) の最後の2項を1つにまとめた

$$f(x+\triangle x,\ y+\triangle y)-f(x,y)=\triangle xf_x(x,y)+\triangle yf_y(x,y)+o(\sqrt{(\triangle x)^2+(\triangle y)^2})$$ が成立する.

そこでこの3つの式から $z=f(x(t),\ y(t))$ に対して t が $\triangle t$ だけ変ったときの変動を計算すると

3) $$f(x((t+\triangle t),y(t)+\triangle t))=f(x(t)+g'(t)\triangle t+o(\triangle t),y(t)+h'(t)\triangle t+o(\triangle t))$$
$$=f(x(t),\ y(t))+(g'(t)\triangle t+o(\triangle t))f_x(x,y)+(h'(t)\triangle t+o(\triangle t))f_y(x,y)$$
$$+o\left(\sqrt{\left(g'(t)+\frac{o(\triangle t)}{\triangle t}\right)^2+\left(h'(t)+\frac{o(\triangle t)}{\triangle t}\right)^2}\triangle t\right)$$

この式で最後の項を $\triangle t$ で割り $\lim_{\triangle t\to 0}$ をapplyしてみると $\left(\dfrac{o(\triangle t)}{\triangle t}\to 0(\triangle t\to 0)\text{ だから}\right)$

$$\lim_{\triangle t\to 0}\frac{o\left(\sqrt{\left(g'(t)+\frac{o(\triangle t)}{\triangle t}\right)^2+\left(h'(t)+\frac{o(\triangle t)}{\triangle t}\right)^2}\triangle t\right)}{\triangle t}$$
$$=\lim_{\triangle t\to 0}\frac{o(\sqrt{(g'(t))^2+(h'(t))^2}\triangle t)}{\triangle t}=0.$$

したがって式3) の右辺の最後の項は $o(\triangle t)$ と表わすことが出来,結局次式の形に3) は書きなおされる.

$$f(x(t+\triangle t),y(t+\triangle t))-f(x(t),y(t))=(g'(t)f_x(x,y)+h'(t)f_y(x,y))\triangle t+o(\triangle t)(f_x(x,y)+f_y(x,y)+1).$$

上式最後の項は $o(\triangle t)$ と表記して良いことは $o(\triangle t)$ の定義から明らかである.したがって $\dfrac{df(x(t),y(t))}{dt}=\dfrac{dx}{dt}\cdot f_x(x,y)+\dfrac{dy}{dt}f_y(x,y)$ が成立し,(i)が解けた.

(4)—(ii)の解. (ii)は(i)の結果から導かれる.$z=f(g(t,s),h(t,s))$ を t で偏微分するとは s に定数を代入し,その上で t による微分を考えることであり,$s=\mathrm{const}$ の条件の下で(i)を適用することになり,したがって(i)の微分をすべて偏微分にとり代った形が成立するのである.

(5)の解.(i) $u(x,y)=F(x)+G(y)$ ならば $u_x=\dfrac{dF}{dx}(x)$, $U_{xy}=0$ になることは明らかである.逆に C^2 級の仮定の下で $u_{xy}=0$ であるとする.ここで問題(4)—(i)の所で説明した2変数への平均値定理の焼きなおしを思い出すことが必要である.すなわち

$$f(x+h,y+k)-f(x,y)=hf_x(x+\theta k,y+k)+kf_y(x,y+k\theta)$$ で $f=u_x$, $h=0$ とおくと

$$u_x(x,y+k)-u_x(x,y)=ku_{xy}(x,y+k\theta)=0.$$

したがって $u_x(x,y+k)=u_x(x,y)$ が成立し,$u_x(x,y)=a(x)$ とおくことが出来る.$u_{xy}=u_{yx}=0$ として同様の議論より $u_y(x,y)=b(y)$ とおくことも出来る.

もう一度積分して

$u(x,y)=\int a(x)dx+\int b(y)by+c$ となり第一項を $f(x)$, 第二項を $G(x)$ とおくことにより

$$u(x,y)=F(x)+F(y)$$ となる.

(5)—(ii)の解の前に. 2変数関数を $u=u(x,t)$ と表す.今までの2変数関数とは少しあつかいを変えてみたい.今迄,2変数関数をイメージするにはそのグラフである3次元空間の2次元的曲面によって来たが,ここでは t ごとに $u=u(x,t)=u(x;t)$ と x を変数とする1変数関数と考え,t はその1変数関数を歪曲するパラメータと考えるのである.つまり曲面ではなく曲面を ut-平面で切った切り口の曲線が t と共に変化して行く状態を表わすとするのである.t を固定した時,$u=u(x-at)$ は,t と共に,速さ a で波 $u=u(x)$ が変って行くのを表わしていると見て波動という.波や波動はもうすこし関数の形に制約が必要なのだが,それは問題を解くに際して段々と説明して行くことにする.

$a>0$ の時 $u=u(x-at)$ を**進行波(右に進む波)**という.一方 $u(x+at)$ が左に進むのも明らかであろう.**退行波**とでもいっておく.

$u=u(x-at)$ を x および t で微分するとき,$u=u(X)$ $X=x-at$ とみて連鎖律((4)—(ii)) を

使うと $u_x=u_X$, $u_t=-au_X$ これらから u_X を消去すると $-au_x=u_t$ が得られる．この操作を**一階偏微分方程式の作成**といい，任意関数 $u(X)$ を形式的に消去することによって，ここでは作成が行われた．同様に $u=u(x+at)$ から一階偏微分方程式を作成すると $au_x=u_t$ が得られる．そこで $u=u(x\pm at)$ の双方を解とする偏微分方程式を得ようと思うと，$u=u(x-at)$ について $u_{xx}=u_{XX}$, $u_{tt}=a^2u_{XX}$ となり $u_{tt}=a^2u_{xx}$ となる．又，$u(x+at)$ についても同様に $u_{tt}=a^2u_{xx}$ が得られる．2 階偏微分方程式 $u_{tt}=a^2u_{xx}$ を**波動方程式**といい，進行波退行波を共に解とする．

(5)—(ii)の解． あたえられた微分方程式 $u_{tt}=a^2u_{xx}$ の 2 つの変数 x と t を $\xi=x-at$, $\eta=x+at$ によって ξ,η 座標に切りかえる．何故この様に変換するのかという質問が飛ぶと思うがこれは解析幾何学で双曲線 $x^2-a^2y^2=$一定 に対し $\xi=x-ay,\eta=x+ay$ を新座標として入れて反比例関係 $\xi\eta=$一定 に変える手法の真似をしたのである．つまり微分作用素のつくる代数が多項式代数と類似した性質（正確には少し異なっていて，コントラバリアントとコバリアントの違いがあるがここでは触れない）を持つことによる．

$x=\dfrac{1}{2}(\xi+\eta), t=\dfrac{1}{2a}(\eta-\xi), u=u(x,t)$

$=u\left(\dfrac{1}{2}(\xi+\eta),\dfrac{1}{2a}(\eta-\xi)\right)$ だから連鎖律により

$u_\xi=\dfrac{1}{2}u_x-\dfrac{1}{2a}u_t$, $u_\eta=\dfrac{1}{2}u_x+\dfrac{1}{2a}u_t$, さらに 2 階微分のうち $u_{\xi\eta}$ を計算すると上式より

$$\begin{aligned}u_{\xi\eta}&=\frac{1}{2}(u_{xx}x_\eta+u_{xt}t_\eta)-\frac{1}{2a}(u_{tx}x_\eta+u_{tt}t_\eta)\\&=\frac{1}{4}\left(u_{xx}+\frac{1}{a}u_{xt}-\frac{1}{a}u_{tx}-\frac{1}{a^2}u_{tt}\right)\\&=\frac{1}{4}\left(u_{xx}-\frac{1}{a^2}u_{tt}\right)=0.\end{aligned}$$

したがってあたえられた条件 $a^2u_{xx}=u_{tt}$ は新しい座標系では $u_{\xi\eta}=0$ となる．(i)の結果を利用すると，$\xi=x-at$, $\eta=x+at$ より

$$u(x,y)=f(x-at)+g(x+at)$$

と $x-at$ の関数と $x+at$ の関数の和として表わされることすなわち波動方程式の解は進行波と退行波の一次結合であることがわかったがこのプロセスは**ダランベールの解法**といわれる．ダランベールはヂイドロと共に百科学派としてヨーロッパ史に登場することは知る人ぞ知るであろう．波動方程式の勉強はこれで終ったのではなくほんの入口である．この大学一年生の微積分演習においても出来るだけこれらに関連させた問題を工夫案出して組み入れたい．

すこし物が違うが次の(6)も波動に関連させた話題である．偏微分の問題というよりは双曲線関数の演習の一つである．あたえられた非線形偏微分方程式 $u_t+6uu_x+u_{xxx}=0$ に $u=f(x-at)$ $(u=f(s),\ s=x-at)$ を代入し，s に対する常微分方程式になおすと

$$-a\frac{df}{ds}+6f\frac{df}{ds}+\frac{d^3f}{ds^3}=0$$

これを一回積分して，問題の条件を入れると積分定数が 0 になり

$$-af+3f^2+\frac{d^2f}{ds^2}=0$$

を得る．$2\dfrac{df}{ds}$ をかけるとこの微分方程式は

$\dfrac{d}{ds}\left(\dfrac{df}{ds}\right)^2+2\dfrac{d}{ds}(f^3)-a\dfrac{d}{ds}f^2=0$ と書きなおされる．したがって $\left(\dfrac{df}{ds}\right)^2+2f^3-af^2=0$ が（ふたたび問題の条件を代入することによって）得られ，f は次の積分を実行して得られる．上式より $a-2f>0$ であるから

$$\int\frac{df}{f\sqrt{a-2f}}=\int ds+c$$

不定積分のテクニックとして $\sqrt{a-2f}=g$ とおく．変数を g に変える置換積分を行うと

$f=\dfrac{a-g^2}{2}$, $df=-gdg$,

左辺の積分は $\dfrac{1}{\sqrt{a}}\displaystyle\int\left(\frac{1}{g-\sqrt{a}}-\frac{1}{g+\sqrt{a}}\right)dg$

よって $\log\left|\dfrac{g-\sqrt{a}}{g+\sqrt{a}}\right|=\sqrt{a}(s+c)$, したがって

$\dfrac{-g+\sqrt{a}}{g+\sqrt{a}}=e^{\sqrt{a}(s+c)}(=e^\tau$ と仮におく）

（上で $a>2f>0$ に注意し，$\sqrt{a}\geqq g\geqq 0$ を念頭に入れて対数を開かねば間違う．）

$-g+\sqrt{a}=(g+\sqrt{a})e^\tau$ より $g=-\dfrac{\sqrt{a}(e^\tau-1)}{1+e^\tau}$

$=-\sqrt{a}\,\dfrac{e^{\frac{\tau}{2}}-e^{-\frac{\tau}{2}}}{e^{\frac{\tau}{2}}+e^{\frac{\tau}{2}}}$, すなわち双曲線関数 tanh を使って $g=-\sqrt{a}\tanh\dfrac{\tau}{2}=-\sqrt{a}\tanh\dfrac{\sqrt{a}(s+c)}{2}$

さらに $\sqrt{a-2f}=g$ を使って f にもどすと $f=a-g^2$ より ($\mathrm{sech}=\cos^{-1}\mathrm{h}$ として)

$$f=a\left(1-\tan^2\mathrm{h}\left(\frac{\sqrt{a}(s+c)}{2}\right)\right)$$

$$=a\,\mathrm{sec}^2\mathrm{h}\left(\frac{\sqrt{a}(s+c)}{2}\right).$$

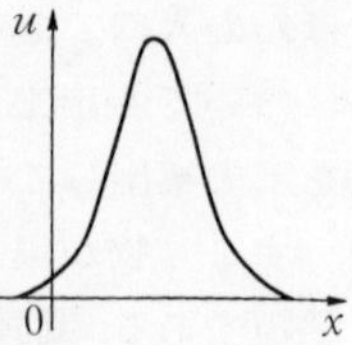

$\begin{cases} u=f(s) \\ s=x-at \end{cases}$ の t を固定したグラフ．解了．

双曲線関数については第三回で定義，および三角関数との関係でグーデルマン対応などについてのべ，第八回では簡単な微分方程式の解としてカテナリーをグラフとして持つ関数とて，$\cosh x$ を登場させた．今回で３度目である．大学の教科書では双曲線関数は定義は出て来るがそれ以上詳しくは調べられない．これは大学の数学教師の目から見ると三角関数と（数学的には）ほとんど同一物なので詳論する必要はないからなのである．ところが理工学部の数学を応用する分野では頻出するので特別にテキストを出す所もあるほどギャップがある．ここで双曲線関数を三度目に出すのもそこを補うためである．

ヒストリカルノート

1834年のこと．Scott-Russel は彼の波の観察を "Report on Waves" に書き記している．「狭い運河を２頭の馬に両側から引かれ非常な速さで進んでいたボートが突然とまった時，船首のあたりの水が一気に押し出された．形も変えず速さもおとろへずどこまでもその孤立した波が進んで行くそのあとを私は馬に乗って追いかけた．時速 8 miles で２時間足らずの間駆けた後，運河の曲りで見失った，その特異な美しい波の形を……」それから約60年後1895年 Korteweg と de Vries はこの孤立波の研究の解析的な基礎を作った．この時(6)の偏微分方程式が導入されたのである．現在では省略形で KdV 方程式と呼ばれその解である孤立波をソリトンという．

今世紀それも60年以降 KdV の研究は隆盛を極める．第一次中東戦争のスエズ運河閉鎖とその復興に関連してのこととうわさされたものである．Korteweg と deVries の研究を現代数学の立場から組み立て直す試みがされたのもそんなに古いことではない．例えば次の論文は基本的である．

（ソ連（現在のロシヤ）の Manin, Yu による Algebraic aspects of non linear differential equations, *J. soviet mathematics* 11 (1979) 1-122（英語に翻訳されたもの）．）

１年生の諸君に読むのを勧めるわけではなく，この問題の出所を示した上で進行波の式から一階偏微分方程式として作成された $au_x+u_t=0$ が一定の役割をはたしているとだけ申し上げておく．Manin は現代の世界の数学を牛耳る数学者の一人であるが，大学前期課程の数学は意外に最先端の数学と結びついていることの例として，記しておきたかったのである．

ともかく，大学２年程度の物理的な読物（振動，波動）などにこの演習が直結するように願っている．

§11 ラプラシアンの固有関数，熱方程式の解，ケルビン変換とその応用など

問題 11

(1)　$z=f(x,\ y)$ を C^2 級の関数とする，$x=r\cos\theta$，$y=r\sin\theta$ により極座標に変数変換したとき，次式がなりたつことを示せ．

（i）$\left(\dfrac{\partial z}{\partial x}\right)^2+\left(\dfrac{\partial z}{\partial y}\right)^2=\left(\dfrac{\partial z}{\partial r}\right)^2+\dfrac{1}{r^2}\left(\dfrac{\partial z}{\partial\theta}\right)^2$

(ii)　$\dfrac{\partial^2 z}{\partial x^2}+\dfrac{\partial^2 z}{\partial y^2}=\dfrac{\partial^2 z}{\partial r^2}+\dfrac{1}{r}\dfrac{\partial z}{\partial r}+\dfrac{1}{r^2}\dfrac{\partial^2 z}{\partial\theta^2}$

(2)　$z=f(x,\ y)$ を C^2 級の関数とする．$\xi=x\cos\theta+y\sin\theta$, $\eta=-x\sin\theta+y\cos\theta$ により新しい変数 ξ，η を導入したとき，z は ξ，η の C^2 級関数として次式をみたすことを示せ

（i）$\left(\dfrac{\partial z}{\partial\xi}\right)^2+\left(\dfrac{\partial z}{\partial\eta}\right)^2=\left(\dfrac{\partial z}{\partial x}\right)^2+\left(\dfrac{\partial z}{\partial y}\right)^2$

$\dfrac{\partial^2 z}{\partial\xi^2}+\dfrac{\partial^2 z}{\partial\eta^2}=\dfrac{\partial^2 z}{\partial x^2}+\dfrac{\partial^2 y}{\partial y^2}$　（ラプラシアンの直交変換による不変性）

(3)　つぎの文の間違いを示せ．

x，y 座標系と ξ，η 座標系の間に $x=\xi$，$y=\xi+\eta$ の関係がある．C^1 級の関数 $z=f(x,\ y)$ はこの変換により $z=f(\xi,\ \xi+\eta)$ と ξ，η の関数とみなせる．この時連鎖律の計算により

$$\frac{\partial z}{\partial\xi}=\frac{\partial z}{\partial x}\frac{\partial x}{\partial\xi}+\frac{\partial z}{\partial y}\frac{\partial y}{\partial\xi}=\frac{\partial z}{\partial x}+\frac{\partial z}{\partial y}$$

が成立する．一方 $x=\xi$ であるからこの式に代入して

$\dfrac{\partial z}{\partial\xi}=\dfrac{\partial z}{\partial\xi}+\dfrac{\partial z}{\partial y}$，よって $\dfrac{\partial z}{\partial y}=0$ となる．

(4)　$\varDelta u=\dfrac{\partial^2 u}{\partial x^2}+\dfrac{\partial^2 u}{\partial y^2}+\dfrac{\partial^2 u}{\partial z^2}$ とする．

（i）$u=\dfrac{c_1\sin kr+c_2\cos kr}{r}$，$r=\sqrt{x^2+y^2+z^2}$ は $\varDelta z=-k^2u$ をみたすことを示せ．

(ii)　$u=\dfrac{c_1e^{-kr}+c_2e^{kr}}{r}$　$r=\sqrt{x^2+y^2+z^2}$ は $\varDelta u=k^2u$ をみたすことを示せ．

(5)（i）$r=(x_1{}^2+\cdots+x_n{}^2)^{\frac{1}{2}}$ とおく．n 変数の C^2 級関数 $f(x_1,\ \cdots,\ x_n)$ が一変数関数 $g(x)$ により $f(x_1\cdots x_n)=g(r)$ の形をしていると仮定する．このとき

$$\varDelta f:=\frac{\partial^2 f}{\partial x_1{}^2}+\cdots+\frac{\partial^2 f}{\partial x_n{}^2}=g''(r)+\frac{n-1}{r}g'(r)=\frac{1}{r^{n-1}}\frac{d}{dr}\left(r^{n-1}\frac{dg}{dr}\right)$$

と表わされることを示せ．（$\varDelta$ をラプラシアンという）

(ii)　$\varDelta f=0$ をみたす C^2 級関数が上の意味で $g(r)$ の形をしているための必要かつ十分な条件は $n\geqq 3$ のとき $f=\dfrac{a}{r^{n-2}}+b$　$n=2$ の時は $f=a\log r+b$（a，b は定数）であることを示せ．

(iii)　(i)の意味で $g(r)$ の形をした関数 $f(x_1, x_2, x_3)$ で $\varDelta f=\lambda f$（λ は定数，$\lambda\neq 0$，$f\neq 0$）をみたし

ているものは(4)(i)および(ii)に限るかどうかを調べよ．

(iv) $t>0$ とする．$f(x_1,\cdots,\ x_n,t)=(\sqrt{\pi t}\,)^{-n}x\exp(-(r^2/4t))$

$(r=\sqrt{x_1{}^2+\cdots+x_n{}^2})$ は熱方程式 $\dfrac{\partial \boldsymbol{u}}{\partial \boldsymbol{t}}=\boldsymbol{\Delta u}$ をみたしていることをしめせ．

(6) $r=\sqrt{x^2+y^2+z^2}$ とする．C^2 級 $u(x,y,z)$ に対して

(i) $\tilde{u}(x,\ y,\ z)=\dfrac{1}{r}u\left(\dfrac{x}{r^2},\dfrac{y}{r^2},\dfrac{z}{r^2}\right)$ **(ケルビン変換)**

と定義する．$\tilde{\tilde{u}}=u$ であることを示せ．

(ii) $\Delta u=0$ であるための必要かつ十分な条件は $\Delta\tilde{u}=0$ であることを示せ．

(iii) $u(x,\ y,\ z)=\dfrac{1}{r}\log\dfrac{r+z}{r-z}$ とおくとき $\tilde{u}$ を求めよ．

(iv) (iii)の u について $\Delta\tilde{u}=0$ を示すことにより $\Delta u=0$ を示せ．

1—(i)の解 問題の右辺が左辺に等しいことを導こう．左辺から右辺を導くには逆変換 $r=\sqrt{x^2+y^2}$，$\theta=\mathrm{Tan}^{-1}\dfrac{y}{x}$ によらねばならない．

連鎖律 $\dfrac{\partial z}{\partial r}=\dfrac{\partial z}{\partial x}\dfrac{\partial x}{\partial r}+\dfrac{\partial z}{\partial y}\dfrac{\partial y}{\partial r}$ を $z=f(r\cos\theta,\ r\sin\theta)$ に適用して ($z_x=f_x$，$z_y=f_y$ に考慮して)

(a) $\dfrac{\partial z}{\partial r}=f_x\cos\theta+f_y\sin\theta$

となる．同様に θ による偏微分係数として次式も成立する．

(b) $\dfrac{\partial z}{\partial\theta}=f_x(-r\sin\theta)+f_y\cdot r\cos\theta.$

よって
$$\left(\frac{\partial z}{\partial r}\right)^2=(f_x)^2\cos^2\theta+2rf_xf_y\cos\theta\sin\theta+(f_y)^2\cdot r^2\sin^2\theta$$

$$\frac{1}{r^2}\left(\frac{\partial z}{\partial\theta}\right)^2=\frac{1}{r^2}((f_x)^2r^2\sin^2\theta-2f_x\cdot f_yr^2\cos\theta\sin\theta+(f_y)^2r^2\cos^2\theta)$$

よって $(z_r)^2+\dfrac{1}{r^2}(z_\theta)^2=(z_x)^2+(z_y)^2.$

注意 $\left(\dfrac{\partial z}{\partial x}\right)^2+\left(\dfrac{\partial z}{\partial y}\right)^2$ は一体何か？ 又，等式(1)(i)はどこで使うのか？ という疑問がわくと思う．これらの量は重積分の公式に必要なのである．このシリーズが重積分になったらもちろん紹介するはずであるがすこしのべておく．

$z=f(x,\ y)$，$(x,\ y)$ は xy 平面のある領域Dを動くとする．この時D上のグラフの部分の曲面積は $\displaystyle\iint_D\sqrt{1+z_x{}^2+z_y{}^2}\,dxdy$ であたえられ，被積分関数の根号の中味はちょうど $z_x{}^2+z_y{}^2$ に1を加えた数である．この公式は xy 平面上の直交座標系に関して成立するが，もし座標系が極座標系 (r,θ) であればこの量は $\displaystyle\iint_{D'}\sqrt{1+(z_r)^2+(z_\theta)^2\left(\frac{1}{r^2}\right)}\cdot rdrd\theta$ であたえられる．ルートの中がこの様になるのは我々の公式(1)—(i)によるものであり，dr の前の r は極座標にうつる際の関数行列式の値である．

(1)—(ii)の解 (i)の解の中で得た式(a)，(b)をそれぞれ重ねて apply することにより次式を得る．

$$(\mathrm{c})_1\quad z_{rr}=(z_{xx}\cos\theta+z_{yx}\sin\theta)\cos\theta+(z_{xy}\cos\theta+z_{yy}\sin\theta)\sin\theta$$
$$=z_{xx}\cos^2\theta+2z_{yx}\cos\theta\sin\theta+z_{yy}\sin^2\theta,$$

$$(\mathrm{c})_2\quad \frac{1}{r^2}z_{\theta\theta}=\frac{1}{r^2}[\{r\sin\theta\cdot z_{xx}+z_{yx}(r\cos\theta)\}(-r\sin\theta)+\{z_{xy}(-r\sin\theta)+z_{yy}r\cos\theta\}\times r\cos\theta]+\frac{-1}{r}(z_x\cos\theta+z_y\sin\theta).$$

$(\mathrm{c})_1$ と $(\mathrm{c})_2$ を加えて z_{xx}，$z_{xy}=z_{yx}$ および z_{yy} ごとに同類項をまとめると，

$$z_{rr}+\frac{1}{r^2}z_{\theta\theta}=z_{xx}(\cos^2\theta+\sin^2\theta)+z_{xy}(\sin\theta\cos\theta-\sin\theta\cos\theta)+z_{yy}(\cos^2\theta+\sin^2\theta)+\frac{-1}{r}(z_x\cos\theta+z_y\sin\theta)=z_{xx}+z_{yy}-\frac{1}{r}z_r.$$

証了．

注意 5—(ii)についての注意すべき点は2つある．この問題は概して出来がわるい．私の経験では講義では計算してみせるし，色々細かな注意もあたえるのであるが演習において解かせてみるとだめである．私の演習は毎回紙に書かせる型式なのだが学生の間を廻ってみると右辺の第一階微分の項がどうしても出ない学生が相当数居た．逆に云うと一階微分の項が出ていれば正解とま

ではいかないがまあまあなのである．というのはもう一つの注意があるからで，等式$(c)_1$を出すとき，$z_r = z_x \dfrac{\partial x}{\partial r} + z_y \dfrac{\partial y}{\partial r}$ の両辺を r で微分することから z_{xr}，z_{yr} の項が出て来てしまうのである．この連中の大半は結最終的証明には形の上ではたどりつくのであるが，やはりそれでは正解とは云えない．x で微分するのと r で微分するのではもう一方の変数（＝定数）もあることで，記号的に z_{xr} は許容出来ないのである．数学の記号は簡略記号であることが多いが，間違った解釈が生ずる様なものは許されないのである．この辺がよくわからない学生のために(3)として間違い訂正の問題を出しておいた．上の2番目の注意と多少関連しているのでこれを材料に自分で深く考えて欲しい．

なお $z_{xx}+z_{yy}$ を Δz で表わし，Δ を**ラプラス作用素（ラプラシアン）**という．

(2)の解　(2)は(1)よりやさしいが，ある意味で(1)より高級である．この問題を解く力，問題の意味を理解する力は電磁気学など先の勉強において効果をもたらすからである．

$\xi = x\cos\theta + y\sin\theta$，$\eta = -x\sin\theta + y\cos\theta$ は x，y について解けて

$x = \xi\cos\theta - \eta\sin\theta$，$y = \xi\sin\theta + \eta\cos\theta$ したがってこの新しい座標で $f(x,\ y)$ を表示すると $f(\xi\cos\theta - \eta\sin\theta,\ \xi\sin\theta + \eta\cos\theta)$ となる．

$\dfrac{\partial x}{\partial \xi} = \cos\theta$，$\dfrac{\partial x}{\partial \eta} = -\sin\theta$，$\dfrac{\partial y}{\partial \xi} = \sin\theta$

$\dfrac{\partial y}{\partial \eta} = \cos\theta$ であり

$(d)_{1)}$　$$\frac{\partial z}{\partial \xi} = \frac{\partial z}{\partial x}\frac{\partial x}{\partial \xi} + \frac{\partial z}{\partial y}\frac{\partial y}{\partial \xi} = z_x\cos\theta + z_y\sin\theta,$$

$(d)_{2)}$　$$\frac{\partial z}{\partial \eta} = \frac{\partial z}{\partial x}\frac{\partial x}{\partial \eta} + \frac{\partial z}{\partial y}\frac{\partial y}{\partial \eta} = z_x(-\sin\theta) + z_y\cos\theta$$

よって(2)―(i)はこれらの2乗の和としてただちに得られる．(ii)は$(d)_1$および$(d)_2$をさらに ξ および η で微分し(1)―(ii)の解法に関しての注意を念頭に，かつ$(d)_1$，$(d)_2$の係数，$\sin\theta$，$\cos\theta$ などは ξ，η とは無関係の定数であることを考慮に入れ，計算すると

$$\frac{\partial^2 z}{\partial \xi^2} = z_{xx}(\cos\theta)^2 + z_{xy}\cos\theta\sin\theta + z_{yx}\cos\theta\sin\theta + z_{yy}\sin^2\theta$$

$$\frac{\partial^2 z}{\partial \eta^2} = z_{xx}(-\sin\theta)^2 + z_{xy}(-\sin\theta)\cos\theta + z_{yx}\cos\theta(\sin\theta) + z_{yy}\cos^2\theta$$

よって $\dfrac{\partial^2 z}{\partial \xi^2} + \dfrac{\partial^2 z}{\partial \eta^2} = \dfrac{\partial^2 z}{\partial x^2} + \dfrac{\partial^2 z}{\partial y^2}$.

(3)の解　この証明は間違いである．何故ならば結論は $z_y=0$ であり，z は2変数の C^1 級関数であるから，たとえば $z=x+y$ とすると $z_y=1\neq 0$ であり，矛盾する．設問の意味は間違った部分を説明せよということと解釈してその部分を探そう．最初の計算式までは正しい．$x=\xi$ から $\dfrac{\partial z}{\partial \xi} = \dfrac{\partial z}{\partial x}$ と結論するのは間違いである．この説明には例をあげて述べることにする．$z=x+y$，$x=\xi$，$y=\xi+\eta$ とする．

$\dfrac{\partial z}{\partial x}$ は y を定数において z を x だけの関数とみて微分するので $\dfrac{\partial z}{\partial x}=1$ である．しかし $z=\xi+(\xi+\eta)=2\xi+\eta$ であり，z_ξ は η を定数においてzを ξ だけの関数とみて微分するのであるから $\dfrac{\partial z}{\partial \xi} = 2 \neq \dfrac{\partial z}{\partial x}$ なのである．

(4)の解　(5)(iii)でこの問題の逆問題をあつかう．ここではまず素朴な計算力を身につけよう．つまりまだ連鎖律の演習である．

(4)―(i)　$c_1=1$，$c_2=0$ のケースの計算を実行する．

$r=\sqrt{x^2+y^2+z^2}$ について $r_x = \dfrac{x}{r}$，$r_y = \dfrac{y}{r}$，$r_z = \dfrac{z}{r}$ であること，$u = \dfrac{\sin kr}{r}$，$r=\sqrt{x^2+y^2+z^2}$ について u が r の一変数関数であること，つまり連鎖律の特別なケースであることに注意しつつ，

$$u_x = \frac{du}{dr}r_x = \frac{kr\cos kr - \sin kr}{r^2}\cdot\frac{x}{r},$$ u_y，u_z も同様である（x が y，z にかわるだけ）．

もう一度連鎖律によって微分すると

$$u_{xx} = \frac{1}{r^3}\left[rk\cos kr - \sin kr + x\left\{(-k^2)\sin kr\cdot x + k\cos kr\cdot\frac{x}{r} - k\cos kr\cdot\frac{x}{r}\right\}\right] - \frac{3r}{r^4}\{x^2 k\cos kr\cdot r - x^2\sin kr\}.$$

u_{yy}，u_{zz} は上式の x を y，z で置き換えたものである．

よって $\triangle u = u_{xx} + u_{yy} + u_{zz} = \dfrac{-k^2}{r}\sin kr$

$=-k^2u.$

$c_1=0$, $c_2=1$ の場合もほぼ同様である．

4—(ii)の解　$u=\dfrac{e^{-kr}}{r}$ の場合について行う．$u=\dfrac{e^{kr}}{r}$ の場合も同様である．

$$u_x=-\frac{kxe^{-kr}}{r^2}-\frac{xe^{-kr}}{r^3},$$

$$u_{xx}=\frac{-ke^{-kr}}{r^2}+\frac{k^2e^{-kr}x^2}{r^3}+\frac{2x^2ke^{-kr}}{r^4}-\frac{e^{-kr}}{r^3}+\frac{ke^{-kr}x^2}{r^4}+\frac{3x^2e^{-kr}}{r^5}$$

u_{yy}, u_{zz} は u_{xx} の x を y, z で置きかえた式である．

$\triangle u=u_{xx}+u_{yy}+u_{zz}=\dfrac{k^2e^{-kr}}{r}.$　　　　証了．

注意　4—(ii)で $\dfrac{e^{-kr}}{r}$, $\dfrac{e^{kr}}{r}$ は関数としては同等ではなく，$r\to\infty$ で前者は0，後者は発散する．応用上は異った関数である．

5—(i)の解．n 変数の場合の連鎖律は次の様になる．

$z=f(u_1(x_1,\ \cdots,\ x_m),\ \cdots,\ u_n(x_1,\ \cdots,\ x_m))$ とするとき

$$\frac{\partial z}{\partial x_i}=\frac{\partial z}{\partial u_1}\frac{\partial u_1}{\partial x_i}+\frac{\partial z}{\partial u_2}\frac{\partial u_2}{\partial x_i}+\cdots+\frac{\partial z}{\partial u_n}\frac{\partial u_n}{\partial x_{ie}}\ (i=1,\ \cdots,\ m)$$

ここでは使わないが2階微分に関する公式も記しておく．(これは連鎖律とは云わない様である．)

$$☆\ \frac{\partial^2 z}{\partial x_i\partial x_j}=\sum_{a,b=1}^{n}\frac{\partial^2 z}{\partial u_a\partial u_b}\frac{\partial u_a}{\partial x_i}\frac{\partial u_b}{\partial x_j}+\sum_{a=1}^{n}\frac{\partial z}{\partial u_a}\frac{\partial^2 u_a}{\partial x_i\partial x_j}\,(i,j=1,\cdots m).$$

右辺の第一項を $\displaystyle\sum_{a=1}^{n}\frac{\partial^2 z}{\partial u_a\partial x_i}\frac{\partial u_a}{\partial x_i}$ と書いてはいけないことを問題(1)—(ii)の所で力説した．理工学部で数学を盛に使う学科の学生はいつでもこの式☆を自力で作れるような程度の力を持たねばならない．これらの連鎖律のごく易しい場合だけを使用して以下の問題を解くのである．

5(i)にもどって　$f(x_1,\cdots,x_n)=g(r(x_1,\cdots,x_n))=g(\sqrt{x_1{}^2+\cdots+x_n{}^2})$ より

$$\frac{\partial f}{\partial x_i}=\frac{dg}{dr}\frac{\partial r}{\partial x_i}=g'(r)\frac{x_i}{r},$$

$$\frac{\partial^2 f}{\partial x_i{}^2}=\frac{d^2g}{dr^2}\cdot\left(\frac{\partial r}{\partial x_i}\right)^2+g'(r)\frac{\partial}{\partial x_i}\left(\frac{x_i}{r}\right)$$

$$=g''(r)\frac{(x_i)^2}{r^2}+g'(r)\frac{r-x_i\cdot\dfrac{x_i}{r}}{r^2}$$

$$=\frac{g''(r)x_i{}^2}{r^2}+g'(r)\frac{r^2-(x_i)^2}{r^3},$$

$$\triangle f=\sum_{i=1}^{n}\frac{\partial^2 f}{\partial x_i{}^2}=g''(r)+g'(r)\frac{(n-1)}{r}$$

$$=\frac{1}{r^{n-1}}\frac{d}{dr}\left(r^{n-1}\frac{dg}{dr}\right).$$

最後の等号は右辺を計算して左辺を導くことによって得ることが出来る．最右辺の形の表示が便利なことは以下の(ii)によって体得出来る．((iii)は $g''(r)+g'(r)\dfrac{n-1}{r}$ の表示による)

5—(ii)の解　$\triangle f=0$ は，(i)の変形を使って $\dfrac{d}{dr}\left(r^{n-1}\dfrac{dg}{dr}\right)=0$ と表わされる．

$r^{n-1}\dfrac{dg}{dr}=c$ より $\dfrac{dg}{dr}=\dfrac{c}{r^{n-1}}$ を得る．

よって $n=2$ の時 $\dfrac{dg}{dr}=\dfrac{c}{r}$, $g=c\log r+b$ の形となる．$n\geqq3$ の時は $g=c\dfrac{1}{r^{n-2}}+b$. ただしこれらの式で b, c は定数である．　　　　証了．

$n\geqq2$ の時 $\triangle f=0$ をみたす c^2 級関数を調和関数という．

調和関数は数学と物理学で基本的な関数であり，特に2変数の場合は複素関数論とあいまって古典的に深く研究されている．これらは大学2年生からの勉強で，このシリーズが正面切ってあつかう話題ではない．

又 $n=3$ の時，$\dfrac{c}{r}$ が調和関数であったがこれを物理では**クーロン場のポテンシャル**と呼び，帯電粒子間の電気力はその匂配で与えられる．$\dfrac{1}{r}$ のグラフを想像するとこの力は比較的遠方まで影響がある．これに対し4(ii)の解のうち $r\to\infty$ で0に収束する $\dfrac{1}{r}e^{-kr}$ は収束が速く，湯川ポテンシャルと呼ばれたこともある．

5—(iii)の解　$\triangle f=\lambda f$ $f\not\equiv0$ を固有方程式，f を固有関数，λ を固有値という．

$f=g(r)=\dfrac{g_1(r)}{r}$ とおく．与えられた固有方程式は5—(i)の結果を利用して

$\left(\dfrac{g_1}{r}\right)''+\dfrac{n-1}{r}\left(\dfrac{g_1}{r}\right)'=\lambda\dfrac{g_1}{r}$ と書き換えられる．

ここで $\left(\frac{g_1}{r}\right)'=\frac{g_1'r-g_1}{r^2}$,

$$\left(\frac{g_1}{r}\right)''=\left(\frac{g_1'r-g_1}{r^2}\right)'$$

$$=\frac{g_1''}{r}-\frac{2g_1'}{r^2}+\frac{2}{r^3}g_1.$$

したがって

$$\triangle\left(\frac{g_1}{r}\right)=\frac{g_1''}{r}-\frac{2g_1'}{r^2}+\frac{2}{r^3}g_1+\frac{n-1}{r^3}(g_1'r-g_1)$$

$$=\frac{g_1''}{r}+(n-3)\frac{g_1'}{r^2}-(n-3)\frac{g_1}{r^3}$$

$$=\frac{\lambda g_1}{r}\ \cdots☆$$

となる．ここでは $n=3$ であるから，前式の第２項，第３項は消えて

$\frac{g_1''}{r}=\frac{\lambda g_1}{r}$ つまり $g_1''=\lambda g_1$ となる．

この微分方程式の解は $\lambda<0$ の時３角関数，$\lambda=0$ の時もちろん１次関数，$\lambda>0$ の時指数関数になる．我々はまだ微分方程式の演習には到達していないが上の簡単な微分方程式はすでに第３回でその解法の紹介はすんでいる．しかし，これはもう前年度でもあり，ここでもう一度簡単に説明しておく．

$f''=\lambda f$ の両辺に $2f'$ をかけ $2f''f'=2\lambda ff'$ すなわち $((f')^2)'=\lambda(f^2)'$，λ は定数であるから $(f')^2-\lambda f^2=c_1$ となる．$\lambda<0$ の時は $c_1=\mu^2$ とおいて $f'/\sqrt{\lambda f^2+c_1}=x+c_2$，これをふたたび積分して逆三角関数を得ることが出来，結局 f は $d_1\sin(\sqrt{-\lambda}\,x+d_2)$（$d_1$，$d_2$ は任意定数）の形になる．$\lambda>0$ の時は，積分公式がすこし違うだけで結局 $d_1e^{\sqrt{\lambda}x}+d_2e^{-\sqrt{\lambda}x}$ の形に達する．

注意　$n>3$ の時 $g(r)$ の形をした△の固有関数は初等的ではない．$g''+\frac{n-1}{r}g'=\lambda g$ は変数 r の変換によって Bessel 微分方程式になる．このシリーズではこの様な２年生の数学を本格的に取りあつかうことはない．

5 —(iv)の解　これは５—(i)の応用である．まずは計算しよう．

$r=\sqrt{x_1{}^2+\cdots x_n{}^2}$ とおくと

$f(x_1\cdots x_n,t)=(\sqrt{\pi t})^{-n}\exp(-r^2/4t)$（$=f(r,t)$ とおく）の r，t による微分は次の様になる．

$$\frac{\partial}{\partial r}f(r,t)=(\sqrt{\pi})^{-n}t^{-\frac{n}{2}}\left(-\frac{r}{2t}\right)e^{-\frac{r^2}{4t}}$$

$$\frac{\partial^2}{\partial r^2}f(r,t)=(\sqrt{\pi})^{-n}t^{-\frac{n}{2}}\left\{\frac{r^2}{4t^2}e^{-\frac{r^2}{4t}}+\left(-\frac{1}{2t}\right)e^{-\frac{r^2}{4t}}\right\}$$

$$=(\sqrt{\pi})^{-n}t^{-\frac{n}{2}-2}\frac{r^2}{4}e^{-\frac{r^2}{4t}}-(\sqrt{\pi})^{-n}t^{-\frac{n}{2}-1}\frac{1}{2}e^{-\frac{r^2}{4t}}$$

$$\frac{\partial f}{\partial t}=(\sqrt{\pi})^{-n}\left\{-\frac{n}{2}t^{-\frac{n}{2}-1}e^{-\frac{r^2}{4t}}+t^{-\frac{n}{2}}e^{-\frac{r^2}{4t}}\frac{r^2}{4t^2}\right\}.$$

５—(i)で学んだ△の表示は，ここでは関数が $f(r,t)$ と２変数の関数であるから，r による微分記号はすべて偏微分記号に変り，

$$\triangle f=f_{rr}+\frac{n-1}{r}f_r=(\sqrt{\pi})^{-n}\left\{t^{-\frac{n}{2}-2}\frac{r^2}{4}e^{-\frac{r^2}{4t}}-t^{-\frac{n}{2}-1}\times\frac{1}{2}e^{-\frac{r^2}{4t}}\right\}+\frac{n-1}{r}(\sqrt{\pi})^{-n}t^{-\frac{n}{2}}\left(-\frac{r}{2t}\right)e^{-\frac{r^2}{4t}}=\frac{\partial f}{\partial t}$$

証了．

$\left(\frac{\partial}{\partial t}-\triangle\right)f=0$ は**熱方程式**と呼ばれ，文字通り熱学において活躍する方程式である．ここではこれ以上述べない．なおこの問題の解，つまり熱方程式の特殊解を**数学，物理学などを志す学生は丸暗記しておくのが良い．どこかでそれが役立つはずである．**

(6)の解　問題(6)はケルビン変換の基本的性質とその応用である．これは球面に関する反転という作用が関係して非常に幾何学的な内容があるのだがここではそれには深入りしない．数学にはポテンシャル論という分野があってそこに起源を持つ問題であり，その関係者が教養課程の問題として導入したのではないかと思われる．**(6)は３次元空間に限った話であることも注意しておく．**

(6)—(i)　$\tilde{u}=\frac{1}{r}u\left(\frac{x}{r^2},\frac{y}{r^2},\frac{z}{r^2}\right)$ であるから $r=\sqrt{x^2+y^2+z^2}$ を利用しての変換であることに注意して $\tilde{r}$，$\left(\widetilde{\frac{1}{r}}\right)$ の形を例として求めてみよう．ただしこれらは問題の解とは直接のつながりはない．

$$\tilde{r}=\frac{1}{r}\sqrt{\left(\frac{x}{r^2}\right)^2+\left(\frac{y}{r^2}\right)^2+\left(\frac{z}{r^2}\right)^2}$$

$$=\frac{1}{r^3}\sqrt{x^2+y^2+z^2}=\frac{r}{r^3}=\frac{1}{r^2}$$

$$\widetilde{\frac{1}{r}}=\frac{1}{r}\sqrt{\frac{1}{\left(\frac{x}{r^2}\right)^2+\left(\frac{y}{r^2}\right)^2+\left(\frac{z}{r^2}\right)^2}}=1$$

又 $\tilde{1}=\frac{1}{r}$ も明らかであろう．

そこで $\tilde{\tilde{u}}$ を計算すると

$\widetilde{\widetilde{u}} = \frac{1}{r}\widetilde{u}\left(\frac{x}{r^2}, \frac{y}{r^2}, \frac{z}{r^2}\right)$, $\widetilde{u} = \frac{1}{r}u\left(\frac{x}{r^2}, \frac{y}{r^2}, \frac{z}{r^2}\right)$, かつ $\left(\frac{x}{r^2}\right)^2+\left(\frac{y}{r^2}\right)^2+\left(\frac{z}{r^2}\right)^2=\frac{1}{r^2}$

であるから

$$\widetilde{\widetilde{u}}=\frac{1}{r}ru\left(\frac{\frac{x}{r^2}}{\frac{1}{r^2}}, \frac{\frac{y}{r^2}}{\frac{1}{r^2}}, \frac{\frac{z}{r^2}}{\frac{1}{r^2}}\right)=u(x, y, z)$$

よって $\widetilde{\widetilde{u}}=u(x, y, z)$ **すなわちケルビン変換は2回演算すると元の関数へもどる.**

(6)—(ii)の解　$\triangle u=0$ なら $\triangle \widetilde{u}=0$ を示す.

$\widetilde{u}(x, y, z)=\frac{1}{r}u\left(\frac{x}{r^2}, \frac{y}{r^2}, \frac{z}{r^2}\right)$ であるから $\widetilde{u}$ は $u(a, b, c)$ に $a=\frac{x}{r^2}$, $b=\frac{y}{r^2}$, $c=\frac{z}{r^2}$ を代入したものとみて，連鎖律の計算を行う.

$$\frac{\partial \widetilde{u}}{\partial x}=\frac{-x}{r^3}u\left(\frac{x}{r^2}, \frac{y}{r^2}, \frac{z}{r^2}\right)+\frac{1}{r}\frac{\partial u}{\partial a}\cdot\frac{r^2-2x^2}{r^4} +\frac{1}{r}\frac{\partial u}{\partial b}\cdot\frac{-2xy}{r^4}+\frac{1}{r}\frac{\partial u}{\partial c}\frac{-2xz}{r^4},$$

$$\begin{aligned}\frac{\partial^2 \widetilde{u}}{\partial x^2}=&\frac{-r^3+3rx^2}{r^6}\widetilde{u}+\frac{-2x}{r^3}\left(\frac{\partial u}{\partial a}\cdot\frac{r^2-2x^2}{r^4}\right.\\&\left.+\frac{\partial u}{\partial b}\cdot\frac{-2xy}{r^4}+\frac{\partial u}{\partial c}\cdot\frac{-2xz}{r^4}\right)\\&+\frac{1}{r}\left[\frac{\partial^2 u}{\partial a^2}\left(\frac{r^2-2x^2}{r^4}\right)^2\right.\\&+\frac{\partial^2 u}{\partial a\partial b}\left(\frac{r^2-2x^2}{r^4}\right)\left(\frac{-2xy}{r^4}\right)\\&+\frac{\partial^2 u}{\partial a\partial c}\left(\frac{r^2-2x^2}{r^4}\right)\left(\frac{-2xz}{r^4}\right)\\&\left.+\frac{\partial u}{\partial a}\frac{(2x-4x)r^4-4r^2x(r^2-2x^2)}{r^8}\right]\\&+\frac{1}{r}\left[\frac{\partial^2 u}{\partial a\partial b}\left(\frac{-2xy}{r^4}\right)\cdot\left(\frac{r^2-2x^2}{r^4}\right)\right.\\&+\frac{\partial^2 u}{\partial b^2}\left(\frac{-2xy}{r^4}\right)^2\\&\left.+\frac{\partial^2 u}{\partial b\partial c}\left(\frac{-2xy}{r^4}\right)\cdot\left(\frac{-2xz}{r^4}\right)\right]\\&+\left[\frac{\partial u}{\partial a}\frac{-2xr^2-4x(r^2-2x^2)}{r^7}+\frac{\partial u}{\partial b}\right.\\&\left.\frac{-2yr^2-4x(-2xy)}{r^7}+\frac{\partial u}{\partial c}\frac{-2zr^2-4x(-2xz)}{r^7}\right].\end{aligned}$$

$\frac{\partial \widetilde{u}}{\partial y}\frac{\partial^2 \widetilde{u}}{\partial y^2}$, $\frac{\partial \widetilde{u}}{\partial z}$, $\frac{\theta^2 \widetilde{u}}{\partial z^2}$ も同様に求まる. そこで $\frac{\partial^2 \widetilde{u}}{\partial x^2}+\frac{\partial^2 \widetilde{u}}{\partial y^2}+\frac{\partial^2 \widetilde{u}}{\partial z^2}$ を $\frac{\partial^2 u}{\partial a^2}+\frac{\partial^2 u}{\partial b^2}+\frac{\partial^2 u}{\partial c^2}=0$ の条件下で u, $\frac{\partial u}{\partial a}$, $\frac{\partial u}{\partial b}$, $\frac{\partial u}{\partial c}$, $\frac{\partial^2 u}{\partial a^2}\frac{\partial^2 u}{\partial b^2}$, $\frac{\partial^2 u}{\partial c^2}$, $\frac{\partial^2 u}{\partial a\partial b}$, $\frac{\partial^2 u}{\partial b\partial c}$, $\frac{\partial^2 u}{\partial c\partial a}$ の各項ごとに同類項を分けるとすべて 0 になるのである. 計算は省略.

以上で $\triangle u=0 \Longrightarrow \triangle \widetilde{u}=0$ が示された. 逆に $\triangle \widetilde{u}=0 \Longrightarrow \triangle u=0$ は $\triangle \widetilde{u}=0 \Longrightarrow \triangle \widetilde{\widetilde{u}}=0$ と(i)の結果 $\widetilde{\widetilde{u}}=u$ より $\triangle u=0$ を得る.

(6)—(iii)の解　ここでケルビン変換の応用例を出しておいたのである. といってもやさしくて適当なものが見つからずやむを得ず偏微分計算の有名問題からとった. この問題の場合ケルビン変換の効果は実は僅かでしかないのだがその片鱗を見ることが出来る.

$\triangle\left(\frac{1}{r}\log\frac{r^2+z}{r^2-z}\right)=0$ は非常に計算量が多いので少しでもその負担を軽くしようと思って，$\widetilde{u}$ を作ってみる.

$u=\frac{1}{r}\log\frac{r+z}{r-z}$ とおく.

$$\begin{aligned}\widetilde{u}&=\frac{1}{r}\frac{1}{\sqrt{\left(\frac{x}{r^2}\right)^2+\left(\frac{y}{r^2}\right)^2+\left(\frac{z}{r^2}\right)^2}}\\&\quad\times\log\left(\frac{\sqrt{\left(\frac{x}{r^2}\right)^2+\left(\frac{y}{r^2}\right)^2+\left(\frac{z}{r^2}\right)^2}+\frac{z}{r^2}}{\sqrt{\left(\frac{x}{r^2}\right)^2+\left(\frac{y}{r^2}\right)^2+\left(\frac{z}{r^2}\right)^2}-\frac{z}{r^2}}\right).\\&=\log\frac{r^2+z}{r^2-z}.\end{aligned}$$

つまり $\triangle u=0$ を示すためには $\triangle\log\frac{r^2+z}{r^2-z}=0$ を示せば良いことがわかる. 以下で示す様にこれでも計算量が多いから $\frac{1}{r}$ が要らないということは貴重な結果なのである. まさにケルビン変換の威力と云えるのである.

$\widetilde{u}=\log\frac{r+z}{r-z}$, $\widetilde{u}_x=\frac{-2xz}{(r^2-z^2)r}$, $\widetilde{u}_y=\frac{-2yz}{(r^2-z^2)r}$, $\widetilde{u}_z=\frac{2}{r}$ がまず得られ，さらに微分して行く.

$$\frac{\partial^2 \widetilde{u}}{\partial x^2}=\frac{-2z(r^2-z^2)r^2+6r^2x^2z-2x^2z^3}{r^3(r^2-z^2)^2}$$

$$\frac{\partial^2 \widetilde{u}}{\partial y^2}=\frac{-2z(r^2-z^2)r^2+6r^2y^2z-2y^2z^3}{r^3(r^2-z^2)^2}$$

$$\frac{\partial^2 \widetilde{u}}{\partial z^2}=\frac{-2z}{r^3}=\frac{-2z(r^2-z^2)^2}{r^3(r^2-z^2)^2}, \text{(分母をそろえた)}$$

$\triangle \widetilde{u}$ は上式 3 つの和として 0 になる.

§12 n 変数関数の偏微分法 特にオイラーの定理の周辺

問題 12

(1) $f(x_1, \cdots, x_n)$ を n 次元空間から原点 $(0, \cdots, 0)$ を除いて得られる領域を定義域とし，そこで C^1 級とする．任意の正数 $t>0$ に対して

$$f(tx_1, \cdots, tx_n) = t^\lambda f(x_1, \cdots, x_n)$$

をみたすとき，f を **λ 次同次関数**という．次の証明をあたえよ．

f が λ 次同次式であるための必要かつ十分な条件は

$$Ef \equiv \sum_{i=1}^{n} x_i \frac{\partial f}{\partial x_i} = \lambda f$$

である．上式左辺を $\left(\sum_{i=1}^{n} x_i \frac{\partial}{\partial x_i}\right) f$ と記し，$E = \sum_{i=1}^{n} x_i \frac{\partial}{\partial x_i}$ を**オイラー作用素**という．

(オイラーの定理)

(2)

$$D = \begin{vmatrix} 1 & \cdots\cdots\cdots & 1 \\ x_1 & \cdots\cdots\cdots & x_n \\ \vdots & & \vdots \\ {x_1}^{n-1} & \cdots & {x_n}^{n-1} \end{vmatrix}$$

(バン デア モンドの行列式)

とおくとき，つぎがなりたつことを示せ．

(i) $\sum_{i=1}^{n} \frac{\partial D}{\partial x_i} = 0$，(ii) $\sum_{i=1}^{n} x_i \frac{\partial D}{\partial x_i} = \frac{n(n-1)}{2} D$，(iii) $\sum_{i=1}^{n} \frac{\partial^2}{\partial {x_i}^2} D = 0$，(iv) $\sum_{i=1}^{n} \frac{\partial^3 D}{\partial {x_i}^3}$ も調べよ．

(3) $u_i = \dfrac{x_i}{\sqrt{1 - {x_1}^2 - {x_2}^2 - \cdots - {x_n}^2}}$，$i=1, \cdots n$ について

$$\begin{vmatrix} \frac{\partial u_1}{\partial x_1} & \cdots\cdots & \frac{\partial u_1}{\partial x_n} \\ \cdots\cdots & \cdots\cdots & \cdots\cdots \\ \frac{\partial u_n}{\partial x_1} & \cdots\cdots & \frac{\partial u_n}{\partial x_n} \end{vmatrix} = \frac{1}{(1 - {x_1}^2 - \cdots - {x_n}^2)^{\frac{n+2}{2}}}$$

を示せ．

(4) $\left(\sum_{i=1}^{n} x_i \frac{\partial}{\partial x_i}\right)^m f$ を Euler 作用素の m 乗 (Euler 作用素をつづけて m 回作用させること) とする．この微分作用素は高々 m 次の微分作用素の和と考えられる．そのうち丁度 m 次の微分作用だけを集めて $\sigma\left(\sum_{i=1}^{n} x_i \frac{\partial}{\partial x_i}\right)^m f$ と表わし，$\sum_{i=1}^{m}\left(x_i \frac{\partial}{\partial x_2}\right)^m$ のシムボル微分作用素とい

う．$\sigma\left(\sum_{i=1}^{n} x_i \frac{\partial}{\partial x_i}\right)^2 f=\sum_{i\cdot j=1}^{n} x_i x_j \frac{\partial^2 f}{\partial x_i \partial x_j}$，$\sigma\left(\sum_{i=1}^{n} x_i \frac{\partial}{\partial x^i}\right)^3 f=\sum_{i,j,k=1}^{n} x_i x_j x_k \frac{\partial^3 f}{\partial x_i \partial x_j \partial x_k}$，…，

$\sigma\left(\sum_{i=1}^{n} x_i \frac{\partial}{\partial x_i}\right)^m f=\sum_{i_1,i_2,\cdots i_m=1}^{n} x_{i_1} x_{i_2} x_{i_3}\cdots x_{i_m} \frac{\partial^3 f}{\partial x_{i_1}\partial x_{i_2}\cdots \partial x_{i_m}}$ である．

(ii)　f を p 次同次関数　すなわち $f(tx_1,\cdots,tx_n)=t^l f(x_1,\cdots,x_n)$ をみたす関数とするとき，$\left(\sigma\left(\sum_{i=1}^{n} x_i \frac{\partial}{\partial x_i}\right)^m\right) f=l(l-1)\cdots(l-m+1)f$ が成立することを示せ．

（高階のオイラー定理）

(5)　3 次元空間の座標を (x,y,z)，$r=\sqrt{x^2+y^2+z^2}$ とおく．前回，第11回の最後の問題で $\triangle\left(\frac{1}{r}\log\frac{r+z}{r-z}\right)=0$ を示すためには $\triangle\left(\log\frac{r+z}{r-z}\right)=0$ を示せばよいことをケルビン変換を使って導いた．$\log\frac{r+z}{r-z}$ が変数 (x,y,z) について 0 次同次関数であることを利用してケルビン変換を使わずにオイラーの定理((1)参照)を用いて再び上述の結論をみちびけ．

(6)　(i)　$Df=\sum_{i,j=1}^{n} a_{ij}(x)\frac{\partial^2 f}{\partial x_i \partial x_j}+\sum_{j=1}^{n} b_i(x)\frac{\partial f}{\partial x_i}$，$(a_{ij}=a_{ji})$ とする．
$D(Ef)\equiv EDf$（E はオイラー作用素）であるために a_{ij} と b_i とがみたす必要十分条件を求めよ．

(ii)　$E_{ij}f=x_i\frac{\partial}{\partial x_j}-x_j\frac{\partial}{\partial x_i}$，$\triangle_s=-\sum_{1\leq i<j\leq n}(E_{ij})^2 f$ と定義するとき，$\triangle_s f$ を上の Df の形に表わし，$a_{ij}(x)$，$b_i(x)$，$(i,j=1,\cdots n)$ を求めよ．
又 $E(E_{ij}f)=E_{ij}(Ef)$，$E(\triangle_s f)=\triangle_s(Ef)$，$\triangle_s(E_{ij}f)=E_{ij}(\triangle_s f)$ を示せ．

(iii)　f を 1 変数 C^2 級の関数とするとき $\triangle_s f(r)=0$ を示せ．ここで $r=\sqrt{(x_1)^2+\cdots+(x_n)^2}$ と定義する．

又 $\triangle_s\left(\frac{\sum_{i=1}^{n} a_i x_i}{r}\right)=\lambda\frac{\sum_{i=1}^{n} a_i x_i}{r}$ をみたす数値 λ を求めよ．（$a_1\cdots,a_n$ は定数）

（球面上のラプラス-ベルトラミー作用素と最小固有値の球関数）

(1)の解　（必要性）　λ 次同次関数の定義式の両辺を t で微分する．左辺に対しては連鎖律を適用すると

$$\sum_{i=1}^{n} x_i \frac{\partial f(tx_1\cdots tx_n)}{\partial x_i}=\lambda t^{\lambda-1} f(x_1\cdots,x_n)$$

が成立する．ここで両辺に $t=1$ を代入すると，

$$\sum_{i=1}^{n} x_i \frac{\partial f(x_1\cdots x_n)}{\partial x_i}=\lambda f(x_1,\cdots,x_n)$$

となる．

（十分性）　ρ を λ 次の同次関数とする．$\frac{f}{\rho}$ にオイラー作用素を apply すると

$$\sum_{i=1}^{n} x^i \frac{\partial}{\partial x_i}\left(\frac{f}{\rho}\right)=\frac{\left(\sum x^i \frac{\partial f}{\partial x_i}\right)\rho-\left(\sum x^i \frac{\partial \rho}{\partial x_i}\right)f}{\rho^2}.$$

f のみたしている条件 $\sum x_i \frac{\partial f}{\partial x_i}=\lambda f$ と ρ のみたしている条件 $\sum x_i \frac{\partial f}{\partial x_i}=\lambda\rho$（$\rho$ が λ 次同次だから）とから

$\sum_{i=1}^{n} x^i \frac{\partial}{\partial x_i}\left(\frac{f}{\rho}\right)=0$ が出る．

以下では $\sum_{i=1}^{n} x_i \frac{\partial}{\partial x_i}\left(\frac{f}{\rho}\right)=0$ から $\frac{f}{\rho}$ が 0 次同次式であることを示すことに焦点をしぼろう．$\frac{f}{\rho}=g(x_1,\cdots x_n)$ とおく．

$g(tx_1,\cdots,tx_n)$ を t で微分すると連鎖律が使えて

$$\frac{d}{dt}g(tx_1\cdots tx_n)=\left(\sum_{i=1}^{n} x_i \frac{\partial}{\partial x_i}\right)g(tx_1\cdots tx_n)=0$$

より $\frac{d}{dt}g(tx_1\cdots tx_n)=0$，$g(tx_1\cdots tx_n)$ は t に関して定数関数であり $g(tx_1,\cdots tx_n)=g(x_1\cdots x_n)$．

これは g が 0 次同次式であることを示している．よって

$f(x_1,\cdots x_n)=\rho(x_1,\cdots x_n)\cdot g(x_1,\cdots x_n)$.

したがって $f(x_1,\cdots x_n)$ は λ 次同次式である．

(2)の解　まず行列式の展開によって

$$D=(-1)^{\frac{n(n-1)}{2}}(x_1-x_2)\cdots\cdots\cdots(x_1-x_n)\\(x_2-x_3)\cdots(x_2-x_n)\\\cdots(x_{n-1}-x_n)$$

と表わされる．上式の説明を少ししておこう．D の第一列と第 2 列をとりかえると行列式の符号が変る．したがって D は (x_1-x_2) を因数としてもつ．この様な考察を各 (x_i-x_j) について行うことにより

$$D=f(x_1\cdots x_n)\times(x_1-x_2)\cdots\cdots\cdots(x_1-x_n)\\(x_2-x_3)\cdots(x_2-x_n)\\\vdots\\\cdots(x_{n-1}-x_n)$$

が成立する．$f(x_1\cdots x_n)=(-1)^{\frac{n(n-1)}{2}}$ を示すには D の主対角線上の要素の積 $x_1x_3^2\cdots x_n^{n-1}$ に対応する項の符号が $+1$ であることを観察すれば十分である．上式右辺では，$(-x_2)(-x_3)\cdots(-x_n)$，次に $(-x_3)(-x_4)\cdots(-x_n)$，… と各 (x_i-x_j) について $-x_j$ をとって乗じていくことによって出来る積がその項に対応していることから

$$x_2x_3^2\cdots x_n^{n-1}\\=f(x_1\cdots x_n)(-1)^{\frac{n(n-1)}{2}}x_2x_3^2\cdots x_n^{n-1}$$

が成立し，$f(x_1,\cdots,x_n)=(-1)^{\frac{n(n-1)}{2}}$ が結論づけられることになる．

(i)の証明

$$\frac{1}{D}\frac{\partial D}{\partial x_1}=\frac{1}{x_1-x_2}+\cdots+\frac{1}{x_1-x_n}$$

$$\frac{1}{D}\frac{\partial D}{\partial x_2}=\frac{1}{x_2-x_1}+\frac{1}{x_2-x_3}\cdots+\frac{1}{x_2-x_n}$$

$\vdots$

$$\frac{1}{D}\frac{\partial D}{\partial x_n}=\frac{1}{x_n-x_1}+\cdots+\frac{1}{x_n-x_{n-1}}$$

これらをすべて合計すると $\frac{1}{D}\sum_{i=1}^{n}\frac{\partial D}{\partial x_2}=0$ が認められる．

注意　$\Sigma\frac{\partial D}{\partial x_2}$ ではなく，$\Sigma\frac{\partial\log D}{\partial x_i}=\frac{1}{D}\Sigma\frac{\partial D}{\partial x_i}$ を考えるのがコツである．不変式論といわれる数学の分野ではよく知られた手段である．

(2)—(ii)の解　上の行列式 D を $D(x_1,\cdots,x_n)$ と記すことにしよう．

$D(\lambda x_1,\cdots,\lambda x_n)=\lambda^1\cdot\lambda^2\cdots\lambda^{n-1}D(x_1,\cdots,x_n)$ $=\lambda^{\frac{n(n-1)}{2}}D(x_1,\cdots,x_n)$ が行列式の基本的性質から簡単に得られ，D は $\frac{n(n-1)}{2}$ 次の同次関数である．したがってオイラー作用素を D にはたらかせて

$$\sum_{i=1}^{n}x^i\frac{\partial D}{\partial x_i}=\frac{n(n-1)}{2}D$$

が成立する．

(2)—(iii)の解　2 —(i)と同様な計算によって証明出来る．

$$\frac{1}{D}\frac{\partial^2 D}{(\partial x^i)^2}=\sum_{k\neq i,l\neq i,k\neq l}\frac{1}{(x_i-x_k)(x_i-x_l)}\quad(i\text{ は固定})$$

となるが $\frac{1}{(x_i-x_k)(x_i-x_l)}$ に対し，

$\frac{1}{(x_l-x_i)(x_l-x_k)}$ が $\frac{1}{D}\frac{\partial^2 D}{(\partial x^l)^2}$ の中から，

$\frac{1}{(x_k-x_l)(x_k-x_i)}$ が $\frac{1}{D}\frac{\partial^2 D}{(\partial x^k)^2}$ の中からそれぞれ選び出され，この 3 項を通分して和をとると

$$\frac{(x_k-x_l)+(x_i-x_k)+(x_l-x_i)}{(x_i-x_k)(x_i-x_l)(x_k-x_l)}=0$$

となってしまう．すべての項がこの様な 3 つの項の和のどこかにあてはまることが明らかなので証明は終った．

(2)—(iv)の解　2 —(iii)と同様に処理出来る．解答は省略し，各人にまかせる．

(3)　この問題は教養課程の演習問題としてよく見かけるが解き方をあまり見たことはない．というのは学生にとって少しむずかしく意義もわからないため手つかずになる恐れがある．この行列式で表わされる量は数理物理学，微分幾何学などである種の不変測度を表わしていて重要な量なのである．又連鎖律に加え，行列式の計算練習としても典型的なものである．

まず対角要素 $\frac{\partial u_i}{\partial x_i}$ を計算する．$\sum_{i=1}^{n}{x_i}^2=r^2$ とおくと $u_i=\frac{x_i}{\sqrt{1-r^2}}$ となり，

$$\frac{\partial u_i}{\partial x_i}=\frac{1}{1-r^2}\left\{\sqrt{1-r^2}-x_i\cdot\frac{-r}{\sqrt{1-r^2}}\cdot\frac{x_i}{r}\right\}$$

$$=\frac{1}{(1-r^2)^{\frac{3}{2}}}\{1-r^2+{x_i}^2\}.$$

他の要素 $(i\neq j)$ については

$$\frac{\partial u_j}{\partial x_i}=\frac{1}{1-r^2}\left\{-x_j\frac{(-r)}{\sqrt{1-r^2}}\frac{x_i}{r}\right\}$$

$=\dfrac{x_ix_j}{(1-r^2)^{\frac{3}{2}}}$ となり，$\dfrac{\partial u_j}{\partial x_i}=\dfrac{\partial u_i}{\partial x_j}$ である．

よって $\det.\left(\dfrac{\partial u_j}{\partial x_i}\right)$

$$=\frac{1}{(1-r^2)^{\frac{3}{2}n}}\begin{vmatrix} 1-r^2+x_i^2 & x_1x_2\cdots x_1x_n \\ x_1x_2 & \\ \vdots & \\ x_1x_n & \cdots\cdots\ 1-r^2+x_n^2 \end{vmatrix}$$

$$=\frac{1}{(1-r^2)^{\frac{3}{2}n}x_1\cdots x_n}\begin{vmatrix} x_1-x_1r^2+x_1^3 & x_1^2x_2 & \cdots & x_1^2x_n \\ x_1x_2^2 & x_2-x_2r^2+x_2^3 & \cdots & x_2^2x_n \\ \vdots & & & \\ x_1x_n^2 & \cdots\cdots\cdots & & x_n-x_nr^2+x_n^3 \end{vmatrix}.$$

上式はその前式の各 i 行の要素に x_i をかけ同時に $\dfrac{1}{x_i}$ を行列式に乗じたもので，これをさらに

$$=\frac{1}{(1-r^2)^{\frac{3}{2}n}}\begin{vmatrix} 1-r^2+x_1^2 & x_1^2 & \cdots\cdots & x_1^2 \\ x_2^2 & 1-r^2+x_2^2 & \cdots\cdots & x_2^2 \\ \vdots & & & \vdots \\ x_n^2 & x_n^2 & \cdots\cdots & 1-r^2+x_n^2 \end{vmatrix}$$

とする．これは上式の各列から $x_1,\cdots,x_n$ をそれぞれくくり出して $\dfrac{1}{x_1\cdots x_n}$ と相殺したものである．行と列のこの様な変形は行列式でよく行われる計算法である．

この式の第2行…第 n 行を第1行に加えることにより

$$=\frac{1}{(1-r^2)^{\frac{3n}{2}}}\begin{vmatrix} 1 & 1 & \cdots\cdots\cdots\cdots & 1 \\ x_2^2 & 1-r^2+x_2^2 & & x_2^2 \\ & & & \\ x_n^2 & \cdots & & 1-r^2+x_n^2 \end{vmatrix}$$

さらに第1列を他のすべての列から引いて

$$=\frac{1}{(1-r^2)^{\frac{3n}{2}}}\begin{vmatrix} 1 & 0 & \cdots\cdots & 0 \\ x_2^2 & 1-r^2 & & 0 \\ \vdots & 0 & 1-r^2 & \vdots \\ \vdots & \vdots & \ddots & \vdots \\ x_n^2 & 0 & \cdots\cdots & 1-r^2 \end{vmatrix}$$

$$=\frac{1}{(1-r^2)^{\frac{n+2}{2}}}.$$

(4)—(i) $\left(\displaystyle\sum_{i=1}^n x_i\frac{\partial}{\partial x_i}\right)^2 f=\left(\sum_{i=1}^n x_i\frac{\partial}{\partial x_i}\right)\left(\sum_{j=1}^n x_j\frac{\partial f}{\partial x_j}\right)$

$$=\sum_{j=1}^n\sum_{i=1}^n x_ix_j\frac{\partial^2 f}{\partial x_i\partial x_j}+\sum_{j=1}^n\sum_{i=1}^n x_i\frac{\partial}{\partial x_i}(x_j)\frac{\partial f}{\partial x_j}.$$

$\dfrac{\partial}{\partial x_i}x_j=\delta_{ij}$，ここで $\delta_{ij}=\begin{cases}1 & i=j \\ 0 & i\neq j\end{cases}$ を表わし，クロネツカーの記号という．よって上の第2項は $\displaystyle\sum_{j=1}^n\sum_{i=1}^n x_i\delta_{ij}\frac{\partial f}{\partial c_j}=\sum_{i=1}^n x_i\frac{\partial f}{\partial x_i}$．となりオイラー作用素と一致する．よってシムボル作用素は，この場合 $\sigma\left(\left(\displaystyle\sum_{i=1}^n x_i\frac{\partial}{\partial x_i}\right)^2\right)f=\sum_{i,j=1}^n x_ix_j\frac{\partial^2 f}{\partial x_i\partial x_j}$ となる．

同様に

$$\sigma\left(\sum_{i=1}^n x_i\frac{\partial}{\partial x_i}\right)^m f$$

$=\displaystyle\sum_{i,i_2\cdots i_m=1}^n x_{i_1}x_{i_2}\cdots x_{i_m}\frac{\partial^m f}{\partial x_{i_1}\cdots\partial x_{i_m}}$ である．

(ii) (i)の結果から l 次同次関数 $f(x_1,\cdots x_n)$ について

$$\sum_{i_1,i_2\cdots i_m=1}^m x_{i_1}\cdots x_{i_m}\frac{\partial^m f}{\partial x_{i_1}\partial x_{i_2}\cdots\partial x_{i_m}}$$

$=l(l-1)\cdots(l-m+1)f$ を示せばよい．

$f(tx_1, tx_2,\cdots tx_m)=t^lf(x_1\cdots x_m)$ の両辺を t で微分すると $\displaystyle\sum_{i=1}^n\frac{\partial(tx_i)}{\partial t}\frac{\partial f}{\partial x_i}=lt^{l-1}f(x_1\cdots x_m)$，

$\dfrac{\partial(tx_i)}{\partial t}$ は x_i で t をふくまないことを観察した上でもう一度両辺を t で微分すると

$$\sum_{i=1}^n\frac{\partial(tx_i)}{\partial t}\sum_{j=1}^n\frac{\partial(tx_j)}{\partial t}\frac{\partial^2 f}{\partial x_i\partial x_j}$$

$=l(l-1)t^{l-2}f(x_1,\cdots,x_m)$，

(左辺は $\displaystyle\sum_{i,j=1}^n x_ix_j\frac{\partial^2 f}{\partial x_i\partial x_j}$ と等しい)

m回微分するのも同様に記述出来，

$$\sum_{i_1\cdots i_m=1}^n\frac{\partial(tx_{i_1})}{\partial t}\frac{\partial(tx_{i_2})}{\partial t}\cdots\frac{\partial(tx_{i_m})}{\partial t}\frac{\partial^m f(tx_1\cdots tx_m)}{\partial x_{i_1}\cdots\partial x_{i_m}}$$

$=l(l-1)\cdots(l-m+1)t^{l-m}\times f(x_1\cdots x_m)$，

よって $t=1$ を代入して

$$\sum_{i_1\cdots i_m=1}^n x_{i_1}x_{i_2}\cdots x_{i_m}\frac{\partial^m f}{\partial x_{i_1}\cdots\partial x_{i_m}}$$

$=l(l-1)\cdots(l-m+1)f(x_1\cdots x_m)$．　　解了．

(5)の解 (5)を解くにはベクトル解析の知識がすこしばかり必要である．ベクトル解析はあらためてのべる予定であり，ここでは正面きってそれを述べることは避ける．

$$\triangle\left(\frac{1}{r}\log\left(\frac{r+z}{r-z}\right)\right)$$

$$=\left(\frac{\partial^2}{\partial x^2}+\frac{\partial^2}{\partial y^2}+\frac{\partial^2}{\partial z^2}\right)\left(\frac{1}{r}\log\left(\frac{r+z}{r-z}\right)\right)$$

$$=\left(\frac{\partial^2}{\partial x^2}+\frac{\partial^2}{\partial y^2}+\frac{\partial^2}{\partial z^2}\right)\left(\frac{1}{r}\right)\times\log\left(\frac{r+z}{r-z}\right)$$

$$+2\left\{\frac{\partial}{\partial x}\left(\frac{1}{r}\right)\cdot\frac{\partial}{\partial x}\log\left(\frac{r+z}{r-z}\right)\right.$$
$$+\frac{\partial}{\partial y}\left(\frac{1}{r}\right)\cdot\frac{\partial}{\partial y}\log\left(\frac{r+z}{r-z}\right)$$
$$\left.+\frac{\partial}{\partial z}\left(\frac{1}{r}\right)\cdot\frac{\partial}{\partial z}\log\left(\frac{r+z}{r-z}\right)\right\}$$
$+\frac{1}{r}\cdot\left(\frac{\partial^2}{\partial x^2}+\frac{\partial^2}{\partial y^2}+\frac{\partial^2}{\partial z^2}\right)\log\left(\frac{r+z}{r-z}\right)$ と 3 つの項の和として表わされる．3 つの項のうち第一項は 0 である．何故ならば $\triangle\left(\frac{1}{r}\right)=\left(\frac{1}{r}\right)''+\frac{2}{r}\left(\frac{1}{r}\right)'$（前回参照）より $\triangle\left(\frac{1}{r}\right)=\frac{2}{r^3}+\frac{2}{r}\frac{-1}{r^2}=0$ となるのである．$\left(\frac{\partial}{\partial x}\left(\frac{1}{r}\right), \frac{\partial}{\partial y}\left(\frac{1}{r}\right), \frac{\partial}{\partial z}\left(\frac{1}{r}\right)\right)=\frac{-1}{r^3}(x, y, z)$ と 1 つの 3 項ベクトル場を考え，$\left(\frac{\partial}{\partial x}\log\left(\frac{r+z}{r-z}\right), \frac{\partial}{\partial y}\log\left(\frac{r+z}{r-z}\right), \frac{\partial}{\partial z}\log\left(\frac{r+z}{r-z}\right)\right)$ との内積として第 2 項は $\frac{-2}{r^3}\left(x\frac{\partial}{\partial x}\log\left(\frac{r+z}{r-z}\right)+y\frac{\partial}{\partial y}\log\left(\frac{r+z}{r-z}\right)+z\frac{\partial}{\partial y}\log\left(\frac{r+z}{r-z}\right)\right)$ となり，$\log\left(\frac{r+z}{r-z}\right)$ は (x, y, z) に関して 0 次同次であるから Euler の定理によって 0 になる．したがって $\triangle\left(\frac{1}{r}\log\frac{r+z}{r-z}\right)=\frac{1}{r}\triangle\log\frac{r+z}{r-z}$ となって(5)の主張は証明された．（$\triangle\log\frac{r+z}{r-z}=\triangle\log(r+z)-\triangle\log(r-z)$）で，$\triangle\log(r\pm z)$ がどちらも 0 になる．（前回と異なる解法）

(6)—(i)の解　クロネツカーの記号 δ_{ij} を $i=j$ の時 1，$i\neq j$ の時 0 を表わすものとして導入する．

$$\left(\sum_{i,j=1}^{n}a_{ij}\frac{\partial^2}{\partial x_i\partial x_j}+\sum_{i=1}^{n}b_i\frac{\partial}{\partial x_i}\right)\left(\sum_{l=1}^{n}x_l\frac{\partial f}{\partial x_l}\right)$$
$$=\sum_{i,j=1}^{n}a_{ij}\frac{\partial}{\partial x_i}\left(\sum_{l=1}^{n}\frac{\partial x_l}{\partial x_j}\frac{\partial f}{\partial x_l}+\sum_{l=1}^{n}x_l\frac{\partial^2 f}{\partial x_j\partial x_l}\right)$$
$$+\sum_{i=1}^{n}b_i\left(\sum_{l=1}^{n}\frac{\partial x_l}{\partial x_i}\frac{\partial f}{\partial x_l}+\sum_{l=1}^{n}x_l\frac{\partial^2 f}{\partial x_i\partial x_l}\right)$$
$$=\sum_{i,j=1}^{n}a_{ij}\frac{\partial}{\partial x_i}\left(\sum_{l=1}^{n}\delta_{jl}\frac{\partial f}{\partial x_l}+\sum_{l=1}^{n}x_l\frac{\partial^2 f}{\partial x_j\partial x_l}\right)$$
$$+\sum_{i=1}^{n}b_i\left(\sum_{l=1}^{n}\delta_{il}\frac{\partial f}{\partial x_l}+\sum_{l=1}^{n}x_l\frac{\partial^2 f}{\partial x_i\partial x_l}\right)$$
$$=\sum_{i\cdot j=1}^{n}a_{ij}\frac{\partial}{\partial x_i}\left(\frac{\partial f}{\partial x_j}+\sum_{l=1}^{n}x_l\frac{\partial^2 f}{\partial x_j\partial x_l}\right)$$
$$+\sum_{i=1}^{n}b_i\left(\frac{\partial f}{\partial x_i}+\sum_{l=1}^{n}x_l\frac{\partial^2 f}{\partial x_i\partial x_l}\right)$$

（注意　δ_{jl} は $j=l$ の時だけ 1 で他は 0 だから δ_{jl} の前の Σ はなくなり $\sum_{l=1}^{n}\delta_{jl}\frac{\partial f}{\partial x_l}$ は $\frac{\partial f}{\partial x_j}$ になる．）

$$前式=\sum_{i,j=1}a_{ij}\frac{2^2 f}{\partial x_j\partial x_i}+\sum_{i\cdot j=1}^{n}a_{ij}\left(\sum_{l=1}^{n}\delta_{il}\frac{\partial^2 f}{\partial x_j\partial x_l}\right.$$
$$\left.+\sum_{l=1}^{n}x_l\frac{\partial^3 f}{\partial x_j\partial x_i\partial x_l}\right)+\sum_{i=1}^{n}b_i\frac{\partial f}{\partial x_i}$$
$$+\sum_{i=1}^{n}b_i\sum_{l=1}^{n}x_l\frac{\partial^2 f}{\partial x_i\partial x_l}. \quad\cdots\cdots\cdots\cdots\cdots\cdots\text{(a)}$$

一方，$\left(\sum_{l=1}^{n}x_l\frac{\partial}{\partial x^l}\right)\left(\sum_{i\cdot j=1}^{n}a_{ij}\frac{\partial^2 f}{\partial x_i\partial x_j}+\sum_{i=1}^{n}b_i\frac{\partial f}{\partial x_i}\right)$

$$=\sum_{i,j=1}^{n}\left(\sum_{l=1}^{n}x_l\frac{\partial a_{ij}}{\partial x_l}\frac{\partial^2 f}{\partial x_i\partial x_j}+a_{ij}\sum_{l=1}^{n}x_l\frac{\partial^3 f}{\partial x_l\partial x_i\partial x_j}\right)$$
$$+\sum_{l=1}^{n}\left(\sum_{l=1}^{n}x_l\frac{\partial b_i}{\partial x_l}\frac{\partial f}{\partial x_i}+\sum_{i=1}^{n}b_ix_l\frac{\partial^2 f}{\partial x_l\partial x_i}\right). \quad\cdots\cdots\text{(b)}$$

(a)，(b)それぞれ 5 項，および 4 項づつあるが((a)の第 1，第 2 項は同一なので $2\sum_{i\cdot j=1}^{n}a_{ij}\frac{\partial^2 f}{\partial x_i\partial x_j}$ とする．)(a)の第 3 項と(b)の第 2 項は等しく，(a)の第 5 項と(b)の第 4 項は等しい．したがって仮定により(a)と(b)を等しいとおくと

$$\sum_{i\cdot j=1}^{n}\left(2a_{ij}-\sum_{l=1}^{n}x_l\frac{\partial a_{ij}}{\partial x_l}\right)\frac{\partial^2 f}{\partial x_i\partial x_l}+\sum_{i=1}^{n}\left(b_i-\sum_{l=1}^{n}x_l\frac{\partial b_i}{\partial x_l}\right)\frac{\partial f}{\partial x_i}$$

$\equiv 0$ となる．f は任意であるから係数が恒等的に 0 になり

$$\sum_{l=1}^{n}x_l\frac{\partial a_{ij}}{\partial x_l}=2a_{ij},\quad \sum_{l=1}^{n}x_l\frac{\partial b_i}{\partial x_l}=b_i,\quad (i, j=1, \cdots, n)$$

が成立する．したがって(1)の結果を使って $a_{ij}(x_1, \cdots x_n)$ が 2 次同次の関数，$b_i(x_1, \cdots, x_n)$ が 1 次同次の関数であることが必要十分条件として出て来たのである．

注意　一般に n 次の線形微分作用素がオイラー作用素と交換可能であるためには第 m 階微分の係数が m 次同次になることである．又この定理はオイラーの定理の一般化ではなく，0 次同次の関数 f にオイラー作用素が働いたとき

$$Ef=0$$

になることの一般化なのである．

6—(ii)の証明　$\sum_{1\leq i<j\leq n}E_{ij}{}^2=\frac{1}{2}\sum_{i\cdot j=1}^{n}E_{ij}{}^2$ が $E_{ij}=-E_{ji}$ から明らかである．これを使って $\triangle_s$ を $\sum_{i\cdot j=1}^{n}a_{ij}\frac{\partial^2 f}{\partial x_i\partial x_j}+\sum_{i=1}^{n}b_i\frac{\partial}{\partial x_i}$ の形に表きなおすことから話をはじめよう．

$$-\triangle_s=\frac{1}{2}\sum_{i\cdot j=1}^{n}\left(x_i\frac{\partial}{\partial x_j}-x_j\frac{\partial}{\partial x_i}\right)\left(x_i\frac{\partial}{\partial x_j}-x_j\frac{\partial}{\partial x_i}\right)f$$

$$=\frac{1}{2}\sum_{i\cdot j=1}^{n}\Big\{x_i\frac{\partial}{\partial x_j}\Big(x_i\frac{\partial}{\partial x_j}-x_j\frac{\partial}{\partial x_i}\Big)f$$

$$-x_j\frac{\partial}{\partial x_i}\Big(x_i\frac{\partial}{\partial x_j}-x_j\frac{\partial}{\partial x_i}\Big)\Big\}f$$

$$=\sum_{j=1}^{n}\Big(\sum_{i=1}^{n}(x_i)^2\frac{\partial^2 f}{\partial x_j{}^2}+x_i\frac{\partial x_i}{\partial x_j}\frac{\partial f}{\partial x_j}\Big)$$

$$-\sum_{i\cdot j=1}^{n}x_i\frac{\partial x_j}{\partial x_j}\frac{\partial}{\partial x_i}f-\sum_{i\cdot j=1}^{n}x_ix_j\frac{\partial^2 f}{\partial x_i\partial x_j}$$

$$=\sum_{j=1}^{n}r^2\frac{\partial^2 f}{\partial x_j{}^2}-\sum_{i\cdot j=1}^{n}x_ix_j\frac{\partial^2 f}{\partial x_i\partial x_j}$$

$$+(1-n)\sum_{i=1}^{n}x_i\frac{\partial f}{\partial x_i}.$$ ((1)(4)を使う)

第 1 項と第 2 項をまとめて表現するため $\sum_{j=1}^{n}\frac{\partial^2 f}{\partial x_{j^2}}=\sum_{i\cdot j=1}^{n}\delta_{ij}\frac{\partial^2 f}{\partial x_i\partial x_j}$ として代入すると $\triangle_s=-\sum_{ij=1}^{n}(r^2\delta_{ij}-x_ix_j)\frac{\partial^2 f}{\partial x_i\partial x_j}+(n-1)\sum_{i=1}^{n}x_i\frac{\partial f}{\partial x_i}$ である．この表し方によって $\triangle_s(E_{ij})=E_{ij}\triangle_s$ を証明しよう．f を C^2 級の関数として $E_{ij}E=EE_{ij}$ は自明として

$$\sigma(\triangle_s)E_{ij}=-\sum_{k,l=1}^{n}(r^2\delta_{kl}-x_kx_l)$$

$$\frac{\partial^2}{\partial x_k\partial x_l}\Big(x_i\frac{\partial f}{\partial x_j}-x_j\frac{\partial f}{\partial x_i}\Big)$$

$$=-\sum_{k,l=1}^{n}(r^2\delta_{kl}-x_kx_l)x_i\frac{\partial^3 f}{\partial x_k\partial x_l\partial x_j}$$

$$+\sum_{k,l=1}^{n}(r^2\delta_{kl}-x_kx_l)x_j\frac{\partial^3 f}{\partial x_k\partial x_l\partial x_i}$$

$$-\sum_{k,l=1}^{n}(r^2\delta_{kl}-x_kx_l)\Big(\delta_{ik}\frac{\partial^2 f}{\partial x_l\partial x_j}$$

$$+\delta_{il}\frac{\partial^2 f}{\partial x_k\partial x_j}-\delta_{ik}\frac{\partial^2 f}{\partial x_l\partial x_i}-\delta_{il}\frac{\partial^2 f}{\partial x_k\partial x_i}\Big).$$

となり，r^2 を係数として持つ 2 回微分の項は 4 つあるがそれらは相殺され，結局

$$=-\sum_{k,l=1}^{n}(r^2\delta_{kl}-x_kx_l)x_i\frac{\partial^3 f}{\partial x_k\partial x_l\partial x_j}$$

$$-\sum_{k,l=1}^{n}(r^2\delta_{kl}-x_kx_l)x_j\frac{\partial^3 f}{\partial x_k\partial x_l\partial x_i}$$

$$+2\sum_{k=1}^{n}\Big(x_ix_l\frac{\partial^2 f}{\partial x_l\partial x_j}-x_jx_l\frac{\partial^2 f}{\partial x_l\partial x_i}\Big)$$ となる．

一方 $E_{ij}\sigma(\triangle_s)$ の方は

$$=-\sum_{k,l=1}^{n}(r^2\delta_{kl}-x_kx_l)x_i\frac{\partial^3 f}{\partial x_j\partial x_k\partial x_l}$$

$$+\sum_{k,l=1}^{n}(r^2\delta_{kl}-x_kx_l)x_j\frac{\partial^3 f}{\partial x_i\partial x_k\partial x_l}$$

$$-\sum_{k,l=1}^{n}x_i(2x_j\delta_{kl}-\delta_{kj}x_l-\delta_{ej}x_k)\frac{\partial^2 f}{\partial x_k\partial x_l}$$

$$+\sum_{k,l=1}^{n}x_j(2x_i\delta_{kl}-\delta_{ki}x_l-\delta_{li}x_k)\frac{\partial^2 f}{\partial x_k\partial x_l}.$$

$E_{ij}\triangle_s$ と $\triangle_sE_{ij}$ が一致するのを示すのは簡単である．(δ_{ij} と $\sum$ の使い方の練習として残しておく)

(6)―(iii)の前半の解　$\triangle_sf(r)=0$ を示すには $x_i\frac{\partial f(r)}{\partial x_j}-x_j\frac{\partial f(r)}{\partial x_i}=x_i\frac{df}{dr}\cdot\frac{x_j}{r}-x_j\frac{df}{dr}\frac{x_i}{r}=0$ つまり $E_{ij}f(r)=0$ で十分であろう．何故ならば $\triangle_s=-\sum_{i\cdot j=1}^{n}(E_{ij})^2$ であるからである．

(iii)の後半　$a_1=1$ $a_2,=\cdots,=a_n=0$ の場合だけで十分である．(計算簡略のため)

$$\triangle_s\Big(\frac{x_1}{r}\Big)=-\sum_{i\cdot j=1}^{n}\Big(r^2\delta_{ij}\frac{\partial^2}{\partial x_i\partial x_j}\Big(\frac{x_1}{r}\Big)\Big)$$

$$=-r^2\triangle\Big(\frac{x_1}{r}\Big)$$

となる．オイラーの定理を 0 次同次関数に作用させるので他の項はすべて 0 になるからである．

$$\frac{\partial}{\partial x_i}\Big(\frac{x_1}{r}\Big)=\frac{\delta_{1i}r-\frac{x_1x_i}{r}}{r^2}=\frac{\delta_{1i}}{r}-\frac{x_1x_i}{r^3}$$

$$\frac{\partial^2}{\partial x_i{}^2}\Big(\frac{x_1}{r}\Big)=\frac{\partial}{\partial x_i}\Big(\frac{\delta_{1i}}{r}-\frac{x_1x_i}{r^3}\Big)$$

$$=\frac{-\delta_{1i}}{r^2}\frac{x_i}{r}$$

$$-\frac{(-\delta_{1i}x_i+x_1)r^3-3r^2\frac{x_i}{r}\cdot x_1x_i}{r^6}$$

$$=\frac{-2\delta_{1i}x_i}{r^3}-\frac{x_1}{r^3}+\frac{3x_i{}^2x_1}{r^5}.$$

$$\triangle_s\Big(\frac{x_1}{r}\Big)=-r^2\cdot\triangle\Big(\frac{x_1}{r}\Big)$$

$$=-r^2\sum_{i=1}^{n}\Big\{-\frac{2\delta_{1i}x_i}{r^3}-\frac{x_1}{r^3}+\frac{3(x_i)^2x_1}{r^5}\Big)$$

$$=-r^2\Big(\frac{-2x_1}{r^3}-\frac{nx_1}{r^3}+\frac{3x_1}{r^3}\Big)=(n-1)\frac{x_1}{r}.$$

$\lambda=(n-1)$ が答である．

$\triangle_s$ は球面上のラプラシアンと同一視される．その固有関数は球関数とよばれる．$\frac{\sum_{i=1}^{n}a_ix_i}{r}$ は最小固有値 $(n-1)$ に対する球関数であることが知られている．

§13 極座標・ヤコビアン・逆写像

問題 13

(1)　3 次元空間の直交座標系 (x, y, z) に対し，次式で極座標を導入する．

$x=r\sin\theta\cos\varphi$，$y=r\sin\theta\sin\varphi$，$z=r\cos\theta$　　☆

(i)　ラプラシアン　$\triangle=\dfrac{\partial^2}{\partial x^2}+\dfrac{\partial^2}{\partial y^2}+\dfrac{\partial^2}{\partial z^2}$ はこの極座標では $\triangle z=z_{rr}+\dfrac{2}{r}z_r+\dfrac{1}{r^2}(z_{\theta\theta}+\cot\theta\, z_\theta+\mathrm{cosec}^2\theta z_{\varphi\varphi})$ と表されることを示せ．

(ii)　写像☆のヤコビアン $\dfrac{\partial(x, y, z)}{\partial(r, \theta, \varphi)}$ を求めよ．

(2)　n 次元空間では

$x_1=r\cos\theta_1$，$x_2=r\sin\theta_1\cos\theta_2$，$x_3=r\sin\theta_1\sin\theta_2\cos\theta_3$，$\cdots$，

$x_{n-1}=r\sin\theta_1\sin\theta_2\cdots\sin\theta_{n-2}\cos\theta_{n-1}$，$x_n=r\sin\theta_1\cdots\sin\theta_{n-2}\sin\theta_{n-1}$

で極座標が導入される．このとき $\dfrac{\partial(x_1, \cdots, x_n)}{\partial(r, \theta_1, \cdots, \theta_{n-2})}=r^{n-1}\sin\theta_1\sin^2\theta_2\cdots\sin^{n-2}\theta_{n-2}$ である．

$n=4$ の時にこれを証明せよ．(一般の n の場合も同様に証明出来る)

(3)　4 次元空間でラプラシアンを考察する場合(2)の極座標とすこし異なった次の座標を数理物理学では採用することがある．(これも極座標という人が多い)

$x_1=\sqrt{r}\cos\dfrac{\theta}{2}\cos\dfrac{\varphi+\psi}{2}$，$x_2=\sqrt{r}\sin\dfrac{\theta}{2}\cos\dfrac{\varphi-\psi}{2}$，$x_3=\sqrt{r}\cos\dfrac{\theta}{2}\sin\dfrac{\varphi+\psi}{2}$，

$x_4=\sqrt{r}\sin\dfrac{\theta}{2}\sin\dfrac{\varphi-\psi}{2}$，$r={x_1}^2+{x_2}^2+{x_3}^2+{x_4}^2$，としたとき $\triangle=\sum_{i=1}^{\varphi}\dfrac{\partial^2}{\partial {x_i}^2}=4\Big[\dfrac{1}{r}\dfrac{\partial}{\partial r}\Big(r^2\dfrac{\partial}{\partial r}\Big)+\dfrac{1}{r}\Big\{\dfrac{1}{\sin\theta}\dfrac{\partial}{\partial\theta}\Big(\sin\theta\dfrac{\partial}{\partial\theta}\Big)+\dfrac{1}{\sin^2\theta}\Big(\dfrac{\partial^2}{\partial\varphi^2}+\dfrac{\partial^2}{\partial\psi^2}-2\cos\theta\dfrac{\partial^2}{\partial\varphi\partial\psi}\Big)\Big\}\Big]$ となることを示せ．(N. E. Hurt *Geometric quantization in action,* D. Reidel *1983* (幾何学的量子化) の第 1 頁から)

(4)(i)　2 つの C^1 級写像$=\begin{cases}u=u(x, y)\\ v=v(x, y)\end{cases}$，$\begin{cases}s=s(u, v)\\ t=t(u, v)\end{cases}$

の合成写像　$\begin{cases}s=s(u(x, y),\ v(x, y))\\ t=t(u(x, y),\ v(x, y))\end{cases}$ を考える．これら 3 つの写像のヤコビアンをそれぞれ $\dfrac{\partial(u, v)}{\partial(x, y)}$，$\dfrac{\partial(s, t)}{\partial(u, v)}$，$\dfrac{\partial(s, t)}{\partial(x, y)}$ と表したとき，$\dfrac{\partial(s, t)}{\partial(x, y)}=\dfrac{\partial(s, t)}{\partial(u, v)}\cdot\dfrac{\partial(u, v)}{\partial(x, y)}$

がみたされることを示せ．

(ii)　C^1 級写像 $f:\begin{cases}x=x(u,v)\\ y=y(u,v)\end{cases}$ があたえられたとき C^1 級の逆写像 $f^{-1}:\begin{cases}u=u(x,y)\\ v=v(x,y)\end{cases}$ が存在するとして u_x, u_y, v_x, v_y を f のデータで表せ．

(iii)　次の逆写像(局所)存在定理の証明を概説せよ．

写像：$\begin{cases}y_1=f_1(x_1,x_2)\\ y_2=f_2(x_1,x_2)\end{cases}$ を C^1 級の写像で $\dfrac{\partial(f_1,f_2)}{\partial(x_1,x_2)}(a_1,a_2)\neq 0$ をみたすとすると点 (a_1,a_2) の近傍でこの写像は1：1である．**(逆写像の局所的存在)**

(1)—(i)の解　2次元の場合の極座標変換（第10回）を復習してそれを2回くりかえして計算する方法をのべておく．この方法は(3)にも適用される．2変数の場合極座標と直交座標の関係は $x=r\cos\theta$，$y=r\sin\theta$ であり，$z=f(x,y)$ を C^2 級とすると $z=f(r\cos\theta, r\sin\theta)$ ともなり，

$$z_{xx}+z_{yy}=z_{rr}+\frac{1}{r}z_r+\frac{1}{r^2}z_{\theta\theta} \qquad ☆☆$$

と表わされる．

さて直交座標系 (x,y,z) より $x=\rho\cos\varphi$，$y=\rho\sin\varphi$，$z=z$ によって円柱座標系 (ρ,φ,z) にうつることが出来る．この円柱座標から極座標への変換は

$$z=r\sin\theta,\ \rho=r\cos\theta,\ \varphi=\varphi$$

とふたたび2次元の極座標変換の形で実行される．2つの変換を合成すると極座標への変換になることは各自たしかめられたい．

$u=f(x,y,z)=f(\rho\cos\varphi,\rho\sin\varphi,z)=\overline{f}(\rho,\varphi,z)$ とおくと $\triangle u=u_{xx}+u_{yy}+u_{zz}=u_{\rho\rho}+\dfrac{1}{\rho}u_\rho+\dfrac{1}{\rho^2}u_{\varphi\varphi}+u_{zz}$ が（上に準備した2次元の場合のラプラシアンの変換公式を適用することにより）得られる．2つ目の変換によって $u=\overline{f}(r\cos\theta,\varphi,r\sin\theta)=\overline{\overline{f}}(r,\theta,\varphi)$ とおく．まず $u_{\rho\rho}+u_{zz}=u_{rr}+\dfrac{1}{r}u_r+\dfrac{1}{r^2}u_{\theta\theta}$ である．この計算は$\begin{cases}z=r\cos\theta\\ \rho=r\sin\theta\end{cases}$ から出発して行われたものだが $\dfrac{1}{\rho}u_\rho$ もこれによって計算しよう．$\dfrac{\partial u}{\partial r}=u_r$，$\dfrac{\partial u}{\partial\theta}=u_\theta$ として

$$\begin{cases}u_r=u_\rho\sin\theta+u_z\cos\theta\\ u_\theta=u_\rho(r\cos\theta)+u_z(-r\sin\theta)\end{cases}$$

でありクラーメルの公式により

$$u_\rho=\frac{r\sin\theta\,u_r+\cos\theta\,u_\theta}{r\sin^2\theta+r\cos^2\theta}$$

$$=\sin\theta\cdot u_r+\frac{\cos\theta}{r}u_\theta,$$

$$\frac{u_\rho}{\rho}=\frac{1}{r}u_r+\frac{1}{r^2}\cot\theta\,u_\theta.$$

$$\triangle u=u_{xx}+u_{yy}+u_{zz}=u_{rr}+\frac{1}{r^2}u_{\theta\theta}+\frac{2}{r}u_r$$

$$+\frac{1}{r^2\sin^2\theta}u_{\varphi\varphi}+\frac{1}{r^2}\cot\theta u_\theta$$ となる．

(1)—(ii)の証明　ヤコビアンは単なる3次の行列式で簡単なのだが次元が大きくなって来ると計算が大変になる．3次元のうちにその処理法を確定しておこう．

(x,y,z) 座標から (ρ,φ,z) 座標へ

$$\begin{cases}x=\rho\cos\varphi\\ y=\rho\sin\varphi\\ z=z\end{cases}$$

で移り，つぎに (r,θ,φ) の順で定義された極座標へ（(r,φ,θ) にしてはいけない．）

$$\begin{cases}\rho=r\sin\theta\\ z=r\cos\theta\\ \varphi=\varphi\end{cases}$$ の形でうつる．

3次元空間において C^1 級の写像 f：$x=x(u,\ v,\ w)$，$y=y(u,\ v,\ w)$，$z=z(u,\ v,\ w)$ に対し次の行列式をヤコビアンという．

$$\frac{\partial(x,\ y,\ z)}{\partial(u,\ v,\ w)}=\begin{vmatrix}\frac{\partial x}{\partial u} & \frac{\partial x}{\partial v} & \frac{\partial x}{\partial w}\\ \frac{\partial y}{\partial u} & \frac{\partial y}{\partial v} & \frac{\partial y}{\partial w}\\ \frac{\partial z}{\partial u} & \frac{\partial z}{\partial v} & \frac{\partial z}{\partial w}\end{vmatrix}.$$

ところで上の写像がさらに写像 $u=u(r, s, t)$, $v=v(r, s, t)$, $w=w(r, s, t)$ を受けるとき，合成写像：

$$\begin{cases} x=x(u(r,s,t),\ v(r,s,t),\ w(r,s,t)) \\ y=y(u(r,s,t),\ v(r,s,t),\ w(r,s,t)) \\ z=z(u(r,s,t),\ v(r,s,t),\ w(r,s,t)) \end{cases}$$

が定義される．このとき

$$\frac{\partial(x,y,z)}{\partial(r,s,t)}=\frac{\partial(x,y,z)}{\partial(u,v,w)}\ \frac{\partial(u,v,w)}{\partial(r,s,t)}$$

が成立する．この説明をしておこう．この等式を具体的に記すと次の様になる．

$$\begin{vmatrix}\frac{\partial x}{\partial r} & \frac{\partial x}{\partial s} & \frac{\partial x}{\partial t}\\ \frac{\partial y}{\partial r} & \frac{\partial y}{\partial s} & \frac{\partial y}{\partial t}\\ \frac{\partial z}{\partial r} & \frac{\partial z}{\partial s} & \frac{\partial z}{\partial t}\end{vmatrix}=\begin{vmatrix}\frac{\partial x}{\partial u} & \frac{\partial x}{\partial v} & \frac{\partial x}{\partial w}\\ \frac{\partial y}{\partial u} & \frac{\partial y}{\partial v} & \frac{\partial y}{\partial w}\\ \frac{\partial z}{\partial u} & \frac{\partial z}{\partial v} & \frac{\partial z}{\partial w}\end{vmatrix}\begin{vmatrix}\frac{\partial u}{\partial r} & \frac{\partial u}{\partial s} & \frac{\partial u}{\partial t}\\ \frac{\partial v}{\partial r} & \frac{\partial v}{\partial s} & \frac{\partial v}{\partial t}\\ \frac{\partial w}{\partial r} & \frac{\partial w}{\partial s} & \frac{\partial w}{\partial t}\end{vmatrix}$$

このイコールは連鎖律の集団を表わす．全部書きならべるのは大変であるから左辺の (2, 1) 要素 $\frac{\partial y}{\partial r}$ についてのみ考えよう．行列式の積の法則より $\frac{\partial y}{\partial r}=\frac{\partial y}{\partial u}\frac{\partial u}{\partial r}+\frac{\partial y}{\partial v}\frac{\partial v}{\partial r}+\frac{\partial y}{\partial w}\frac{\partial w}{\partial r}$ でなければならないがこれは連鎖律の式とピッタリ一致する．(注意！ ヤコビアンの定義を行列転倒していると少し混乱する)

さてこの公式を使って $(x, y, z)\to(\rho, \varphi, z)$, $(\rho, \varphi, z)\to(r, \theta, \varphi)$ の変換：

$$\begin{cases} x=\rho\cos\varphi \\ y=\rho\sin\varphi, \\ z=z \end{cases}\quad\begin{cases} \rho=r\sin\theta \\ \varphi=\varphi \\ z=r\cos\theta \end{cases}$$

の合成として極座標をあつかう．

$$\frac{\partial(x,y,z)}{\partial(r,\theta,\varphi)}=\frac{\partial(x,y,z)}{\partial(\rho,\varphi,z)}\frac{\partial(\rho,\varphi,z)}{\partial(r,\theta,\varphi)}$$
$$=r\times r\sin\theta=r^2\sin\theta,$$

(2)　4 次元空間で極座標への変換を次の 3 つの変換の合成によって作る．

$$\begin{cases} x_1=\rho_3\cos\theta_3 \\ x_2=\rho_3\sin\theta_3 \\ x_3=x_3 \\ x_4=x_4 \end{cases}\quad\begin{cases} \rho_3=\rho_2\sin\theta_2 \\ \theta_3=\theta_3 \\ x_3=\rho_2\cos\theta_2 \\ x_4=x_4 \end{cases}$$

$$\begin{cases} \rho_2=\rho_1\sin\theta_1 \\ \theta_3=\theta_3 \\ \theta_2=\theta_2 \\ x_4=\rho_1\cos\theta_1 \end{cases}\quad(\rho_1=r\ \text{とおく．})$$

これらを $(x_1, x_2, x_3, x_4)\to(\rho_3, \theta_3, x_3, x_4)$, $(\rho_3, \theta_3, x_3, x_4)\to(\rho_2, \theta_2, \theta_3, x_4)$, $(\rho_2, \theta_2, \theta_3, x_4)\to(\rho_1, \theta_1, \theta_2, \theta_3)$ の対応として考える．(座標の順番が変るとヤコビアンは符号が変る．) これらを合成すると問題の極座標変換になっていることの説明は省略しよう．

第一の変換のヤコビアンは $\rho_3=\rho_2\sin\theta_2=\rho_1\sin\theta_1\sin\theta_2$, 第 2 の変換では θ_3 の順が変っていることに気をつけて計算し，$-\rho_2=-r\sin\theta_1$ 最後の変換はわかりにくいので $(\rho_2, \theta_2, \theta_3, x_4)\to(\rho_1, \theta_2, \theta_3, \theta_1)$ とし，$\theta_1, \theta_2, \theta_3$ をとりかえて (線形代数の入口にある偶順列奇順列を思い出して符号を念頭に入れて計算してもよい，いずれにしろヤコビアンの値は $-\rho_1=-r$，結局求めるヤコビアンはこれらの積として $r^3\sin^2\theta_1\sin\theta_2$ (求むる解)．

(3)の解法　$\triangle=\frac{\partial^2}{\partial x_1{}^2}+\frac{\partial^2}{\partial x_2{}^2}+\frac{\partial^2}{\partial x_3{}^2}+\frac{\partial^2}{\partial x_4{}^2}$ を $\frac{\partial^2}{\partial x_1{}^2}+\frac{\partial^2}{\partial x_3{}^2}$ と $\frac{\partial^2}{\partial x_2{}^2}+\frac{\partial^2}{\partial x_4{}^2}$ とにわける．

$\sqrt{r}=R$ とおいて

$x_1{}^2+x_3{}^2=R^2\cos^2\frac{\theta}{2}$, $x_2{}^2+x_4{}^2=R^2\sin^2\frac{\theta}{2}$ であるから $R\cos\frac{\theta}{2}=\rho_1$, $R\sin\frac{\theta}{2}=\rho_2$ とおき，又 $\tau=\frac{\varphi+\psi}{2}$, $\mu=\frac{\varphi-\psi}{2}$ とおくと $x_1=\rho_1\cos\tau$, $x_3=\rho_1\sin\tau$, $x_2=\rho_2\cos\mu$, $x_4=\rho_4\sin\mu$, に(1)—(i)の解の中の式☆☆を適用し

$$\frac{\partial^2}{\partial x_1{}^2}+\frac{\partial^2}{\partial x_3{}^2}=\frac{\partial^2}{\partial\rho_1{}^2}+\frac{1}{\rho_1}\frac{\partial}{\partial\rho_1}+\frac{1}{\rho_1{}^2}\frac{\partial^2}{\partial\tau^2}$$

$$\frac{\partial^2}{\partial x_2{}^2}+\frac{\partial^2}{\partial x_4{}^2}=\frac{\partial^2}{\partial\rho_2{}^2}+\frac{1}{\rho_2}\frac{1}{\partial\rho_2}+\frac{1}{\rho_2{}^2}\frac{\partial^2}{\partial\mu^2}$$

となる．△はこれら2式の和であるから以下ではそれぞれの1,2,3項の和を処理して行く．

$$\frac{\partial^2}{\partial\rho_1{}^2}+\frac{\partial^2}{\partial\rho_2{}^2}=\frac{\partial^2}{\partial R^2}+\frac{2}{R}\frac{\partial}{\partial R}+\frac{4}{R^2}\frac{\partial^2}{\partial\theta^2},$$

$\frac{1}{\rho_1}\frac{\partial}{\partial\rho_1}+\frac{1}{\rho_2}\frac{\partial}{\partial\rho_2}$ の計算を $\left(r,\frac{\theta}{2}\right)$ 座標で書きかえるために

$R=\sqrt{\rho_1{}^2+\rho_2{}^2}$，$\frac{\theta}{2}=\tan^{-1}\frac{\rho_2}{\rho_1}$ と表して

$$\frac{1}{\rho_1}\frac{\partial}{\partial\rho_1}=\frac{1}{\rho_1}\left(\frac{\rho_1}{R}\frac{\partial}{\partial R}+2\frac{\left(-R\sin\frac{\theta}{2}\right)}{R^2}\frac{\partial}{\partial\theta}\right)$$

$$=\frac{1}{R}\frac{\partial}{\partial R}+\frac{-2\sin\frac{\theta}{2}}{R^2\cos\frac{\theta}{2}}\frac{\partial}{\partial\theta},$$

$$\frac{1}{\rho_2}\frac{1}{\partial\rho_2}=\frac{1}{R}\frac{\partial}{\partial R}+\frac{2}{R^2}\frac{\cos\frac{\theta}{2}}{\sin\frac{\theta}{2}}\frac{\partial}{\partial\theta},$$

$$\frac{1}{\rho_1}\frac{\partial}{\partial\rho_1}+\frac{1}{\rho_2}\frac{\partial}{\partial\rho_2}$$

$$=\frac{2}{R}\frac{\partial}{\partial R}+\frac{2}{R^2}\frac{\left(\cos^2\frac{\theta}{2}-\sin^2\frac{\theta}{2}\right)}{\cos\frac{\theta}{2}\sin\frac{\theta}{2}}\frac{\partial}{\partial\theta}$$

$$=\frac{2}{R}\frac{\partial}{\partial R}+\frac{4}{R^2}\frac{\cos\theta}{\sin\theta}\frac{\partial}{\partial\theta}.$$

又，$\tau=\frac{\varphi+\psi}{2}$，$\mu=\frac{\varphi-\psi}{2}$ を φ，ψ について解くと

$$\varphi=\tau+\mu,\quad \psi=\tau-\mu$$

この式より

$$\frac{\partial}{\partial\tau}=\frac{\partial}{\partial\varphi}+\frac{\partial}{\partial\psi},\quad \frac{\partial}{\partial\mu}=\frac{\partial}{\partial\varphi}-\frac{\partial}{\partial\psi}$$

これより

$$\frac{\partial^2}{\partial\tau^2}=\frac{\partial^2}{\partial\varphi^2}+\frac{\partial^2}{\partial\psi^2}+2\frac{\partial^2}{\partial\varphi\partial\psi}$$

$$\frac{\partial^2}{\partial\mu^2}=\frac{\partial^2}{\partial\varphi^2}+\frac{\partial^2}{\partial\psi^2}-2\frac{\partial^2}{\partial\varphi\partial\psi},$$

$$\frac{1}{\rho_1{}^2}\frac{\partial^2}{\partial\tau^2}+\frac{1}{\rho_2{}^2}\frac{\partial^2}{\partial\mu^2}$$

$$=\frac{\rho_1{}^2+\rho_2{}^2}{\rho_1{}^2\rho_2{}^2}\left(\frac{\partial^2}{\partial\varphi^2}+\frac{\partial^2}{\partial\psi^2}\right)+\frac{2(\rho_2{}^2-\rho_1{}^2)}{\rho_1{}^2\rho_2{}^2}\frac{\partial^2}{\partial\varphi\partial\psi}$$

$$=\frac{4}{R^2\sin^2\theta}\left(\frac{\partial^2}{\partial\varphi^2}+\frac{\partial^2}{\partial\psi^2}\right)+\frac{-8\cos\theta}{R^2\sin^2\theta}\frac{\partial^2}{\partial\varphi\partial\psi}$$

さて $r=R^2$ によって (R,θ,φ,ψ) 座標から (r,θ,φ,ψ) 座標にかわるとき，$\frac{\partial}{\partial R}=2R\frac{\partial}{\partial r}$，又は

$$\frac{1}{2R}\frac{\partial}{\partial R}=\frac{\partial}{\partial r},\quad \frac{\partial^2}{\partial R^2}=4r\frac{\partial^2}{\partial r^2}+2\frac{\partial}{\partial r}.$$

よって

$$\triangle=\frac{\partial^2}{\partial R^2}+\frac{4}{R}\frac{\partial}{\partial R}+\frac{4}{R^2}\frac{\partial^2}{\partial\theta^2}+\frac{4}{R^2}\frac{\cos\theta}{\sin\theta}\frac{\partial}{\partial\theta}$$

$$+\frac{4}{R^2\sin^2\theta}\left(\frac{\partial^2}{\partial\varphi^2}+\frac{\partial^2}{\partial\psi^2}\right)-\frac{8\cos\theta}{R^2\sin\theta}\frac{\partial^2}{\partial\varphi\partial\psi}$$

$$=4r\frac{\partial^2}{\partial r^2}+8\frac{\partial}{\partial r}+\frac{4}{r}\frac{\partial}{\partial\theta^2}+\frac{4}{r}\frac{\sin\theta}{\cos\theta}\frac{\partial}{\partial\theta}$$

$$+\frac{4}{r\sin^2\theta}\left(\frac{\partial^2}{\partial\psi^2}+\frac{\partial^2}{\partial\psi^2}\right)-8\frac{\cos\theta}{r}\frac{\partial^2}{\partial\varphi\partial\psi}$$

$$=\frac{4}{r}\left\{\frac{\partial}{\partial r}\left(r^2\frac{\partial}{\partial r}\right)+\frac{1}{\sin\theta}\frac{\partial}{\partial\theta}\left(\sin\theta\frac{\partial}{\partial\theta}\right)\right.$$

$$\left.+\frac{1}{\sin^2\theta}\left(\frac{\partial^2}{\partial\varphi}+\frac{\partial^2}{\partial\psi^2}-2\cos\theta\frac{\partial^2}{\partial\varphi\partial\psi}\right)\right\}.$$

注意　R の代りに $r=R^2$ をパラメータに使うのは数学教師から見ると奇異に感ずる．この問題の出典では水素原子のシュレディンガー作用素をこの方法で記述しているので物理界ではよく行われるやり方なのであろう．

(4)—(i)の解　C^1 級の写像 $u=u(x,y)$，$v=v(x,y)$ に対して

$$\frac{\partial(u,v)}{\partial(x,y)}=\begin{vmatrix}\frac{\partial u}{\partial x} & \frac{\partial u}{\partial y}\\ \frac{\partial v}{\partial x} & \frac{\partial v}{\partial y}\end{vmatrix},\quad \frac{\partial(s,t)}{\partial(u,v)}=\begin{vmatrix}\frac{\partial s}{\partial u} & \frac{\partial s}{\partial v}\\ \frac{\partial t}{\partial u} & \frac{\partial t}{\partial u}\end{vmatrix},$$

$$\frac{\partial(s,t)}{\partial(u,v)}\times\frac{\partial(u,v)}{\partial(x,y)}$$

$$=\begin{vmatrix}\frac{\partial s}{\partial u}\frac{\partial u}{\partial x}+\frac{\partial s}{\partial v}\frac{\partial v}{\partial x} & \frac{\partial s}{\partial u}\frac{\partial u}{\partial y}+\frac{\partial s}{\partial v}\frac{\partial v}{\partial y}\\ \frac{\partial t}{\partial u}\frac{\partial u}{\partial x}+\frac{\partial t}{\partial v}\frac{\partial v}{\partial x} & \frac{\partial t}{\partial u}\frac{\partial u}{\partial y}+\frac{\partial t}{\partial v}\frac{\partial v}{\partial y}\end{vmatrix}$$

$$=\begin{vmatrix}\partial s/\partial x & \partial s/\partial y\\ \partial t/\partial x & \partial t/\partial y\end{vmatrix}=\frac{\partial(s,t)}{\partial(x,y)}$$

(4)—(ii)の解

写像 $\begin{cases}u=\varphi(x,y)\\ v=\psi(x,y)\end{cases}$ が写像 $\begin{cases}x=x(u,v)\\ y=y(u,v)\end{cases}$ の逆変換であるとする．この時これらより次式が x,y のすべての組について恒等的に成立する．

$$\begin{cases} x=x(\varphi(x,y),\ \psi(x,y)) \\ y=y(\varphi(x,y),\ \psi(x,y)) \end{cases} \qquad ☆☆☆$$

上式の左辺の x, y を従属変数，右辺式中の x, y を独立変数と見たときヤコビアンの値は $\dfrac{\partial(x,y)}{\partial(x,y)}=\begin{vmatrix}1 & 0\\ 0 & 1\end{vmatrix}=1$ であるが，一方，4―(i)における合成写像のヤコビアンに関する等式より

$$\frac{\partial(x,y)}{\partial(x,y)}=\frac{\partial(x,y)}{\partial(u,v)}\frac{\partial(u,v)}{\partial(x,y)}$$

となり，この値が1であることから $\dfrac{\partial(x,y)}{\partial(u,v)} \neq 0$，$\dfrac{\partial(u,v)}{\partial(x,y)} \neq 0$ が結論される．写像が逆写像を持つときまず必要条件として，これらが結論されるのである．

式☆☆☆を微分すると

$$\begin{cases} x_u u_x + x_v v_x = 1 \\ x_u u_y + x_v v_y = 0 \\ y_u u_x + y_v v_x = 0 \\ y_u u_y + y_v v_y = 1 \end{cases}$$

が得られ，これらの式を2つの連立一次方程式とみたときヤコビアンが nonzero であるとの上の結果から u_x, v_x, u_y, v_y について解くことが出来るが，ここでは逆行列の求め方という見地によって解法をまとめてみよう．

上式を行列の積の形に表わすと

$$\begin{pmatrix} x_u & x_v \\ y_u & y_v \end{pmatrix}\begin{pmatrix} u_x & u_y \\ v_x & v_y \end{pmatrix}=\begin{pmatrix} 1 & 0 \\ 0 & 1 \end{pmatrix}.$$

$\begin{pmatrix} x_u & x_v \\ y_u & y_v \end{pmatrix}$ があたえられているとき，逆行列は線型代数の方法によって

$$u_x=\frac{y_v}{\dfrac{\partial(x,y)}{\partial(u,v)}},\quad u_y=\frac{-y_u}{\dfrac{\partial(x,y)}{\partial(u,v)}},$$

$$v_x=\frac{-x_v}{\dfrac{\partial(x,y)}{\partial(u,v)}},\quad v_y=\frac{x_u}{\dfrac{\partial(x,y)}{\partial(u,v)}}$$

となり，f のデータで u_x, u_y, v_x, v_y がすべて表された．

(4)―(iii)の証明の概略説明　逆写像の定理の証明は通常2系統あって陰関数定理をくりかえして適用する方法と不動点定理によるものとがあり，ここでは前者によることとする．陰関数定理の証明も大略2通りあって中間値の定理によるものと，不動点定理によるものがある．ここではその詳しい説明はしないがほぼ前者に沿って説明する．不動点定理は微分方程式の解の存在などにも使われ，一年生にはすこしむずかしいが，いずれ，その紹介もしなければならないと考えている．

例1　平面上の直線の方程式 $ax+by=c$ について，y の係数 b が0でないとき，$y=-\dfrac{a}{b}x+\dfrac{c}{b}$ と，y は x の関数として表される．空間内の平面の方程式：$ax+by+cz=d$ についても，第3変数 z の係数 c が nonzero なら $z=\dfrac{-a}{c}x-\dfrac{b}{c}y+\dfrac{d}{c}$ と z は x, y の関数として表される．条件 $b \neq 0$，$c \neq 0$ はあとでのべる横断条件の例である．

例2　平面上の円の方程式 $x^2+y^2=1$ を y について解くことは出来るが，$y=\pm\sqrt{1-x^2}$ と2つの関数を必要とする．実は $x=\pm 1$ では $y=\sqrt{1-x^2}$ は微分不可能であり，この点のまわりでは $x=\pm\sqrt{1-y^2}$ も必要となり，1つの閉曲線について4つの1変数関数による局所表示が必要なのである．

一般の閉曲線 $f(x,y)=c$ の場合はこの様な局所表示がいくつも必要な上に円の場合と異って explicit に1変数関数で局所的に記述出来るとは限らない．せめてこの様な局所表示の存在だけでもいっておこうということで explicit の反対語 implicit な表示（翻訳して陰関数）を調べることになる．

定理(陰関数定理)　C^1 級2変数関数 $F(x,y)$ があたえられているとき，$F(a,b)=0$，かつ $F_x{}^2+F_y{}^2 \neq 0$ をみたしている点 (a,b) をとる．$F_x(a,b) \neq 0$（又は $F_y(a,b) \neq 0$）として，$x=a$（又は $y=b$）を含むある区間を定義域とした陰関数 $y=f(x)$（又は $x=g(y)$）

が C^1 級関数としてただ一つ存在して $F(x, f(x))=0$ (又は $F(g(y), y)=0$) が成立する．陰関数の導関数は $\dfrac{df(x)}{dx}=\dfrac{-F_x}{F_y}, \left(\dfrac{dg(x)}{dx}=-\dfrac{F_y}{F_x}\right)$ と F の偏導関数をもって explicit に表示出来る．

証明は省略し，幾何的に定理の意味を概略理解してもらうことにする．結局必要なことは $z=F(x, y)$ のグラフと xy 平面の交り具合にあり，両者が接していては陰関数などあり得ない．xy 平面の法線の方向比は $(0, 0, 1)$ であり，$z=F(x, y)$ の (a, b) における法線の方向比は $(F_x(a, b),\ F_y(a, b),\ -1)$ であり，$F_x(a, b)$，$F_y(a, b)$ のどちらかが 0 でなければ $z=F(x, y)$ のグラフは (a, b) の近くで xy 平面と（曲線の形の）の共通部分を持つだろうと想像出来るのである．この意味で陰関数定理の仮定 $F_x{}^2+F_y{}^2\neq 0$ を横断条件 (transversal condition) という．陰関数定理の x を多変数 $x_1, \cdots, x_n$ に拡張したものが次の定理である．

一般化された陰関数定理　$F(x_1, \cdots, x_n, z)$ は C^1 級の関数とする．点 $(a_1\cdots a_n)$ で $F(a_1, \cdots, a_n, b)=0$，$F_z(a_1, \cdots, a_n, b)\neq 0$ とすると点 $(a_1\cdots a_n)$ のある近傍を定義域とする C^1 級の関数 $y=f(x_1, \cdots, x_n)$ で $b=f(a_1, \cdots, a_n)$ $F(x_1, \cdots, x_n, f(x_1, \cdots, x_n))=0$ をみたすものが存在する．又 $\dfrac{\partial f}{\partial x_i}(x_1, \cdots, x_n)$

$$=-\frac{F_{xj}(x_1, \cdots, x_n, f(x_1, \cdots, x_n))}{F_z(x_1, \cdots, x_n, f(x_1, \cdots, x_n))}$$ である．

証明は陰関数定理と同一の方法で行う．$F_z(a_1, \cdots, a_n, b)\neq 0$ が横断条件である．（この場合は z について解くことしか考えていないことに注意）

連立型陰関数定理　F と G を 3 変数の関数とし，$F(x, y, z)=0$，$G(x, y, z)=0$ が点 (a, b, c) でみたされ，さらに $\dfrac{\partial(F, G)}{\partial(y, z)}(a, b, c)\neq 0$ とする．この時 2 つの C^1 級 1 変数関数 $f(x)$，$g(x)$ が $x=a$ の近傍で定義され，$F(x, f(x), g(x))=0$，$G(x, f(x), g(x))=0$ をみたし次式が成り立つ．

$$\frac{dy}{dx}=-\frac{\dfrac{\partial(F, G)}{\partial(x, z)}}{\dfrac{\partial(F, G)}{\partial(y, z)}},\quad \frac{dz}{dx}=-\frac{\dfrac{\partial(F, G)}{\partial(y, x)}}{\dfrac{\partial(F, G)}{\partial(y, z)}}.$$

上の定理における横断条件 $\boldsymbol{\dfrac{\partial(F, G)}{\partial(y, z)}\neq 0}$ の説明　点 (a, b, c) において $F(x, y, z)=0$（必要とあれば一般の陰関数定理を使って $z=F_1(x, y)$, $G(x, y, z)=0$（これも $z=G_1(x, y)$）で表される 2 つの曲面の接平面は

$$\begin{cases} f_x(x-a)+f_y(y-b)-(z-c)=0 \\ g_x(x-a)+g_y(y-b)-(z-c)=0 \end{cases} \quad ☆$$

となり $\dfrac{\partial f}{\partial x}=\dfrac{-\partial F/\partial x}{\dfrac{\partial F}{\partial z}}$，$\dfrac{\partial f}{\partial y}=\dfrac{-\partial F/\partial y}{\dfrac{\partial F}{\partial z}}$，$\dfrac{\partial g}{\partial x}=\dfrac{-\partial G/\partial x}{\partial G/\partial z}$，$\partial g/\partial z=\dfrac{-\partial G/\partial y}{\partial G/\partial z}$ が一般の陰関数定理により得られる．したがって☆は次の 2 式に書きかえられる

$$F_x(x-a)+F_y(y-b)+F_z(z-c)=0$$
$$G_x(x-a)+G_y(y-b)+G_z(z-c)=0.$$

2 式のそれぞれは一枚の平面を表し，これらが $\theta\neq 0$ の角をもって交わる条件は行列 $\begin{pmatrix} F_x & F_y & F_2 \\ G_x & G_y & G_z \end{pmatrix}$ の階数が 2 であればよい．その十分条件の一つとして $\dfrac{\partial(F_y, F_z)}{\partial(y, z)}\neq 0$ が登場するのである．

連立型陰関数定理の証明の概要　ヤコビアンの仮定から $F_y(a, b, c)$ 又は $F_z(a, b, c)$ は 0 でない．今 $F_y\neq 0$ とする．$F(x, y, z)=0$ に一般の陰関数定理を適用すると (a, b) の近くで $z=\varphi(x, y)$ が $F(x, y, \varphi(x, y))=0$ をみたす様に定まる．そこで $\psi(x, y)\equiv G(x, y, \varphi(x, y))=0$ をしらべ $\psi_y=\dfrac{-1}{F_y}\dfrac{\partial(F, G)}{\partial(y, z)}\neq 0$，よって $\psi(x, y)=0$ を y について解くことが陰関数定理によって可能となり，その陰関数を $y=f(x)$ とおく．$\psi(x, y(x))=G(x, f(x), \varphi(x, f(x))=G(x, f(x), g(x))=0$，ここで

$g(x)\equiv\varphi(x,f(x))$ とおけばよい．微係数の計算は連鎖律の応用にすぎない．

逆写像の定理を証明するにはこの連立型ではまだ不足で次の定理が必要である．

2 変数連立型の陰関数定理

$F(x_1,x_2,y_1,y_2)=0\quad G(x_1,x_2,y_1,y_2)=0$ 但し F,G は C^1 級の関数とする．

F,G の共通定義域内の点 (a_1,a_2,b_1,b_2) において $F(a_1,a_2,b_1,b_2)=0\ \ G(a_1,a_2,b_1,b_2)=0$, $\dfrac{\partial(F,G)}{\partial(y_1,y_2)}(a_1a_2,b_1b_2)=0$ とする．このとき (a_1a_2) の近くで定義された $f_1(x_1,x_2)$, $f_2(x_1,x_2)$ が存在して

$F(x_1,x_2,f_1(x_1,x_2),f_2(x_1,x_2))=0$, $G(x_1,x_2,f_1(x_1,x_2),f_2(x_1,x_2))=0$ がみたされ，$f_1(a_1,a_2)=b_1$, $f_2(a_1,a_2)=b_2$．また偏導関数達は次の様に F,G のデータで表される．

$$\frac{\partial y_1}{\partial x_1}=\frac{\partial(F,G)}{\partial(x_1,y_2)}\Big/\frac{\partial(F,G)}{\partial(y_1,y_2)},$$

$$\frac{\partial y_1}{\partial x_2}=\frac{\partial(F,G)}{\partial(x_2,y_2)}\Big/\frac{\partial(F,G)}{\partial(y_1,y_2)},$$

$$\frac{\partial y_2}{\partial x_1}=\frac{\partial(F,G)}{\partial(y_1,x_1)}\Big/\frac{\partial(F,G)}{\partial(y_1,y_2)}$$

$$\frac{\partial y_2}{\partial x_2}=\frac{\partial(F,G)}{\partial(y_1x_2)}\Big/\frac{\partial(F,G)}{\partial(y_1,y_2)}$$

証明は連立型（変数が 1 つのケース）とまったく平行である．

逆写像の存在定理の証明　F, G を次の様に定義する．

$$\begin{cases} F(y_1y_2,x_1x_2)=f_1(x_1,x_2)-y_1 \\ G(y_1y_2,x_1x_2)=f_2(x_1,x_2)-y_2 \end{cases}$$

$$\frac{\partial(F,G)}{\partial(x_1x_2)}=\begin{vmatrix} \dfrac{\partial f_1}{\partial x_1} & \dfrac{\partial f_1}{\partial x_2} \\ \dfrac{\partial f_2}{\partial x_1} & \dfrac{\partial f_2}{\partial x_2} \end{vmatrix} \neq 0 \text{（仮定によって）}$$

したがって連立型（2 変数）陰関数定理によって $x_1=x_1(y_1,y_2)$, $x_2=x_2(y_1,y_2)$ と解ける．

§14 多変数関数の最大最小と極大極小

問題 14

(1) $\boldsymbol{R}^n$ の有界閉集合Mで定義された実数値連続関数 $z=f(x_1,\cdots,x_n)$ の最大(小)値の存在について $n=2$ の場合を証明し，一般のnについても同様であることを示せ．

(2) $f(x,y)=xy(x^2+y^2-1)$ の極大(極小)値（それを実現する点もそえて）を求めよ．

(3) $m_i>0$, $i=1,\cdots,n$, および a_i, b_i, $i=1,\cdots,n$ を定数とする．$f(x,y)=\sum_{i=1}^{n}m_i\{(x-a_i)^2+(y-b_i)^2\}$ の最小値を求めよ．

(4) n 次の実係数多項式 $P(x)=x^n+a_1x^{n-1}+\cdots+a_n$ が積分 $\int_{-1}^{1}P^2(x)dx$ の最小値を実現するように $a_1,\cdots,a_n$ をさだめよ．**(ルジャンドル多項式)**

(5) 3角形ABCの3項点よりの距離の和が最小である点を求めよ．

(6)(i) $f(x,y,z)=\sqrt{x^2+y^2+z^2}\,e^{-x^2-y^2-z^2}$ の最大最小をしらべよ．

(ii) $f(x,y,z)=(x+y+z)e^{-x^2-y^2-z^2}$ $(x\geqq 0,\ y\geqq 0,\ z\geqq 0)$ の最大最小をしらべよ．

(iii) $(x+y+z)e^{-x^2-y^2-z^2}$ についてもしらべよ．

(1)の解 2次元の場合を主にのべる．まず**有界閉集合**の概念を説明しよう．xy 平面のある部分集合Mが有界であるとは十分大きな円の内に入ることとする．空間内のある点Pの ε-近傍に入るといってもよい（これらの定義はn次元の場合も同様に導入出来る．）xy 平面のある部分集合Mの**境界点**とは，その点を含むどんな近傍もMの点とMに属さない点の双方を要素として含むことである．ある集合がその境界点をすべて含むとき，その集合を閉集合という．たとえば平面の全体 $\boldsymbol{R}^2$ は $\boldsymbol{R}^2$ の非有界閉集合である．非有界は明らかであろう．この集合は境界点を持たない．したがってこの集合 $\boldsymbol{R}^2$ の境界点の全体は空集合であり空集合は任意の集合の部分集合と考えられるので $\boldsymbol{R}^2$ は有界でない閉集合である．

有界閉集合Mに属する点列 $\{\mathrm{P}_n\}$ $(n=1,2,\cdots,n,\cdots)$ は（それ自身は収束するとは限らないが）Mの点に収束する部分点列をかならず持つ．

簡単に説明しよう．まずそれ自身は収束するとは限らないということも説明しておこう．Mの異なる2点P, Qを取り，$\mathrm{P}_i\to\mathrm{P}$, $\mathrm{Q}_i\to\mathrm{Q}$（収束）する点列 $\{\mathrm{P}_i\}$, $\{\mathrm{Q}_i\}$ をとる．点列 $\mathrm{P}_1,\mathrm{Q}_1,\mathrm{P}_2,\mathrm{Q}_2\cdots$ はどこへも収束しないのである．

有界閉集合Mを含む大きな正方形の形の集合の各辺を2等分して4つの正方形をつくる．あたえられた点列 $\{\mathrm{P}_n\}$ に属する点が無限個入っている正方形をその4つの中からひとつえらび，その正方形をさらに4等分しその4この正方形から$\{P_n\}$の点が無限個入っているものを又一つえらび，この操作をつづけていく．この様な縮小正方形の列のどの正方形からも$\{P_n\}$の点を一点づつとり，$\{P_{n_k}\}$と名づける．微積分の最初に学んだ実数の連続性を適用するとこの正方形列はある一点Pに向かって縮小していく．（この部分は各自考えよ）そしてこの点列$\{P_{n_k}\}$も又この点Pに収束するのである．2次元の話をのべてきたのだが3次元空間では正方形のかわりに立方体が，そして$\boldsymbol{R}^n$ではn次元的正方形領域が登場し，同様の形で話が進むのである．

さて(1)の証明に入ろう．2次元空間の場合をとりあげる．

第1ステップは $A>f(x, y)>B, {}^\forall(x, y)\in M$ であるA, Bの存在，すなわちfの有界性を示すことになる．背理法を使おう．もしこの様なAが存在しないとすれば任意の自然数nにたいし $n<f(x_n, y_n)$ となるMの点$(x_n, y_n)\in M$ が存在することになる．無限点列$\{(x_n, y_n)\}$に対し上で学んだばかりの収束部分点列$\{x_{n_k}, y_{n_k}\}$の存在を利用することになる．ここで2重添数n_kは無限点列の番号，kは部分点列の番号と理解する．部分点列の極限点(a, b)はMに属する．何故ならMは閉集合だからである．よって$f(a, b)$は存在して有限であるが，fの連続性によりこの部分点列に対し $\infty=\lim_{k\to\infty}f(x_{n_k}, x_{n_k})=f(a, b)$ と結論されムジュンである．よって最初にもどりAは存在する．Bについても同様の手つづきで事がすむのでfの値は有界であることがわかった．変数がnこの場合についてここまでの話は，まったく平行した議論で行うことが出来る．

さて第2ステップはいよいよ最大(小)値の存在そのものの証明である．ここで，まずはいそがず，上限(下限)の定義を復習しよう．実数の全体$\boldsymbol{R}$の部分集合Mをとる．$M\ni{}^\forall x$，すなわちMの任意の元xに対し $x\leqq c$ となる数cをMの上界という．Mの上界の全体を考え，その集合に最小数があればそれをMの上限という．上限は$\sup M$と記す．**上界の全体が空集合でない時，Mは上限を持つ**ことが知られて居り，これはあたり前としよう．微積分のほとんどの教科書にそれが定理又は公理に近い形のあつかいを受けている．下限も同様に概念導入される．

さて以下ではMをfの定義域とする．Mで取るfの値の全体を$f(M)$と記すと第一ステップより$f(M)$は$\boldsymbol{R}$の有界集合であるから，上で準備した基礎定理（太文字の部分）のおかげでその上限$\sup f(M)$，下限$\inf f(M)$が存在する．それらをl, mと記すことにしよう．lが$f(M)$の最大値と一致すれば証明がすんだことになるからlは$f(x, y)$，$(x, y)\in M$ の形には絶対に表わされないと仮定して矛盾を出そう．（mについても同様に背理法で証明出来る）

$\dfrac{1}{l-f(x, y)}$は連続関数の商で（分母は0にならないとの仮定から）連続関数である．連続関数だから第一ステップの結果を利用して$B'<\dfrac{1}{l-f(x, y)}<A'$ となるA', B'が存在する．しかし，lは$f(x, y)$の集合の上限であるから$l-f(x, y)$はいくらでも小さくなり，その逆数$\dfrac{1}{l-f(x, y)}$はいくらでも大きい値をとり得る．これはムジュンである．

したがって $l=f(a, b)$ と書かれるのである．この部分もn次元の場合にほとんど平行に議論出来る．

(2)を解く前に　1変数の場合 $y=f(x)$ の極値をとる点の候補として $f'(x)=0$ をみたす点xを考えた様に多変数 $z=f(x_1, \cdots, x_n)$ の場合には $\dfrac{\partial f}{\partial x_i}(x_1, \cdots, x_n)=0$ $(i=1, \cdots, n)$ が候補の点になり，この点を停留点という．そこで停留点において2回微分の作る行列式

$$\det\left(\frac{\partial^2 f}{\partial x_i \partial x_j}\right) := \det\begin{pmatrix} \frac{\partial^2 f}{\partial {x_1}^2} \cdots \frac{\partial^2 f}{\partial x_1 \partial x_n} \\ \vdots \\ \frac{\partial^2 f}{\partial x_n \partial x_1} \cdots \frac{\partial^2 f}{\partial {x_n}^2} \end{pmatrix},$$

(これを Hessian (**ヘツシアン**) という) を考える．ヘツシアンの行列は対称行列であるから，線形代数学の定理を引用すると n 個の実固有値を持つ．

定理A　f を C^2 級とする．ヘツシアンの行列の n 個の固有値がすべて正である停留点で f は極小値をとる．又固有値がすべて負の場合は極大値をとる．正負いずれの固有値も存在するときはその停留点では極値をとらない．

定理B (線形代数学より) $A=(a_{ij})$ を n 次の実対称行列とする．又 A の最初の k 行 k 列で作られた小行列式を $|A^{(k)}|$ とするとき，A の固有値がすべて正であるための必要かつ十分条件は $|A^{(k)}|>0$ $(k=1,\cdots,n)$ である．

定理Aの証明は省略する．大学の微積分テキストでは通常 $n=2$ の場合に定理Bの結果も加味して次の形でのべられている．

定理C　$z=f(x,y)$ を C^2 級の関数とする．点 (a,b) で $f_x(a,b)=f_y(a,b)=0$ の時，$f_{xx}(a,b)>0$　$f_{xx}(a,b)f_{yy}(a,b)-(f_{xy}(a,b))^2>0$ なら f は (a,b) で極小値をとる．又 $f_{xx}(a,b)<0$，$f_{xx}(a,b)f_{yy}(a,b)-(f_{xy}(a,b))^2>0$ なら f は (a,b) で極大値をとる．$f_{xx}(a,b)f_{yy}(a,b)-f_{xy}(a,b)^2<0$ なら (a,b) で f は極値をとらない．

定理Cは定理Aの特別な場合であり，やはり Taylor の定理によって証明出来るが，証明をこまかく調べると，むつかしい部分もあり，ワイアルストラスも間違ったという逸話つきのものである．この様な掘り下げた解析を望む読者は一松信著 解析学序説 (下巻) 裳華房 を参考にされたい．

(2)の解　連立一次方程式 $f_x=3yx^2+y^3-y=0$，$f_y=3xy^2+x^3-x=0$ をみたす点が極値をとる候補点である．計算は省略するが $(0,0)(0,\pm1)(\pm1,0)\left(\frac{1}{2},\pm\frac{1}{2}\right)\left(-\frac{1}{2},\pm\frac{1}{2}\right)$ の 9 点がこの方程式の解である．最初の5点はヘツシアンを計算する必要もなく極値を実現しないことが明らかである．これらの点では f の値は 0 であり，それらの点の近くで正負いずれの値をとる点も存在することが容易にみとめられる．最後の4点では

$f_{xx}=6xy$, $f_{xy}=3x^2+3y^2-1$, $f_{yy}=6xy$ より $A=\left(\frac{\partial^2 f}{\partial x_i \partial x_j}\right)$ とすると $|A|=\frac{36}{16}-\frac{1}{4}>0$ がたしかめられ $\left(\frac{1}{2},-\frac{1}{2}\right)\left(-\frac{1}{2},\frac{1}{2}\right)$ において $|A|>0$，$f_{xx}<0$ よって極小値をとることが定理Cより結論され，$\left(\frac{1}{2},\frac{1}{2}\right)$，$\left(-\frac{1}{2},-\frac{1}{2}\right)$ では $|A|>0$，$f_{xx}>0$ となり極大値をとる．

(3)の解　最小値を求める問題だがこれを極値の問題に転換するのが第一のポイントである．まず $\lim_{(x,y)\to(\infty,\infty)} f(x,y)=\infty$ である．すなわち，任意の $\varepsilon>0$ に対して，(x,y) と (a_1,b_1) の距離がある数 r より大きくありさえすれば $f(x,y)>\varepsilon$ が必ず成立する．そこで $2f(a_1,b_1)=2\sum_{i=2}^{n} m_i((a_1-a_i)^2+(b_1-b_i)^2)$ を ε にとって上の論法によって r を1つ定める．この r を半径とし，中心が (a_1,b_1) である円の外側では f の値は $f(a_1,b_1)$ より大きいのでこの円の内部に $f(x,y)$ を制限して考えよう．ここで問題4—(1)の結果を利用すると，この円の (ふちまでこめた) 内部で f の最小値は必ず存在し，それはとりもなおさず xy 平面上での f の最小値と一致するのである．最小値を実現する点はもちろん f の停留点であり，$df=0$ をみたす点 (x,y) は次式をみたす．

$$2\sum_{i=1}^{n} m_i(x-a_i)=0,\quad 2\sum m_i(y-b_i)=0.$$

$$\text{よって}\quad x=\frac{\sum_{i=1}^{n} m_i a_i}{\sum_{i=1}^{n} m_i},\quad y=\frac{\sum_{i=1}^{n} m_i b_i}{\sum_{i=1}^{n} m_i}.$$

極値の候補は一点のみなのでこの点が最小値を実現するただ一点であり，ヘツシアンを調べたりする必要は(この場合は)ない．

(4)の解　$(a_1, \cdots, a_n)$ を n 次元空間 $\boldsymbol{R}^n$ の点と考える．問題の $J=\int_{-1}^{1}(x^n+a_1x^{n-1}+\cdots+a_n)^2dx$ を $\boldsymbol{R}^n$ 上の関数と考える．この積分値Jはあきらかに n 変数 $a_1, \cdots, a_n$ の多項式と考えられる．$\lim_{a_i\to\infty}J=\infty$ であるから前問(3)と同様な論法によって最小値は J をある有界な閉集合（閉領域といった方がよい）に限定して考えることができ，この有界閉領域では(1)によって最小値(それはとりもなおさず $\boldsymbol{R}^n$ における最小値)が存在する．最小値は極値でもあり，それを実現する点は J の停留点であるからそれを調べてみたい．停留点 $(a_1, \cdots, a_n)$ では $\dfrac{\partial J}{\partial a_i}=2\int_{-1}^{1}x^{n-i}P(x)dx=0$ $(i=1, \cdots, n)$ となる．この様な条件をみたす $P(x)$ は，実は n ごとに1つしかない．それを以下で示そう．この様な $P(x)$ が2つあったとしよう．それらを $P_1(x)$, $P_2(x)$ とおくとき，$P_1(x)-P_2(x)$ は高々 $n-1$ 次の多項式である．よって

$$\int_{-1}^{1}P_1(x)-P_2(x))^2dx$$

$=\int_{-1}^{1}(P_1(x)-P_2(x))P_1(x)dx-\int_{-1}^{1}(P_1(x)-P_2(x))P_2(x)dx$ となりこの積分は上の条件より0となる．よって上式左辺の形より $P_1(x)-P_2(x)=0$ でなければならず，2つの $P_1(x)$, $P_2(x)$ 存在の仮定に矛盾する．

さて，ただひとつ存在するこの様な n 次多項式は(定数倍を除いて)**ルジャンドルの多項式**と一致するのである．このことは第4題の(2)としてすでに論じたのだが，重複をいやがらずにその証明を多少整理して別の見地からまとめて論じておこう．$\varphi(x)$ を任意の $n-1$ 次の多項式とするとき問題の $P(x)(=P_n(x)$ と以下で記す）のみたす条件は

$0=\int_{-1}^{1}\varphi(x)P_n(x)dx=\int_{-1}^{1}\varphi(x)F^{(n)}(x)dx$ と表わされる．ここで F は1つの $2n$ 次多項式で $F^{(n)}(x)$ は F の第 n 次導関数である．部分積分法を続行するとこの式は

$$=[\varphi(x)F^{(n-1)}(x)]_{-1}^{1}-\int_{-1}^{1}\varphi'(x)F^{(n-1)}(x)dx$$

$$=\cdots=[\varphi F^{(n-1)}-\varphi' F^{(n-2)}+\cdots\pm\varphi^{(n-1)}F]_{-1}^{1}$$

と変形される．この条件をみたす $F(x)$ は $F(1)=F(-1)=0$, $F'(1)=F'(-1)=0$, $\cdots$, $F^{(n-1)}(1)=F^{(n-1)}(-1)=0$ なら十分であり，それをみたす関数は $F(x)=(x^2-1)^n$，つまり $P_n(x)=\dfrac{d^n}{dx^n}((x^2-1)^n)$（実は $\dfrac{1}{2^n n!}$ 倍する必要がある.）となる．上に述べた $P_n(x)$ の，定数倍を除いての一意性より(4)の解は終了．

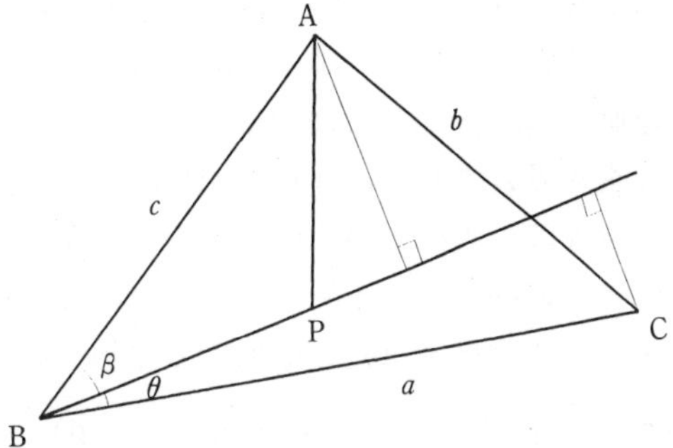

(5)の解　Bを極座標の中心，BCを通る半直線($\overrightarrow{\mathrm{BC}}$ の方向を持たせて)を極座標の軸とする．この様な極座標による点Pの表示を (r, θ) としよう．BPを結んで必要なら延長線を考え，この直線に頂点A, Cより図の様に垂線をおろし，その足をL, Nとする．

$f(\mathrm{P})=r_1+r_2+r_3$ とおく．ここで

$r_1=\{r^2+c^2-2cr\cos(\beta-\theta)\}^{\frac{1}{2}}$, $r_2=r$, $r_3=\{r^2+a^2-2ar\cos\theta\}^{\frac{1}{2}}$,（Bにおける頂角を β とする).

Pが停留点である条件は次の2式である．

$$f(r, \theta)=r_1+r_2+r_3$$

$$=\{r^2+c^2-2cr\cos(\beta-\theta)\}^{\frac{1}{2}}+r+\{r^2+a^2-2ar\cos\theta\}^{\frac{1}{2}}$$

として

$$0=\frac{\partial f}{\partial r}=\frac{r-c\cos(\beta-\theta)}{r_1}+1+\frac{r-a\cos\theta}{r_3}$$

$$=1-\frac{\overline{\mathrm{PL}}}{\overline{\mathrm{AP}}}-\frac{\overline{\mathrm{PN}}}{\overline{\mathrm{CP}}}=1-\cos\varphi-\cos\psi,$$

$$0=\frac{\partial f}{\partial\theta}=-\frac{ar\sin(\beta-\theta)}{r_1}+\frac{ar\sin\theta}{r_3}$$

$$=-r(\sin\varphi-\sin\psi)$$

$$(\varphi=\angle\mathrm{APN},\ \psi=\angle\mathrm{CPN}).$$

（上式の各々の最後の結論には正弦定理を使っている.）

よって $\varphi=\psi=\frac{\pi}{3}$ 又は $r=0$ (B点)

$r=0$ の結論は停留点の条件から出したのではない. 極座標は $r=0$ を除いて他の点では微分が出来るが極座標の原点では微分不可能である. しかし最小値の実現が座標原点でおこるかも知れずその意味で候補に組み入れられたのである. 以下では $r=0$ の近くでの f の挙動をしらべることになる.

f は連続関数であり, 3点 A, B, C を含む十分大きな円の内部で最小値をとるのは明らかである. 候補2点のうち $r=0$ (B点) において f の右側微係数 (r の増加する方向への微係数) は $\left(\frac{\partial f}{\partial r}\right)_+=1-\cos\theta-\cos(\beta-\theta)$

$=1-2\cos\frac{\beta}{2}\cos\left(\frac{\beta}{2}-\theta\right)$

であるから

i) $\beta>\frac{2}{3}\pi$ なら $\left(\frac{\partial f}{\partial r}\right)_+>0$

ii) $\beta<\frac{2}{3}\pi$ なら $\left(\frac{\partial f}{\partial r}\right)_+$ は θ の値によって正とも負ともなり, B は最小値をとる点ではない.

以上の考察より次の結論がまとまる.

3角形の一角が $(2/3)\pi$ より大又は等しいときその頂点が問題の最小値をあたえる. それ以外の場合は各辺を $(2/3)\pi$ に見通す点が最小値をあたえる. (各自少しは考えよ)

(6)の解の前に (6)は3変数の最小値問題であるが関数の無限に遠い所での変動をしらべなければならず, そのためにロピタルの定理が必要である. このシリーズではまだ登場していないのでここで簡単に紹介しておこう.

$\lim_{x\to\infty}\frac{x}{e^x}$ を求めよ. という問題をまずとりあげる. 分母, 分子共に無限大に発散するのでこの問題をタイプ $\frac{\infty}{\infty}$ と表わす. 次に, 有名な $\lim_{x\to0}\frac{\sin x}{x}$ を求めよという例もとりあげる. これは分母子ともに0に収束するのでタイプ $\frac{0}{0}$ のケースとする. 実際はこの極限は1であることは読者はよく承知している所である. この外にも $\infty-\infty$ タイプ, 0^∞ タイプなどがある. これらを総称して不定形の極限という. $\frac{0}{0}$ のタイプが基本的であって他のものはそれに帰着させるか多少の工夫をつけ加えて処理される. $\frac{0}{0}$ の場合を簡略説明するためまずコーシーの平均値定理を準備しておく.

定理 D $f(x), g(x)$ は $[a, b]$ で連続, (a, b) で微分可能かつ $g'(x)\neq0$ とするこの時

$$\frac{f(b)-f(a)}{g(b)-g(a)}=\frac{f'(c)}{g'(c)}\quad(a<c<b)$$

をみたす c が存在する.

証明は省略する.

$\frac{0}{0}$ のタイプでは $f(a)=g(a)=0$, $\lim_{x\to a}\frac{f'(x)}{g'(x)}$ が存在すると仮定すると $\lim_{x\to a}\frac{f(x)}{g(x)}=\lim_{x\to a}\frac{f(x)-f(a)}{g(x)-g(a)}=\lim_{x\to a}\frac{f'(\xi)}{g'(\xi)}=\lim_{x\to a}\frac{f'(x)}{g'(x)}$ つまり $\lim_{x\to a}\frac{f(x)}{y(x)}$ を求めるのに分母子共に微分して極限を求めてよいことになる.

(6)—(i)の解 $\sqrt{x^2+y^2+z^2}=r$ とおくと $f(r)=re^{-r^2}$ $(r>0)$ となり, r が変数の一変数の関数と考える. $r\to+\infty$ ではロピタルの定理を使って, その極限は0になる. $y=xe^{-x^2}$ の変動をしらべると $y'=(1-2x^2)e^{-x^2}$ であるから $x=\frac{1}{\sqrt{2}}$ で, $x>0$ での最大値 $\frac{1}{\sqrt{2}}$

$e^{-\frac{1}{2}}$をとる．

(6)―(ii)の解　$w=(x+y+z)e^{-(x^2+y^2+z^2)}$ を x, y, z で偏微分すると次の連立方程式の解として極値を実現する点の候補が得られる．

$$\begin{cases} f_x=\{1-2x(x+y+z)\}e^{-x^2-y^2-z^2}=0 \\ f_y=\{1-2y(x+y+z)\}e^{-x^2-y^2-z^2}=0 \\ f_z=\{1-2z(x+y+z)\}e^{-x^2-y^2-z^2}=0 \end{cases}$$

これより $(x+y+z)^2=\frac{3}{2}$ となり，$x+y+z=\sqrt{\frac{3}{2}}$ となる．よって $x=y=z=\frac{1}{\sqrt{6}}$．この点（極値をとる点の候補）を P_0 と記す．

$f(x, y, z)=(x+y+z)e^{-(x^2+y^2+z^2)}$ $(x\geqq 0, y\geqq 0, z\geqq 0)$ について，この $f(x, y, z)$ は $x, y, z\to\infty$ において 0 に収束することは(6)の解法前文で紹介したロピタルの定理によって簡単に示され，したがってその最大値は P_0 か又は定義域の境界を形づくる各座標平面の第一象限上の点で実現される．以下ではこの境界では最大値をとらないことを示そう．境界は xy 平面，yz 平面，zx 平面の 3 つから成るがどれでも同様な方法で証明できるから xy 平面についてだけ証明を記す．xy 平面に f を限定すると $f(x, y, 0)=(x+y)e^{-(x^2+y^2)}$ でもちろん $x, y\to\infty$ で値は 0 に収束する．

$f(x, y, 0)$ を第一象限に限定した場合，その境界以外で極大値をとる点の候補は

$$\begin{cases} f_x(x, y, 0)=\{1+(-2x)(x+y)\}e^{-x^2-y^2}=0 \\ f_y(x, y, 0)=\{1+(-2y)(x+y)\}e^{-x^2-y^2}=0 \end{cases}$$

をみたし，$2+(-2)(x+y)^2=0$ であるから $x+y=1$ を得る（$x\geqq 0$，$y\geqq 0$ に注意）．よって，極大値をとる点の候補は $(x, y)=\left(\frac{1}{2}, \frac{1}{2}\right)$．そこでの f の値は $e^{-\frac{1}{2}}$ で P_0 における値 $\sqrt{\frac{3}{2}}e^{-\frac{1}{2}}$ より小である．ただし，xy 平面の第一象限の境界として x 軸，y 軸の正の部分に限定した $f(x, 0, 0)$（あるいは $f(0, y, 0)$）の極大値の候補 $\left(\frac{d}{dx}(xe^{-x^2})=0\right.$ をみたす $\left.(x, 0, 0)\right)$ はすでに調べているように $\left(\frac{1}{\sqrt{2}}, 0, 0\right)$ であり，f の値は $\frac{1}{\sqrt{2}}e^{-\frac{1}{2}}$．これも $f(P_0)$ より小である．よって解は P_0，最大値の値は $f(P_0)$（前述）である．

境界には境界が，その境界にはまた境界があり，境界のヒエラルヒーを作っている．次元の小さい方からコツコツと極大値を求めて，比較しながら進む，そんな形で上の解法を整理してほしい．

6 ―(iii)の解　6 ―(ii)と大体同様の処理でこの場合も処理できる．$\lim_{x,y,z\to\pm\infty}$ で $f\to 0$ になるのはロピタルの定理によって結論される．この場合は最大最小は極値をとる点での値の比較によって行われる．

$f_x=f_y=f_z=0$ の式は 6 ―(ii)と同一である．$(x+y+z)^2=\frac{3}{2}$，$x+y+z=\pm\sqrt{\frac{3}{2}}$ である．これを使って $x=\pm\frac{1}{\sqrt{6}}$，$y=\pm\frac{1}{\sqrt{6}}$，$z=\pm\frac{1}{\sqrt{6}}$ の 8 点が極値の候補である．この 8 点の中に最大値最小値をとる点が存在することはあきらかである．$\left(\frac{1}{\sqrt{6}}, \frac{1}{\sqrt{6}}, \frac{1}{\sqrt{6}}\right)$ で f は最大値 $\sqrt{\frac{3}{2}}e^{-\frac{1}{2}}$，$\left(\frac{-1}{\sqrt{6}}, \frac{-1}{\sqrt{6}}, \frac{-1}{\sqrt{6}}\right)$ で最小値 $-\sqrt{\frac{3}{2}}e^{-\frac{1}{2}}$ をとる．説明は省略しよう．他の 6 点が極大，極小をあたえるかどうかは読者にまかせよう．6 ―(ii)の解は 6 ―(iii)からむしろより容易な形で得られる．

§15 重積分

問題 15

(1)(i) $f(x, y)$ が $\overline{R}=\{(x, y): a \leqq x \leqq b,\ c \leqq y \leqq d\}$ で積分可能とする．$\overline{R}$ における重積分は次の様に累次積分で表わされる．これを説明せよ．

$$\iint_R f(x, y)dxdy=\int_c^d\left\{\int_a^b f(x, y)dx\right\}dy,\quad \text{又は}\quad \iint_R f(x, y)dxdy=\int_a^b\left\{\int_c^d f(x, y)dy\right\}dx$$

ただし第一式は $\int_a^b f(x, y)dx$，第二式は $\int_c^d f(x, y)dy$，それぞれの存在を仮定する．

(ii) x について単純な閉領域すなわち，$\overline{D}=\{(x, y): a \leqq x \leqq b,\ \varphi_1(x) \leqq y \leqq \varphi_2(x),\ \varphi_i$ は一変数連続関数$\}$ で $f(x, y)$ が連続とする．このとき

$$\iint_{\overline{D}} f(x, y)dxdy=\int_a^b\left\{\int_{\varphi_1(x)}^{\varphi_2(x)} f(x, y)dy\right\}dx\left(=\int_c^d\left\{\int_{\psi_1(x)}^{\psi_2(x)} f(x, y)dx\right\}dy\right) \quad \cdots\cdots\cdots\cdots\cdots\cdots☆$$

(カッコ内の場合は $D=\{(x, y): c \leqq y \leqq d,\ \psi_1(y) \leqq x \leqq \psi_2(y)\}$)

が成立することを(i)の系として示せ．

(2) $\int_0^{\sqrt{\pi}}\left\{\int_x^{\sqrt{\pi}} \sin y^2 dy\right\}dx$ の値を求めよ．

(3) $\iint_{\overline{D}}(ax^2+by^2)dxdy=\dfrac{\pi}{4}(a+b)R^4\pi$ をしめせ，ただし $D=\{(x, y): x^2+y^2 \leqq R^2\}$

(4) $\varphi(t)$ を $\boldsymbol{R}$ 上の連続関数とする．

$\iint_{x^2+y^2 \leqq 1} \varphi((x-a)^2+(y-b)^2)dxdy$ は $\sqrt{a^2+b^2}$ の関数であることを示せ．

(5) $\iiint_{\overline{D}} \dfrac{dxdydz}{(1+x+y+z)^3}=\log\sqrt{2}-\dfrac{5}{16}$ を示せ．ここで $\overline{D}$ は次の図で示す領域である．

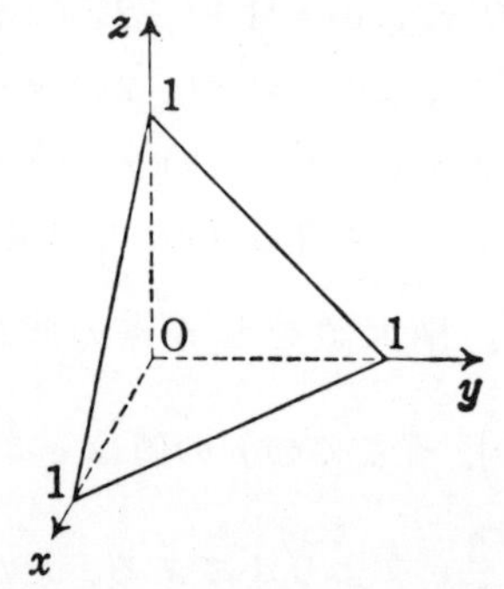

(6) 閉領域 $\left(\dfrac{x}{a}\right)^{\frac{2}{3}}+\left(\dfrac{y}{b}\right)^{\frac{2}{3}}+\left(\dfrac{z}{c}\right)^{\frac{2}{3}} \leqq 1$，$(a>0,\ b>0,\ c>0)$ の体積を求めよ．

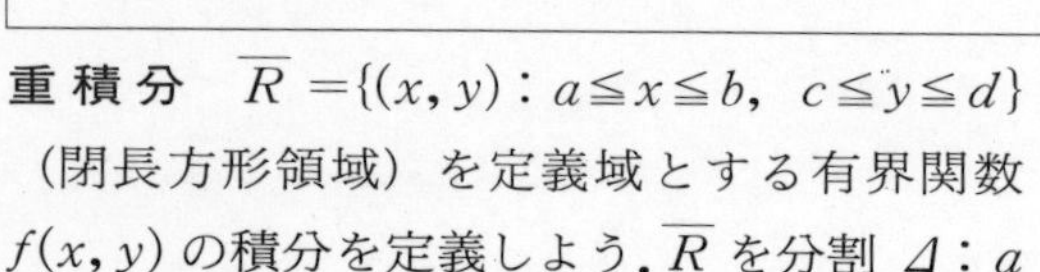
重積分 $\overline{R}=\{(x, y): a \leqq x \leqq b,\ c \leqq y \leqq d\}$ (閉長方形領域) を定義域とする有界関数 $f(x, y)$ の積分を定義しよう．$\overline{R}$ を分割 $\Delta: a=x_0<x_1<\cdots<x_n=b,\ c=y_0<y_1<\cdots<y_m=d$ によって小長方形領域 $\omega_{ij}=\{(x, y) \mid x_{i-1} \leqq x \leqq x_i,\ y_{j-1} \leqq y \leqq y_j\}$ $i=1, \cdots, n,\ j=1, \cdots,$

m にわける．2つの量 $S(\Delta)=\sum_{ij}M_{ij}(x_i-x_{i-1})(y_j-y_{j-1})$，$s(\Delta)=\sum_{ij}m_{ij}(x_i-x_{i-1})(y_j-y_{j-1})$ を導入する．M_{ij}，m_{ij} はそれぞれ ω_{ij} における $f(x,y)$ の上限および下限である．$s(\Delta)\leqq S(\Delta)$ は明らかであり，これらは Δ と共に変動するが明らかに有界である．

2つの分割 Δ，Δ' に対して $s(\Delta)$ と $s(\Delta')$，$S(\Delta)$，$S(\Delta')$ の比較（大小の）は出来ない．しかし，Δ と Δ' の分点を合併して作った分割 Δ'' を考えると $S(\Delta)\geqq S(\Delta'')$，$S(\Delta')\geqq S(\Delta'')$，又 $s(\Delta'')\geqq s(\Delta)$，$s(\Delta'')\geqq s(\Delta')$ が成立する．$S=\inf S(\Delta)$，$s=\sup s(\Delta)$ を導入すると $S\geqq s$ が成立する．$s=S$ の時 $s=S=\iint_{\overline{R}}f(x,y)dxdy$ と表わし，f は $\overline{R}$ で積分可能であるという．ダルブーの定理によって分割を細かくする極限操作にすりかえて，$s=S=\iint_R f(x,y)dxdy=\lim_{|\Delta|\to 0}S(\Delta)$（又は$=\lim_{|\Delta|\to 0}s(\Delta)$ と表わすことが出来，このプロセスの説明は省略するが一変数の場合とほとんど同じ流れとして把握出来る．重積分は結局次の形になる．

$$\iint_R f(x,y)dxdy$$
$$=\lim_{|\Delta|\to 0}\sum_{i\cdot j}f(\xi_{ij},\eta_{ij})(x_i-x_{i-1})(y_j-y_{j-1})$$

(1)—(i)の解　$\overline{\boldsymbol{R}}$ の分割 Δ：$a=x_0<x_1<\cdots<x_n=b$，$c=y_0<y_1<\cdots<y_m=d$ を考え，$y_{i-1}\leqq\eta_j\leqq y_j$，$j=1,2,\cdots,l$ をみたす $\{\eta_j\}$ をえらんで固定する．

小さな長方形領域 $\omega_{ij}=\{(x,y)：x_{i-1}\leqq x\leqq x_i,\ y_{j-1}\leqq y\leqq y_j\}$ における $f(x,y)$ の上限下限をそれぞれ M_{ij}，m_{ij} とおけば

$$s(\Delta)=\sum_{j=1}^{l}\{\sum_{i=1}^{n}m_{ij}(x_i-x_{i-1})\}(y_j-y_{j-1})$$
$$\leqq\sum_{j=1}^{l}\sum_{i=1}^{n}\int_{x_{i-1}}^{x_i}f(x,\eta_j)(y_j-y_{j-1})$$

が $m_{ij}\leqq f(x,\eta_j)$ から明らかである．さらに

$$\leqq\sum_{j=1}^{l}\{\sum_{i=1}^{n}M_{ij}(x_i-x_{i-1})(y_j-y_{j-1})=S(\Delta)$$

が同様に結論され，結局

$$*\quad s(\Delta)\leqq\sum_{j=1}^{l}\int_a^b f(x,\eta_j)dx(y_j-y_{j-1})\leqq S(\Delta)$$

が得られる．

f が $\overline{R}$ で（重）積分可能なので

$$\lim_{|\Delta|\to 0}s(\Delta)=\lim_{|\Delta|\to 0}S(\Delta)=\int_{\overline{R}}f(x,y)dxdy$$

は明らかで＊より

$$\lim_{|\Delta|\to 0}\sum_{j=1}^{l}\int_a^b f(x,\eta_j)dx(y_j-y_{j-1})$$
$$=\int_c^d\left(\int_a^b f(x,y)dx\right)dy=\iint_R f(x,y)dxdy$$

となる．x と y の立場をとりかえると

$$\iint_R f(x,y)dxdy=\int_a^b\left(\int_c^d(f(x,y)dy\right)dx$$

も又成立する．　　　　1—(i)の解終了．

単純閉領域とそこでの重積分

xy 平面での点集合Aに対して

$$\chi_A(x,y)=\begin{cases}1\cdots(x,y)\in A\\0\cdots(x,y)\in A\end{cases}$$ と定義された関数

$\chi_A(x,y)$ を **A の特性関数**という．有界点集合 Aを含む閉長方形領域で $\chi_A(x,y)$ が積分可能であるとき，A は**面積確定**であるといい，$\iint_R\chi_A(x,y)dxdy$ の値を **A の面積**という．

例.（単純閉領域）　$a\leqq x\leqq b$ で連続な2つの関数 $\varphi_1(x)<\varphi_2(x)$ のグラフと2直線 $x=a$，$y=b$，$y=\varphi_1(x)$，$y=\varphi_2(x)$ のグラフで囲まれる閉領域 $\overline{D}$ は面積確定である．この領域を **$\boldsymbol{x}$ について単純な閉領域**という．**$\boldsymbol{y}$ について単純な閉領域**も同様に定義される．

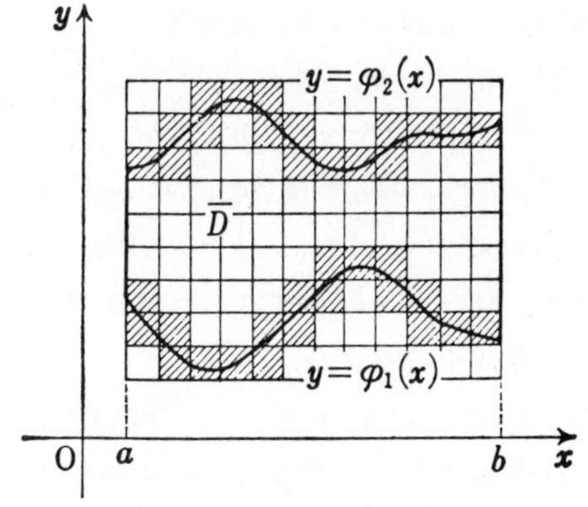

解　x について単純な閉領域は1変数の定積分によって有限な面積を持つことがわかって居り，これですますことも出来るのだが2変数の意味での面積確定は定義がすこし違うので大略次の様に処理する．$\varphi_1(x)$，$\varphi_2(x)$ は閉区間で連続だから当然一様連続になる．(一様連続がわからない学生は，テキストによって理解してからにして欲しい)．$\forall\varepsilon>0$，$\exists\delta>0$，$s.t.\ |x_1-x_2|<\delta\Rightarrow|\varphi_1(x_1)-\varphi_1(x_2)|<\varepsilon$，$|\varphi_2(x_1)-\varphi_2(x_2)|<\varepsilon$ となる．ε,δ に対して縦が ε より小さく横が δ より小な小さい小長方形群に上図の長方形を分割すると $\chi_{\overline{D}}$ に対する $S(\varDelta)$ と $s(\varDelta)$ の差は上図斜線の部分の面積の総和であるから $6\varepsilon(b-a)$ より小になる．　解了．

(1)—(ii)の☆の右辺の存在

定理　面積確定な有界閉領域 $\overline{D}$ で連続な関数 f は $\overline{D}$ で積分可能である．ここで **$\overline{D}$ で積分可能**とは $f\cdot\chi_{\overline{D}}$ が $\overline{D}$ を含む閉長方形領域で積分可能であることをいう．

定理の証明の概要　上の例は特別な場合ではあるが，その図を参考にしながら一般の場合を想定して欲しい．$\overline{D}$ を含む閉長方形領域の分割 $\varDelta$ について $\overline{D}$ に含まれる小長方形 $\omega ij^{(1)}$ の面積を $|\omega_{ij}{}^{(1)}|$，$\overline{D}$ の境界点を含む小長方形 $\omega_{ij}{}^{(2)}$ の面積を $|\omega_{ij}{}^{(2)}|$ と表わす．被積分関数は $f(x,y)$ ではなく，実質 $f(x,y)\chi_{\overline{D}}(x,y)$ であり，この関数に対して分割 $\varDelta$ による $S(\varDelta)$ と $s(\varDelta)$ の差を計算すると

$$\textstyle\sum_{ij}(M_{ij}{}^{(1)}-m_{ij}{}^{(1)})|\omega_{ij}{}^{(1)}|+\sum_{ij}(M_{ij}{}^{(2)}-m_{ij}{}^{(2)})|\omega_{ij}{}^{(2)}|,\quad\cdots\cdots☆☆$$

ここで $M_{ij}{}^{(k)}$，$m_{ij}{}^{(k)}$ はそれぞれ $\omega_{ij}{}^{(k)}$ $(k=1,2)$ における $f(x,y)\chi_{\overline{D}}(x,y)$ の上限，下限を表わす．量☆☆を評価するために基本的な2つの不等式をのべよう．

(1)　$\overline{D}$ における $f(x,y)=f(x,y)\chi_{\overline{D}}(x,y)$ の一様連続性より任意の $\varepsilon>0$ に対し

$\exists\delta_1>0, s.t.\ |\varDelta|<\delta_1\Rightarrow M_{ij}{}^{(1)}-m_{ij}{}^{(1)}<\varepsilon.$

($\exists\delta_1>0$ は以下の式をみたす様な正の δ_1 が存在するという意味．$s.t.$ は such that の略)

(2)　$\overline{D}$ の面積確定より任意の $\varepsilon>0$ に対し

$\exists\delta_2>0$，$s.t.\ |\varDelta|<\delta_2\Rightarrow\sum_{ij}|\omega_{ij}{}^{(2)}|<\varepsilon.$

したがって(1)(2)より $|\varDelta|<\min(\delta_1,\delta_2)$ と細かく分割すると（分割を $\varDelta$ と記す）

$$0\leqq S(\varDelta)-s(\varDelta)<\varepsilon\sum_{ij}|\omega_{ij}{}^{(1)}|+\max|M_{ij}{}^{(2)}-m_{ij}|\cdot\varepsilon$$

$\overline{D}$ の面積を $S(\overline{D})$，$\overline{D}$ での $|f(x,y)|$ の最大値を M とすると

$$0\leqq S(\varDelta)-s(\varDelta)\leqq\varepsilon S(\overline{D})+2M\cdot\varepsilon$$

つまり　$\lim_{|\varDelta|\to0}S(\varDelta)=\lim_{|\varDelta|\to0}s(\varDelta)$ となり，$f(x,y)\chi_{\overline{D}}(x,y)$ は $\overline{R}$ で積分可能．つまり $f(x,y)$ は $\overline{D}$ で積分可能である．

(1)—(ii)の式☆の最初の等号の説明　$\overline{D}$ を含む閉長方形領域を $\overline{R}=\{(x,y):a\leqq x\leqq b,\ c\leqq y\leqq d\}$ とし，$\overline{D}$ の特性関数を $\chi_{\overline{D}}(x,y)$ とする．(1)—(i)の結果により

$$\iint_{\overline{D}}f(x,y)dxdy=\iint_{\overline{R}}f(x,y)\chi_{\overline{D}}(x,y)dxdy$$

$$=\int_a^b\left\{\int_c^d f(x,y)\chi_{\overline{D}}(x,y)dy\right\}dx.$$

$$=\int_a^b\left\{\int_{\varphi_1(x)}^{\varphi_2(x)}f(x,y)dy\right\}dx.$$

証了．

注意．((1)—(ii)の ($f>0$ の場合) **幾何学的説明**）上式の最右辺の中のナミカッコの部分 $\int_{\varphi_1(x)}^{\varphi_2(x)}f(x,y)dy$ は，$z=f(x,y)$ のグラフを屋根として底が単純閉領域である．おまんじゅうを $(x,0,0)$ を通る（yz 平面と平行な）平面で切った断面積であり，累次積分とはこの断面積を a から b までもう一度 x について積分した値である．

(2)の解　まず式の中の $\sin y^2$ は $(\sin y)^2$ ではなく，$f(\theta)=\sin\theta$ と $\theta=y^2$ の合成関数であることを注意する．

$\int_x^{\sqrt{\pi}}\sin y^2dy$ はこのままでは不定積分がわからない．そこで累次積分を実現する重積分にもどる必要が出て来る．それは簡単に見出

され，積分区域が $\overline{D}=\{(x, y),\ 0\leqq x\sqrt{\pi},\ x\leqq y\leqq\sqrt{\pi}\}$ の $\iint_{\overline{D}}\sin y^2dxdy$ である．1—(ii)の☆における2つの累次積分表示を利用して積分の順序を交換し，$f(x, y)=\sin y^2$ について $\iint_{\overline{D}}f(x, y)dxdy=\int_0^{\sqrt{\pi}}(\int_0^y f(x, y)dx)dy$ とするのである．

$\int_0^y\sin y^2dx$ は $[x\sin y^2]_0^y=y\sin y^2$ であるから積分値は

$$\int_0^{\sqrt{\pi}}y\sin y^2dy=\left[-\frac{1}{2}\cos y^2\right]_0^{\sqrt{\pi}}=\frac{1}{2}+\frac{1}{2}=1.$$

解了．

注意　$\sin y^2$ には初学者はオドロクであろう．意味のない式として反発もしたくなる．大学2年生の読者は複素積分で $\int_0^\infty\sin x^2dx\equiv\sqrt{\frac{\pi}{8}}$（フレネル積分）を学ぶであろうからそれほどではなかろう．これには光学の歴史がからんでいる．ガウス—ポアソン—フレネル—ハミルトン—マクスウエルという幾何光学から波動光学そして，現代物理学への入口につづく過程にフレネル（Fresnel）は $\sin x^2$ をひんぱんに使って色々の問題を克服した．時あたかも前世紀の初頭，光の干渉や回折などがはじめてとりあげられた時代であった．数学サイドからのその解説は V. Guillemin, and S. Sternberg, Symplectic tecniques in physics, Cambridge 1984（paper back も90年に出た）の最初の150頁に委ねたい．一年生には手がとどかないがシムプレクチック幾何学の解説書で（当然，微分幾何学と偏微分方程式の基礎の1つ）なお著者達はどちらも現代微分幾何学の第1人者である．そんな数学の大河の流れを意識して(2)をえらんだのである．

(3)の解　(3)は解法を2つ紹介する．**（その1）** 問題1—(i)の等式☆における $y=\psi_2(x)$, $y=\psi_1(x)$ をそれぞれ $y=\sqrt{R^2-y^2}$, $y=-\sqrt{R^2-y^2}$, c, d を $-R, R$ にとれる．

$$\iint_{\overline{D}}ax^2dxdy=\int_{-R}^{R}\left\{\int_{-\sqrt{R^2-y^2}}^{\sqrt{R^2-y^2}}ax^2dx\right\}dy$$

$$=\int_{-R}^{R}\left[\frac{ax^3}{3}\right]_{-\sqrt{R^2-y^2}}^{\sqrt{R^2-y^2}}dy=\frac{2a}{3}\int_{-R}^{R}(R^2-y^2)^{\frac{3}{2}}dy.$$

$y=R\sin\theta$ とおいて積分変数変換すると

$$=\frac{4a}{3}R^4\int_0^{\frac{\pi}{2}}\cos^4ydy=\frac{4a}{3}R^4\times\frac{3}{8}\times\frac{\pi}{2}.$$

ここで定積分の公式

$$\int_0^{\frac{\pi}{2}}\cos^nxdx=\int_0^{\frac{\pi}{2}}\sin^nxdx$$

$$=\begin{cases}\dfrac{(n-1)(n-2)\cdots\cdots 2}{n(n-2)\cdots\cdots 3}\cdots\cdots n\text{が奇数}\\[2ex] \dfrac{(n-1)(n-2)\cdots\cdots 1}{n(n-2)\cdots\cdots 2}\cdot\dfrac{\pi}{2}\cdots\cdots n\text{が偶数}\end{cases},$$

を使った．

同様にして $\iint_{\overline{D}}by^2dxdy=\frac{b}{4}R^4\pi$　よって解は，$\frac{(a+b)}{4}R^4\pi$.

解了．

(3)の解法（その2）の前に　重積分の変数変換の公式をまず紹介する．

$f(x, y)$ を $\overline{D}$ で連続な関数とし，C^1 級の写像 $\begin{cases}x=\varphi(u, v)\\ y=\psi(u, v)\end{cases}$（$\varphi, \psi$ ともに C^1 級の関数）を $\overline{D}\ni(x, y)\longleftrightarrow(u, v)\in\overline{A}$ の一対一の対応であるとする．

この時 $\iint_{\overline{D}}f(x, y)dxdy$

$$=\iint_{\overline{A}}f(\varphi(u, v),\ \psi(u, v))\left\|\begin{matrix}\dfrac{\partial\varphi}{\partial u} & \dfrac{\partial\varphi}{\partial v}\\[2ex] \dfrac{\partial\psi}{\partial u} & \dfrac{\partial\psi}{\partial v}\end{matrix}\right\|dudv$$

ここで2重のたて線は $\begin{pmatrix}\dfrac{\partial\varphi}{\partial u} & \dfrac{\partial\varphi}{\partial v}\\[2ex] \dfrac{\partial\psi}{\partial u} & \dfrac{\partial\psi}{\partial v}\end{pmatrix}$ の行列式の絶対値をあらわす．この等式を**積分変数の変換公式**という．

この定理の証明は幾通りもあって難かしい．中には等号の証明は出来ても初学者には意味がわからぬものすらある．又定理は C^1 級でのべているがどうしても C^2 級でなければう

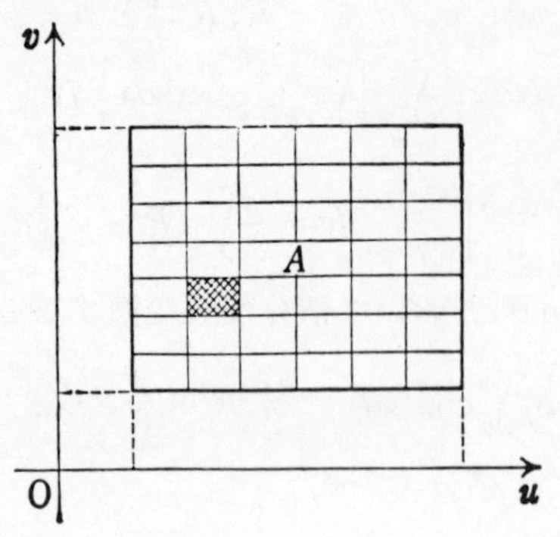

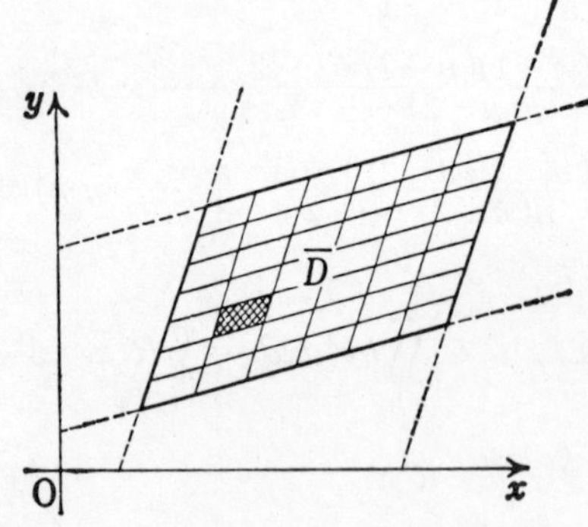

まくいかない証明法もある．そこで証明は省略し，説明にとどめよう．まず一般の座標変換ではなく，座標の一次変換 $\begin{cases} x=au+bv \\ y=cu+dv \end{cases}$ について，まず考えてみよう．図の様に uv 座標系の長方形領域は xy 座標系の平行四辺形領域に移り，面積の比は行列式 $\begin{vmatrix} a & b \\ c & d \end{vmatrix}$ の絶対値倍になることは u, v 座標 $(1,0), (0,1)$ の点が xy 座標 $(a, c)(b, d)$ の点にそれぞれうつることから簡単に計算される．したがって定積分の定義から $\iint_{\overline{D}} f(x, y)dxdy=\iint_{\overline{A}} f(au+bv,\ cu+dv)|\,ad-bc\,|dudv$ ……☆☆

が成立する．一般の場合は座標変換式を微分して得られる微分式

$$\begin{cases} dx=\dfrac{\partial\varphi}{\partial u}du+\dfrac{\partial\varphi}{\partial u}dv \\ dy=\dfrac{\partial\psi}{\partial u}du+\dfrac{\partial\psi}{\partial v}dv \end{cases}$$

，が上の一次変換と同一の役割りをするが，こんどは係数は定数ではなく，点ごとに変る．それだけが一次変換と異なるだけであり，☆☆と同様に考えて

$$\iint_{\overline{D}} f(x, y)dxdy=\iint_{\overline{A}} f(\varphi(u, v),\ \varphi(u, v))\left|\frac{\partial\varphi}{\partial u}\frac{\partial\psi}{\partial v}-\frac{\partial\varphi}{\partial v}\frac{\partial\psi}{\partial u}\right|dudv \text{……☆☆}$$

となる．ただし $\overline{A}$ はこの変換で $\overline{D}$ に対応する閉領域である．行列式の絶対値は密度と見るのが自然な理解法である．

(3)の解法(その2)

極座標 $x=r\cos\theta, y=r\sin\theta$ のヤコビアンは r で，☆☆を適用すると

$$\iint_{\overline{D}}(ax^2+by^2)dxdy$$

$$=\iint_{\overline{A}}(ar^2\sin^2\theta+br^2\cos^2\theta)rdrd\theta.$$

ここで A は $r\theta$-平面で $(0\leqq r\leqq R, 0\leqq\theta\leqq 2\pi)$ の閉長方形領域である．($r=0$ は極座標の特異点であるが積分では仲間に入れる．)

$$=a\int_0^R r^3d\theta\int_0^{2\pi}\sin^2\theta d\theta+b\int_0^R r^3d\theta\int_0^{2\pi}\cos^2\theta d\theta$$

$$=\frac{\pi}{4}(a+b)R^4\pi.$$

解了．

(4)の解　これは少し難しい問題である．(直交群の知識が望しいがなくとも判る)．φ の中味を書きなおすと

$$\iint_{x^2+y^2\leqq 1}\varphi(x^2+y^2-2ax-2by+(\sqrt{a^2+b^2})^2)dxdy$$

となるのでこのままでは $\sqrt{a^2+b^2}$ の関数にはならない．ヒントは問題中の **$\sqrt{a^2+b^2}$ の関数となる**にある．$\sqrt{a^2+b^2}$ の値は原点中心の円上で変らないから，(a, b) を $(0,0)$ のまわりに回転させてみよう．その式は，

$\begin{cases} a'=a\cos\theta-b\sin\theta \\ b'=a\sin\theta+b\cos\theta \end{cases}$，で

$a^2+b^2=(a')^2+(b')^2$ とともに代入すると

$$\iint_{x^2+y^2\leqq 1}\varphi(x^2+y^2-2ax-2by+a^2+b^2)dxdy$$

$$=\iint_{x^2+y^2\leqq 1}\varphi(x^2+y^2-2a'x-2b'y+(a')^2$$

$+(b')^2)dxdy$

$$= \iint_{x^2+y^2\leq 1} \varphi(x^2+y^2-2(a\cos\theta-b\sin\theta)x$$

$$-2(a\sin\theta+b\cos\theta)y+a^2+b^2)dxdy$$

となる．θ は任意でよいから，x，および y の係数が $\sqrt{a^2+b^2}$ の関数となるように特別な θ を指定したい．これは簡単に得られる．つまり，$\cos\theta=\dfrac{a}{\sqrt{a^2+b^2}}$，$\sin\theta=\dfrac{-b}{\sqrt{a^2+b^2}}$ とえらぶ．この時上式

$$= \iint_{x^2+y^2\leq 1} \varphi(x^2+y^2-2x+a^2+b^2)dxdy$$

はパラメータとして a^2+b^2 を持つ．つまり積分値は $\sqrt{a^2+b^2}$ の関数である．　　解了．

3 重積分のコツ　3 重積分の定義は重積分と平行してあたえられる．累次積分で書かれることも以下の問題解をみれば大体見当がつく．ただひとつだけ注意をあたえておこう．

二重積分の場合大切なのは関数の定義域 $\overline{D}$ であった．$\overline{D}$ の上に $z=f(x,y)$ のグラフが屋根になる 3 次空間の柱状領域があって，その体積（$f>0$ ならば，）を求めるのが重積分といえるのだったがこんどは 3 重積分だから立体の底つまり，関数の定義域が 3 次元の閉領域 $\overline{D}$ である．その上に $w=f(x,y,z)$ のグラフが屋根になる 4 次元の柱状領域の体積を求めることになるが，これは直観的に把握しにくい．そこで $f(x,y,z)$ を $\overline{D}$ の点 (x,y,z) における（点）密度と考える．すなわち f の定義域 $\overline{D}$ に密度が一様でない $\rho(x,y,z)=f(x,y,z)$ の物質分布があるとして，その全質量を求めよということになる．3 重積分にかぎらず多積積分についても関数の積分区域のみを考えて密度積分として見るのがコツである．

(5)の解　$\overline{D}$ は $x+y+z=1$ と 3 つの座標平面でかこまれた領域である

$\displaystyle\iiint_{\overline{D}}\frac{dxdydz}{(1+x+y+z)^3}$ の積分を考えるにはまず点 $(x,y,z)\in\overline{D}$ を通り x,y を固定して z を 0 から $1-x-y$ までうごかして積分する．つまり (x,y,z) を通り xy 平面に垂直な直線の $\overline{D}$ 内の部分にある線分の線密度：

$\displaystyle\int_0^{1-x-y}\frac{dz}{1+x+y+z}$ を求め次にはこの値を x だけ固定し，y を動かして，(x,y,z) を通り yz 平面と平行な平面で定義域を切った切口の面密度を $\displaystyle\int_0^{1-x}\left(\int_0^{1-x-y}\frac{dz}{(1+x+y+z)^2}\right)dy$ として求め，次にこの平面による切口を動かしてつまり x を 0 から 1 まで動かして全質量を求めるのである．累次積分は

$\displaystyle\int_0^1\left(\int_0^{-x}\left(\int_0^{1-x-y}\frac{dz}{(1+x+y+z)^2}\right)dy\right)dx$ となり，順次積分して $\log\sqrt{2}-5/16$ になる．　解了．

(6)の解　この領域の概形は想像が出来る（$x^{\frac{2}{3}}+y^{\frac{2}{3}}=1$ のグラフ参照のこと）．問題を簡単にするには積分の定義域であるこの図形を適当な変数変換で，球面でかこまれた領域に移さなければならない．$x=au^3$, $y=bv^3$, $z=cu^3$ とおくと，ヤコビアンは $27abcu^2v^2w^2$ であるから

$$V=\iiint_V 1\,dxdydz$$

$$=\iiint_{u^2+v^2+w^2\leq 1} 27abcu^2v^2w^2\,dudvdw$$

空間の極座標を使って，ふたたび変数変換すると，そのヤコビアンは $r^2\sin\theta$ であるから r,θ,φ の 3 変数の累次積分になおすことが出来て θ は π，φ は 2π だけ動くこと（緯度と径度）を考えあわせ，

$$=27abc\int_0^1 dr\int_0^{\pi} d\theta\int_0^{2\pi} r^6\sin^4\theta\cos^2\theta\sin^2\varphi$$

$$\cos^2\varphi\cdot r^2\sin^2\theta d\varphi$$

$$=27abc\times 1/9\times 16/105\times \pi/4=(4/35)\pi abc$$

解了．

§16 完全微分形の微分方程式，積分因子，グリーンの定理

問題 16 (1) $f(x, y)$ を閉長方形領域 $a \leqq x \leqq b$, $c \leqq y \leqq d$ で C^1 級とする．このとき，$\dfrac{d}{dy}\displaystyle\int_a^b f(x, y)dx = \int_a^b \frac{\partial}{\partial y} f(x, y)dx$ が成り立つ．

(2) $P(x, y)$, $Q(x, y)$ を C^1 級の関数とする．$P(x, y)dx + Q(x, y)dy = dF(x, y)$（完全微分形）であるための必要十分な条件は

$$\frac{\partial P}{\partial y}(x, y) = \frac{\partial Q}{\partial x}(x, y) \quad \cdots\cdots\cdots\cdots\cdots\cdots\cdots\cdots\cdots\cdots\cdots\cdots \text{☆}$$

であることを示せ．（十分条件の証明には(1)を使う）

(3) $(x^2+y)dx + (x+y^2)dy = 0$, $(y^2 - e^x \cos y)dx + (2xy + e^x \sin y)dy = 0$ を解け．

(4) $P(x, y)$, $Q(x, y)$ を C^1 級の関数とする．$P(x, y)dx + Q(x, y)dy = 0$ で $(P_y - Q_x)/Q$ が x だけの関数である場合，$M = e^{\int \frac{P_y - Q_x}{Q}dx}$ は積分因子であることを示せ，$(P_y - Q_x)/P$ が y だけの関数の時，類似の結論を示せ．

(5) P と Q がともに α 次の同次関数の時，微分方程式 $P(x, y)dx + Q(x, y)dy = 0$ は積分因子 $\dfrac{1}{xP + yQ}$ をもつことを示せ．

(6) (i) $(xy^2 - y^3)dx + (1 - xy^2)dy = 0$, $(y^2 - xy)dx + x^2 dy = 0$ を解け．

(ii) $2xydx + (y^2 - x^2)dx = 0$ について 2 通りの積分因子 M_1, M_2 を見出せ．この時，解は $\dfrac{M_2}{M_1} = \text{const}$ の形をしていることを観察せよ．（次問参照）

(7) $f(x, y)dx + g(x, y)dy = 0$ が積分因子 M_1 と M_2 を持つとき，その解は $M_2/M_1 = C$ の形で表わされることを示せ．特に完全微分形の微分方程式が積分因子 $M \neq$ 定数を持つとき，解を求めよ．

(1)の解　前回（重積分）で積分順序の交換（閉長方形領域における．）を学んだがそれを定理とし記述，復習する．

定理　$R = \{(xy) : a \leqq x \leqq b,\ c \leqq y \leqq d\}$ で連続な 2 変数関数 $f(x, y)$ に対し次式が成立する．

$$\iint_R f(x, y)dxdy = \int_a^b \left\{\int_c^d f(x, y)dy\right\}dx = \int_c^d \left\{\int_a^b f(x, y)dx\right\}dy.$$

重積分の場合の積分可能については前回勉強したが，それも復習して欲しい．

さて(1)にもどり $f(x, y)$ を C^1 級とする時，

$f_y(x, y)$ は連続だから $\varphi(y)=\int_a^b f_y(x, y)dx$ とおくと $\varphi(y)$ は $[c, d]$ で連続であることがわかる．(これは各自にまかせるがきちんと証明しなければならない)．そして

$\int_c^y \varphi(t)dt=\int_c^y\left\{\int_a^b f_t(x, t)dx\right\}dt$ は定理により積分順序を交換出来て

$$=\int_a^b\left\{\int_c^y f_t(x, t)dt\right\}dx$$

$$=\int_a^b\left\{f(x, y)-f(x, c)\right\}dx$$

この両辺を y で微分して(1)の証明は完結した．

(2)の解(必要条件)　$dF=\dfrac{\partial F}{\partial x}dx+\dfrac{\partial F}{\partial y}dy$ であるから，完全微分形であるとは $F_x=P(x, y)$，$F_y=Q(x, y)$ をみたす $F(x, y)$ の存在と云い換えられる．この必要条件は9月号10−(3)で示してある．ここで復習してみよう．**証明は少し変えてある．** F_x (すなわち $P(x, y)$) と F_y (すなわち $Q(x, y)$) が C^1 級の条件下で $F_{xy}=F_{yx}$ の成立を示すことになる．

$D(h, k)=F(a+h, b+k)-F(a, b+k)-F(a+h, b)+F(a, b)$ とおくと

$D(h, k)=k(F_x(a+\theta h, b+k)-F_x(a+\theta h, b))$. ……………………………………☆☆

$\varphi(x)=F(x, b+k)-F(x, b)$ とおくと

$D(h, k)=\varphi(a+h)-\varphi(a)$，ここで $\varphi(x)-\varphi(a)$ は (かげにある b, k を固定すると) x について微分可能であるから

$$\varphi(a+h)-\varphi(a)=h\varphi'(a+\theta h)$$

☆☆の右辺は h，k の関数として全微分可能だから，$h=k$ の場合について

$$D(h, h)=h[F_x(a, b)+hF_{xx}(a, b)+hF_{xy}(a, b)+\varepsilon_1-(F_x(a, b)+hF_{xx}(a, b)+\varepsilon_2)],$$

$\dfrac{\varepsilon_1}{h}\to 0$ $\dfrac{\varepsilon_2}{h}\to 0$ (if $h\to 0$).

したがって $D(h, h)=h(hF_{xy}(a, b)+\varepsilon)$，$\varepsilon/h\to 0$ (if $h\to 0$)

となる．結局 $\dfrac{D(h, h)}{h^2}\to F_{xy}(a, b)$．同様にして $\dfrac{D(h, h)}{h^2}\to F_{yx}(a, b)$．よって $F_{xy}(a, b)=F_{yx}(a, b)$ である．したがって $P_y=Q_x$ を得て必要条件はみたされた．

(2)の解(十分条件)　$P(x, y)$，$Q(x, y)$ が C^1 級で条件☆をみたしているとする．この時

$$F(x, y)=\int_{x_0}^x P(\xi, y_0)d\xi+\int_{y_0}^y Q(x, \eta)d\eta$$

によって F を定義する．

$$\frac{\partial F(x, y)}{\partial x}=P(x, y_0)+\frac{\partial}{\partial x}\int_{y_0}^y Q(x, \eta)d\eta$$

となる．右辺の第2項で $\dfrac{\partial}{\partial x}$ は y を固定して x で微分する操作であるから y を固定しているという条件下で $\dfrac{d}{dx}\int_{y_0}^y Q(x, \eta)d\eta$ と同一であり，(1)の結果を使うと

$=P(x, y_0)+\int_{y_0}^y \dfrac{\partial}{\partial x}Q(x, \eta)d\eta$ となる．ここで第2項の積分の中の $\dfrac{\partial}{\partial x}$ は最左辺の $\dfrac{\partial F}{\partial x}$ の偏微分記号と同一ではなく，左辺の方は y を固定して x だけを変数とみての微分，積分の中の $\dfrac{\partial}{\partial x}$ は $Q(x, \eta)$ で η を固定して x だけの関数とみて微分する演算であることに注意すると，与えられた条件より

$$=P(x, y_0)+\int_{y_0}^y \frac{\partial}{\partial \eta}P(x, \eta)d\eta,$$

となり，

$$=P(x, y_0)+P(x, y)-P(x, y_0)=P(x, y)$$

となる．つまり $\dfrac{\partial F}{\partial x}(x, y)=P(x, y)$ となる．

一方，

$$\frac{\partial F(x, y)}{\partial y}=Q(x, y)$$

であるから，問題の解は終了した．

(3)の解　$(x^2+y)dx+(x+y^2)dy=0$． $P(x, y)=x^2+y$，$Q(x, y)=x+y^2$ とおくと $P_y=Q_x=1$ であって☆をみたし，$F_x=P$，$F_y=Q$ をみたす F は $F=\dfrac{x^3}{3}+yx+\varphi_1(y)=xy+\dfrac{1}{3}y^3+\varphi_2(x)$ として得られ，したがって

$\varphi_1(y)=\dfrac{y^3}{3}$, $\varphi_2(x)=\dfrac{x^3}{3}$, $F(x,y)=C$ が解であり，結局解は $\dfrac{x^3}{3}+xy+\dfrac{y^3}{3}=C$ (C は任意定数).

$(y^2-e^x\cos y)dx+(2xy+e^x\sin y)dy=0$ の解法 $P(x,y)=y^2-e^x\cos y$ より $P_y=2y+e^x\sin y$, $Q(x,y)=2xy+e^x\sin y$ より $Q_x=2y+e^x\cos y$, すなわち $P_y-Q_x=0$ であるから☆がみたされ，この微分方程式は解 $F(x,y)=C$ を持つことは明らか. $F_x=y^2-e^x\cos y$ より $F=y^2x-e^x\cos y+\varphi(y)$. $F_y=2xy+e^x\sin y$ より $F=xy^2-e^x\cos y+\psi(x)$. したがって $xy^2-e^x\cos y=C$ が解.

(3)の解了

(4)の解 あたえられた微分方程式が完全微分形の場合, (2)より $P_y-Q_x=0$, $M=$定数であって，結論が正しいことはあきらかなので，完全微分形でない微分方程式についてのみ考察する. (2)の意味で $M(x,y)P(x,y)dx+M(x,y)Q(x,y)dy=0$ が完全微分形微分方程式である時, $M(x,y)$ を元の微分方程式の**積分因子**という. $M(x,y)$ が積分因子であるための必要十分条件は

$$M\left(\frac{\partial P}{\partial y}-\frac{\partial Q}{\partial x}\right)=Q\frac{\partial M}{\partial x}-P\frac{\partial M}{\partial y} \quad \cdots\cdots☆☆☆$$

である. この式は

$\dfrac{1}{Q}(P_y-Q_x)=\dfrac{\partial\log|M|}{\partial x}-\dfrac{P}{Q}\dfrac{\partial\log|M|}{\partial y}$ となり，与えられた条件によって上式左辺が x だけの関数である.

M として x だけの関数 $M(x)$ で上式をみたすものを求めると $\dfrac{1}{Q}(P_y-Q_x)=\dfrac{\partial\log|M|}{\partial x}$ より $M=e^{\int\frac{1}{Q}(P_y-Q_x)dx}$ となる.

$\dfrac{P_y-Q_x}{P}$ が y だけの関数である時，☆☆☆は $\dfrac{Py-Qx}{P}=\dfrac{Q}{P}\dfrac{\partial\log|M|}{\partial x}-\dfrac{\partial\log|M|}{\partial y}$ となり, $M=e^{-\int\frac{Py-Qx}{P}dy}$ を y だけの関数である積分因子としてえらべるのである. **(4)解了.**

(5)の解 ☆条件をこの場合に適用すると

$$\frac{\partial}{\partial y}\left(\frac{P}{xP+yQ}\right)-\frac{\partial}{\partial x}\left(\frac{Q}{xP+yQ}\right)$$

$$=\frac{1}{(xP+yQ)^2}[P_y(xP+yQ)-(xP_y+Q+yQ_y)P-Q_x(xP+yQ)+(xP_x+P+yQ_x)Q]$$

$$=\frac{1}{(xP+yQ)^2}[(xP_x+yP_y)Q-QP-(xQ_x+yQ_y)P+PQ]=0$$

(P, Q はどちらも α 次の同次式であるからオイラー（12題参照）の定理を使っている.)

$(xy^2-y^3)dx+(1-xy^2)dy=0$. $P=xy^2-y^3$, $Q=1-xy^2$, $P_y-Q_y=2xy-2y^2$, $-\dfrac{P_y-Q_x}{P}=\dfrac{-2y(x-y)}{y^2(x-y)}=\dfrac{-2}{y}$. 積分因子は $M=e^{\int\frac{-2}{y}dy}=\dfrac{1}{y^2}$ である. 積分因子を乗じて微分方程式を変形すると $(x-y)dx+\left(\dfrac{1}{y^2}-x\right)dy=0$. その解を $F(x,y)=C$ とすると $F_x=x-y$, $F_y=\dfrac{1}{y^2}-x$, よって $F=\dfrac{x^2}{2}-xy+\varphi(y)=-\dfrac{1}{y}-xy+\psi(x)$ したがって $F=\dfrac{x^2}{2}-xy-\dfrac{1}{y}=C$ が解.

$(y^2-xy)dx+x^2dy=0$ $P=y^2-xy$, $Q=x^2$, $xP+yQ=x(y^2-xy)+yx^2=xy^2$ $\dfrac{1}{xy^2}$ を積分因子にとる. 微分方程式は

$\dfrac{y^2-xy}{xy^2}dx+\dfrac{x^2}{xy^2}dy=0$. すなわち $\left(\dfrac{1}{x}-\dfrac{1}{y}\right)dx+\dfrac{x}{y^2}dy=0$, この方程式は完全微分形 $\left(\dfrac{\partial}{\partial y}\left(-\dfrac{1}{y}\right)=\dfrac{\partial}{\partial x}\left(\dfrac{x}{y^2}\right)\right)$. よってその解を $F(x,y)=C$ とおくと $\begin{cases} F_x=\dfrac{1}{x}-\dfrac{1}{y} \\ F_y=\dfrac{x}{y^2} \end{cases}$, これより $F=\log x-\dfrac{x}{y}$ を得る. 解了.

(5)で対象となる微分方程式は同次形（同次形については8題参照）による解法も持って

いる．どちらが楽であるかと問われたらもちろん同次形をとりたい．つまり(5)の解法で $F_x=\dfrac{P}{xP+yQ}$, $F_y=\dfrac{Q}{xP+yQ}$ を実際に解くのは積分がむずかしいのである．

(6)—(ii)の解　(4)と(5)のそれぞれによって異った積分因子をみつけよう．

$P=2xy$, $Q=y^2-x^2$ であるから $P_y-Q_x=2x-(-2x)=4x$, よって $\dfrac{P_y-Q_x}{-P}=\dfrac{-2}{y}$ であるから積分因子は $e^{-\int\frac{2}{y}dy}=\dfrac{1}{y^2}$, 実際与えられた微分方程式に $\dfrac{1}{y^2}$ をかけると

$$\frac{2xdx}{y}+\left(1-\frac{x^2}{y^2}\right)dy=0.$$

この微分方程式の解を $F(x,y)=C$ とすると，連立式

$$\begin{cases}F_x=\dfrac{2xy}{y^2}\\ F_y=1-\dfrac{x^2}{y^2}\end{cases}$$

が得られ $F(x,y)=\dfrac{x^2}{y}+\varphi(y)=y+\dfrac{x^2}{y}+\psi(x)$ よって $\dfrac{-x^2}{y}+y=C$ が解．

積分因子 $\dfrac{1}{y^2}$ を M_1 とおく．

一方(5)によってもう一つの積分因子は

$xP+yQ=2x^2y+y(y^2-x^2)=y^3+x^2y$ の逆数である．$(y^3+x^2y)^{-1}=M_2$ とおく，微分方程式は $\dfrac{2xydx}{y^3+x^2y}+\dfrac{y^2-x^2dy}{y^3+x^2y}=0$, $F_x=\dfrac{2x}{y^2+x^2}$, $F_y=\dfrac{y^2-x^2}{y^2+x^2y}$ であるから前者より $F=\log(x^2+y^2)+\varphi(y)$, これを y で微分すると

$$\frac{y^2-x^2}{y^3+x^2y}=\frac{2y}{x^2+y^2}+\varphi'(y).$$

これより $\varphi'(y)=\dfrac{-(x^2+y^2)}{x^3+x^2y}=-\dfrac{1}{y}$. すなわち $\varphi=-\log y$

解は $\log\left(\dfrac{x^2+y^2}{y}\right)=C$ である．これは上に(4)の例として解いた解 $\dfrac{x^2+y^2}{y}=C$ ともちろん同一である．なおこの解は明らかに $M_1/M_2=C$, 又は $M_2/M_1=C$ と表わすことが出来る．

(7)の解　$M_1\neq M_2$ を 2 つの積分因子とし，$l(x,y)$, $m(x,y)$ を $M_1fdx+M_1gdy=dl$, $M_2fdx+M_2gdy=dm$ をみたす関数とする．

$\dfrac{\partial l}{\partial x}=M_1f$, $\dfrac{\partial l}{\partial y}=M_1g$, $\dfrac{\partial m}{\partial x}=M_2f$, $\dfrac{\partial m}{\partial y}=M_2g$

より $\dfrac{\partial l}{\partial x}\dfrac{\partial m}{\partial y}-\dfrac{\partial m}{\partial x}\dfrac{\partial l}{\partial y}=\dfrac{\partial(l,m)}{\partial(x,y)}=0$ となる．つまり，$l(x,y)$, $m(x,y)$ はヤコビアンが 0 となる関数のペアである．この時 2 つの関数の間には何らかの関係があることが直観的に判る．以下ではそれをたしかめよう．

$z_1=l(x,y)$, $z_2=m(x,y)$ とおき，さらに $F(x,y,z_1)=l(x,y)-z_1$ とおくと $\dfrac{\partial l}{\partial x}(x_0,y_0)\neq0$ をみたす点 (x_0,y_0) の近くで一般の陰関数定理（このシリーズ13(12月号)で紹介）により $x=G(y,z_1)$ と表わすことが出来る．ここで $z_2=m(x,y)$ に $x=G(y,z_1)$ を代入し $z_2=m(G(y,z_1),y)\equiv H(y,z_1)$ とする．

$$\frac{\partial z_2}{\partial y}=\frac{\partial m}{\partial x}\left(-\frac{\dfrac{\partial F}{\partial y}}{\dfrac{\partial F}{\partial x}}\right)+\frac{\partial m}{\partial y}=\frac{\partial m}{\partial x}\left(-\frac{\dfrac{\partial l}{\partial y}}{\dfrac{\partial l}{\partial x}}\right)+\frac{\partial m}{\partial y}$$

$$=-\frac{1}{\dfrac{\partial l}{\partial x}}\left(\frac{\partial m}{\partial x}\frac{\partial l}{\partial y}-\frac{\partial l}{\partial x}\frac{\partial m}{\partial y}\right)=0$$

よって $z_2=H(z_1)$ となるとしてよい．簡単な計算で示されるように $\dfrac{dz_2}{dz_1}=\dfrac{M_2}{M_1}$ であるが同時にこれは $H'(z_1)$ でもあるから，

$\dfrac{M_2}{M_1}=\text{const}$ と $l_1=\text{const}$ は同値である．$l_2=\text{const}$ との同値も $\dfrac{\partial m}{\partial x}(x_0y_0)\neq0$ をみたす点 (x_0,y_0) の近くで同様に成立する．

(7)の後半は前半の系として $M=\text{const}$ が解である．

さてこれで問題は全部解いたが(2)の解き方に少し不満がある．$(P(x,y),Q(x,y))$ を 2 次元ベクトル場 V とみなしたとき，(2)の式☆は

ベクトル解析における rot $V=0$ の式にあたり，その意味でもっと展望が開かれる論じ方が望まれるのである．

(2)に関連してグリーンの定理　曲線 $C：x=x(t),\ y=y(t),\ a\leqq t\leqq b$（曲線は簡単のため C^1 級とする）にそっての関数 $f(x,y)$（その定義域内に上の曲線が存在したとして）の積分

$$\int f(x(t),\ y(t))\frac{dx}{dt}dt,\ \int f(x(t),\ y(t))\frac{dy}{dt}dt$$

をそれぞれ $\int_c f(x,y)dx,\ \int_c f(x,y)dy$ と略記し，それぞれ $f(x,y)$ の C に沿った **x に関する（y に関する）線積分**という．

2つの関数 $P(x,y),\ Q(x,y)$ をとり，それらの定義域の共通部分に，x からみても y からみても単純な領域 $\overline{D}$ をとる．このとき

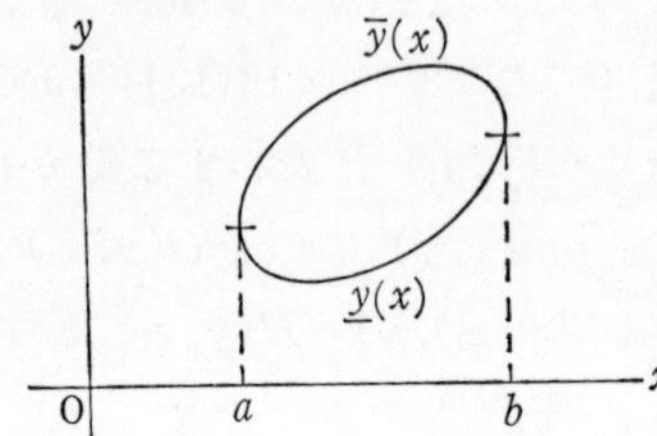

$$\iint_{\overline{D}}\left(\frac{\partial Q}{\partial x}-\frac{\partial P}{\partial y}\right)dxdy=\int_{\partial\overline{D}}Pdx+Qdy\quad\cdots ⓐ$$

が成立することを示そう．$\overline{D}$ が図で示された様に x から見て単純で $y=\overline{y}(x)$ と $y=\underline{y}(x)$ でかこまれている場合を考える．又積分 $\int_{\partial D}$ は $\overline{D}$ の境界 ∂D に沿っての積分を表わすが ∂D のパラメータ表示はパラメータが増加するとき，進行方向から見て左に内部を見ながら進むものとする．このとき

$$\int_{\partial\overline{D}}f(x,y)dx=\int_a^b(f(x,\underline{y}(x))-f(x,\overline{y}(x)))dx$$

ここで重積分を累次積分になおす公式を思い出し，f を C^1 級と仮定すると上式は

$$\int_{\partial\overline{D}}f(x,y)dx=-\int_a^b dx\int_{\underline{y}(x)}^{\overline{y}(x)}f_y(x,y)dy$$

$$=-\iint_{\overline{D}}f_y dxdy\quad\cdots\cdots\cdots\cdots\cdots ⓑ$$

と表わされ，まったく同様にして y から見て単純な閉領域についても

$$\int_{\partial\overline{D}}f(x,y)dy=\iint_{\overline{D}}f_x dxdy.\quad\cdots\cdots\cdots\cdots\cdots\cdots ⓒ$$

となる．証明は各人にまかせよう．ここで2つの式ⓐとⓑは符号が違うことに注意をむけられたい．これは2つの座標 x と y が対等ではないことから来る．その違いは上で導入した ∂D の向きづけによるのである．$\overline{D}$ で C^1 級の2つの関数 $P(x,y),\ Q(x,y)$ を用意し，P に対してⓑを，Q に対してⓒを適用して和をとるとⓐが得られる．さて，ここでグリーンの定理を述べよう．

関数 $P(x,y),\ Q(x,y)$ が領域 Ω で C^1 級であるとき，Ω 内の単純閉曲線 $C_1,\cdots C_k$ によってかこまれた閉領域を $\overline{D}$ とする．このとき，

$$\iint_{\overline{D}}(Q_x-P_y)dxdy=\int_{\partial D}Pdx+Qdy$$

が成立する．　　　　　　**（グリーンの定理）**

上のⓐとどこが違うのかということだが $\overline{D}$ の形が違うのである．(a) の場合は x から見ても y の方向から見ても単純な閉領域 $\overline{D}$ であったがこんどは次の図の様な閉領域なのである．

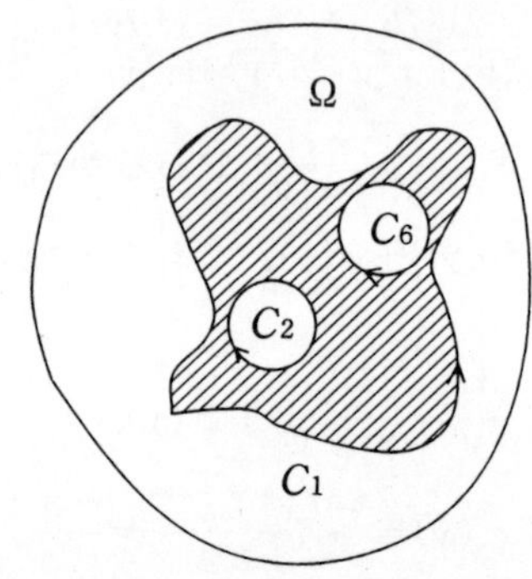

公式 (a) を基本にしてそれからグリーンの定理は次の2つのステップにより導びかれる．第一ステップは C^1 級曲線に沿った線積分を折れ線に沿った線積分で近似するもので次の様に主張される．$C：x=x(t),\ y=y(t)\ (a\leqq$

$t \leqq b$) を C^1 級曲線とする．

任意の正の ε に対して次式をみたす折線 Γ が存在する．

$$\left|\int_C f(x, y)dx - \int f(x, y)dx\right| < \varepsilon.$$

(証明略次回参照)

第２ステップは折れ線で出来る多角形のふちに沿った線積分を，x と y の双方から見て単純な図形に沿った積分の和として表わす手法で図の様に $\overline{D} = \overline{D}_1 + \overline{D}_2$ と四角形を２つの三角の和に表わすとき ∂D_1 と ∂D_2 の集合としての共通部分が有向線分としては逆向きであることにより線積分のその部分は相殺されて

$$\int_{\partial D} f(x, y)dx = \int_{\partial D1} f(x, y)dx + \int_{\partial D2} f(x, y)dx$$

となることで，この２段階の操作でグリーンの定理が公式 (a) からみちびかれるのである．

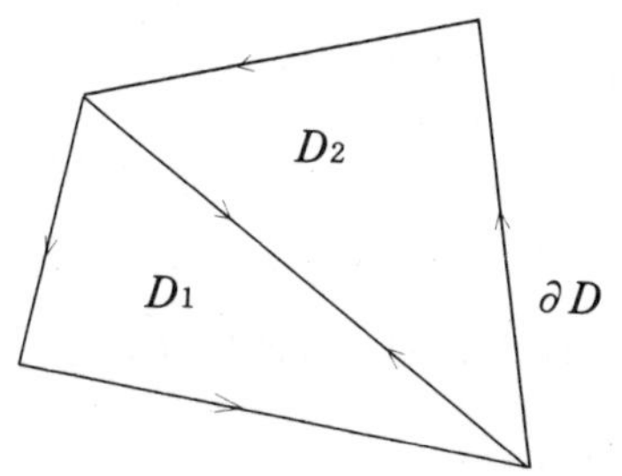

ある閉領域が**単連結**（あるいは**単一連結**）であるというのはその領域内の単純閉曲線が連続的に一点に縮小変形出来ることである．

例１　２次元平面の第一象限は単連結である．

例２　１つの単純閉曲線でかこまれた閉領域は単連結である．

例３　２個以上の単純閉曲線でかこまれた閉領域（図２参照）は単連結でない．又平面から何個かの点を抜いた残りは単連結ではない．

定理Ａ　単連結な領域 Ω で２つの C^1 級関数 $P(x, y)$, $Q(x, y)$ が存在し，$P_y - Q_x = 0$ をみたすとする．この時線積分 $I_c = \int_C P(x, y)dx + Q(x, y)dy$ の値は C の始点と終点のみで定まり，途中の径路を変形しても積分値は変らない．

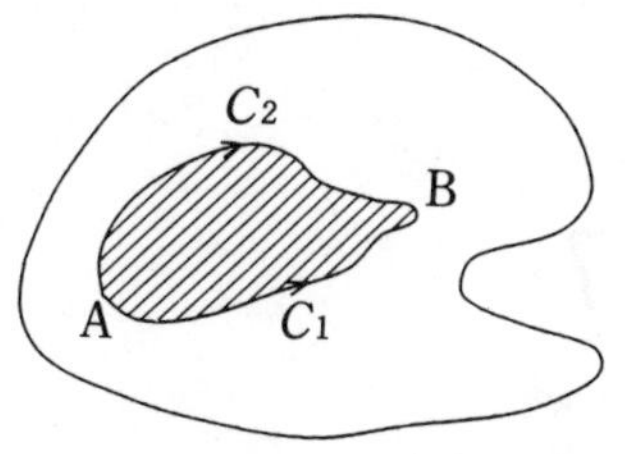

証明　A, B を結ぶ２つの曲線 C_1, C_2 を考える．$I_{C_1} - I_{C_2} = \int_{C_1} - \int_{C_2} = \int_{\partial D} Pdx + Qdy = \iint_D (Q_x - P_y)dxdy$

となり，$=0$ である．したがって $I_{C_1} = I_{C_2}$ である．ここで D は C_1 と C_2 の逆向きをつないで作った閉曲線でかこまれた領域（図の斜線部）である．C_1 と C_2 が交じわっているときは適当に分割し，又 x および y からみて単純でない場合は折れ線近似で考える．　解了．

定理Ｂ　定理Ａと同の状況の下で始点 (x_0, y_0) を固定し線積分 $\int_{(x_0, y_0)}^{(x, y)} Pdx + Qdy$ は $F(x, y)$ とおくことが出来る．この時

$F_x = P$，$F_y = Q$ が成立する．((2)の解)

解　点 (x, y) と点 $(x+h, y)$ を結ぶ線分を Ω に含まれるように h を小さくとる．定理Ａによって $F(x+h, y)$，$F(x, y)$ はそれぞれの点における F の値として確定しているから（積分径路と無関係ということ）

$$F(x+h, y) - F(x, y) = \int_x^{x+h} Pdx = hP(x + \theta h, y) \quad (0 < \theta < 1),$$

$$\lim_{h \to 0} \frac{F(x+h) - F(x)}{h} = \lim_{h \to 0} P(x + \theta h, y)$$

$= P(x, y)$．よって F_x は存在して $P(x, y)$ と等しくなる．まったく同様にして $F_y = Q(x, y)$ も成立し，(2)の解法が２通り出来たことになる．どちらかというと後の証明をすすめたい．結果は同様なのだが単連結という概念を意識する所が良いのである．なお線積分は長さ確定の連続曲線に沿うて積分するのだが本稿では簡単のため C^1 級曲線に限った．

§17 線積分
(複素積分も視野に入れて)

問題 17

(1) 線積分 $\int_c \frac{x}{x^2+y^2}dy$ を求めよ．c は正方形 $\{-2\leqq x\leqq 2,\ -2\leqq y\leqq 2\}$ の周を正の向きに一周する曲線とする．又 c' として c の逆向きの曲線についての積分も求めよ．

(2) $\int_{\partial D}\frac{ydx-xdy}{x^2+y^2}$ を求めよ．($\overline{D}$ は $x+1\geqq 0$, $y+1\geqq 0$, $x+y\leqq 1$ をみたす)

(3) 次の 3 つのケースについて $P_y-Q_x=0$ が成立することを示し，$\int_{(-1,1)}^{(1,1)}Pdx+Qdy$ が $P(x,y)$, $Q(x,y)$ の定義域内の積分路に関係なく一定であるかを調べよ．

(i) $P=e^{-x}\cos y, Q=e^{-x}\sin y$ (ii) $P=\frac{x}{x^2+y^2}, Q=\frac{y}{x^2+y^2}$ (iii) $P=\frac{-y}{x^2+y^2}, Q=\frac{x}{x^2+y^2}$

(4) (i) 必ずしも単一連結でない領域 Ω で定義された C^1 級関数 $f(x,y)$ があたえられたとき，Ω の 2 点 (a,b), (c,d) に対してこれらを結ぶ曲線 Γ に対し線積分 $\int_\Gamma f_x dx+f_y dy$ は積分路に無関係に $f(a,b)-f(c,d)$ であることを示せ．

(ii) (3)―(iii)における $P(x,y)$, $Q(x,y)$ に対して原点を除く全平面で $\frac{\partial F}{\partial x}=P(x,y)$, $\frac{\partial F}{\partial y}=Q(x,y)$ をみたす F は存在しないことを示せ．

(5) $z=x+iy$ とする．$z^n=u(x,y)+iv(x,y)$ とするとき，線積分
$\int_{\mathrm{P}}^{\mathrm{Q}}u(x,y)dy+v(x,y)dx$, $\int_{\mathrm{P}}^{\mathrm{Q}}u(x,y)dx-v(x,y)dy$ は積分路のとり方に無関係に数値として確定することを示せ．(P, Q は平面上の 2 点)

(6) $e^{ix}=\cos x+i\sin x$ と定義する．
$e^z=e^{x+iy}=f(x,y)+ig(x,y)$ とするとき，線積分（始点P，終点Q）
$\int_{\mathrm{P}}^{\mathrm{Q}}f(x,y)dy+g(x,y)dx$, $\int_{\mathrm{P}}^{\mathrm{Q}}f(x,y)dx-g(x,y)dy$ は積分路のとり方に無関係に数値として確定することを示せ．

線積分　あらためて線積分の定義を記す．有界関数 $f(x,y)$ の定義域内にある長さ確定の連続曲線を C： $x=x(t), y=y(t), t\in[a,b]$ とし，区間 $[a,b]$ の分割を Δ： $a=t_0<t_1\cdots<t_n=b$ とする．各分区間内の点 τ_i をとり $\xi_i=x(\tau_i)$, $\eta_i=y(\tau_i)$ とする．$\sum f(\xi_i,\eta_i)(x(t_i)-x(t_{i-1}))$, $\sum f(\xi_i,\eta_i)(y(t_i)-y(t_{i-1}))$ が分割の大きさ $|\Delta|$ を 0 に近づける極限操作によっ

て，それぞれ一定の極限値に近づくならばそれらの極限値を $f(x,y)$ の C に沿った x について（y について）の線積分といい，$\int_C f(x,y)dx$，（$\int_C f(x,y)dy$）と表す．ただし C は有向曲線であり，逆向きであれば積分値も符号を変える．

(1)の解　$(2,2)$ から $(-2,2)$ までの積分は y が一定であり，積分値も 0 である．$(-2,2)$ から $(-2,-2)$ までは $\int_2^{-2}\frac{-2}{4+y^2}dy=2\int_{-2}^{2}\frac{dy}{y^2+4}$，公式 $\boldsymbol{\frac{1}{a}\left(\mathrm{Tan}^{-1}\frac{x}{a}\right)'=\frac{1}{x^2+a^2}}$ により $=\left[\mathrm{Tan}^{-1}\frac{y}{2}\right]_{-2}^{2}=\mathrm{Tan}^{-1}1-\mathrm{Tan}^{-1}(-1)=\frac{\pi}{2}$.

$(-2,-2)$ から $(2,-2)$ までは $y=-2$ で一定であるからこの線積分は 0，最後に $(2,-2)$ から $(2,2)$ までの積分は

$\int_{-2}^{2}\frac{2}{4+y^2}dy=\frac{\pi}{2}$ で，結局答は π である．

解了．

(2)の解　$\overline{D}$ の 3 つの頂点は $(-1,2)$，$(-1,-1)$，$(2,-1)$ である．そこで 3 角形の各辺について積分してみよう．

$(-1,2)$ から $(-1,-1)$ までは，x の変動 0 で x に関する線積分は 0．よって

$$\int_2^{-1}\frac{1}{1+y^2}dy=\int_{-1}^{2}\frac{-1}{1+y^2}dy=-[\mathrm{Tan}^{-1}y]_{-1}^{2}=-\left(\mathrm{Tan}^{-1}2+\frac{\pi}{4}\right).$$

$(-1,-1)$ から $(2,-1)$ までは，$y=$一定で y に関する線積分は 0．よって

$$\int_{-1}^{2}\frac{-dx}{x^2+1}=-\left(\mathrm{Tan}^{-1}2+\frac{\pi}{4}\right).$$

最後に $(2,-1)$ から $(-1,2)$ までの積分は $y=-x+1$ について $x=2$ から -1 までの積分であるから $\int_2^{-1}\frac{dx}{2x^2-2x+1}$.

tan の加法定理により 3 つの数値の和は -2π（各自力だめし）．　解了．

(3)—(i)の解　$P(x,y)=e^{-x}\cos y$，$Q(x,y)=e^{-x}\sin y$．したがって偏微分係数 P_y, Q_x は $P_y(x,y)=-e^{-x}\sin y$，$Q_x=-e^{-x}\sin y$，$P_y-Q_x=0$ であり，あたえられた線積分が積分路に関係なく一定であることは前回のグリーンの定理による．すなわち D を一つの単純閉曲線 ∂D でかこまれた領域とするとき

$$0=\iint_{\overline{D}}(Q_x-P_y)dxdy$$
$$=\int_{\partial D}P(x,y)dx+Q(x,y)dy$$

が成立する．したがってお互いに交わらない 2 つの曲線（始点が $(-1,1)$，終点が $(1,1)$）をとり，それらに沿っての $P(x,y)dx+Q(x,y)dy$ の線積分は相等しい．2 つの曲線が有限個の点で交じわる場合は交点から次の交点への 2 つの路に沿っての線積分が同一であり，それをつなげて行けばよい．1 つだけ注意しておくと全平面で $P_y-Q_x=0$ であり，全平面は単一連結（単連結といってもよい）なのである．単連結が如何に大切な条件であるかは次の(ii)(iii)の解法でも触れることにする．

(3)—(ii)の解　$P_y-Q_x=\frac{-2xy}{(x^2+y^2)^2}-\frac{-2xy}{(x^2+y^2)^2}=0$．しかしこれだけでは線積分が積分路に無関係であることは出て来ない．このベクトル場 $(P(x,y),\ Q(x,y))$ の定義域には原点がふくまれず，したがって単一連結ではない．始点，終点が共に一つの円（原点が中心，半径 $\sqrt{2}$）上にあるのでこの円周を 2 つの弧にわけ，めいめいの弧に沿って $(-1,\ 1)$ から $(1,\ 1)$ まで線積分してみよう．まず劣弧 Γ_1 についてみると

$$\int_{\Gamma_1}\frac{x}{x^2+y^2}dx+\frac{y}{x^2+y^2}dy$$

はパラメータを極座標の θ にとることにより置換積分法で計算して

$$\int_{\frac{3\pi}{4}}^{\frac{\pi}{4}}\frac{\sqrt{2}\cos\theta\cdot\sqrt{2}(-\sin\theta)d\theta+\sqrt{2}\sin\theta\cdot\sqrt{2}\cdot\cos\theta d\theta}{(\sqrt{2}\cos\theta)^2+(\sqrt{2}\sin\theta)^2}$$

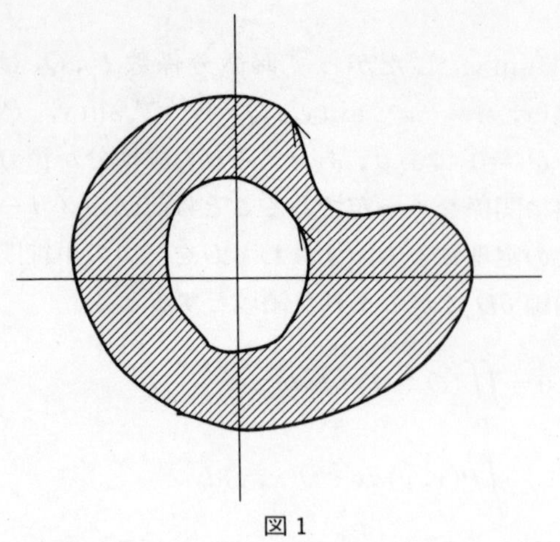

図 1

$$=\int_{-\frac{\pi}{4}}^{\frac{\pi}{4}} 0\,d\theta=0$$

となる．一方優弧の方も同様にして $\int_{\frac{\pi}{4}}^{-\frac{\pi}{4}} 0\,d\theta=0$ から 0 となる．

さてこの事実から解る結果をのべてみよう．

1）原点のまわりをかこむ他の閉曲線に沿ってひとまわり線積分するときその値は 0 である．(図 1 の様に 2 つの曲線が交わらない場合はグリーンの定理によって，交わる場合はいくつかの閉曲線の和として考えてやはりそれぞれグリーンの定理によって結論される．)

2）始点 $(-1,1)$，終点 $(1,1)$ で途中で原点のまわりを廻らず原点をよけて上側だけを通る（これは表現がすこし大まかだが）場合，又は下側だけを通る場合その線積分は 0 である．これらの曲線と上述の劣弧と（又は優弧と）がかこむ領域についてグリーンの定理を適用して結論づける．

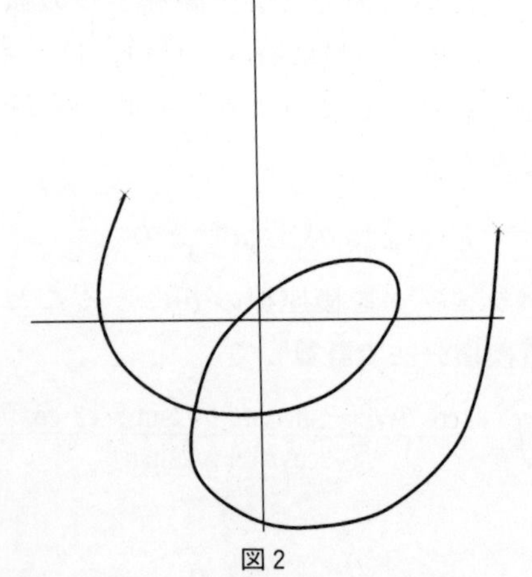

図 2

3）図 2 の様に原点のまわりを何回かまわりながら原点中心の 1 つの円上にある始点と終点を結ぶ積分路の場合も 1), 2) の組みあわせによって線積分の値は 0 になる．

結局積分路に関係なく積分は一定である．

(3)―(iii)の解　(iii)の場合は線積分は積分路によって値は変わる．それを証明しよう．こんどは趣向を変えて $(-1,1)$ と $(1,1)$ を線分で結んで積分路とした場合と $(-1,1)\to(-1,-1)\to(1,-1)\to(1,1)$ と 3 角形の 3 つの辺を伝って行く積分路によった場合の比較をする．

第一のケースの場合　$y=1$, $x=-1$ から $x=1$ までの条件を代入すると積分は

$$\int_{-1}^{1}\frac{-dx}{x^2+1}=-[\mathrm{Tan}^{-1}x]_{-1}^{1}=-\left(\frac{\pi}{4}-\left(-\frac{\pi}{4}\right)\right)=-\frac{\pi}{2}$$

第 2 のケースを 3 つの部分に分けてやはり計算してみると

$$\int_{1}^{-1}\frac{-dy}{y^2+1}+\int_{-1}^{1}\frac{dx}{x^2+1}+\int_{-1}^{1}\frac{dy}{y^2+1}=\frac{\pi}{2}\times 3.$$

したがってこの 2 つの積分路による線積分の値は異なる．

参考　(3)の(ii)と(iii)はつながりがある．

$\int_{\Gamma}\frac{xdx+ydy}{x^2+y^2}+i\int_{\Gamma}\frac{-ydx+xdy}{x^2+y^2}$ と(ii)，(iii)を実部虚部に持つ複素数を考えよう．これをまとめて一つにして因数分解すると

$$=\int_{\Gamma}\frac{(x-iy)dx+i(x-iy)dy}{x^2+y^2}=\int_{\Gamma}\frac{dx+idy}{x+iy}$$

となる．$x+iy=z$, $dx+idy=dz$ とおこう．この積分は $\int_{\Gamma}\frac{dz}{z}$ と表される．ここで複素積分の正確な定義を記述するわけではないが，曲線 $\Gamma=(x(t),\ y(t))$ を複素数値関数 $x(t)+iy(t)$ と同一視し，複素数が動いて作る曲線と見て Γ に沿っての $\frac{1}{z}$ の積分が考えられる．これは複素関数論と呼ばれる 2 年生の数学において学ぶ積分である．複素積分はもちろん

複素数の言葉で定義するのだが上の計算が示唆するように実の線積分との関係がわからなくては何もすすまない．線積分の問題の中で重要なものはすべて複素積分と関係がある．そして複素関数論は何に使うのかというと，私の知りあいの物理学者は"大学２年次の電磁気学は，時間の相当な部分は複素関数論の説明に費やされる"と言っている．

線積分は微積分の一番うしろにあって適当にはしょられてしまったりするが，理科系の数学の中枢にあることがこれでおわかりになるであろうか．一年生の時からやさしい複素関数論を一冊位求めて，時折眺めて見ることをおすすめするものである．大学１年生でも読める書物として阪井章著 複素解析入門，新曜社をおすすめしたい．私自身も座右において参考にしているものである．

(4)—(i)の解　積分路が C^1 級曲線の場合は簡単である．$x=x(t)$，$y=y(t)$ $t\in[\alpha,\beta]$ とおき，$dx=\dfrac{dx}{dt}dx$，$dy=\dfrac{dy}{dt}dt$ であるから $x(\alpha)=a, x(\beta)=c$，$y(\alpha)=b$，$y(\beta)=d$ とすると

$$\int_\Gamma f_x dx+f_y dy=\int_\alpha^\beta\left(f_x\frac{dx}{dt}+f_y\frac{dy}{dt}\right)dt$$

$=[f(x(t),\ y(t))]_\alpha^\beta=f(c,d)-f(a,b)$. これで証明はすんだ．

しかし，線積分の積分径路は長さ確定の仮定だけで一般には C^1 級ではないから，それにも言及しなければならない．

曲線 C：$x=x(t)$, $y=y(t)$　$(\alpha\leqq t\leqq\beta)$ 上の点をいくつかとり，結んで作った折線 Γ が存在して

$$\left|\int_C f(x,y)dx-\int_\Gamma f(x,y)dx\right|<\varepsilon$$

が成立するように出来る．ここで ε は任意の正数である．（任意の ε に対してこの様な折線 Γ が存在するという意味）

上の不等式を証明するには線積分の定義と一様連続の知識とが必要である．以下簡単に説明しよう．

区間 $[\alpha,\beta]$ の分割を $\alpha=t_0<t_1<\cdots<t_n=\beta$，これらの分点に対応する曲線上の点を P_0, …, P_n とし，P_{i-1}, P_i を結んだ線分を Γ_i それらを結んで作った折線を Γ とする．
線積分の定義から

$$\int_C f(x,y)dx=\lim_{|\varDelta|\to0}\sum f(\mathrm{P}_i)(x(t_i)-x(t_{i-1}))$$

であり，これを $\varepsilon-\sigma$ 論法でいいなおすと，任意の ε に対してある δ が存在して分割 $\varDelta$ の大きさ $|\varDelta|<\delta$ すなわち $|\varDelta|$ が十分小さくなる様に分点をとったとき

$$\left|\int_C f(x,y)dx-\sum f(\mathrm{P}_i)(x(t_i)-x(t_{i-1}))\right|<\frac{\varepsilon}{2}$$

………………☆

となる．一方，折線に沿った線積分と上式内の量 $\sum f(\mathrm{P}_i)(x(t_i)-x(t_{i-1}))$ との違いを計算してみよう．この差は次の様に評価される．まず P_i の座標を $(x(t_i),\ y(t_i))$ と記す．

$$\left|\int_\Gamma f(x,y)dx-\sum f(\mathrm{P}_i)(x(t_i)-x(t_{i-1}))\right|$$

$$\leqq\sum_i\left|\int_{\Gamma_i}f(x,y)dx-\int_{\Gamma_i}f(\mathrm{P}_i)dx\right|\quad\cdots☆☆$$

また $f(\mathrm{P})$ $(=f(x,y))$ は Ω 内の（有界）閉領域 $\overline{D}$（$\overline{D}$ は C の点をすべて内点とする）において一様連続であるから正数 δ が存在して $\mathrm{P},\mathrm{Q}\in\overline{D}$，$d(\mathrm{P},\mathrm{Q})<\delta\Rightarrow|f(\mathrm{P})-f(\mathrm{Q})|<\dfrac{\varepsilon}{2l}$（$l$ はCの長さ）が成立する．一様連続の説明はここではあたえない．一様性はこのシリーズでは第６回で触れたのだったが各自手持ちのテキストで復習して欲しい．一般教育の数学でもあちこちで登場するのでその度にくわしい説明をするわけにはいかない．要するに上述の $\varepsilon\,\delta$ 論法において２点 P, Q の位置には関係なく，２点間の距離さえ小さければ $f(\mathrm{P})$ と $f(\mathrm{Q})$ の差の絶対値は ε（この場合は $\dfrac{\varepsilon}{2l}$ だが）より小になるということで，$\overline{D}$ の有界性の仮定（有界であるような $\overline{D}$ を選ぶことはCの長さが有限であることからの当然の結論）もこの一様性にかかわっているのである．

パラメータ t の動く区間 $[a, b]$ の分割が細かくなっていて，P_{i-1} と P_i の間の弧長（C に沿って）l_i について $l_i<\delta$ も成立すると，線分 $\overline{\mathrm{P}_{i-1}, \mathrm{P}_i}$ の長さも δ より小となる．あらためて任意の正の ε に対し，この様な δ，上の様な細かな分割に対して（$x_i=x(t_i)$ $y_i=y_i(t_i)$ に注意して）☆☆の右辺を次の様に評価出来る：

$$\left|\sum\int_{\Gamma_i} f(x, y)dx-\sum\int_{\Gamma_i} f(x_i, y_i)dx\right|$$

$$\leqq\sum\left|\int_{\Gamma_i}(f(\mathrm{P})-f(\mathrm{P}_i))dx\right|\leqq\frac{\varepsilon}{2l}\sum|x(t_i)-x(t_{i-1})|$$

$$\leqq\frac{\varepsilon}{2l}\sum l_i=\frac{\varepsilon}{2} \quad \cdots\cdots\cdots\cdots\cdots ☆☆☆$$

☆と☆☆，および☆☆☆より

$$\left|\int_C f(x, y)dx-\int_\Gamma f(x, y)dx\right|$$

$$\leqq\left|\int_C f(x, y)dx-\sum f(\mathrm{P}_i)(x(t_i)-x(t_{i-1}))\right|$$

$$+\left|\int_\Gamma f(x, y)dx-\sum f(\mathrm{P}_i)(x(t_i)-x(t_{i-1}))\right|$$

$$\leqq\frac{\varepsilon}{2}+l\frac{\varepsilon}{2l}=\varepsilon$$

これでやっと折れ線による線積分近似が完成した．(4)―(i)の結論は最初の数行で示した“C^1 級曲線のとり方に無関係という主張”にこの折れ線による近似を組みあわせて証明される．この部分は detail せず読者各自にまかせたい．

$f(c, d)-f(a, b)$ が折れ線の積分値の和になる．

解了．

(4)―(ii)の解　証明は背理法による．$\dfrac{\partial F}{\partial x}=P(x, y)$，$\dfrac{\partial F}{\partial y}=Q(x, y)$ をみたす $F(x, y)$ が存在したとすると(4)―(i)の結果を利用して

$$\int_{(-1,1)}^{(-1,1)} F_x dx+F_y dy$$

$$=F(-1, 1)-F(-1, 1)=0,$$

これは３―(iii)の解の結果と矛盾する．

(5)(6)を解く前に，ドモアブルの定理とコーシーリーマンの微分方程式を紹介しておこう．

ドモアブルの定理　整数 n について

$$(\cos\theta+i\sin\theta)^n=\cos n\theta+i\sin n\theta$$

証明　$k=1$ の時はあきらか．$k=n$ の時正しいと仮定する．

$$(\cos\theta+i\sin\theta)(\cos\theta+i\sin\theta)^n$$

$$=(\cos\theta+i\sin\theta)(\cos n\theta+i\sin n\theta)$$

$$=(\cos\theta\cos n\theta-\sin\theta\sin n\theta)$$

$$+i(\sin n\theta\cos\theta+\cos n\theta\sin\theta)$$

$=\cos(n+1)\theta+i\sin(n+1)\theta$．よって $k=n+1$ の時成立．　証了．

附記　複素数 $z=x+iy$ と実２次元平面上の点 (x, y) とは１対１に対応し，平面上の点を複素数と見なせる．この様に見たとき平面を複素平面という．平面上の極座標は $x=r\cos\theta$，$y=r\sin\theta$ であるから $z=r(\cos\theta+i\sin\theta)$ と表される．r を原点からの距離，θ を偏角という．したがって $z^n=r^n(\cos n\theta+i\sin n\theta)$ となり，z^n は複素平面上，中心から r^n の距離，$n\theta$ の偏角に位置する点で表される．

複素数値複素変数の関数の微分可能性とコーシーリーマンの微分方程式　$w=f(z)$ を複素数 z に複素数 w を対応させたものとして複素関数という．（定義域は複素平面の領域とする）$\displaystyle\lim_{\alpha\to 0}\frac{\lim f(z_0+\alpha)-f(z_0)}{\alpha}$（$\alpha$ は複素数で $\alpha\to 0$ は，α の実部と虚部がともに０に収束，を表す）が存在するとき，（α の０への近づき方に無関係に極限が存在して同一であるとき）f は z_0 で**複素微分可能**という．

定理　$f(z)=u(x, y)+iv(x, y)$（z と (x, y) を同一視）としたとき，$f(z)$ が複素微分可能であれば

$u_x=v_y$，$u_y=-v_x$ が成立する．

（コーシーリーマン）

証明　$z=x+iy$ とし，$\alpha=h$ $(h\to 0)$，$\alpha=ik$ $(k\to 0)$ の２通りに α をえらんでみよう．

$$\lim_{h\to 0}\frac{f(x+h+iy)-f(x+iy)}{h}$$

$$=\lim_{h\to 0}\frac{u(x+h,y)-u(x,y)}{h}$$

$$+i\lim_{h\to 0}\frac{v(x+h,y)-v(x,y)}{h}$$

$$=u_x(x,y)+iv_x(x,y). \quad \cdots\cdots\cdots\cdots\cdots\cdots(*)$$

一方 $\displaystyle\lim_{k\to 0}\frac{f(x+i(y+k))-f(x+iy)}{ik}$

$$=\frac{1}{i}\lim_{k\to 0}\frac{u(x,y+k)-u(x,y)}{k}$$

$$+\frac{1}{i}\lim_{k\to 0}\frac{i(v(x,y+k)-v(x,y))}{k}$$

$$=-i(u_y(x,y)+iv_y(x,y))$$

$$=v_y(x,y)-iu_y(x,y). \quad \cdots\cdots\cdots\cdots\cdots(**)$$

（＊）と（＊＊）の一致より

$$u_x(x,y)=v_y(x,y),\ u_y(x,y)=-v_x(x,y)$$

が示された．

注意　コーシーリーマンをみたす C^1 級 $u(x,y)$, $v(x,y)$ について $f(z)=u+iv$ は複素微分可能であることが示される．複素微分可能は複素関数論で学ぶものであり，ここでこれ以上は本格的には議論しない．

(5)の解　$(x+iy)^n$ を実部と虚部にわけるとそれぞれ x,y の多項式になり，2変数の C^1 級関数であるがコーシーリーマンをこの形で計算するのも面倒である．そこで n に関する帰納法を使う．z^n の微分可能性を直接しめしてもよいがここはコーシーリーマンを直接たしかめる練習をしたい．

$n=1$ の時は明らか．

$n=k$ の時　$u_x=v_y$, $u_y=-v_x$ がみたされるとする．

$$z^{k+1}=(x+iy)(u+iv)=xu-yv+i(xv+yu),$$

$$(xu-yv)_x=u+xu_x-yv_x,$$

$$(xv+yu)_y=xv_y+yu_y+u=xu_x-yv_x+u.$$

よって z^n の実部 $u(x,y)$ 虚部 $v(x,y)$ はコーシーリーマンをみたす．

(5)の解にもどって $u(x,y)dy+v(x,y)dx$, $u(x,y)dx-v(x,y)dy$ について

$$\frac{\partial v(x,y)}{\partial y}=\frac{\partial u(x,y)}{\partial x},\ \frac{\partial u(x,y)}{\partial y}=\frac{\partial(-v(x,y))}{\partial x}$$

がみたされ，定義域である全平面は単一連結であるから前回（16回）の最後の問の結果によって，これらの線積分は積分径路によらない．又(4)—(i)を使いたいと思う向きは $z^n=\left(\frac{1}{n}z^{n+1}\right)'$（$'$は複素微分）を使って原始関数を求めることにより証明出来る．

(6)の解　$e^z=e^xe^{iy}=e^x\cos y+ie^x\sin y$.
($\cos y+i\sin y$ を e^{iy} と定義するので) $e^x\cos y$, $e^x\sin y$ はともに x,y の C^1 級関数

$$\frac{\partial(e^x\cos y)}{\partial x}=e^x\cos y=\frac{\partial(e^x\sin y)}{\partial y},$$

$$\frac{\partial(e^x\cos y)}{\partial y}=-e^x\sin y=-\frac{\partial}{\partial x}(e^x\sin y)$$

でこれらはコーシーリーマンの微分方程式をみたす．これを使って前問と同様に解いてもよいがこんどは式が簡単であるから

$$e^x\sin y dx+e^x\cos y dy$$

$$=(e^x\sin y)_x dx+(e^x\sin y)_y dy,$$

$$e^x\cos y dx-e^x\sin y dy$$

$$=(e^x\cos y)_x dx+(e^x\cos y)_y dy$$

となるから(4)—(i)の結果を利用して結論が正しいことがわかる．

§18 基本概念

問題 18

(1) 集合演算に関する次の法則を証明せよ．

(i) $A\cap(B\cup C)=(A\cap B)\cup(A\cap C)$

(ii) $A\cup(B\cap C)=(A\cup B)\cap(A\cup C)$

(iii) $(A\cup B\cup C)^c=A^c\cap B^c\cap C^c$

(iv) $(A\cap B\cap C)^c=A^c\cup B^c\cup C^c$

ここで A, B, C は実数の全体 $\boldsymbol{R}$ の部分集合，A^c は A に属さぬ $\boldsymbol{R}$ の要素の全体とする．

(v) A_n（は自然数）を $\boldsymbol{R}$ の部分集合の列とする．次式を示せ．

(a) $(\bigcup_{n=1}^{\infty}A_n)^c=\bigcap_{n=1}^{\infty}(A_n)^c$，(b) $(\bigcap_{n=1}^{\infty}A_n)^c=\bigcup_{n=1}^{\infty}(A_n)^c$

(2) 集合 $\left\{n\sin\dfrac{1}{n},\ n \text{ は自然数}\right\}$ の上限，下限をもとめよ．それらは最大値，最小値となるかも判定せよ．

(3) 任意の $\varepsilon>0$ に対し，ある番号 n_0 から先のすべての番号 p, q に対して $|a_p-a_q|<\varepsilon$ となるように，n_0 が定められるとき $\{a_n\}$ を**コーシー列**(数列)という．数列 $\{a_n\}$ が収束数列であるための必要かつ十分な条件は $\{a_n\}$ がコーシー数列であることである．これを示せ．

(4) $a_1>0\quad a_{n+1}=\dfrac{1}{2}\left(a_n+\dfrac{k}{a_n}\right)$ $(k>0)$ で定まる数列 $\{a_n\}$ は $\sqrt{k}$ に収束することを示せ．

(5) $\{a_n\}$ と $\{b_n\}$ があり，$\{b_n\}$ は単調増加で $\lim_{n\to\infty}b_n=+\infty$ とする．$\lim_{n\to\infty}\dfrac{a_n-a_{n-1}}{b_n-b_{n-1}}=\alpha$ が存在すれば $\lim_{n\to\infty}\dfrac{a_n}{b_n}$ も存在してやはり α である．これを示せ．

(6) $a, b>0\quad p>1$ を実数とする．

$(a+b)^p<2^p(a^p+b^p)$ を証明せよ．

新年度になった．この稿は大学一年生のためであるから振り出しにもどって新一年生を念頭において基本からやりなおす．ただし 30 回の連続講義でもあるから昨年とまったく同一のものをむしかえすわけにはいかない．多少の重複はあっても今までとは違った角度から眺め，問題のえらびかたも感覚を変えて進みたい．総じて昨年度は計算量の多い問題を選んだことになったが今年度の分は少し傾向を変えて収束条件などをきちんとつめる問題を多用したいと思っている．

(1)の解　集合演算の問題である．次のポイントにまず注意して欲しい．

2つの集合 A, B が $A=B$ であるとは **A の任意の要素 a が B に属しかつ B の任意の要素 b が A に属す**，が成立することである．$A=B$ とは $A\subset B$ かつ B⊂A のことといってもよい．よって(1)―(i)を示すには $A\cap(B\cup C)\subset(A\cap B)\cup(A\cap C)$ と $A\cap(B\cup C)\supset(A\cap B)\cup(A\cap C)$ を示せば十分である．今 $p\in A\cap(B\cup C)$ とする．$p\in A$ かつ $p\in B\cup C$ である．よって $p\in A\cap B$ 又は $p\in A\cap C$，したがって $p\in(A\cap B)\cup(A\cap C)$．一方，$p'\in(A\cap B)\cup(A\cap C)$ とする．これより $p'\in A\cap B$ 又は $p'\in A\cap C$ である．$A\cap B$ および $A\cap C$ は $A\cap(B\cup C)$ の部分集合であるから $p'\in A\cap(B\cup C)$．　(i)の証了．

(1)―(ii)を解くにはまず $A\cup(B\cap C)\subset(A\cup B)\cap(A\cup C)$ を示そう．

$p\in A\cup(B\cap C)$ とするとき，$p\in A$，又は $p\in B$ でしかも $p\in C$．したがって $p\in A\cup B$ でしかも $p\in A\cup C$．よってこの包含関係は示された．逆に $(A\cup B)\cap(A\cup C)\subset A\cup(B\cap C)$ は $p'\in(A\cup B)\cap(A\cup C)$ とするとき，$p'\in A\cup B$，かつ $p'\in A\cup C$．よって $p'\in A$ 又は $p\in B\cap C$ よってこの逆包含関係も示された．　(1)―(ii)証了．

(1)―(iii)の解　$p\in(A\cup B\cup C)^c$ とは $p\notin A\cup B\cup C$．よって $p\notin A$, $p\notin B$, $p\notin C$ の3条件が全部成立することであり，$p\in A^c\cap B^c\cap C^c$ となる．逆に $p'\in A^c\cap B^c\cap C^c$ ならば $p'\in A^c$, $p'\in B^c$, $p'\in C^c$ の3つが成立し，よって $p\notin A\cup B\cup C$ が成立する．

(1)―(iii)証了．

(1)―(iv)の解　(iii)と同様．$p\in(A\cap B\cap C)^c$ とは $p\notin A\cap B\cap C$ だからこれは又 $p\notin A$, $p\notin B$, $p\notin C$ の内すくなくとも1つが成立，よって $p\in A^c\cup B^c\cup C^c$．逆の包含関係は $p'\in A^c\cup B^c\cup C^c$ とすると $p'\in A^c$, $p'\in B^c$, $p'\in C^c$ のうちすくなくとも1つが成立，これより p' は A, B, C のうち少くとも1つに入らず，$p'\notin A\cap B\cap C$，すなわち $p'\in(A\cap B\cap C)^c$．

(1)―(v)を示す前に　集合の合併と共通部分の概念を明確にしておこう．まず $A\cup B=\{p : p\in A$ 又は $p\in B\}$．$A\cap B=\{p : p\in A$ かつ $p\in B\}$，k 個の集合 $A_1,\cdots,A_k$ についても同様で $A_1\cup\cdots\cup A_k=\{p : p\in A_i$ for some i $(1\leqq i\leqq k)\}$，$A_1\cap\cdots\cap A_k=\{p : p\in A_i$ for any i $(1\leqq i\leqq k)\}$ と定義する．これらは $\bigcup_{i=1}^{k}A_i$，$\bigcap_{i=1}^{k}A_i$ とも記される．無限個（可附番）の集合 A_1，…，A_k，… に対して

$$\bigcup_{i=1}^{\infty}A_i=\{p : p\in A_i \text{ for some } i \quad (i=1, \cdots, n, \cdots)\}$$

$$\bigcap_{i=1}^{\infty}A_i=\{p : p\in A_i \text{ for any } i\geqq 1\ (i \text{ は整数})\}$$ と定義する．

英語を使ったのはその方がハッキリ概念をつかむことが出来るからである．

(1)―(v)の証明　まず**(a)の証明**　背理法による．まず $p\in(\bigcup_{i=1}^{n}A_i)^c$ なら $p\in\bigcap_{i=1}^{\infty}(A_i)^c$ を示す．$p\notin\bigcap_{i=1}^{\infty}A_i{}^c\Rightarrow p\notin(\bigcup_{i=1}^{\infty}A_i)^c$（すなわち $p\in\bigcup_{i=1}^{\infty}A_i$）をみちびこう．これはほとんど明らかなのでその説明は各人にまかせる．よって $(\bigcup_{i=1}^{\infty}A_i)^c\subseteqq\bigcap_{i=1}^{\infty}(A_i)^c$．逆の包含関係 $(\bigcup_{i=1}^{\infty}A_i)^c\supseteqq\bigcap_{i=1}^{\infty}(A_i)^c$ を示そう．

$p'\in\bigcap_{i=1}^{\infty}(A_i)^c$ とすると $p'\in A_i{}^c$ ($i\geqq 1$, i は整数) したがって，$p'\notin\bigcup_{i=1}^{\infty}A_i$ である．逆の包含関係の方が背理法によらず直接的で容易でもある．

(b)の証明　まず $\bigcup_{i=1}^{\infty}(A_i)^c\subset(\bigcap_{i=1}^{\infty}A_i)^c$ をとりあげる．$p\in\bigcup_{i=1}^{\infty}(A_i)^c$ なら，ある i について $p\in$

$(A_i)^c$ であって $p\in\bigcap_{i=1}^{\infty}A_i$. 次に逆の包含関係 $\bigcup_{i=1}^{\infty}(A_i)^c\supset(\bigcap_{i=1}^{\infty}A_i)^c$ を示そう. $(\bigcap_{i=1}^{\infty}A_i)^c$ の任意の要素 p は $\bigcap_{i=1}^{\infty}A_i$ に入っていない. いいかえるとある番号 i について $p\in A_i^c$, これは $p\in\bigcup_{i=1}^{\infty}A_i^c$ に外ならない.

(2)の解　上限, 下限の定義とその基本的な性質は何度か説明したが, ここでも新学期であるから問題を解きながら紹介して行こう.

(2)—(i)の解　$n\sin\frac{1}{n}$ の形から次の2つの基本事項が想起されねばならない. その1つは $\sin\frac{1}{n}<\frac{1}{n}$. …☆ すなわち $n\sin\frac{1}{n}<1$ で, これは一般に $0<\sin x<x$ として理解されている公式である. (ここではこれ以上の説明はしない) $\left\{n\sin\frac{1}{n}\right\}$ にぞくするどんな数よりも1が大きく, いいかえれば1はこの集合の上界である. 上限の定義は最小の上界であるから, どんな $\varepsilon>0$ についても $1-\varepsilon$ はこの集合の上界ではないことを示せば1が上限となる. これには $\lim_{x\to0}\frac{\sin x}{x}=1$ の正確な認識が必要である. すなわち $\lim_{n\to\infty}\frac{\sin\frac{1}{n}}{\frac{1}{n}}=1$ であるから $\varepsilon>0$ をとったとき十分大きい番号 n_0 について $n>n_0$ とすると $1-\varepsilon<\frac{\sin\frac{1}{n}}{\frac{1}{n}}=n\sin\frac{1}{n}<1$ となる. よって $1-\varepsilon$ は上界ではない. したがって1は上限である. しかも不等式☆により1は最大値にはならない.

こんどは下限を論じよう. 上に述べた"想起せねばならぬ2つ"の2番目のものは不等式

$$n\sin\frac{\theta}{n}>\sin\theta\ (\pi>\theta>0)\ \cdots\cdots☆☆$$

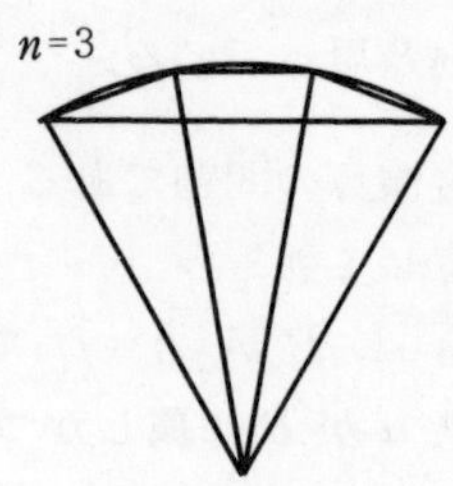

である. これは上記の図から直観的に理解出来ることで, ☆と共に面積に関する不等式と考えてよい. したがって

$$n\sin\frac{1}{n}>\sin1$$

が成立する. よって $\sin1$ が下界の1つであることがわかった. $n=1$ の時 $n\sin\frac{1}{n}=\sin1$ であるから $\sin1$ は下界の中の最大数, すなわち下限であって同時に最小数である.

(3)の解　$\lim_{n\to\infty}a_n=a$ であるとは"任意の正の ε に対してある番号 n_ε があって $n>n_\varepsilon$ の時 $\varepsilon>|a_n-a|$ となる"ことで, これが, $\{a_n\}$ がコーシー列であるための必要かつ十分な条件であることを示せば良い. まず収束数列がコーシー列であることは, 比較的簡単なのでそれを示そう. 任意の $\varepsilon>0$ に対しある数 n_ε が存在して $p,q>n_\varepsilon$ とすると $\varepsilon>|a_p-a|$, $\varepsilon>|a_q-a|$ となるから

$$|a_p-a_q|\leqq|a_p-a+a-a_q|\leqq|a_p-a|+|a_q-a|<2\varepsilon$$

2ε も任意だから証了. もしいい換えたければこれを ε' とおくと, $n_{\varepsilon'/2}$ より大きな p,q について次式が成立つ.

$$|a_p-a_q|<\varepsilon'.$$

$n_{\varepsilon'/2}=n_0$ とすればよい $(\varepsilon'=\varepsilon)$.

十分条件の証明のための準備　このシリーズはすでにこの十分性の証明を与えているが, 年度がわりでもあるから新入生のために再びこの問題をとりあつかう. そのために実数の連続性の公理として今までと少し異った条件を持ち出そう. 実数の全体 $\boldsymbol{R}$ を公理的に把握するとき, 1. 四則演算 2.順序 (大小) 3.稠

密性 4.連続の公理となるが，最後の連続性を“有界な単調数列は収束する”で論じてみよう．この公理の下で

定理 閉区間 $[a, b]$ の無限数列 $\{c_n\}$ は収束する無限部分数列を持つ．

を証明しよう．証明は2等分割法による．閉区間 $[a, b]$ 内に無限数列 $\{c_n\}$ が存在するとしよう．$a_1=a$，$b_1=b$ として $[a, b]$ を $\left[a_1, \dfrac{a_1+b_1}{2}\right]$ と $\left[\dfrac{a_1+b_1}{2}, b_1\right]$ の合併とする．この2つの区間の中少くとも1つに $\{c_n\}$ の無限個の要素が属している．$\left[a, \dfrac{a_1+b_1}{2}\right]$ が無限個要素を含む場合は $a_1=a_2$, $b_2=\dfrac{a_1+b_1}{2}$，そうでない場合は $\dfrac{a_1+b_1}{2}=a_2$，$b_1=b_2$ とし，$[a_2, b_2]$ に対してふたたび2等分法を実行し $[a_3, b_3]$ を作る．この作業をつづけて行く．明らかに $a_1 \leqq a_2 \leqq a_3 \leqq \cdots\cdots$，$b_1 \geqq b_2 \geqq b_3 \geqq$ で，どちらも有界，したがって $\lim_{n\to\infty} a_n=a$，$\lim_{n\to\infty} b_n=b$ とすることが出来る．又 $a_{n+1}-b_{n+1}=\dfrac{1}{2^n}(a_1-b_1)$ であるから，$a=b$ も明らかである．a_i, b_i のえらび方より $[a_i, b_i]$ の中に $\{c_n\}$ の元が少くとも1つ（実は無限個存在）存在するのでそれをえらんで c_{n_i} とし，部分数列 $\{c_{n_i}\}$ をつくる．ここで2重添数 n_i について説明をすると，この部分数列での番号は i であり，n_i はもとの数列の中での番号と考えるのが自然である．

$\lim_{i\to\infty} c_{n_i}=a$ を示そう． $a_i \leqq c_{n_i} \leqq b_i$ で $\lim_{i\to\infty} a_i=\lim_{i\to\infty} b_i=\lim_{i\to\infty} c_{n_i}$ $[a, b]$ は明らかであろう． 定理の証明了．

十分条件であることの証明 証明の筋書きはこうである．まずコーシー列が有界であることを示し，つぎに上の定理によってその存在が保証されている部分数列の極限を a として，この数列自体が a に収束することを示すという段どりである．

まず有界性であるが任意の $\varepsilon>0$ に対してある n_ε より大なる番号 p, q について $|a_p-a_q|<\varepsilon$．よって，次式が成立つ．$\min(a_{n_\varepsilon+1}-\varepsilon,\ a_1,\ \cdots,\ a_{n_\varepsilon})<a_n<\max(a_{n_\varepsilon+1}+\varepsilon,\ a_1,\ \cdots,\ a_{n_\varepsilon})$．よって $\{a_n\}$ は有界数列である．

$$|a_n-a|=|a_n-a_{n_i}+a_{n_i}-a| \leqq |a_n-a_{n_i}|+|a_{n_i}-a|$$

i を十分大きく（ある i_0 よりも大きくとる）とるとき，$n_i>n_0$ となり，$n>n_0$ とすると上式の右辺は $\varepsilon+|a_{n_i}-a|$ より小，$\lim_{i\to\infty} a_{n_i}=a$ であるから，ε に対してある番号 i_ε が存在して $i>i_\varepsilon$ なら $|a_{n_i}-a|<\varepsilon$，よって $|a_n-a|<2\varepsilon$．（2ε でもよいことは前半の証明で示した）．

証明了．

コーヒーブレイク

日本の数学と数学教育（その2）

NHK 大河ドラマ“秀吉”で弟の秀長が算木を使用していた場面が一度あった．算(木)は日本の古代に算法の渡来（本シリーズ第6回コーヒーブレイク参照）とともに中国三韓からもたらされ平安，鎌倉時代のいわばコンピューターで，算法の計算は算木によっていたが足利末期にそろばんの渡来があり，計算の主役をゆずったものである．そろばんは江戸時代に隆盛を極め，商業，土木，建築に不可決のものとなった．一方，戦国時代が終って，帰農した武士達（郷士）が始めた寺子屋，村塾が次第に広まり，幕末には組織的なものも出現し，“よみ，かき，そろばん”として隆盛を極め，教育の面からは明治維新の胎動とさえ見られていたことは故ライシュアワーの指摘をまつ必要もなく，あきらかなことである．

ここで幕末から明治の学制施行まで広

く使われた関口流寺子屋算術教本（学制発布（明治9年）後改訂されて高等小学校のテキストとなる）をのぞいて見よう．ソロバンの加減乗除，鶴亀算，時計算，利息計算から角錐円錐等の立体考察と多様な中に立方商（立方根）とある中ほどの節に限定して考察する．第一問，“二十五万四十七個有其立方商如何”立方根として整数解のあるこの場合は候補を立てて掛算のみによってソロバンでチェックしながら解に到達し，第二十七問“一個六分（個はこの場合小数点）其立方商如何”となれば二項展開の逆算のソロバンによる運算となる．誰しも思い浮かぶ疑問は平方根なしで立方根だけがどうして？　これに対しては(i)上古時代からの伝統を引きついだもの．(ii)木材，石材の量的把握，建築（倉庫）などの設計にからんだ必要性から，(面積は町反歩などの別の単位があって別に把握される.)の2つの答が知られている．総じて物の運用に関連して算法がとり入れられていることはいうまでもない．又これが故に算の重要性が古代中世近世を通じてとなえられた理由である．日本の初等教育は明治期は尋常小学4年，高等小学4年で中学へは高小の2年又は3年から途中退校で進学した．大正昭和期（昭和23年まで）は尋常小学校6年，高等科2年であったが国民の大半は昭和初期まで小学校卒であった．昭和になって立方根は平方根の計算にとって代られ，計算も筆算となっていた．一方ソロバンは珠算となって課外科目となり，昭和20年代にはスピード競争が盛になる．私は昭和17年には小学校あらため国民学校の5年生であったが当時の記憶としては立方根は小学校高等科2年生の教師用教科書に計算法が紹介されて居たのが名残りの姿であった．昭和ひとけたの私の北海道の東端根室での少年期，まわりにいた老人達は慶応生れとか安政生れとか文字通り歴史の証人の様な人達であった．私にソロバンでの立方根を教えてくれたのもその中の一人である．徳島（彼は阿波と言っていた）の麻植郡（おえごおり）でソロバンを習ったという彼と彼の友人達は明治大正の日本産業を背負ってきたという気概にみちあふれていた．彼等はこの古い“和とじ”の教本で育てられたのであった．和算の研究は，高名な和算家だけを対象とする従来方式では新しく得るものは何もないことをつけくわえておこう．

(4)の解　$a_n-\sqrt{k}$ を計算してみる．

$$a_{n+1}-\sqrt{k}=\frac{1}{2}\left(a_n+\frac{k}{a_n}-2\sqrt{k}\right)$$
$$=\frac{1}{2}\frac{(a_n-\sqrt{k})^2}{a_n}.$$

分母があるのでこれ以上この式だけでは進まない．しかしこの式を眺めていると $a_n+\sqrt{k}$ も計算したくなる．すなわち

$$a_{n+1}+\sqrt{k}=\frac{1}{2}\left(a_n+\frac{k}{a_n}+2\sqrt{k}\right)$$
$$=\frac{1}{2}\frac{(a_n+\sqrt{k})^2}{a_n}.$$

そこでこれら2つの式の商をとると

$$\frac{a_{n+1}-\sqrt{k}}{a_{n+1}+\sqrt{k}}=\left(\frac{a_n-\sqrt{k}}{a_n+\sqrt{k}}\right)^2$$
$$=\cdots=\left(\frac{a_1-\sqrt{k}}{a_1+\sqrt{k}}\right)^{2n},$$

$\dfrac{a_1-\sqrt{k}}{a+\sqrt{k}}=\rho$ とおくと $\dfrac{a_{n+1}-\sqrt{k}}{a_{n+1}+\sqrt{k}}=\rho^{2n}$.

これから a_{n+1} について解くと

$a_{n+1}=\sqrt{k}\dfrac{1+\rho^{2n}}{1-\rho^{2n}}$. ρ の定義から $-1<\rho<1$. よって $\{a_n\}$ は収束して極限は $\sqrt{k}$ である．

この問題は大学入試問題のむつかしいものと同程度である．だが非常に重要な数列のパターンになっていて，数理物理学にしばしばこの様な形があらわれる．

(5)の解　$\lim_{n\to\infty}\frac{a_n-a_{n-1}}{b_n-b_{n-1}}=\alpha$ を ε-N 論法でいいなおすと次の様になる．任意の正の ε に対してある n_0 が存在して $n>n_0$ であれば $\alpha-\varepsilon<\frac{a_n-a_{n-1}}{b_n-b_{n-1}}<\alpha+\varepsilon$ をみたす．

したがってこの式の分母をはらった式 $(\alpha-\varepsilon)(b_n-b_{n-1})<a_n-a_{n-1}<(\alpha+\varepsilon)(b_n-b_{n-1})$ を n_0+1 から n まで合計すると $(\alpha-\varepsilon)(b_n-b_{n_0})<a_n-a_{n_0}<(\alpha+\varepsilon)(b_n-b_{n_0})$

この式を移項させて b_n で割ると

$$\alpha-\varepsilon+\frac{a_{n_0}-(\alpha-\varepsilon)b_{n_0}}{b_n}<\frac{a_n}{b_n}<\alpha+\varepsilon+\frac{a_{n_0}-(\alpha+\varepsilon)b_{n_0}}{b_n}.$$

$\lim_{n\to\infty}b_n=+\infty$ であるから上の ε と同一の ε に対して $\exists n_1$ が存在して $n>n_1$ とすると

$-\varepsilon<\frac{a_{n_0}-(\alpha-\varepsilon)b_{n_0}}{b_n}<\varepsilon$ となる．又ある n_2 が存在して $n>n_2$ であれば $-\varepsilon<\frac{a_{n_0}-(\alpha+\varepsilon)b_{n_0}}{b_n}<\varepsilon$ となる．

よって $n>\max(n_0,\ n_1,\ n_2)$ とすると

$\alpha-2\varepsilon<\frac{a_n}{b_n}<\alpha+2\varepsilon.$ $\left(\left|\frac{a_n}{b_n}-\alpha\right|<2\varepsilon\right.$ でも同じ$\Big)$ となり，$\lim_{n\to\infty}\frac{a_n}{b_n}=\alpha$ が示された．

この問題は ε-N 論法の練習になっている．

(6)の解　$p=1$ の時はあきらかである．p が自然数の時は数学的帰納法による．すなわち

$$(a+b)^n<2^n(a^n+b^n)$$

とすると $(a+b)^{n+1}<2^n(a+b)(a^n+b^n)=2^n\{a^{n+1}+b^{n+1}+ab^n+ba^n\}$.

$a^{n+1}+b^{n+1}$ と ab^n+ba^n の大小を比較すると

$$a^{n+1}+b^{n+1}-ab^n-ba^n=a^n(a-b)+b^n(b-a)=(a^n-b^n)(a-b).$$

よって $a\geqq b$ or $b\geqq a$ のどちらであろうとも $a^{n+1}+b^{n+1}\geqq ab^n+ba^n$ となる．

これより $(a+b)^{n+1}<2^n(a^{n+1}+b^{n+1}+a^{n+1}+b^{n+1})=2^{n+1}(a^{n+1}+b^{n+1})$.

よって p が自然数 n の時には証明された．

p が正有理数すなわち $\frac{n}{m}$ (m, n は自然数) の場合

$$(a+b)^{\frac{n}{m}}\leqq 2^{\frac{n}{m}}\ (a^{\frac{n}{m}}+b^{\frac{n}{m}})$$

を示すには両辺をm乗して

$$(a+b)^n\leqq 2^n\ (a^{\frac{n}{m}}+b^{\frac{n}{m}})^m$$

を示すことが出来れば十分であるが，これは右辺の2項展開と第一ステップの場合（自然数の場合）とからただちに成立が示される．

最後に一般に p が実数の場合は実数全体の中で有理数の全体がみたす稠密性（(3)の証明中紹介した実数の公理の1つ）が利用される．任意の実数は有理数の数列の極限と考えてよいのである．$(a+b)^p$，$2^p(a^p+b^p)$ をそれぞれ変数 p の連続関数と見よう．この場合も次の様に求める不等式が導びかれる．

数列 $\{n_i/m_i\}$ を $\lim_{i\to\infty}n_i/m_i=p$ をみたす有理数列とする．

$\lim_{i\to\infty}(a+b)^{n_i/m_i}=(a+b)^p$，$\lim_{i\to\infty}2^{n_i/m_i}(a^{n_i/m_i}+b^{n_i/m_i})=2^p(a^p+b^p)$ よって $(a+b)^p\leqq 2^p(a^p+b^p)$.

この不等式は p 乗可積分関数の全体の作る L^p-空間の基本公式の説明に使用されることがある．(6)の出典は，かなり古い本だが吉田耕作　位相解析　岩波（昭和26年）で，最初の数頁の間に使用されていたと記憶している．

§19 e^λ の級数表示に関連させての絶対収束概念導入

問題 19 (1) 固定した実数 λ について級数 $\sum_{n=0}^{\infty}\lambda^n/n!$ を考える．(今後 $\sum\lambda^n/n!$ と略記することが多い)

(i) $S_n(\lambda)=\sum_{k=0}^{\infty}|\lambda|^k/k!$ の収束を示せ．又 $\sum\lambda^n/n!$ の収束も示せ．

(ii) $e(\lambda)=\sum_{k=0}^{\infty}\lambda^k/k!$ と表記する時，$e(1)=e$ を示せ．

(iii) $e(\lambda)\cdot e(\mu)=e(\lambda+\mu)$ を示せ．

(iv) m, n を整数 $(m\neq 0)$ とする．$e\left(\frac{n}{m}\right)$ は高校以来学んで来た $e^{\frac{n}{m}}$ と一致することを示せ．(指数関数のテイラー展開を知らないとする)

(2) 今度は $\sum_{k=0}^{\infty}\frac{(-1)^k\lambda^{2k+1}}{(2k+1)!}$，$\sum_{k=0}^{\infty}\frac{(-1)^k\lambda^{2k}}{(2k)!}$ を考える．前者を $\sin\lambda$，後者を $\cos\lambda$ と表わした時，次を示せ．

(i) $\sin(\lambda+\mu)=\sin\lambda\ \cos\mu+\cos\lambda\ \sin\mu$

(ii) $\cos(\lambda+\mu)=\cos\lambda\ \cos\mu-\sin\lambda\ \sin\mu$

(3) (i) $\sum a_n$ が絶対収束するとき $\sum a_n{}^2$ も収束することを示せ．

(絶対収束の定義は(1)の解中にあり) この逆はどうか？　又 $\sum a_n$ が単に収束するだけのとき $\sum a_n{}^2$ の収束はどうか？

(ii) $\sum a_n{}^2$，$\sum b_n{}^2$ が収束するならば $\sum a_nb_n$ は絶対収束することを示せ．

(iii) $\sum a_n{}^2$ が収束するならば $\sum\frac{a_n}{n}$ は絶対収束することを示せ．

(1)の解 (i) $\lambda=0$ の時 $S_n(\lambda)\equiv 1$ であり，収束は自明．$\lambda\neq 0$ の場合 $\{S_n(\lambda)\}$ は正項級数であって単調増大である．次に $\{S_n(\lambda)\}$ が有界であることを示す．まず $n>N$ として

$$\frac{|\lambda|^n}{n!}=\frac{|\lambda|^N}{N!}\cdot\frac{|\lambda|}{N+1}\frac{|\lambda|}{N+2}\cdots\frac{|\lambda|}{n}$$

と表現し，N を十分大きく，$2|\lambda|$ よりも大にとり，固定する．この仮定より $\frac{|\lambda|}{N+i}\leqq\frac{1}{2}$ $(i>0)$ が成立し，次式がみたされる．

$$\frac{|\lambda|^k}{n!}\leqq\frac{|\lambda|^N}{N!}\cdot\left(\frac{1}{2}\right)^{k-N}\quad(k>n).$$

$$S_n(\lambda)\leqq\sum_{k=0}^{N-1}\frac{|\lambda|^k}{k!}+\sum_{k=N}^{n}\frac{|\lambda|}{N!}\left(\frac{1}{2}\right)^{k-N}$$

$$\leqq\sum_{k=0}^{N-1}\frac{|\lambda|^k}{k!}+2\frac{|\lambda|^N}{N!}$$

(最後の不等式は等比数列の公式より)

したがって $S_n(\lambda)$ は有界数列である．単調増

大な有界数列は収束する（大学のテキスト参照）から(i)の前半証了．後半を証明するには絶対収束の仮定が収束をも意味することを示さねばならぬ．(以下の定理B参照)

まず級数の収束に関するコーシーの必要かつ十分な条件を示す．

定理 A　級数 $\sum_{n=0}^{\infty} a_n$ が収束するための必要十分条件は任意の $\varepsilon>0$ に対してある番号 N が存在し，$p>q>N$ をみたすすべての p, q に対し

$$\varepsilon>|a_p+\cdots+a_q|$$

が成立することである．

この定理の証明は省略し，各自の大学テキストを参照してもらう．

(i)の後半　$\sum \frac{\lambda^n}{n!}$ と $\sum \frac{|\lambda|^n}{n!}$ の双方について $|a_p+\cdots+a_q|$ を作ると前者では $\left|\frac{\lambda^p}{p!}+\cdots+\frac{\lambda^q}{q!}\right|$，後者では $\left|\frac{\lambda^p}{p!}\right|+\cdots+\left|\frac{\lambda^q}{q!}\right|$ である．

(i)の前半の結果，$\sum \frac{|\lambda|^n}{n!}$ は収束するから上の定理によって，任意の $\varepsilon>0$ に対してある N が存在し，$p, q \geqq N$ とすると

$\varepsilon>\left|\frac{\lambda^p}{p!}\right|+\cdots+\left|\frac{\lambda^q}{q!}\right|$ となり，上でしらべた大小関係によって，同一の p, q に対して $\varepsilon>\left|\frac{\lambda^p}{p!}+\cdots+\frac{\lambda^q}{q!}\right|$ が三角不等式を使って示される．(i)証了．

(ii)　この $e(\lambda)$ は高校時代以来学んで来た e^{λ} と同一なのだがここではそれを示すことが出来ない．(ii)と(iii)，(iv)だけでは十分ではないのである．ともかく，まず(ii)を示そう．

$a_n=\sum_{k=0}^{n}\frac{1}{k!}$，$b_n=\left(1+\frac{1}{n}\right)^n$ とおき，$\lim_{n\to\infty} b_n$ が存在して $\lim_{n\to\infty} a_n$ と同一であることを示せばよい．$\{b_n\}$ の極限存在はこのシリーズですでに証明ずみであるが新一年生のために示して見よう．通常は b_n が単調増大で有界なことを示して収束を verify するのだがここでは $\{a_n\}$ と比較することにしたい．

$$\begin{aligned}
b_n&=1+n\frac{1}{n}+\frac{n(n-1)}{2!}\frac{1}{n^2}+\cdots+\frac{n!}{n!}\frac{1}{n^n}\\
&=1+1+\frac{1}{2!}\left(1-\frac{1}{n}\right)+\cdots\\
&\quad+\frac{1}{p!}\left(1-\frac{1}{n}\right)\cdots\left(1-\frac{p-1}{n}\right)+\cdots\\
&\quad+\frac{1}{n!}\left(1-\frac{1}{n}\right)\cdots\left(1-\frac{n-1}{n}\right)\\
&\leqq 1+1+\frac{1}{2!}+\frac{1}{3!}+\cdots+\frac{1}{n!}=a_n.
\end{aligned}$$

よって　$\lim_{n\to\infty} b_n \leqq \lim_{n\to\infty} a_n=e(1)$.

逆の不等式を工夫しよう．

上の式より

$$b_n>1+1+\frac{1}{2!}\left(1-\frac{1}{n}\right)+\frac{1}{3!}\left(1-\frac{1}{n}\right)\left(1-\frac{2}{n}\right)\cdots+\frac{1}{p!}\left(1-\frac{1}{n}\right)\cdots\left(1-\frac{p-1}{n}\right)$$

右辺の式を $1+1+\frac{1}{2!}+\frac{1}{3!}+\cdots+\frac{1}{p!}+f(p, n)$ とおく．あきらかに $\lim_{n\to\infty} f(p, n)=0$.（この極限は p を固定している）よって

$\lim_{n\to\infty} b_n \geqq a_p$．これより $\lim_{n\to\infty} b_n \geqq \lim_{n\to\infty} a_n = e(1)$.

よって(ii)は証明された．

(1)—(iii)を解く前に　(iii)を解くには定理を２つばかり紹介しなくてはならない．

定理 B　級数 $\sum a_n$ が絶対収束すると仮定する．すなわち $\sum|a_n|$ が収束するとしよう．この時この級数の項の順序を任意にならべ換えて得られる級数 $\sum b_n$ も収束し，$\sum a_n$ の極限と同一の値に収束する．

定理 B の証明　級数の順序の並べ換えというのは $\sum a_n$ のどの i 番目の項も $\sum b_n$ の $\lambda(i)$ 番目であり，$\sum b_n$ のどの j 番目の項も $\sum a_n$ の $\mu(j)$ 番目の項としてならんでいることである．ここで $i\to\lambda(i)$, $j\to\mu(j)$ はもちろん一価であり，μ は λ の逆と考えられるから $\mu=\lambda^{-1}$ と記して構わない．

$\sum b_n$ が絶対収束することは $|b_1|+\cdots+|b_n|\leqq|a_1|+\cdots+|a_m|\leqq\sum|a_i|$ から明らかである．ここで m は $(\mu(1)\cdots\mu(n))$ の最大数を表わしたものである．

次に $\sum b_n=\sum a_n$ を示そう．b_1, …, b_n に対し a_1, …, a_m を上記の様にとったとき，$a_1,\cdots a_m$ を $b_{\lambda(1)}$, …, $b_{\lambda(m)}$ とみて $\max(\lambda(1), \cdots, \lambda(m))=r$ とおいて，$\sum a_n$ の第 m 部分和を s_m，$\sum b_n$ の第 n 部分和を t_n とするとき次式が成立する．

$s_m-t_n=b_{\lambda(1)}+\cdots+b_{\lambda(m)}-(b_1+\cdots+b_n)$

$|s_m-t_n|\leqq|b_{n+1}|+\cdots+|b_r|$. ……☆

あきらかに $r\geqq m\geqq n$.

$\sum a_n$ の和を s，$\sum b_n$ の和を t とおくとき，

$|s-t|\leqq|s-s_m|+|t-t_n|+|s_m-t_n|$

任意の $\varepsilon>0$ に対して n を十分な N より大きくとると右辺の3つの項はすべて ε より小である．(第3項が ε より小となるのはコーシーの必十条件（定理A）と☆による）$|s-t|<3\varepsilon$（ε は任意の正の数)，よって $s=t$．定理B証了．

定理C　2つの級数 $\sum a_n$ と $\sum b_n$ は絶対収束すると仮定する．積 a_pb_q を一定の順序に並べて作った級数 $\sum a_pb_q$ は絶対収束し，和の順序に関係なく次式が成立する．

$$\sum a_pb_q=(\sum a_p)(\sum b_q)$$

特に $\sum_{n=0}^{\infty}\sum_{p=0}^{n}a_pb_{n-p}$ について

$$\sum_{n=0}^{\infty}\sum_{p=0}^{n}b_{n-p}a_p=(\sum_{n=0}^{\infty}a_n)(\sum_{m=0}^{\infty}b_m).$$

定理Cの証明　上の特にと記した部分だけ証明する．一般の場合はその証明と全く平行に行えば出来る．まず

$$|\sum_{p=0}^{n}b_{n-p}a_p|\leqq(\sum_{p=0}^{\infty}|a_p|)(\sum_{q=0}^{\infty}|b_q|)$$

が成立し，右辺は絶対収束の仮定により有限であるから

$c_q=\sum_{p=0}^{q}b_{n-p}a_p$ とおいたとき $\{|c_q|\}$ は有界数列である．よって級数 $\sum_{n=0}^{\infty}\sum_{p=0}^{n}b_{n-p}a_p$ は絶対収束である．したがって定理Bの結果を使ってその和順序をどの様に変えても同一の値に収束する．よって順序をまったく変えて

$r_{n^2}=\sum_{q=0}^{n}(\sum_{p=0}^{n}a_pb_q)$ とおく．

$$\sum_{q=0}^{n}(\sum_{p=0}^{n}a_pb_q)=(\sum_{p=0}^{n}a_p)(\sum_{q=0}^{n}b_q)$$

であるから $\lim_{n\to\infty}r_{n^2}=\sum_{n=0}^{\infty}\sum_{p=0}^{n}b_{n-p}a_p$ と考えあわせて証明が終った．

(1)—(iii)の解　すでに(i)で調べたように $e(\lambda)=\sum_{p=0}^{\infty}\frac{\lambda^p}{p!}$, $e(\mu)=\sum_{q=0}^{\infty}\frac{\mu^q}{q!}$ はともに絶対収束する．したがって

$$e(\lambda)\cdot e(\mu)=\left(\sum_{p=0}^{\infty}\frac{\lambda^p}{p!}\right)\left(\sum_{q=0}^{\infty}\frac{\mu^q}{q!}\right)$$

$$=\sum_{n=0}^{\infty}\left(\sum_{p+q=n}\frac{1}{p!q!}\lambda^p\mu^q\right)$$

が定理Cの結果の応用として成立する．

これを書き換えて

$$e(\lambda)\cdot e(\mu)=\sum_{n=0}^{\infty}\left(\frac{1}{n!}\sum_{p=0}^{n}\binom{n}{p}\lambda^p\mu^{n-p}\right),$$

さらに2項定理を逆用して

$$=\sum_{n=0}^{\infty}\frac{(\lambda+\mu)^n}{n!}=e(\lambda+\mu)$$

となる．　　　　(1)—(iii)　解了．

1—(iv)の解　この $e(\lambda)$ は高校以来学んで来た e^λ と同じであることを実は証明出来るのだがここではまだそれが出来ない．

第一段階 $e(n)=e^n$ の証明（n は正整数)．$e(2)=e(1+1)=e(1)\cdot e(1)=e^1\cdot e^1=e^2$ が(iii)と(ii)を使って証明出来，同様にして $e(n)=e(1+\cdots+1)=e(1)\cdot\cdots\cdot e(1)=e^1\cdot e^1\cdot\cdots\cdot e^1=e^n$ がただちにしたがう．

第二段階 $e(-n)=e^{-n}$ の証明（n は正整数)．(1)—(iii)より $e(0)=e(n+(-n))=e(n)\cdot e(-n)$．又 $e(\lambda)$ の定義から $e(0)=1$．よって $e(-n)=(e(n))^{-1}=e^{-n}$．よって $e(-n)=e(n)$．

第三段階 $e\left(\frac{1}{n}\right)=e^{\frac{1}{n}}$ の証明（n は正整

数) $e\left(\frac{1}{2}\right)\cdot e\left(\frac{1}{2}\right)=e(1)=e$ よって $e\left(\frac{1}{2}\right)=e^{\frac{1}{2}}$. $1/n$ についても同様. (iv)の結論はこれからほとんど明らかである.

注意　もし $e(\lambda)$ が λ の連続関数であることが知られていれば $e(\lambda)$ は e^{λ} とすべての λ において一致することが判る. これを示すには連続関数の定義から勉強しなければならない. 一変数の関数 $f(x)$ (簡単のためその定義域は数直線 $\boldsymbol{R}$ の全体としよう.) をとり, $f(x)$ が $x=a$ で連続であるとは

$$\lim_{x\to a} f(x)=f(a)$$

がみたされていることとする. 又 $f(x)$ が定義域 (この場合は $\boldsymbol{R}$ 全体) のすべての点で連続であるとき, 連続関数という. n/m が有理数であれば $e\left(n/m\right)=e^{\frac{n}{m}}$ であったが ((iv)の結果) $\boldsymbol{R}$ の任意の無理数 t に対し, $t=\lim_{i\to\infty}\frac{n_i}{m_i}$ となるように有理数列をとれるから (有理数の全体が $\boldsymbol{R}$ 内で稠密であるから)

$e(t)=\lim_{i\to\infty} e\left(\frac{n_i}{m_i}\right)=\lim_{i\to\infty} e^{\frac{n_i}{m_i}}=e^t$ となって, すべての数 t において $e(t)$ は e^t と一致するのである.

では $e(t)$ が連続であることをどうやって証明したら良いか?

$T_n(\lambda)=\sum_{k=0}^{n}\frac{\lambda^k}{k!}$ は λ について n 次式であるから連続関数になることは判ると思う. $\lim_{n\to\infty}$ $-(\lambda)=e(\lambda)$ であるから部分和の極限操作で生ずる $e(\lambda)$ に $T_n(\lambda)$ たちの連続性が伝わるかどうかが問題である. これは λ^k の係数が $\frac{1}{k!}$ であるということから生ずる現象で一般的には一様収束として理解されている事柄である. 一様収束をここで教えるのは比較的簡単であるが, ここは数学における大事なポイントであって, もう少し準備をした方が良いのである. **すなわち微分法をもっと学び $\sum\frac{\lambda^k}{k!}$ の形の由来を理解してからでもおそくはないのである.** それはテイラー展開という概念でまとめられる定理群を指す. 微分積分学がこの辺を中心に発達したという歴史的な事情もあるし, 微分方程式の解としての e^x の認識も数学を使う立場からいって不可欠の知識である. ここはこの様な舞台への招待券として絶対収束の概念を与えただけであるとしておく.

(2)の解

$\sum_{k=0}^{\infty}\frac{(-1)^k\lambda^{2k+1}}{(2k+1)!}$ が絶対収束することを示そう. まず

$$\sum_{k=0}^{\infty}\left|\frac{(-1)^k\lambda^{2k+1}}{(2k+1)!}\right|=\sum_{k=0}^{\infty}\frac{|\lambda|^{2k+1}}{(2k+1)!}$$
$$\leqq\sum_{k=0}^{\infty}\frac{|\lambda|^k}{k!}$$ が成立する.

上式の最右辺は(1)によって収束し, 有限値である. よって部分和がつくる数列は単調増大で上に有界なことがわかり, 絶対収束は示された. $\sum_{k=0}^{\infty}\frac{(-1)^k\lambda^{2k}}{(2k)!}$ の絶対収束もまったく同様に証明される.

ここで定理を1つ証明しておく.

定理 D　2つの絶対収束級数 $\sum a_n$, $\sum b_n$ に対してその和 $\sum(a_n+b_n)$ も又絶対収束である.

$\sum|a_n|$, $\sum|b_n|$ は収束するのでその第 n 部分和をそれぞれ S_n, T_n とするとき $\{S_n\}$, $\{T_n\}$ は数列として有界である. 又 $\sum|a_n+b_n|$ の第 n 部分和 R_n は $R_n\leqq S_n+T_n$ をみたし, これより結論はただちに従う. 定理D証了.

(2)の解にもどって(i)　まず次式が成立する.

$$\sin(\lambda+\mu)=\sum_{k=0}^{\infty}\frac{(-1)^k(\lambda+\mu)^{2k+1}}{(2k+1)!}$$
$$=\sum_{k=0}^{\infty}\frac{1}{(2k+1)!}\sum_{2p+2q+1=2k+1}$$
$$\left(\frac{(-1)^p(-1)^q\lambda^{2p+1}\mu^{2q}\cdot(2k+1)!}{(2p+1)!(2q)!}+\right.$$

$$\left.\frac{(-1)^p(-1)^q\lambda^{2p}\mu^{2q+1}(2k+1)!}{(2p)!(2q+1)!}\right)$$

定理Dの結果を利用し，(以下の２つの級数がそれぞれ絶対収束であることを確認した上で)

$$=\sum_{k=0}^{\infty}\sum_{p+q=k}\frac{(-1)^p(-1)^q\lambda^{2p+1}\mu^{2q}}{(2p+1)!(2q)!}$$

$$+\sum_{k=0}^{\infty}\sum_{p+q=k}\frac{(-1)^p(-1)^q\lambda^{2p}\lambda^{2q+1}}{(2p)!(2q+1)!}$$

定理Cを使って

$$=\left(\sum_{p=0}^{\infty}\frac{(-1)^p\lambda^{2p+1}}{(2p+1)!}\right)\left(\sum_{q=0}^{\infty}\frac{(-1)^q\mu^{2q}}{(2q)!}\right)$$

$$+\left(\sum_{p=0}^{\infty}\frac{(-1)^p\lambda^{2p}}{(2p)!}\right)\left(\sum_{q=0}^{\infty}\frac{(-1)^q\mu^{2q+1}}{(2q+1)!}\right)$$

$$=\sin\lambda\cos\mu+\cos\lambda\sin\mu.$$

(2)―(ii)の解

$$\cos(\lambda+\mu)=\sum_{k=0}^{\infty}\frac{(-1)^k(\lambda+\mu)^{2k}}{(2k)!}$$

$$=\sum_{k=0}^{\infty}\frac{1}{(2k)!}\sum_{2p+2q=2k}$$

$$\left(\frac{(-1)^p(-1)^q\lambda^{2p}\mu^{2k}\times(2k)!}{(2p)!(2q)!}\right.$$

$$\left.-\frac{(-1)^p(-1)^q\lambda^{2p+1}\mu^{2q+1}(2k)!}{(2p+1)!(2q+1)!}\right).$$

定理Dにより

$$=\sum_{k=0}^{\infty}\sum_{p+q=k}\frac{(-1)^p(-1)^q\lambda^{2p}\mu^{2q}}{(2p)!(2q)!}$$

$$-\sum_{k=1}^{\infty}\sum_{p+q+1=k}\frac{(-1)^p\lambda^{2p+1}\mu^{2q+1}}{(2p+1)!(2q+1)!}$$

定理Cにより$=\sum_{p=0}^{\infty}\frac{(-1)^p\lambda^{2p}}{(2p)!}\cdot\sum_{q=0}^{\infty}\frac{(-1)^q\mu^{2q}}{(2q)!}$

$$-\sum_{p=0}^{\infty}\frac{(-1)^p\lambda^{2p+1}}{(2p+1)!}\cdot\sum_{q=0}^{\infty}\frac{(-1)^q\mu^{2q+1}}{(2q+1)!}$$

$=\cos\lambda\cos\mu-\sin\lambda\sin\mu$　　　　解了．

(3)―(i)の解　級数の収束をしらべるには色々あるが今回はテクニカルなものはとりあげていない．すべて基本定理によるものだけである．(i)はまず定理Aによって解く．

$\sum a_n^2$ が収束する必要十分条件を定理Aの形で記すと

任意の ε に対してある番号Nが存在して，$N<p<q$ ならば $|a_p^2+\cdots+a_q^2|<\varepsilon$ が成立することである．

$|a_p^2+\cdots+a_q^2|\leqq(|a_p|+\cdots+|a_q|)^2$ が明らかに成立する．

定理Aを $\sum|a_n|$ に適用すると

$\sum|a_n|$ が収束するための必要十分条件は任意の $\varepsilon>0$ に対してある番号 N' が存在して $N'<p<q$ ならば

$|a_p|+\cdots+|a_q|<\sqrt{\varepsilon}$ となることである．

(3)―(i)では $\sum|a_n|$ の収束が仮定されているから上記 $\sum a_n^2$ の収束条件と $\sum|a_n|$ の収束条件のNおよび N' を同一にとると

$$|a_p^2+\cdots+a_q^2|\leqq(|a_p|+\cdots+|a_q|^2)<\varepsilon$$

となって（$\sum|a_n|$ の収束条件が $\sum a_n^2$ の収束条件を imply するという意味で）証明は終った．

3―(i)の逆について　逆が正しければ証明しなければならない．正しくない事を示すには反例をあげなければならない．逆は正しくないのであるが，その説明のために級数の収束，発散の基本的な例として２つの級数をとりあげる．１つは $\frac{1}{2}+\frac{1}{2}+\frac{1}{3}+\cdots+\frac{1}{n}+\cdots$（発散)，と他の１つは $\frac{1}{1^2}+\frac{1}{2^2}+\cdots+\frac{1}{n^2}+\cdots$（収束）である．

これらの収束発散はすでにこのシリーズでも１度ならず触れたのだが，ここでも説明を入れておこう．方法は積分との比較に限定する．

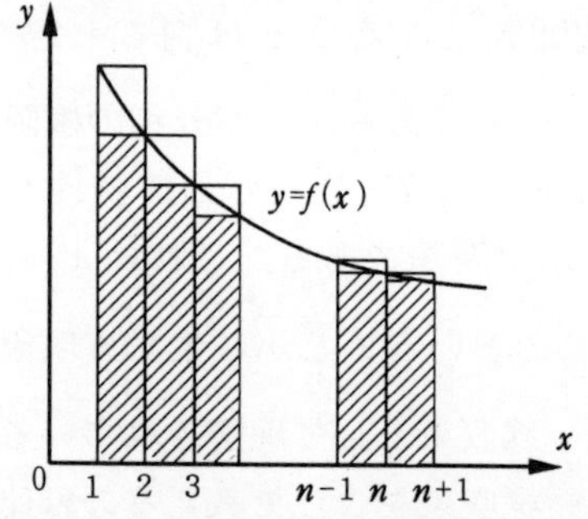

まず $\sum_{n=1}^{\infty}\frac{1}{n}$ と $\int_1^{\infty}\frac{1}{x}dx$ の比較をしよう．

ここで $\int_1^{\infty}\frac{1}{x}dx$ は $\lim_{k\to\infty}\int_1^{k}\frac{1}{x}dx$ であり，これ

は広義積分として積分法で学ぶものであるが簡単なので新入の学生も理解出来ると思う．要するに無限まで積分するのであるがこれは $\lim_{k\to\infty}[\log x]_1^k=\lim_{k\to\infty}\log k$ となり，対数関数の性質より無限大になるものである．一方，

$$\int_1^k \frac{1}{x}dx<\sum_{n=1}^{k-1}\frac{1}{n}\ \text{よって}\ k\to\infty\ \text{とすると}$$

$$\sum_{n=1}^{\infty}\frac{1}{n}=+\infty\ （発散）である．$$

$\sum_{n=1}^{\infty}\frac{1}{n^2}$ については上図をこんどは $f(x)=\frac{1}{x^2}$ のグラフと想定して考えよう．

まず $\int_1^{\infty}\frac{1}{x^2}dx$ を

$$\lim_{k\to\infty}\int_1^k\frac{1}{x^2}dx=\lim_{k\to\infty}\left[-\frac{1}{x}\right]_1^k=1-\lim_{k\to\infty}\frac{1}{k}=1.$$

また，上図の斜線部に注目しながら次の不等式を得る．

$$\sum_{n=2}^{k}\frac{1}{n^2}<\int_1^k\frac{1}{x^2}dx\leqq\int_1^{\infty}\frac{1}{x^2}dx=1.$$

よって $\sum_{n=1}^{k}\frac{1}{n^2}<2$．この級数は有界で正項級数であり，第 k 部分和は k について単調増大であり，級数として収束する．

$\sum a_n$ が絶対収束でなくて単に収束なら $\sum a_n^2$ はどうであろうか．反例は次のようにとる．

$\sum(-1)^{n-1}\frac{1}{\sqrt{n}}$．その絶対値級数は $\sum\frac{1}{\sqrt{n}}$ でこれは積分 $\lim_{k\to\infty}\int_1^k\frac{dx}{\sqrt{x}}$ と比較する方法で発散することがわかる．又 $\sum a_n=\sum\frac{1}{n}$ となるからこれは上に述べた様に収束はしない．反例が定成するためには $\sum(-1)^{n-1}\frac{1}{\sqrt{n}}$ が収束することを示せば十分である．この様にプラスの項とマイナスの項が交互に入るものを交項級数という．交項級数で $|a_n|$ が単調減少，$\lim_{n\to\infty}a_n=0$ をみたすものは級数として収束する．ここではその説明はしない（テキストによって勉強すること）．

(3)―(ii)の解　第 k 部分和 $\sum_{n=1}^{k}|a_nb_n|$，$\sum_{n=1}^{k}a_n^2$，$\sum_{n=1}^{k}b_n^2$ の間に

$$\sum_{n=1}^{k}|a_nb_n|\leqq\sqrt{\sum_{n=1}^{k}a_n^2}\sqrt{\sum_{n=1}^{k}b_n^2}$$ （シュワルツの不等式を少し modefy したもの）

が成立する．これを以下でまず証明して見よう．

まず $\sum_{n=1}^{k}(|a_n|+\lambda|b_n|)^2$ を展開することにより不等式

$$\sum_{n=1}^{k}a_n^2+2\lambda\sum_{n=1}^{k}|a_nb_n|+\lambda^2\sum_{n=1}^{k}b_n^2\geqq0$$

が成立する．これを λ に関する 2 次不等式とみると，2 次式の判別式を使って

$$\left(\sum_{n=1}^{k}|a_nb_n|\right)^2-\left(\sum_{n=1}^{k}a_n^2\right)\left(\sum_{n=1}^{k}b_n^2\right)\leqq0$$

がみちびかれ，この式より上の不等式はただちにしたがう．定理Aを使うと任意の正の ε に対して十分大きな N をとり $p>q>N$ である pair (p,q) に対して

$$a_p^2+\cdots+a_q^2<\varepsilon\quad b_p^2+\cdots+b_q^2<\varepsilon$$

が成立する．（$\sum a_n^2$，$\sum b_n^2$ のそれぞれに定理Aを適用し，それぞれの N_1, N_2 に対して，$N=\max(N_1,N_2)$ とおく）

この時 $\sum_{n=p}^{n=q}|a_nb_n|\leqq\sqrt{\varepsilon}\cdot\sqrt{\varepsilon}=\varepsilon$

が成立する．$\sum|a_nb_n|$ に対して定理Aを逆に適用し，結論を得る．

(3)―(iii)の証明　(iii)は(ii)の特別な場合である．$\sum\frac{1}{n}$ は $\sum\frac{1}{n^2}$ が(3)―(i)で示したように収束（すなわちこの場合は絶対収束する）するので(ii)の結果を適用すればよい．

§20 $e^{i\theta}$ など複素数の計算練習から代数学の基本定理まで

問題 20 (1) $e^{i\theta}=\cos\theta+i\sin\theta$ とおく．以下を示せ．

(i) $e^{i\theta_1}\cdot e^{i\theta_2}=e^{i(\theta_1+\theta_2)}$, $e^{i\theta_1}/e^{i\theta_2}=e^{i(\theta_1-\theta_2)}$, $|e^{i\theta}|=1$, $(e^{i\theta})^n=e^{in\theta}$.

(複素数の絶対値は $|x+iy|=\sqrt{x^2+y^2}$)

(ii) $0\leqq r<1$ とする．$\sum_{k=-\infty}^{\infty} r^{|k|}e^{ik\theta}=(1-r^2)/(1-2r\cos\theta+r^2)$.

(iii) $\sum_{k=-N}^{N} e^{ik\theta}=\sin\left(N+\frac{1}{2}\right)\theta/\sin\frac{\theta}{2}$.

(2) (i) $\omega^7=1$ をみたす複素数をすべてあげよ．

(ii) ${}_n\mathrm{C}_1 z+{}_n\mathrm{C}_2 z^2+\cdots+{}_n\mathrm{C}_{n-1}z^{n-1}+z^n=0$ をみたす複素数は n に関係なくすべて１つの円上にあることを示せ．$n=5$ の時上の方程式の解をすべて求めよ．

(3) (i) n 次元空間 $\boldsymbol{R}^n$ の有界閉集合 M で連続な関数 $f(x_1,\cdots,x_n)$ は M で最大値最小値を持つことを証明せよ．($n=2$ でもよい)

(ii) $f(z)=a_nz^n+\cdots+a_0$ について $|f(z)|$ は複素平面上の一点で最小値をとることを示せ．(概説でよい)

(iii) 複素数を係数とする n 次の方程式 ($n\geqq1$) $f(z)\equiv z^n+a_1z^{n-1}+\cdots+a_n=0$ は複素解を必ず持つことを(ii)の結果を利用して証明せよ．(**代数学の基本定理**)

問題を解く前に　複素数 $a+ib$ と２次元空間 $\boldsymbol{R}^2$ の元 (a,b) を同一視したとき，$\boldsymbol{R}^2$ を**複素平面**または**ガウスの平面**という．複素平面は実数の場合の数直線と同じ役割—図的に数の把握が出来る—をはたしている．複素数の演算を次の様にまとめておく．

$$(a_1+ib_1)+(a_2+ib_2)=(a_1+a_2)+i(b_1+b_2)$$

$$(a_1+ib_1)\cdot(a_2+ib_2)=(a_1a_2-b_1b_2)+i(a_1b_2+a_2b_1)$$

２番目の式 (積の法則) よりとくに $i^2=-1$ も成立する．

$z=a+ib$ (a,b は実数) に対し z の絶対値 $|z|$ を

$$|z|=\sqrt{a^2+b^2}$$

によって，また z の共役複素数を $\overline{z}=a-ib$ によって定義する．$a=\mathrm{Re}\,z$, $b=\mathrm{Im}\,z$ と記し，z の実部，z の虚部とそれぞれ呼ぶことにする．絶対値に関する等式，不等式はいくつかあるが三角不等式だけを紹介しよう．

$$|z_1+z_2|\leqq|z_1|+|z_2|,\quad \big||z_1|-|z_2|\big|\leqq|z_1-z_2| \quad\cdots\cdots☆$$

これらはむずかしいものではないがうっかりすると間違ったり証明出来なかったりする．

☆の解　第一式を証明すれば十分である．$z_1=a_1+ib_1$, $z_2=a_2+ib_2$ とし，$z_1\overline{z_2}$ を計算す

る．（これがコツである）

$$z_1\overline{z_2}=(a_1+ib_1)(a_2-ib_2)$$
$$=a_1a_2+b_1b_2+i(b_1a_2-a_1b_2).$$

よって $|z_1\overline{z_2}|\geqq|a_1a_2+b_1b_2|$ が成立する．

又 $|z_1z_2|=|z_1||z_2|$, $|\overline{z}|=|z|$ が容易に示されるので上の式から $|a_1a_2+b_1b_2|\leqq|z_1||z_2|$ が成立する．

$$|z_1+z_2|^2=|a_1+a_2+i(b_1+b_2)|^2$$
$$=(a_1+a_2)^2+(b_1+b_2)^2$$
$$=a_1^2+a_2^2+b_1^2+b_2^2+2(a_1a_2+b_1b_2)$$
$$\leqq a_1^2+a_2^2+b_1^2+b_2^2+2|z_1||z_2|=(|z_1|+|z_2|)^2.$$

証了．

注意　三角不等式の証明は複素平面上の幾何学を使っても説明出来る．複素平面上に 3 点 O, z_1, z_1+z_2 をとる．ここで O(=O+iO) は原点である．O と点 z_1+z_2 との間の距離は $|z_1+z_2|$ etc., によって幾何学における三角不等式に帰せられる．

問題 20 —(1)—(i)の解法　$e^{i\theta}=\cos\theta+i\sin\theta$（**オイラーの公式**）であるから

$$e^{i\theta_1}\cdot e^{i\theta_2}$$
$$=(\cos\theta_1+i\sin\theta_1)(\cos\theta_2+i\sin\theta_2)$$
$$=\cos\theta_1\cos\theta_2-\sin\theta_1\sin\theta_2+i(\sin\theta_1\cos\theta_2+\cos\theta_1\sin\theta_2)$$
$$=\cos(\theta_1+\theta_2)+i\sin(\theta_1+\theta_2)=e^{i(\theta_1+\theta_2)}.$$

次に

$$e^{i\theta_1}/e^{i\theta_2}$$
$$=(\cos\theta_1+i\sin\theta_2)/(\cos\theta_2+i\sin\theta_2)$$
$$=(\cos\theta_1+i\sin\theta_1)(\cos\theta_2-i\sin\theta_2)$$
$$=\cos\theta_1\cos\theta_2+\sin\theta_1\sin\theta_2+i(\sin\theta_1\cos\theta_2-\sin\theta_2\cos\theta_1)$$
$$=\cos(\theta_1-\theta_2)+i\sin(\theta_1-\theta_2)=e^{i(\theta_1-\theta_2)}.$$

つづいて，

$$|e^{i\theta}|=|\cos\theta+i\sin\theta|$$
$$=\sqrt{\cos^2\theta+\sin^2\theta}=1.$$

(i)の最後の式（ド・モアブルの定理）は数学的帰納法で証明しよう．

$(e^{i\theta})^1=e^{i\theta}$, よって $n=1$ の場合は成立する．$n=k$ の時成立していると仮定する．$(e^{i\theta})^{k+1}=(e^{i\theta})^k\cdot e^{i\theta}=e^{i(k\theta)}\cdot e^{i\theta}=e^{i(k+1)\theta}$ よって成立．

(1)—(ii)の解　実等比級数の和の公式と同様に操作して

$$\lim_{k\to\infty}\left(\frac{1-r^{k+1}e^{i(k+1)\theta}}{1-re^{i\theta}}+\frac{1-r^{k+1}e^{-(k+1)\theta}}{1-re^{-i\theta}}-1\right)$$
$$=\frac{1}{1-re^{i\theta}}+\frac{1}{1-re^{-i\theta}}-1$$
$$=\frac{2-r(e^{i\theta}+e^{-i\theta})}{1-r(e^{i\theta}+e^{-i\theta})+r^2}-1$$
$$=\frac{1-r^2}{1-2r\cos\theta+r^2}.$$

1 —(iii)の解

$$\sum_{k=-N}^{N}e^{ik\theta}=\frac{1-e^{i(N+1)\theta}}{1-e^{i\theta}}+\frac{1-e^{-i(N+1)\theta}}{1-e^{-i\theta}}-1$$
$$=\frac{2-(e^{i(N+1)\theta}+e^{-i(N+1)\theta})}{2-(e^{i\theta}+e^{-i\theta})}-1$$
$$=\frac{\cos\theta-\cos(N+1)\theta}{1-\cos\theta}$$

分母に倍角の公式，分子に三角関数の差を積になおす公式を適用して解にみちびく．

注意　(ii), (iii)の形はフーリエ解析などで利用される．

(2)—(i)の解　この問題はもっと一般に 1 の n 乗根をすべて書きあげる問題として論ずべきなのであろうが，ここではあえて $n=7$ とした．要点はド・モアブルの定理の応用ということである．

まず(1)の結果を使って

$$z^n=1 \Rightarrow |z^n|=|z|^n=1 \Rightarrow |z|=1.$$

$z^n=1$ の解はすべて複素平面上 0 を中心とする単位円（半径 1 の円）上にある．したがって $z=e^{i\theta}$ とおいてよい．

$$(e^{i\theta})^n=e^{in\theta}=1=e^{2\pi i}$$

が成立するが 1 そのままではなく $e^{2\pi i}$ におきかえるのがポイントである．$7\theta=2\pi$ よりまず $\theta=\frac{2\pi}{7}$ つまり $e^{i\frac{2\pi}{7}}$ が解の 1 つである．円をひとまわり廻るのが 2π であるがそれを 7 等分した角に対応する複素数がこれである．

2まわりして $e^{4\pi i}$ を考えてもこれはやはり1であるから 4π を7等分したもの，いい換えると $\dfrac{2\pi}{7}$ を2倍したものがやはり，$z^7=1$ をみたす解に対応する．この第2の解は $e^{i\frac{4\pi}{7}}=\cos\dfrac{4\pi}{7}+i\sin\dfrac{4\pi}{7}$ となり，同様にして $e^{\frac{i6\pi}{7}}$，$e^{\frac{i8\pi}{7}}$，$e^{\frac{i10\pi}{7}}$，$e^{\frac{i12\pi}{7}}$ がすべて $z^7=1$ の解である．**そしてこれでつきるのである．** この最後のツメの部分は各自考えよ．

(2)—(ii)の解　あたえられた式を見ると2項展開と関係があることがわかる．よって両辺に1を加えて

$$1+{}_nC_1z+\cdots+{}_nC_{n-1}z^{n-1}+z^n=(1+z)^n=1$$

となる．絶対値をとって $|z+1|^n=1$，これより $|z+1|=1$ がみちびかれる．これは $|z-(-1)|=1$ と表わされ，この式は複素数 z と，複素数 (-1) との距離が1であることを示すものである．実際 $|x+iy+1|^2=1$ としてみると $(x+1)^2+y^2=1$ となり，2次元平面として考えると $(-1, 0)$（複素平面上の複素数 $-1+0i$）を中心として半径1の円上にある．$n=5$ の時

$$(1+z)^5=1$$

の解をすべて求めることは(i)とパラレルに出来るので答を書きながすだけにしよう．

解は $-1+e^{\frac{2\pi}{5}i}$, $-1+e^{\frac{4\pi}{5}i}$, $-1+e^{\frac{6\pi}{5}i}$, $-1+e^{\frac{8\pi}{5}i}$，$-1+e^{\frac{10\pi}{5}i}$ の5つである．

(3)を解く準備　n 個の順序のついた実数の組 $(x_1, \cdots, x_n)$ を1つの文字Pで表わし，点とよぶ．このような点の全体を $\boldsymbol{R}^n$ で表わし，n 次元空間という．2点P，Qにたいして

$d(\mathrm{P}, \mathrm{Q})=\sqrt{\sum_{i=1}^{n}(x_i-y_i)^2}$ とおく，($\mathrm{Q}=(y_1, \cdots, y_n)$ とする)．

$d(\mathrm{P}, \mathrm{Q})$ は次の3つの性質を持つ．

(i)　$d(\mathrm{P}, \mathrm{Q})=d(\mathrm{Q}, \mathrm{P})$,

(ii)　$d(\mathrm{P}, \mathrm{P})\geqq 0$，$d(\mathrm{P}, \mathrm{Q})=0 \longleftrightarrow \mathrm{P}=\mathrm{Q}$，ただし $\mathrm{P}=\mathrm{Q}$ とは $x_1=y_1$，$x_2=y_2$，$\cdots$，$x_n=y_n$ のこととする．

(iii)　3点P，Q，Rに対して $d(\mathrm{P}, \mathrm{Q})\leqq d(\mathrm{P}, \mathrm{R})+d(\mathrm{R}, \mathrm{Q})$

$d(\mathrm{P}, \mathrm{Q})$ を2点P, Qの間の**距離**という．

$\boldsymbol{R}^n$ の一点 $\mathrm{A}=(a_1, \cdots, a_n)$ と正数 ε に対し部分集合

$$U_\varepsilon(\mathrm{A})=\{\mathrm{P}\in\boldsymbol{R}^n \mid d(\mathrm{P}, \mathrm{A})<\varepsilon\}$$

を点Aの ε-近傍という．$U_\varepsilon(\mathrm{A})$ はAを中心とし半径 ε の球面でかこまれた内部といってよい．ここで半径 ε の球面とは集合 $\{(x_1, \cdots, x_n) \mid x_1^2+x_2^2+\cdots+x_n^2=\varepsilon\}$ のことである．

実数の世界は1次元空間であり，座標平面は2次元空間，いわゆる空間図形は3次元である．n 次元空間はこれらの数学を統一して論ずるものといえる．しかし大学の微積分テキストのほとんどはその最初から n 次元をとりあつかうことはしない．(2, 3の例外的なテキストは存在する）まず1変数関数を十分理解してその後2変数3変数，又は n 変数へと進む形をとる．上記の例外的なテキストの中に有名な数学書“解析概論（高木貞治，岩波）”がある．この本は過去半世紀近く，数学を志すものはすべてこの本を勉強して来たものである．この本の真似をするわけではないが，この演習の20回以降は出来るだけ n 次元で論じたい．その理由は前半においては通常の記述によってのべて来たので新年度の学生達のためにはすこしおもむきを変えようということである．

一言注意をのべておくと，全部を n 次元で述べるわけにはいかない．1次元の場合をのべてそれを使って n 次元の議論をしなければならない所が必ずある．つまり実数の性質に帰着させなければならない箇所があり，それをわきまえるのが微積分の理解のカギの一つとなる．

$\boldsymbol{R}^n$ における点集合 M が $\boldsymbol{R}^n$ の点Pのある ε-近傍 $U_\varepsilon(\mathrm{P})$（$\varepsilon$ はこの場合大きくとる）に含まれるとき，M は有界集合であるという．

例1　$n=1$ の場合，区間 $[a, b]$ は有界であ

る．$[a,\infty)$ は有界でない．又同じく $n=1$ の時，$\{a_i\}$ を収束数列とするとこれは有界である．(数列の極限を中心とする，区間 $[a-\varepsilon, a+\varepsilon]\supset\{a_n\}$ となる ε が存在する．)

例2　$n=3$ の場合，たとえば集合 $\{(x,y,z)|x^2+y^2-z^2=1\}$ は有界でない．

例3　$\boldsymbol{R}^n$ の有界集合の有限個についてその和集合は有界である．

$\boldsymbol{R}^n$ の閉集合の定義　$\boldsymbol{R}^n\supset M$ があたえられたとき，$\boldsymbol{R}^n\ni \mathrm{P}$ が M の境界点であるとはPのどんな近傍 $U_\varepsilon(\mathrm{P})$ をとっても $U_\varepsilon(\mathrm{P})$ の中に M の点と M に属さない点の双方が存在しているときとする．M の境界点の全体を ∂M と表記する．$\partial M\subset M$ ならば M は閉集合であるという．

例4　$\boldsymbol{R}^n$ の部分集合として $\boldsymbol{R}^n$ 自身は閉集合である．$\partial\boldsymbol{R}^n=\phi$ (ϕ は空集合) は明らかであり，空集合は任意の集合の部分集合であるから (これは集合の規約) $\partial M=\phi\subset M$ が成立するからである．

$\boldsymbol{R}^n$ の点列 $\{\mathrm{P}_m\}$ (くわしくいうと $\mathrm{P}_1, \mathrm{P}_2, \cdots, \mathrm{P}_m, \cdots$ で次元と混同しない様に番号は m を使う) が点Pに収束するとは

$\forall\varepsilon>0$ に対し，($\forall$ は任意の，英語では arbitrary を表わす) $\exists N$； (ある番号 N が存在してと読む) $m>N\Rightarrow d(\mathrm{P},\mathrm{P}_m)<\varepsilon$ の時とする．又この時 $\lim_{m\to\infty}\mathrm{P}_m=\mathrm{P}$ と表わす．

任意の ε にたいしてPから半径 ε の球について $\{\mathrm{P}_m\}$ の点の内有限個を除いた残り全部 (無限個) が内部に入っていること，または同じことだが外側にはせいぜい有限個しかないという状態であればPが極限点である．

定理A　$\lim_{n\to\infty}\mathrm{P}_m=\mathrm{P}$ の必要かつ十分な条件は $\mathrm{P}_m=(p_{m1},\cdots,p_{mn})$，$\mathrm{P}=(p_1,\cdots,p_n)$ と成分表示したとき，第 i 成分の作る数列 $p_{1i}, p_{2i}, \cdots p_{mi}, \cdots$ がPの第 i 成分 p_i に (すべての $i=1,\cdots,n$ について) 収束することである．

証明は次の不等式を使って行われる．

$$\sum_{i=1}^{n}|p_{mi}-p_i|\geqq d(\mathrm{P}_m,\mathrm{P})\geqq|p_{mi}-p_i|$$

定理Aの証明(必要条件)　極限点の候補点を $\mathrm{P}=(p_1,\cdots,p_n)$，点列の点を $\mathrm{P}_m=(p_{m1},\cdots,p_{mn})$ $(m=1,\cdots,k,\cdots)$ とすると $\{\mathrm{P}_m\}$ のPへの収束の定義より，十分先の番号 m について

$$\varepsilon>d(\mathrm{P}_m,\mathrm{P})=\sqrt{\sum_{i=1}^{n}(p_{mi}-p_i)^2}\geqq|p_{mi}-p_i|$$

$(i=1,\cdots,n)$ が成立し，$\lim_{m\to\infty}p_{mi}=p_i$ $(i=1,\cdots,n)$ が成立する．

(十分条件)

逆に，任意の正の数 ε と $i\,(1\leqq i\leqq n)$ に対し，番号 N_i が存在して，$m>N_i$ なら $|p_{mi}-p_i|<\dfrac{\varepsilon}{n}$ に出来るという形で $\lim_{m\to\infty}p_{mi}=p_i$ を記述することから始めよう．$\max_{1\leqq i\leqq n}N_i=N$ とおいたとき，

$$m>N\Rightarrow\varepsilon>\sum_{i=1}^{n}|p_{mi}-p_i|>d(\mathrm{P},\mathrm{P}_i)$$

が上で準備した不等式のおかげで結論づけられる．これは $\lim_{m\to\infty}\mathrm{P}_m=\mathrm{P}$ に外ならない．

証明了．

定理B　$\boldsymbol{R}^n$ の点列 $\{\mathrm{P}_m\}$ が有界ならば，収束する部分列が存在する．

定理Bの証明　この定理は $n=1$ の場合に証明を行い，一般の n の場合は1次元の場合のくりかえしで証明しよう．

まず $n=1$ の場合，証明は実数の公理 (とくに連続性の公理の与え方によって大きく変わる．したがってこの場合の証明は各自のテキストによって勉強してもらいたいのだが，まったく記さない訳にもいかないので連続性の公理まで特定した上での証明をしよう．

実数の公理として「**(1)四則演算　(2)順序関係　(3)稠密性　(4)$\boldsymbol{a}_1\leqq\boldsymbol{a}_2\leqq\cdots\leqq\boldsymbol{a}_n\leqq\cdots$，$\boldsymbol{b}_1\geqq\boldsymbol{b}_2\geqq\cdots\geqq\boldsymbol{b}_n\geqq\cdots$　かつ　$\boldsymbol{b}_i-\boldsymbol{a}_i\to 0$ ならある $\boldsymbol{\xi}\in\boldsymbol{R}$ が存在して $\boldsymbol{a}_n\leqq\boldsymbol{\xi}\leqq\boldsymbol{b}_n$ となる．**」

を採用する．

$n=1$ の場合, $\boldsymbol{R}^1=\boldsymbol{R}$, すなわち数直線の場合は数列 $p_1, p_2, \cdots, p_n \cdots$ が $[a_1, b_1]$ に含まれているとしてよい．

いわゆる２等分法によるのだが $[a_1, b_1]$ を $\left[a_1, \dfrac{a_1+b_1}{2}\right]$ と $\left[\dfrac{a_1+b_1}{2}, b_1\right]$ にわけ，$\{p_i\}$ の無限個を前者が含む時は a_1 を a_2 とし，$\dfrac{a_1+b_1}{2}=b_2$ とし，そうでなければ $\dfrac{a_1+b_1}{2}=a_2$，$b_1=b_2$ とする．この様にして出来た $[a_2, b_2]$ は $\{p_j\}$ の無限個をふくむから，同様の２等分法によって $[a_3, b_3]$ をつくる．この様にして操作の無限列を想定すると $a_1 \leqq a_2 \leqq \cdots a_n \cdots$，$b_1 \geqq b_2 \geqq b_3 \cdots$ は連続性の公理(4)をみたす．区間 $[a_i, b_i]$ から $\{p_j\}$ の元を p_{j_i} として取り出す．$\lim\limits_{i\to\infty} a_i=\lim\limits_{i\to\infty} b_i=\lim\limits_{i\to\infty} p_{j_i}$ は明らかである．

一般の場合 ($n \neq 1$) の証明　点列 P_m の第１成分だけをとり，数列 $\{\mathrm{P}_{m(1)}\}$ としよう．$\{\mathrm{P}_{m(1)}\}$ も有界であるから $n=1$ の場合を引用してその収束部分列をとって $\{p_{m(1)}\}$ と表わすことにする．その部分数列を第１成分とする $\{\mathrm{P}_m\}$ の部分列を $\{\mathrm{P}_{m(1)}\}$ とする．次に $\{\mathrm{P}_{m(1)}\}$ に対して第２成分を考え上記と同じ操作をして $\{\mathrm{P}_{m(2)}\}$ をつくる．この様にして $\{\mathrm{P}_{m(n)}\}$ をつくる．定理Ａを使えば $\{\mathrm{P}_{m(n)}\}$ は収束することが示される．　証了．

連続関数　$\boldsymbol{R}^n$ の部分集合 M で定義された関数が M の点Ｑにおいて $\lim\limits_{\mathrm{P}\to\mathrm{Q}} f(\mathrm{P})=f(\mathrm{Q})$ $(\mathrm{P} \in M)$ であれば f はＱで連続であるという．ここで $\mathrm{P}\to\mathrm{Q}$ とは $d(\mathrm{P}, \mathrm{Q})\to 0$ のことをいう．紙数の関係でここでは ε-δ 論法で収束の定義を与えるのは省略する．

(3)—(i)の解　$\boldsymbol{R}^n$ 内の有界閉集合 M を定義域とする実数値関数（n 変数関数）$f(\mathrm{P})$ $(=f(p_1, p_2, \cdots, p_n))$ を考える．(i)の解は２段階に分かれ，第一段階は f の有界性（f の値域が $\boldsymbol{R}$ 内の有界集合であること），第２段階で最後のツメ最大(小)値存在定理をのべる．

(3)—(i)の証明　紙数制限のため $n=2$ とする．本質は２でも n でも変らない．

第一段階　f の値が有界なこと．$\exists A, B$ について $A>f(x, y)>B$ $((x, y)\in M)$，を示そう．もしこの様な A が存在しなければ f の M における値はいくらでも増えて行く．いいかえると任意の n に対し $(x_n, y_n)\in M$ が存在して $f(x_n, y_n)>n$ となる．$\mathrm{P}_n=(x_n, y_n)$ とおくと $\{\mathrm{P}_n\}$ の無限部分点列 $\{(x_{n_i}, y_{n_i})\}$ で M の点に収束するものがある．この点を (a, b) としておく．連続の定義から

$f(a, b)=\lim\limits_{i\to\infty} f(x_{n_i}, y_{n_i}) \geqq \lim\limits_{i\to\infty} n_i=\infty$ となって $f(a, b)$ の値が存在しないこととなり，矛盾である．B の存在も同様であり，f の値は有界である．

第二段階　まず上限の概念 (sup) を準備していただきたい．（ここでは復習しない．）有界閉集合で連続な実数値関数は第１段階の結論により有界であるから関数値の全体は上限 l を持つ．関数 $1/(l-f(x, y))$，$(x, y)\in M$ をつくると l の持つ性質からこの値はいくらでも大きな値をとる．一方，l が適当な (x_0, y_0) で $l=f(x_0, y_0)$ と表わされるならば証明は終わりであるから $l \neq f(x, y)$，$(x, y)\in M$ としてよい．しかし上記の関数は分母が nonzero であり，連続関数となることが明らかだからそれ自身有限な値を持ち，上記のいくらでも大きな値をとることに矛盾する．

(3)—(ii)の解　$f(z)=a_n z^n+\cdots+a_0$ に対し $|f(z)|=g(x, y)$ とおく，ここで $z=x+iy$ とする．はっきり書きながしてみればわかることだが $g(x, y)$ は連続な２変数関数である．以下では $a_n=1$ としよう．これは本質的な仮定ではない．

又 $|f(z)|=|z^n|\left|1+\dfrac{a_{n-1}}{z}+\cdots+\dfrac{a_n}{z^n}\right|$ と変形してみよう．今十分大きな実数 $L>0$ をと

り，$|z|>L$ とする．このとき，$|f(z)|\geqq L^n\Bigl|1+\dfrac{a_{n-1}}{z}+\cdots+\dfrac{a_n}{z_n}\Bigr|\geqq L^n\Bigl\{1-\Bigl|\dfrac{a_{n-1}}{z}\Bigr|-\cdots-\Bigl|\dfrac{a_n}{z^n}\Bigr|\Bigr\}$ となる．最後の不等式は☆の第2式による．L を大きくすると右辺は $\dfrac{L^n}{2}$ より大である．L をさらに大きくすると $\dfrac{L^n}{2}>|a_0|=|f(0)|$ となるから，$|z|>L$ であれば $|f(z)|>f(0)$．よって $f(z)$ を $|z|\leqq L$ に制限したものについて最小値の存在をいえばよい．この集合は円の（ふちまでこめた）内部であり，したがって有界閉集合であるから（$|f(z)|$ を2変数の連続関数とみて）最小値が存在する．よって $|f(z)|$ の複素平面全体における最小値も存在する．

(3)—(iii)の証明　まず $f(z)=0$ と $|f(z)|=0$ とは同一条件であるから関数 $w=|f(z)|$ を実2変数実数値連続関数とみて w の変動の考察をすると方針を定めよう．(ii)の結果を引用すると $|f(z)|$ は一点 z_0 で複素平面上の最小値を実現する．この最小値が実は0であることを示せば十分である．まずあたえられた n 次の多項式 $f(z)$ を次の様に変形する．

$$f(z)=f(z_0)+A(z-z_0)^k+(z-z_0)^{k+1}g(z). \qquad \cdots\cdots☆☆$$

k を $f(z)-f(z_0)=0$ の解としての z_0 の重複度と思えばよい．又 $k\geqq 1$ である．

ここで複素数の k 乗根の定義を述べておこう．複素数の極表示 $z(=x+iy)=r(\cos\theta+i\sin\theta)$ をとる．$r=\sqrt{x^2+y^2}$，$\theta=\mathrm{Tan}^{-1}\dfrac{y}{x}+2n\pi$ $(n=0,\pm1,\pm2,\cdots)$ である．（r を絶対値，θ を偏角という．）この様に表示された z に対し，$w^n=z$ をみたす複素平面上の点 w は絶対値 $r^{\frac{1}{n}}$，偏角が $\dfrac{\theta}{n}+\dfrac{2\pi i}{n}$ $(i=0,\cdots,n-1)$ で定まる n 個の複素数のどれかであり，これらを z の n 乗根と名づけるのである．

定理の証明にもどる．式☆☆における A，$f(z_0)$，および k をそのまま使い，$-\dfrac{f(z_0)}{A}$ の k 乗根の一つを w とおく．
以下では $f(z_0)\neq 0$ と仮定し矛盾をみちびく．

実数 $\varepsilon>0$ をとって $|f(z_0+\varepsilon w)|$ を以下の様に計算する．

$$\begin{aligned}&|f(z_0+\varepsilon w)|\\&=|f(z_0)+A\varepsilon^k w^k+\varepsilon^{k+1}w^{k+1}g(z_0+\varepsilon w)|\\&=|f(z_0)-\varepsilon^k f(z_0)+\varepsilon^k\cdot\varepsilon w^{k+1}g(z_0+\varepsilon w)|\\&\leqq|1-\varepsilon^k||f(z_0)|+\varepsilon^k|\varepsilon w^{k+1}g(z_0+\varepsilon w)|\end{aligned}$$

まず $|f(z_0)|$ と $|\varepsilon w^{k+1}g(z_0+\varepsilon w)|$ は ε が十分小さければ $|f(z_0)|>|\varepsilon w^{k+1}g(z_0+\varepsilon w)|$ としてよい．上の最右辺はこれらの2つの数 $|f(z_0)|$ と $|\varepsilon w^{k+1}g(z_0+\varepsilon w)|$ の凸結合．つまり $1>\lambda>0$ として $(1-\lambda)|f(z_0)|+\lambda|\varepsilon w^{k+1}g(z_0+\varepsilon w)|$ であり（もちろん $\lambda=\varepsilon^k$），ε が小さければ $|f(z_0)|$ より小さい．$|f(z_0+\varepsilon w)|<|f(z_0)|$ となり $|f(z_0)|$ が $|f(z)|$ の最小値であることに矛盾する．

§21 物理演習などにあらわれる簡単な微分計算

問題 21 (1) $A(x)=a\cos^2x+2h\cos x\sin x+b\sin^2x$ $(a^2+b^2+h^2\neq 0)$ について.

(i) $A(x)\equiv\text{const}$ となるための必要十分条件を求めよ.

(ii) $A(x)\not\equiv\text{const}$ の時 $A(x)$ を最大または最小とする x をもとめよ.

(2) 一つの平面で区切られた A, B 2つの媒質においての光速度をそれぞれ u, v とする. A 媒質の中の点Aから B 媒質の中の点Bに至る光はその最小の時間を実現する道を通る. この道の入射角を α, 屈折角を β (図参照) とすれば関係 $\dfrac{\sin\alpha}{\sin\beta}=\dfrac{u}{v}$ が成立することを示せ. (**フェルマーの定理**)

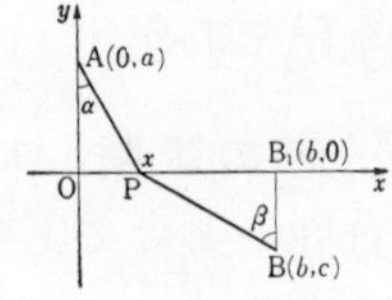

(3) 一様な重力場に長さ l の単振子を考える. 図の角 θ を時間 t の関数とし, 糸の張力を T とする.

(i) 図の様に x-y 座標をとったとき, x および y 軸方向の加速度がみたす方程式を求めよ.

(ii) (i)で得た2つの方程式より T を消去し, $\theta(t)$ のみたす一階微分方程式をつくれ. ただし $t=0$ で $\theta=\theta_0$, $\left(\dfrac{d\theta}{dt}\right)_{t=0}=0$ とする.

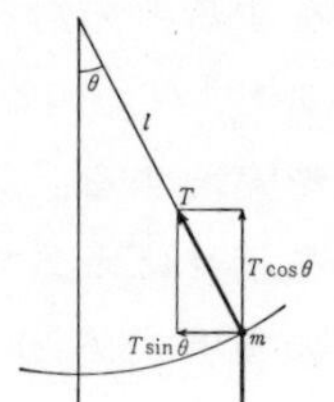

(4) $x=a/2\ \log((a+\sqrt{a^2-y^2})/(a-\sqrt{a^2-y^2}))-\sqrt{a^2-y^2}$ $(a>0)$ の表わす曲線上の点P (x, y) における接線が x 軸と交わる点をTとするとき $\overline{\mathrm{PT}}$ はPの位置に関係なく定数でその値は a であることを示せ.

(5) (i) $\lim\limits_{h\to 0}(f(a+2h)-2f(a+h)+f(a))/h^2=f''(a)$ を f が C^2 級として証明せよ.

(ii) $[a, a+h]$ で C^2 級の $f(x)$ に関し, 点 $a\,(f''(a)\neq 0)$ での平均値定理 $f(a+h)=f(a)+hf'(a+\theta h)$ $(0<\theta<1)$ において $\lim\limits_{h\to 0}\theta$ を求めよ.

(6) (i) $[a, b]$ で連続, この区間の一点 ξ を除いて微分可能な $f(x)$ がさらに $\lim\limits_{x\to\xi}f'(x)=l$ ならば $f'(\xi)=l$ を示せ.

(ii) $f(x)=e^{-1/x}$ $(x>0)$, $f(x)=0$ $(x\leqq 0)$ で定義される関数 $f(x)$ は $x=0$ で何度も微分可能であることを示し, $f^{(n)}(0)$ を求めよ.

(1)—(i)の解 $A(x)\equiv\text{const}$ であるための必要十分条件は, $A(x)$ が微分可能であることを考慮すると, $\dfrac{dA}{dx}=0$ である.

$$\frac{dA}{dx}=-2a\sin x\cos x$$
$$+2h(\cos^2 x-\sin^2 x)+2b\sin x\cos x$$
$$=(b-a)\sin 2x+2h\cos 2x$$

よって求める条件は

$(b-a)\sin 2x+2h\cos x=0$（この等号は恒等的に成立）

x に特殊な値を入れて b, a, h のみたす式を求めてみる．$x=0$ とおくと $h=0$，$x=\frac{\pi}{4}$ とおくと $a=b$．逆に $h=0$，$a=b$ なら

$$A=a\ (\cos^2 x+\sin^2 x)=a$$

A は定数関数である．答は $h=0$，$a=b$．

(1)—(ii)の解　$A(x)$ をまず微分してみよう．加法定理も使って

$$\frac{dA}{dx}=(b-a)\sin 2x+2h\cos 2x$$
$$=\sqrt{(b-a)^2+4h^2}\sin(2x+\alpha)\cdots\cdots☆$$

ここで α は $\tan\alpha=\frac{2h}{b-a}$ となる定角である．ただしここでは $b\neq a$ を仮定する．

又 $A''=2\sqrt{(b-a)^2+4h^2}\cos(2x+\alpha)$.

A の極値は もし存在すれば $A'=0$ の点で実現されるからこの式より

$\sin(2x+\alpha)=0$，すなわち $x=\frac{n\pi-\alpha}{2}$（n は整数）

よって $n=2m$ のとき　$x_1=\frac{2m\pi-\alpha}{2}$ に対して $A'(x_1)=0$，$A''(x_1)>0$

又 $n=2m+1$ のとき $x_2=\frac{(2m+1)\pi-\alpha}{2}$ に対して $A'(x_2)=0$，$A''(x_2)<0$

$x=x_1$，x_2 の時，$A(x)$ はそれぞれ極小値，極大値をとる．

☆より A 自身が単振動であり，極小値，極大値は最小値，最大値である．

$a=b$，$h\neq 0$ のケースが残っているがこの場合は

$\frac{dA}{dx}=2h\cos x$，上述の計算で $\alpha=\frac{\pi}{2}$ のケースとして考えてよい．

(2)の解　問題の図が示す様に，A およびBからの平面への垂線の足をそれぞれ O, B_1 とすればこの問題は平面 $AOBB_1$ の上の問題に限定して理解してよい．

まずAからPを通りBにいたるまでの時間は x の関数であり，それを $f(x)$ とおくと問題の図より

$f(x)=\frac{\sqrt{x^2+a^2}}{u}+\frac{\sqrt{(b-x)^2+c^2}}{v}$　$(0\leqq x\leqq b)$ であり，この $f(x)$ の最小値を求めることになる．まず f の導関数は

$$f'(x)=\frac{1}{u}\frac{x}{\sqrt{x^2+a^2}}-\frac{1}{v}\frac{b-x}{\sqrt{(b-x)^2+c^2}},$$

又

$$f'(0)=-\frac{1}{v}\frac{b}{\sqrt{b^2+c^2}}<0,$$
$$f'(b)=\frac{1}{u}\frac{b}{\sqrt{b^2+c^2}}>0.$$

$\angle OAP=\alpha$, $\angle B_1BP=\beta$ とおいて $\sin\alpha=\frac{x}{\sqrt{x^2+a^2}}$，$\sin\beta=\frac{b-x}{\sqrt{(b-x)^2+c^2}}$ を使うと

$$f'(x)=\frac{\sin\alpha}{u}-\frac{\sin\beta}{v}.$$

x が 0 から b にすすむ間，$\sin\alpha$ は単調増加，$\sin\beta$ は単調減少，よって $f'(x)$ は $[0, b]$ において単調増加な連続関数である．したがって中間値の定理（テキストで調べよ）によって $0<\xi<b$ で $f'(\xi)=0$ をみたす ξ がただ一つ存在する．すなわち $x=\xi$ で $\frac{\sin\alpha}{u}=\frac{\sin\beta}{v}$ がなり立つ．f'' を計算してさらに ξ における状態をしらべよう．

$$f''(x)$$
$$=\frac{1}{u}\left(\frac{x}{\sqrt{x^2+a^2}}\right)'-\frac{1}{v}\left(\frac{b-x}{\sqrt{(b-x)^2+c^2}}\right)'$$
$$=\frac{1}{u}\frac{a^2}{(x^2+a^2)^{\frac{3}{2}}}+\frac{1}{v}\frac{c^2}{((b-x)^2+c^2)^{\frac{3}{2}}}>0.$$

よって $f''(\xi)>0$．したがって $x=\xi$ は極小値，しかも最小値をあたえる．

(3)の解　図では y 軸の正方向が下向きであるのを注意して計算すると

$a)\quad ml\dfrac{d^2\sin\theta}{dt^2}$

$=-ml\Big(\cos\theta\dfrac{d^2\theta}{dt^2}-\sin\theta\Big(\dfrac{d\theta}{dt}\Big)^2\Big)$

$=-T\sin\theta$

$b)\quad -ml\dfrac{d^2\cos\theta}{dt^2}$

$=ml\Big(\sin\theta\dfrac{d^2\theta}{dt^2}+\cos\theta\Big(\dfrac{d\theta}{dt}\Big)^2\Big)$

$=mg-T\cos\theta$

が x 方向および y 方向に関する運動方程式である．

T を消去するには $a)$ 式に $\cos\theta$ をかけ $b)$ 式に $-\sin\theta$ をかけて加えるとその結果は

$$ml\frac{d^2\theta}{dt^2}=-mg\sin\theta\ \cdots\cdots☆☆$$

となる．これは θ に関する2階微分方程式であるが両辺に $2\dfrac{d\theta}{dt}$ をかけると

$$\frac{d}{dt}\Big(\frac{d\theta}{dt}\Big)^2=\frac{2g}{l}\frac{d}{dt}(\cos\theta)$$

さらに一回積分して θ_0 で $\dfrac{d\theta}{dt}=0$ の条件を入れると（初期条件という）

$\Big(\dfrac{d\theta}{dt}\Big)^2=\dfrac{2g}{l}(\cos\theta-\cos\theta_0)$．すなわち $\dfrac{d\theta}{dt}=\sqrt{\dfrac{2g}{l}}\sqrt{\cos\theta-\cos\theta_0}$．

これが求める一階微分方程式で(3)の解である．

これを積分の形で表現すると

$$\int\frac{\sqrt{l}\,d\theta}{\sqrt{\cos\theta-\cos\theta_0}}=\sqrt{2g}\,t$$

残念ながら左辺の積分は初等的には求まらない．楕円関数の知識が必要である．

☆☆において $\sin\theta$ を θ で近似して得た微分方程式

$$ml\frac{d^2\theta}{dt^2}=-mg\theta$$

は三角関数の解を持つ．これは単振動である．**単振子は単振動ではなく，単振動で近似される（$\boldsymbol{\theta}$ が小さいとき）だけである．**このことは理科系の学生の必修事項である．

(4)の解　話を一般にして $y=f(x)$ のグラフ上の点 $\mathrm{P}(x,y)$ における接線（その式は $Y-y=y'(X-x)$）と x 軸の交点をTとするとTの座標は $((-y/y')+x,\ 0)$，$\overline{\mathrm{PT}}=|y/y'|\sqrt{1+(y')^2}$ となる．さて問題にもどり，あたえられた式を x で（両辺とも）微分すると $1=-\sqrt{a^2-y^2}\,|y'/y|$ が得られ，これより $\left|\dfrac{y}{y'}\right|=\sqrt{a^2-y^2}$，一方 $y=-(\sqrt{a^2-y^2})y'$ の両辺を2乗して整理すると

$(y')^2+1=a^2/(a^2-y^2)$，したがって

$\sqrt{(y')^2+1}=a/\sqrt{a^2-y^2}$

よって $\overline{\mathrm{PT}}=|y/y'|\sqrt{1+(y')^2}=a$　　解了．

(5)の解　(5)はよく知られた問題である．(i)と(ii)は別の問題であるがここでは2つの間の関係がつく様な解法も準備した．C^2 級の仮定がどこに使われるかに興味を持ってほしい．Taylor 展開（2次の）だけなら2回微分可能ですむのである．Taylor 展開の剰余項の極限操作が必要ということで(i)と(ii)は同じプロセスの上にのっている．

まず **Rolle の定理，平均値の定理，Taylor の定理**の3つの紹介からはじめよう．

定 理　(i)　$f(x)$ が $[a,b]$ で連続で (a,b) で可微分のとき，$f(a)=f(b)$ ならば $f'(c)=0$ となる $c\,(a<c<b)$ が存在する．

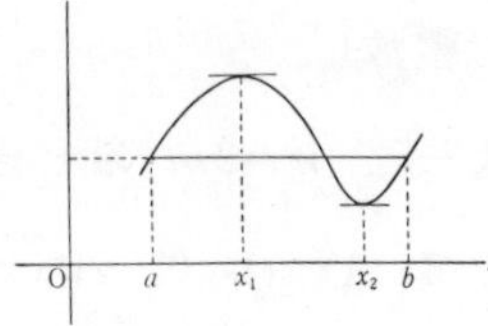

$c=a+\theta(b-a)\quad(0<\theta<1)$ とも表わす．

(ii)　$f(x)$ が $[a,b]$ で連続で (a,b) で可微分ならば

$$\frac{f(b)-f(a)}{b-a}=f(a+\theta(b-a))\ (0<\theta<1)$$

をみたす θ が存在する．**（平均値の定理）**

(iii)　$f(x)$ が $[a,b]$ で C^1 級で (a,b) で2回微分可能であるとき，

$$f(b)=f(a)+f'(a)(b-a)+\frac{f^{(2)}(c+\theta(b-a))}{2!}(b-a)^2$$

$(0<\theta<1)$

をみたす θ が存在する．(**2 次の Taylor の定理**)

定理の(i)の証明（大略） 図の様に $x=a$ と $x=b$ の中間に $f'(c)=0$ をみたす c の存在をいえば良い．f が定数関数の時は明らか．$f\neq\text{const}$ の時 $[a,b]$ で $f(x)$ は連続だからこの区間内で最大又は最小値をとる点が存在する．この点（最大値とすると）の少し前で $f'(x)>0$，後ろでは $f'(x)<0$ であるからこの点では $f'(c)=0$ でなければならない．最小値の場合も同様である．

定理の(ii)の証明（大略） $f(b)-f(a)=k(b-a)$ で定数 k を導入し，$F(x)=f(x)+k(b-x)$ とおく．$F(a)=F(b)$ であるから Rolle の定理より $F'(c)=0$ をみたす c が $(a<c<b)$ に存在する．よって $F'(c)=f'(c)-k$．$k=f'(c)$．解了．

定理の(iii)の証明（大略） (ii)の真似をする．$f(b)=f(a)+f(a)(b-a)+(b-a)^2k$ で導入した定数 k によって $F(x)=f(x)+\frac{f'(x)}{1!}(b-x)+(b-x)^2k$ と $F(x)$ を定義する．$F(b)=F(a)$ であり，Rolle の定理の他の条件もすべてみたすから $F'(c)=0$ $(a<c<b)$ である c が存在する．上の $F(x)$ を微分して c を代入すると

$0=F'(c)=f^{(2)}(c)(b-c)-2(b-c)k$ となり $R=\frac{f^{(m)}(c)}{2}$．これを k の定義式に代入すると証明が終わる．　　証明了．

(5)—(i)の解 定理の(iii)で紹介した Taylor の定理を使うと，

$$
\begin{aligned}
&f(a+2h)-2f(a+h)+f(a)\\
&=\{f(a+2h)-f(a)\}-2\{f(a+h)-f(a)\}\\
&=f'(a)2h+\frac{f''(a+2\theta_1 h)}{2!}(2h)^2\\
&\qquad-2\left\{f'(a)h+\frac{f''(a+\theta_2 h)}{2}h^2\right\}\\
&=2h^2f''(a+2\theta_1 h)-h^2f''(a+\theta_2 h),\\
&\qquad\qquad(0<\theta_1,\ \theta_2<1).
\end{aligned}
$$

よって

$$
\begin{aligned}
&\lim_{h\to 0}(1/h^2)\{f(a+2h)-2f(a+h)+f(a)\}\\
&=\lim_{h\to 0}(2f''(a+2\theta_1 h)-f''(a+\theta_2 h)\}=f''(a).
\end{aligned}
$$

ここで上式最後の等号は f'' の $x=a$ における連続性（C^2 級）によっている．

5—(i)の第 2 の解 Taylor 展開を利用しないで平均値の定理を使いたい学生のためにもう一つの解を示す．まず一回だけ平均値の定理を使って問題の分子式を変形することからはじめよう．

$$
\begin{aligned}
&f(a+2h)-2f(a+h)+f(a)\\
&=f(a+2h)-f(a)-2(f(a+h)-f(a)\}\\
&=f'(a+2\theta_1 h)2h-2f'(a+\theta_2 h)\cdot h,\\
&\qquad\qquad(0<\theta_1,\ \theta_2<1).
\end{aligned}
$$

これを問題式に代入し，変形すると

$$
\begin{aligned}
&\lim_{h\to 0}\frac{f(a+2h)-2f(a+h)+f(a)}{h^2}\\
&=2\lim_{h\to 0}\frac{\{f'(a+2\theta_1 h)-f'(a)\}-\{f'(a+\theta_2 h)-f'(a)\}}{h}\\
&=2\lim_{h\to 0}\frac{2\theta_1\{f'(a+2\theta_1 h)-f'(a)\}}{2\theta_1 h}\\
&\qquad-2\lim_{h\to 0}\frac{\theta_2\{f'(a+\theta_2 h)-f'(a)\}}{\theta_2 h}
\end{aligned}
$$

関数の極限の基礎的事項を使って変形するとこの式は

$$
\begin{aligned}
&=4\lim_{h\to 0}\theta_1\lim_{h\to 0}\frac{f'(a+2\theta_1 h)-f'(a)}{2\theta_1 h}\\
&\qquad-2\lim_{h\to 0}\theta_2\cdot\lim_{h\to 0}\frac{f'(a+\theta_2 h)-f'(a)}{\theta_2 h}
\end{aligned}
$$

……☆☆☆

ここで $\lim_{h\to 0}\theta_1$ がどの様になるかがまず問題となる．($\lim_{h\to 0}\theta_2$ も同様である．)

その意味でこの第 2 の解は(5)—(ii)につながっていくのである．$\lim_{h\to 0}\theta_i$ $(i=1,2)$ が求まれば $\lim_{h\to 0}\frac{f'(a+2\theta_1 h)-f'(a)}{2\theta_1 h}$ の存在 $\left(\lim_{h\to 0}\frac{f'(a+\theta_2 h)-f'(a)}{\theta_2 h}\right)$ の方は処理がしやすい

から解けるのである．

5 —(ii)の解　平均値の定理の $f'(a+\theta h)$ にもう一度平均値の定理を apply すると

$$f(a+h)=f(a)+h\{f'(a)+\theta hf''(a+\tau\theta h)\} \quad (0<\tau<1)$$

一方 f の Taylor 展開の公式は

$$f(a+h)=f(a)+hf'(a)+\frac{h^2}{2!}f''(a+\mu h) \quad (0<\mu<1)$$

両者より $\theta=\dfrac{f''(a+\mu h)}{2f''(a+\tau\theta h)}$．両辺を h の関数とみて $\lim_{h\to 0}\theta(h)$ を求めると $f''(a)\neq 0$ より

$$\lim_{h\to 0}\theta(h)=\frac{1}{2}.$$

5 —(i)の第 2 の解のつづき　式☆☆☆に 5 —(ii)の結果を適用する．f が C^2 級で $f''(a)\neq 0$ の場合に限定すると，$\lim_{h\to 0}\theta_1=\lim_{h\to 0}\theta_2=\dfrac{1}{2}$ となる．

$\lim_{h\to 0}(1/h^2)\{f(a+2h)-2f(a+h)+f(a)\}=2f''(a)-f''(a)=f''(a)$．よって $f''(a)\neq 0$ のケースは証明出来た．

f が 2 回微分可能で $f''(a)=0$ の場合は θ_i が有界であることだけを使い，

$$\lim_{h\to 0}\left(\theta_1\frac{f'(a+2\theta_1 h)-f'(a)}{2\theta_1 h}\right)-2\lim_{h\to 0}\left(\theta_2\frac{f'(a+\theta_2 h)-f'(a)}{\theta_2 h}\right)=0$$

が結論づけられる．5 —(ii)は Taylor 展開を使っているから第 2 の解法も Taylor 展開から離れられないのである．結局第 1 の解法がもっとも簡単ということになる．

注意　$f(a+2h)-2f(a+h)+f(a)$ は以下の意味で 2 次の差分である．関数 $f(x)$ に対し $f(a+h)-f(a)$ を $\triangle_h f(a)$ と表わし，f の点 a における一次の差分という．差分を 2 回くりかえすと 2 次の差分が得られる．(5)は f の 2 次微分係数を f の h に関する 2 次の差分係数の（h を 0 に近づけた時）極限として特徴づけるものである．実は 1 変数にかぎらず，多変数関数 $f(x,y)$ についても類似の公式が考えられる．新一年生はまだ教わっていないが 2 次偏微分係数の対称性 $\dfrac{\partial^2 f}{\partial x\partial y}=\dfrac{\partial^2 f}{\partial y\partial x}$ は x および y に関する差分を使って $\triangle_x\triangle_y f=\triangle_y\triangle_x f$ をしめし，$f_{xy}=\lim_{(h,k)\to(0,0)}\dfrac{\triangle_y\triangle_x f(a,b)}{hk}=f_{xy}(a,b)$ を使って，証明出来るのである．又この様な性質は物理学の基礎的公式の導入（たとえば波動方程式）に際してもいろいろと利用されることを書きそえておきたい．

6 —(i)の解　(i)は(ii)の前奏曲である．そして非常に便利な定理である．(i)を解くのは比較的簡単で平均値の定理もしくはロピタルの定理を使うのである．

平均値の定理による方法　a における微分可能性とは $\lim_{x\to a}\dfrac{f(x)-f(a)}{x-a}$ が存在することに外ならない．この式の分子に平均値の定理を適用すると $f(x)-f(a)=(x-a)f'(a+\theta(x-a))$ $(0<\theta<1)$ であるから "$\lim_{x\to a}f'(a+\theta(x-a))$ の存在" の形にこの条件は書きなおされる．問題の仮定によってこの条件はみたされているから（本当にそうであるか自分で考えてみよ）(6)—(i)は解けた．

ロピタルの定理の説明　ロピタルの定理の形はいろいろあるが代表的なものをここでのべておこう．

ロピタルの定理　$f(x)$ と $g(x)$ はともに点 $x=a$ を含むある区間で連続，a を除いて微分可能，さらに $g'(x)\neq 0$ かつ $f(a)=g(a)=0$ であるとする．$\lim_{x\to 0}\dfrac{f'(x)}{g'(x)}$ が存在すれば次式が成立する．

$$\lim_{x\to a}\frac{f(x)}{g(x)}=\lim_{x\to a}\frac{f'(x)}{g'(x)}.$$

ロピタルの定理の証明概要　この定理は本シリーズで一度か二度すでに出ていて証明又は説明をあたえているが年度も変ったことで一

言二言（ひとことかふたこと）のべておこう．

平均値の定理を少しばかり拡張したコーシーの平均値定理というのがあってそれを使うのである．

なおロピタルの定理には色々な形がありとくに $\lim_{x\to a} f(x)=\pm\infty$ $\lim_{y\to a} g(x)=\pm\infty$，の場合にも $\lim_{x\to a}\frac{f'(x)}{g'(x)}$ が存在すれば

$$\lim_{x\to a}\frac{f(x)}{g(x)}=\lim_{x\to a}\frac{f'(x)}{g'(x)}$$

となる．したがって f と g の分母分子としての交代をしてもよいのであるから，微分しやすいようにある程度変形することが出来る．そのための演習にも 6 —(i)，(ii)は，格好の形をなしている．

(6)—(i)の証明（ロピタルを使って） ロピタルの定理を使うと

$$\lim_{x\to a}\frac{f(x)-f(a)}{x-a}=\lim_{x\to a}\frac{(f(x)-f(a))'}{(x-a)'}$$
$$=\lim_{x\to a}f'(x)=l$$

最後の極限は問題の仮定そのものである．したがって f は $x=a$ で微分可能である．

6 —(ii)の証明 まずあたえられた関数が $x=0$ で一回微分可能であることを示そう．以下 x はつねに $x\neq 0$ とする．

$f(x)=e^{-1/x}$ だから $f'(x)=\frac{1}{x^2}e^{-1/x}$．よって $\lim_{x\to 0}\frac{1}{x^2}e^{-1/x}$ を考えてみよう．

$$\lim_{x\to 0}\frac{1/x^2}{e^{1/x}}=\lim_{x\to 0}\frac{(-2/x^3)}{(-1/x^2)e^{1/x}}=\lim_{x\to 0}\frac{2/x}{e^{1/x}}$$
$$=\lim_{x\to 0}\frac{-2/x^2}{(-1/x^2)e^{1/x}}=\lim_{x\to 0}\frac{2}{e^{1/x}}=0.$$

よって $f'(0)=0$ が(6)—(i)から結論される．ここで $f''(0)$ を計算してみよう．

まず $f''(x)=(1/x^4-2/x^3)e^{-1/x}$ であるから一般に $\lim_{x\to 0}\frac{1}{x^m}\Big/e^{1/x}$ を考えておけば十分である．

$$\left(\frac{1}{x^m}\right)'\Big/(e^{1/x})'=\frac{m}{x^{m+1}}\Big/\left(\frac{1}{x^2}e^{1/x}\right)$$
$$=\frac{m}{x^{m-1}}\Big/e^{1/x}.$$

したがって $f''(x)$ の場合も $f''(0)=0$ が示されるのである．

では n 次導関数 $f^{(n)}(x)$ も $\lim_{x\to 0}f^{(n)}(x)=0$ になることを確認しておこう．

補助定理 $e^{-1/x}$ の n 次導関数は

$$f^{(n)}(x)=\frac{a_{n-1}x^{n-1}+\cdots+a_0}{x^{2n}}e^{-1/x}$$

の形をしている．

これは数学的帰納法によって証明出来る．その詳細は省略しよう．各自試みられたい．

そこで $f(x)=e^{-1/x}$ に対し $\lim_{x\to 0}f^{(n)}(x)=0$ が $n=2$ の場合の上の証明とまったく同様にして証明出来るのである．　　解了．

(6)—(ii)の意味を少しのべておこう．

量子力学を勉強しはじめると間もなくディラクの定義した δ 関数（デルタ関数）なるものに出会う．一点 a を除いていたる所 0 で a を含む区間上の積分は 1 などとなっている．数学的にはよく意味がわからなかったこの様な関数（？）も1950年頃の L. Schwartz の distribution の概念導入で誰にでも理解出来るものとなった．その頃私が読んだのは *Theory of distribution* (C. Chevalley) であるが130頁位の小冊子の 2 頁目の補助定理 2 の証明にこの 6 —(ii)が使われている．つまり δ 関数をきちんと理解する第一歩としてこの問題が位置づけられているのである．

数学の力と良いセンスを持ちたいと思うものは物理学と平行して勉強すればよい．特に数学を専攻しようとでも思うものには力説しておきたい．

§22 無限小と無限大および関数の(有限位の)漸近展開

問題 22 (1) $f(x)$ が $x\to a+0$ のとき無限小（あるいは無限大）であるとは

$$\lim_{x\to a+0} f(x)=0 \ \ (\lim_{x\to a+0} f(x)=\infty)$$

であることをいう．

(i) $x\log x$ は $x\to 0$ のとき無限小か (ii) xe^{-x} $(x\to\infty)$ はどうか．

(2) 2つの無限小（あるいは無限大）f, g に対して f/g が無限小であるとき $f=o(g)$ $(x\to a)$ で表わす．($x\to 0$ は省略することもある．) また正数 δ が存在して $0<x-a<\delta$ において f/g が有界であるとき $f=O(g)$ $(x\to +0)$ で表わす．次の(i)〜(vii)を証明せよ．

(i) $(a>0)$ $\log x=o(x^a)$ $(x\to\infty)$ (ii) $\log x=o(x^{-a})$ $(x\to +0)$ $(a>0)$

(iii) $x^a=o(b^x)$ $(x\to\infty)$ $(a>0, b>1)$ (iv) $x^a=o(b^{-x})$ $(x\to\infty)$ $(a>0)$ $(0<b<1)$

(v) $e^{-\frac{1}{x}}=o(x^a)$ $(x\to +0)$ $(a>0)$ (vi) $x^{\frac{x+1}{x}}=O(x)$ $(x\to\infty)$

(vii) $x^{x+1}=O(x)$ $(x\to +0)$

(3) $y=f(x)$ の可微分性と f の微分 $dy=f'(x)dx$ の定義を無限小を使ってのべよ．

(4) $\sqrt{x(1+2x)}=a_1x^{\frac{1}{2}}+a_2x^{\frac{3}{2}}+a_3x^{\frac{5}{2}}+o(x^{\frac{5}{2}})$ $(x\to +0)$

となるように a_1, a_2, a_3 を $\sqrt{1+2x}$ のマクローリン展開を使って定めよ．

(5) $x\to +0$ における無限小 $f(x)$ を

$$\begin{cases} (a) & f(x)=a_1\varphi_1(x)+a_2\varphi_2(x)+\cdots+a_n\varphi_n(x)+o(\varphi_n(x)) \\ (b) & \varphi_i(x)=o(\varphi_{i-1}(x)) \quad (x\to +0) \end{cases}$$

と表わすことが出来るとき，この式を $f(x)$ の $\{\varphi_1(x),\ \cdots,\ \varphi_n(x)\}$ による（n 位の）漸近展開という．(無限系列の $\{\varphi_n\}$ による漸近展開は(5)**の解の前に**を参照，漸近展開は一意ではない．)

(i) (4)は $\sqrt{x(1+2x)}$ の漸近展開であることを示せ．

(ii) $f(x)-a_0=a_1(x-a)+a_2(x-a)^2+\cdots+a_{n-1}(x-a)^{n-1}+R_n(x)$

を $f(x)$ の n 次のテイラー展開(剰余 $R_n(x)$)とするとき，この式は n 位の漸近展開であることを説明せよ．(f は C^n 級とする)

(iii) $(\sin(x/2))^x-1$ $(x\to 0)$ の漸近展開($\varphi_1, \varphi_2, \varphi_3$ と $o(\varphi_3)$) を求めよ

(iv) $(\log(1+2/\sqrt{x}))^{\frac{1}{2}}$ $(x\to\infty)$ の漸近展開($\varphi_1, \varphi_2, \varphi_3$ と $o(\varphi_3)$) を求めよ

(v) $(1+x)^{2/x}-1$ $(x\to\infty)$ の漸近展開($\varphi_1, \varphi_2, \varphi_3$ と $o(\varphi_3)$) を求めよ

(6) 関数値が無限大に発散する点の近くでの漸近展開は無限小の場合と同様に（たとえば

$x\to +0$ の場合）次の様に導入される．

$$\begin{cases} f(x)=a_1\varphi_1(x)+\cdots+a_n\varphi_n(x)+o(\varphi_n(x)) & (x\to +0) \\ \varphi_i(x)=o(\varphi_{i-1}(x)) \end{cases}$$

(i)　$f(x)=\sqrt{x^2-x+1}$　$(x\to\infty)$ における漸近展開 $(\varphi_1, \varphi_2, \varphi_3, o(\varphi_3))$ を求めよ．

(ii)　$\log\left(x+\dfrac{1}{x}\right)$　$(x\to +0)$ における漸近展開 $(\varphi_1, \varphi_2, \varphi_3\ o(\varphi_3))$ を求めよ．

(iii)　$(\log(x+1))^{\frac{1}{2}}$　$(x\to\infty)$ の漸近展開 $(\varphi_1, \varphi_2, \varphi_3, o(\varphi_3))$ を求めよ．

(1)—(i)の解　$\lim_{x\to 0+} x\log x$ をもとめるにはロピタルの定理によって次の様に計算する．

$$\lim_{x\to +0} x\log x=\lim_{x\to +0}\frac{\log x}{\frac{1}{x}}=\lim_{x\to 0}\frac{1/x}{\frac{-1}{x^2}}=\lim_{x\to +0} x=0$$

ただし，上式の 2 番目の等号については $\dfrac{\infty}{\infty}$ の場合のロピタルの定理の適用によることを注意する．$\lim_{x\to +0}\log x$ は $-\infty$ になり，また，$\dfrac{1}{x}$ は $+\infty$ になるが $1/x$ と $-\log x$ を比較すると無限大にむかって進むスピードは $\dfrac{1}{x}$ の方が大きいことを上の計算は示している．$-\log x$ は $\dfrac{1}{x}$ より $(x\to +0$ で) 低位の無限大であるといえるのである．

(1)—(ii)の解　$\lim_{x\to\infty} x=\infty$，$\lim_{x\to\infty} e^x=\infty$ であり，両者の無限大度を比較することになる．これもロピタルの定理を使って

$$\lim_{x\to\infty} x/e^x=\lim_{x\to\infty} 1/e^x=0.$$

x は e^x より $(x\to\infty$ で) 低位の無限大であるといえる．

(2)の解　(1)の解の中でも説明した様に $\dfrac{1}{x}$ と $-\log x$ はともに $x\to +0$ で無限大であるが後者は $1/x$ より低位の無限大で $-\log x=o(1/x)$ $(x\to +0)$ と表わすことが出来る．これの一般化が 2 の(ii)である．

$f=O(g)$ の例としては $\sin x=O(x)$ $(x\to +0)$，これは高校生でも知っている $\sin x/x\to 1$ $(x\to 0)$ によっている．

(2)—(i)の解　$\lim_{x\to\infty}\log x/x^a=\lim_{x\to\infty} 1/x\big/ax^{a-1}=\lim_{x\to\infty}(1/a)(1/x^a)=0.$

ここで x^a の微係数は ax^{a-1} であること（この計算は対数微分法によるとだけ記しておく．この a は整数とはかぎらない）に注意されたい．

(2)—(ii)の解　$\log x/x^{-a}$ は無限大の商の形であるから

$$\lim_{x\to 0+}\log x/x^{-a}=\lim_{x\to 0} 1/x\big/-ax^{-a-1}$$
$$=\lim_{x\to 0} 1/-ax^{-a}=\lim_{x\to 0}(1/-a)x^a=0.$$

(2)—(iii)の解　$\lim_{x\to\infty} x^a/b^x=\infty/\infty$ の形であるからロピタルの定理によって

$$\lim_{x\to\infty} x^a/b^x=\lim_{x\to\infty} ax^{a-1}/(\log b)b^x$$
$$=(a/\log b)\lim_{x\to\infty} x^{a-1}/b^x.$$

これをくりかえしていく方法もある．ここでは対数をとって別解をこころみよう．

$$\lim_{x\to\infty}\log(x^a/b^x)=\lim_{x\to\infty}(a\log x-x\log b)$$
$$=\lim_{x\to\infty}\log x\left(a-\frac{x}{\log x}\log b\right)$$
$$=(\lim_{x\to\infty}\log x)\lim_{x\to\infty}\left(a-\frac{x}{\log x}\log b\right)$$

(2)の(i)の結果を使うとこの値は $-\infty$．よって対数を外して $\lim_{x\to\infty} x^a/b^x=0$ を得る．

(2)—(iv)の解　$b^{-1}=c$ とおくと $c>1$ で，(iv)は(iii)に帰着する．

(2)—(v)の解　$\lim_{x\to 0+} e^{-\frac{1}{x}}/x^a$ は $0/0$ のタイプであるからロピタルを適用する前に整理して

$t=1/x$ とおくと

$\lim_{t\to\infty} e^{-t}\Big/\dfrac{1}{t^a}=\lim_{t\to\infty} t^a/e^t$. (2)−(iii)の最初の解と同様にロピタルの定理を何度も使い，

$\lim_{t\to\infty} t^a/e^t=\lim_{t\to\infty} at^{a-1}/e^t=\cdots=\lim_{t\to\infty} t^{a-k}/e^t=0$

$(0\leqq a-k<1)$．解了．

(2)—(vi)の解　$x^{(x+1)/x}/x=x^{1/x}$ であるから $\lim_{x\to\infty} x^{1/x}$ を調べればよい．対数をとってその極限を考察しよう．

$$\lim_{x\to\infty}\log(x^{\frac{1}{x}})=\lim_{x\to\infty}\frac{1}{x}\log x.$$

これは(1)によって 0 である．したがって $\lim_{t\to\infty} x^{\frac{1}{x}}=1$.

ε-δ 論法によってこれを書き換えると任意の ε があたえられたとき十分大きな x に対し，$1-\varepsilon<x^{1/x}<1+\varepsilon$ が結論づけられる．証明の最後の部分は各自たしかめて見よ．解了．

(2)—(vii)の解　これも対数をとって計算する．

$y=x^{x+1}/x=x^x$

$\log\lim_{x\to0+} x^x=\lim_{x\to0+} x\log x.$

この値は(ii)の結果により 0．したがって $\lim_{x\to0+} x^x=1$. (v)の最後のツメと同様にして ε-δ 論法でいいなおし，結論を得る．

(3)の解　$y=f(x)$ の $x=a$ における微分可能性の定義は

$$\lim_{h\to0}\frac{f(x+h)-f(x)}{h}=A\quad(A\text{ は確定数値})$$

……☆

である．この場合分子の $f(x+h)-f(x)$ は $x=a$ から $x=a+h$ までの $f(x)$ の増分であり $\triangle f$ と記すことにする．$\triangle f$ は明らかに無限小である．上式を書き換えて

$$\lim_{h\to0}\frac{f(a+h)-f(x)-Ah}{h}=0$$

であり，$f(a+h)-f(a)-Ah$ は無限小であるばかりか h より高位の無限小 $o(h)$ である．すなわち

$$f(a+h)=f(a)+Ah+o(h)\ \cdots\cdots☆☆$$

となる．逆にこの式が成立すれば式を逆に上にたどっていくと微分可能の定義☆にみちびかれる．もう一度☆☆をまとめてみよう．

$$\triangle f=Ah+o(h)$$

の形に $\triangle f$ を分解出来れば $x=a$ で f が微分可能であり h の係数が微係数にもなっているのである．

この分解の第一項 Ah を $df(a,h)$ 又は省略形で **df と表わす**，点 a ごとに実数値一変数斉次関数 Ah を対応させるのである．h を $\triangle x$ と記す本も多く，$df=\dfrac{df}{dx}\triangle x$ と教科書によっては書いてあることを注意しておく．関数 f として $f(x)=x$ をとったとき対応する df を dx と記す．すなわち $dx=1\cdot h$ 又は $dx=1\cdot\triangle x$ である．$df=\dfrac{df}{dx}dx$ と書くことになるがこの理解にはベクトル空間の基の知識が必要である．

注意　$dx=\triangle x$ について， dx は変数が $\triangle x$ で係数が 1 の一次斉次関数である．dx と $\triangle x$ が同一だといっているわけではない．これはよく間違う人が多い所である．

(4)の解　まず $\sqrt{x(1+2x)}$ は $x=0$ で微分不可能であることを注意しておく．したがって $\sqrt{x(1+2x)}$ は $x=0$ でのテイラー展開を持たない．右辺はマクローリン展開すなわち $x=0$ でのテイラー展開に非常に似かよった形をしていることにも注意を向けたい．そこで $\sqrt{x+1/2}$ のマクローリン展開をしてみよう．

$\sqrt{x+1/2}\,\Big|_{x=0}=1/\sqrt{2}$, $\dfrac{d}{dx}\sqrt{x+1/2}$

$=\dfrac{1}{2\sqrt{x+1/2}}$, $\dfrac{d}{dx}\sqrt{x+1/2}\,\Big|_{x=0}=1/\sqrt{2}$,

$\dfrac{d^2}{dx^2}\sqrt{x+1/2}=-\dfrac{1}{4}\dfrac{1}{(\sqrt{x+1/2})(x+1/2)}$,

$\dfrac{d^2}{dx^2}\sqrt{x+1/2}\,\Big|_{x=0}=-1/\sqrt{2}$,

$\dfrac{d^3}{dx^3}\sqrt{x+1/2}=\dfrac{3}{8}\dfrac{1}{\sqrt{x+1/2}(x+1/2)^2}$.

よってテイラー展開（ラグランジュによる剰余の表現）によって

$$\sqrt{x+1/2}=\frac{1}{\sqrt{2}}+\frac{1}{\sqrt{2}}x-1/2!\frac{1}{\sqrt{2}}x^2+\frac{3}{8}\frac{x^3}{3!}\frac{1}{(\theta x+1/2)^{5/2}}.$$

上の最後の項は $(x\to 0+)$ で $o(x^2)$ である．よって

$$\sqrt{x(2x+1)}=x^{1/2}+x^{3/2}-(1/2)x^{5/2}+o(x^{5/2}).$$

(5)の解の前に　数学における漸近展開の定義は実は次の様になっている．$\varphi_i(z)$ $(i=0,1,2,\cdots)$ はDで微分可能な関数の無限系列であり，x が点 a に近づくとき，すべての i について

$$\varphi_{i+1}(x)=o(\varphi_i(x))$$

が成り立つとする．x がDの中から点 a に近づくときすべての n について

$$f(z)=a_0\varphi_0(z)+a_1\varphi_1(z)+\cdots+a_n\varphi_n(z)+O(\varphi_{n+1}(z))$$

が成り立つならば $f(z)\sim a_0\varphi_0(z)+a_1\varphi_1(z)+\cdots+a_n\varphi_n(z)+\cdots$ と表わし，$f(z)$ は漸近展開されているという．通常は実変数ではなく複素変数，あるいは一般にリーマン面の上で記述される．大学一年次であらわれる例は少なく，スターリングの公式など 2, 3 にとどまる．もっと進んだ数学領域，たとえば微分方程式，(数理)物理学，スペクトルの微分幾何学など数学を主要な武器として，各人がかなり物理寄りの専門的な研究者へ成長していく場合にこの漸近展開があらわれる．この知識がまったくない場合えてして避けて通ることになるのを危ぐしてもっとやさしい部分の練習をさせ，漸近展開に親近感を与えようとする傾向が世界中の進んだ大学教科書で見受けられる．つまり，問題(5), (6)であらわれた様な $\{\varphi_i\}$ として有限系をとり高位の無限小を除いて，この系の一次結合としてあたえられた f を表わす練習である．無限系の漸近展開がテイラー展開の一般化とすれば有限系の漸近展開は剰余つきテイラーの定理の一般化なのである．

(5)―(i)の解　$\varphi_1=x^{\frac{1}{2}}, \varphi_2=x^{\frac{3}{2}}, \varphi_3=x^{\frac{5}{2}}$ とすると，$(x\to 0$ で$)$ $\varphi_2=o(\varphi_1)$，$\varphi_3=o(\varphi_2)$ は明らかである．したがって漸近展開であることは自明．

(5)―(ii)の解　$(x-a)^k=o((x-a)^{k-1})$ $((x-a)\to 0)$ は明らか．$R_n(x)=o((x-a)^{n-1})$ $((x-a)\to 0)$ も明らか．したがって漸近展開である．そもそも漸近展開は $x=a$ での微分可能性が保証されていない場合，テイラーの定理に準じたものとして導入されているのである．

(5)―(iii)の解　これを解く前に 3 つの公式を記しておく．どちらも Taylor の定理によっている．

1)　$\boldsymbol{\sin x=x-\frac{1}{3!}x^3+o(x^3)},$

2)　$\boldsymbol{\log(1+x)=x-\frac{x^2}{2}+o(x^2)}$

3)　$\boldsymbol{e^x=1+\frac{x}{1!}+\frac{x^2}{2!}+o(x^2)}$

$\tilde{f}=f+1=\left(\sin\frac{x}{2}\right)^x$ とおく．$\log\tilde{f}=x\log\sin\frac{x}{2}=x\log\left(\frac{x}{2}-\frac{1}{3!}\left(\frac{x}{2}\right)^2+o\left(\left(\frac{x}{2}\right)^2\right)\right)=x\log\frac{x}{2}+x\log\left(1-\frac{1}{3!}\left(\frac{x}{2}\right)+o\left(\frac{x}{2}\right)\right).$

上述の公式 2) を使って計算すると

$$=x\log\frac{x}{2}+x\left(-\frac{x}{12}-\frac{1}{2}\cdot\frac{x^2}{144}+o(x^2)\right).$$

……☆☆☆

$e^{\log\tilde{f}}$ に公式 3) を適用すると $f=\tilde{f}-1=x\log\frac{x}{2}+\frac{x^2}{2!}\left(\log\frac{x}{2}\right)^2+o\left(x\left(\log\frac{x}{2}\right)^2\right)$ ……解．

これが結論であるが☆☆☆における $-\frac{x^2}{12}$ は $x\log\frac{x}{2}$ および $\left(x\log\frac{x}{2}\right)^2$ より高位の無限小で，したがって上の解にはあらわれない．

(5)―(iv)の解　$x\to\infty$ の場合，$\frac{1}{x}$ の関数の形

に記述しなおすのがコツである．

$\left(\log\left(1+\frac{2}{\sqrt{x}}\right)\right)^{\frac{1}{2}}$ に(5)—(iii)の解の中の公式 2)を使ってまず次の様に処理する

$$\left(\log\left(1+\frac{2}{\sqrt{x}}\right)\right)^{\frac{1}{2}}$$

$$=\sqrt{\frac{2}{\sqrt{x}}-\frac{1}{2}\left(\frac{2}{\sqrt{x}}\right)^2+\frac{1}{3}\left(\frac{2}{\sqrt{x}}\right)^3+o\left(\left(\frac{2}{\sqrt{x}}\right)^3\right)}$$

$$=\frac{\sqrt{2}}{\sqrt[4]{x}}\sqrt{1-\frac{1}{2}\frac{2}{\sqrt{x}}+\frac{1}{3}\left(\frac{2}{\sqrt{x}}\right)^2+o\left(\left(\frac{2}{\sqrt{x}}\right)^2\right)}$$

……☆☆☆☆

ここで関数 $\sqrt{1+x}$ にマクローリンの定理（又は同じことだが $x=0$ におけるテイラーの定理）を二次の項まで展開した公式を記しておく．

4) $$\sqrt{1+x}=1+\frac{1}{2}x+\frac{1}{2}\cdot\frac{1}{2}\cdot\left(-\frac{1}{2}\right)x^2+o(x^2).$$

☆☆☆☆に(4)を適用すると

$$☆☆☆☆=\frac{\sqrt{2}}{\sqrt[4]{x}}\left(1-\frac{1}{2}\frac{1}{\sqrt{x}}+\frac{2}{3}\frac{1}{x}+\left(-\frac{1}{8}\right)\left(-\frac{1}{2}\frac{2}{\sqrt{x}}+\frac{1}{3}\left(\frac{2}{\sqrt{x}}\right)^2\right)^2+o\left(\frac{1}{x}\right)\right)$$

$$=\sqrt{2}\frac{1}{x^{1/4}}-\frac{1}{\sqrt{2}}\frac{1}{x^{3/4}}+\frac{2\sqrt{2}}{3}1/x^{5/4}-\frac{1}{4\sqrt{2}}\frac{1}{x^{5/4}}+o\left(\frac{1}{x^{5/4}}\right)$$

$$=\sqrt{2}/x^{1/4}-\frac{1}{\sqrt{2}}\frac{1}{x^{3/4}}+\frac{13\sqrt{2}}{24}\frac{1}{x^{5/4}}+o\left(\frac{1}{x^{5/4}}\right)$$

(5)—(v)の解　$f(x)=(1+x)^{\frac{2}{x}}-1\quad(x\to\infty)$ についてまず f は $x\to\infty$ で無限小になるかどうか調べなければいけないが，次の解の中ではそれが自然にうき出て来ている．$\tilde{f}=f+1$ とおき

まず対数をとって

$$\log\tilde{f}=\frac{2}{x}\log(1+x).$$

ここで $\log(1+x)=\log x+\log\left(1+\frac{1}{x}\right)$ であり，

$$\log\left(1+\frac{1}{x}\right)=\frac{1}{x}-\frac{1}{2x^2}+o\left(\frac{1}{x^2}\right)$$

((5)—(iii)の解の公式 2) より)

よって

$$\log\tilde{f}=\frac{2}{x}\log x+\frac{2}{x^2}-\frac{2}{2x^3}+o\left(\frac{1}{x^3}\right)$$

第一項が $x\to\infty$ で無限小であるのは次式によって示される．他の項はすべてあきらかに無限小である．ロピタルの定理によって

$$\lim_{x\to\infty}\frac{\log x}{x}=\lim_{x\to\infty}\frac{1}{x}=0.$$

$\tilde{f}(x)=e^{\frac{2}{x}\log x+\frac{2}{x^2}+o\left(\frac{1}{x^2}\right)}$ としてテイラーの定理（(5)—(iii)の解の公式 3) によって）

$$\tilde{f}(x)=1+\frac{\log x^2}{x}+\frac{2}{x^2}+\frac{1}{2}\left(\frac{\log x^2}{x}+\frac{2}{x^2}\right)^2+o\left(\frac{1}{x^2}\right)$$

$$=1+\frac{\log x^2}{x}+\frac{(\log x^2)^2}{2x^2}+\frac{2}{x^2}+o\left(\frac{1}{x^2}\right).$$

$$f=\tilde{f}-1$$

$$=\log x^2/x+\frac{(\log x^2)^2}{2x^2}+\frac{2}{x^2}+o(1/x^2)$$

$(x\to\infty)$．解了

(6)の解　無限大すなわち発散の場合は漸近展開の各項がすべて無限大とはかぎらず，途中に有界な項，無限小の項が入るケースがむしろ多い．

(6)—(i)の解

$$f(x)=\sqrt{x^2-x+1}=x\sqrt{1-\frac{1}{x}+\frac{1}{x^2}}.$$

ここで(5)—(iii)の解の中の公式 4) を適用して

$$=x\left\{1-\frac{1}{2}x^{-1}+\frac{1}{2}x^{-2}+\frac{1}{2}\left(\frac{1}{2}\right)\left(-\frac{1}{2}\right)\frac{1}{x^2}+o(x^{-2})\right\}\quad(x\to\infty)$$

$$=x-\frac{1}{2}+\frac{3x^{-1}}{8}+o(x^{-1})\quad(x\to\infty)$$

この問題は φ_1 のみが無限大 φ_2，φ_3 はそれぞれ定数および無限小 $(x\to\infty)$ である．

(6)—(ii)の解

$$\log\left(x+\frac{1}{x}\right)=\log x+\log\left(1+\frac{1}{x^2}\right)$$

(5)—(iii)の公式 2) を使って上式の右辺第 2 項を展開すると

$$=\log x+\frac{1}{x^2}-\frac{1}{2x^4}+o(x^{-4})\quad (x\to\infty)$$

第一項だけが無限大，他は無限小である．

(6)—(iii)の解　まず根号のなかみを分解して無限大と無限小にわける．

$$(\log(x+1))^{\frac{1}{2}}=\left(\log x+\log\frac{x+1}{x}\right)^{\frac{1}{2}}$$

$$=(\log x)^{\frac{1}{2}}\left(1+{\log(1+1/x)}\big/{\log x}\right)^{\frac{1}{2}}$$

ここで(5)—(iv)の解の中の公式 4) を適用して

$$=(\log x)^{1/2}\Big(1+\frac{1}{2}\frac{\log(1+1/x)}{\log x}-\frac{1}{8}(\log(1$$
$$+1/x))^2/(\log x)^2+$$
$$o((\log(1+1/x))^2/(\log x)^2)$$
$$=(\log x)^{1/2}+\frac{1}{2}\frac{1}{(\log x)^{1/2}}\left(\frac{1}{x}-\frac{1}{2x^2}+o(x^{-2})\right)$$
$$-\frac{1}{8}\frac{1}{(\log x)^{3/2}}\left(\frac{1}{x^2}-\frac{1}{x^3}+o(x^{-3})\right)$$
$$+o\left(\log(1+1/x)/(\log x)^{\frac{3}{2}}\right).$$

ここで最初の 3 項をえらぶ作業に入る．

$\dfrac{1}{(\log x)^{\frac{1}{2}}x}$ と $\dfrac{1}{(\log x)^{\frac{3}{2}}x^2}$ を $x\to\infty$ で比較すると後者を前者で割って無限大へ極限をとると $\lim_{x\to\infty}\dfrac{1}{x\log x}=0$．よって後者が前者より高位の無限小である．

一方 $\dfrac{1}{(\log x)^{\frac{1}{2}}x^2}$ と $\dfrac{1}{(\log x)^{\frac{3}{2}}x^2}$ を比較するとこれも後者が無限小として次数が高い．

よって答は

$$(\log x)^{\frac{1}{2}}+\frac{1}{2}\frac{1}{x(\log x)^{1/2}}-\frac{1}{4}\frac{1}{x^2(\log x)^{1/2}}$$
$$+o\left(\frac{1}{x^2(\log x)^{1/2}}\right)$$

なお，関数値の無限大への発散と変数 x の $x\to\infty$（たとえば(5)の問題中にあり）との混同をしてはならないことも強調しておこう．

§23 広義積分(その1)

問題 23 (1) $\int_0^1 dx/x^a$ $(a>0)$ の存在をしらべよ．$\int_1^\infty dx/x^a$ $(a>0)$ の存在もしらべよ．

(2) 3つの関数 $f(x)$, $g(x)$, $h(x)$ は $[a, b)$ (または $(a, b]$) で連続とする．これらの区間で $f(x)\leqq g(x)\leqq h(x)$ で，かつ $\int_a^b f(x)dx$, $\int_a^b h(x)dx$ が広義積分として存在すれば広義積分 $\int_a^b g(x)dx$ も存在することを示せ．

(3) 次の広義積分をもとめよ．

(i) $\int_0^1 \log x dx$ (ii) $\int_0^{\pi/2} \log\sin x\, dx$ (iii) $\int_{-\infty}^\infty \frac{x}{1+x^2} dx$

(4) $\int_0^\infty \sin x\Big/(1+e^{-x})\, dx$ の発散を示せ．

(5) (i) $\int_0^\infty \log x\Big/(1+x^2) dx$ をしらべよ．

(ii) $\int_0^\infty (1-x^2)\Big/(1+x^4) dx$ をしらべよ．$\int_0^\infty 1/(1+x^4)dx$ を求めよ．

(6) (i) $\int_0^1 \sin(1/x)dx$, (ii) $\int_0^1 dx\Big/\sqrt{(1-x^2)(1-k^2x^2)}$ $(0<k<1)$ の存在をしらべよ．

(7) (i) $\int_0^\infty |\sin x/x|\, dx$ は発散するが (ii) $\int_0^\infty \sin x/x\, dx$ は収束することを示せ．

(1)の解（その前半） $1/x^a$ の様に $x=0$ で無限大に発散する関数の積分を考える場合，通常の定積分ではこの様な非有界な関数はあつかっていないから次の様な2つのステップで問題を処理する．$\varepsilon>0$ をとり区間 $[\varepsilon, 1]$ で $1/x^a$ の定積分を考え，つぎにその極限 $\lim_{\varepsilon\to 0}\int_\varepsilon^1 1/x^a dx$ を求めることによって通常の定積分の概念を拡張した形の積分（広義）を導入して考えるのである．x^{-a} の原始関数として $(1-a)^{-1}x^{1-a}$ をえらび a を次の3つの場合にわけて積分を求めよう．

(i) $0<a<1$, $\int_0^1 x^{-a}dx=\lim_{\varepsilon\to 0}[(1-a)^{-1}x^{1-a}]_\varepsilon^1$

$=\frac{1}{1-a}-\lim_{\varepsilon\to 0}\frac{1}{1-a}\varepsilon^{1-a}=\frac{1}{1-a}.$

(ii) $a=1$, $\int_0^1 x^{-1}dx=\lim_{\varepsilon\to 0}\int_\varepsilon^1 1/xdx$

$=\lim_{\varepsilon\to 0}[\log x]_\varepsilon^1=-\lim_{\varepsilon\to 0}\log\varepsilon=\infty$

(iii) $a>1$, $\int_0^1 x^{-a}dx=\frac{1}{1-a}-\lim_{\varepsilon\to 0}\frac{1}{1-a}\varepsilon^{1-a}$

（ここまでは(i)と同様）

$\lim_{\varepsilon\to 0}\varepsilon^{1-a}=\infty$　より 答は ∞.

(1)の解（その後半）　前半のケースとことなり，積分区間が無限区間である．この場合も定積分とはすこしことなり，意味が拡張されていて広義積分という．$\int_0^\infty f(x)dx=\lim_{\varepsilon\to\infty}\int_0^\varepsilon f(x)dx$ でこの極限の存在によって導入されている．

(i)　$a>1$ のとき　$\int_1^\infty dx/x^a=\lim_{k\to\infty}\int_1^k dx/x^a$ $=\lim_{k\to\infty}\left[\frac{x^{1-a}}{1-a}\right]_1^k=\lim_{k\to\infty}\frac{k^{1-a}}{1-a}-\frac{1}{1-a}=-\frac{1}{1-a}$, (ii), (iii)として $a\leqq 1$ の時発散するのは各自にまかせる．

(2)を解く前に　この問題(2)は見かけ以上にむづかしい．証明方法はいくつかあるが，コーシーの定理（数列の場合のコーシーの定理を関数の場合にも飜案したもの）というのを使うのがよく知られた方法であり，数列に関するコーシーの判定条件を既知として次の定理をのべ，かつ証明しよう．

定理 A　（コーシー）関数 $f(x)$ の定義域の点 a が特に定義域の集積点である場合（孤立点ではないといってもよい）$f(x)$ が $x\to a$ のとき収束するための必要かつ十分な条件は

任意の正の ε に対して正の δ が存在して $0<|x-a|<\delta$, $0<|x'-a'|<\delta$, x, $x'\in D$ ならば

$$|f(x)-f(x')|<\varepsilon$$

となることである．

定理の証明　まず必要条件であるが，$x\to a$ のとき $f(x)\to b$ とする．すなわち任意の正の ε に対して，正数 δ が存在して $0<|x-a|<\delta$, $0<|x'-a|<\delta$, x, $x'\in D$ ならば

$$|f(x)-b|<\frac{x}{2},\ |f(i)-b|<\frac{\varepsilon}{2}$$

となり三角不等式の計算により

$$|f(x)-f(x')|<\varepsilon$$

となって定理の条件はみたされている．逆にこの条件がみたされていれば，(条件をもう一度記すと）正の数 δ が存在して $0<|x-a|<\delta$, $0<|x'-a|<\delta$, x, $x'\in D$ ならば $|f(x)-f(x')|<\varepsilon$ となる，とすれば

a に収束する D 内の任意の数列 $\{x_n\}$　$x_n\neq a$ をとればその収束性より自然数 ν が存在して m, $n>\nu$,（m, n は自然数）ならば $0<|x_m-a|<\delta$, $0<|x_n-a|<\delta$, よって $|f(x_m)-f(x_n)|<\varepsilon$ となって数列に関するコーシーの定理によって $\{f(x_n)\}$ は収束する．よって $f(x)$ は $x\to a$ で収束する．ここでこの最後のつめは次の事実にもとづく．

$\lim_{x\to a}f(x)=b$ であるための必要十分条件は点 a に収束する D 内の任意の数列 $\{x_n\}$　$x_n\neq a$ に対して次式が成立することである．

$$\lim_{n\to\infty}f(x_n)=b.\ （証明略）$$

(2)の解　まず 3 つの関数 $f(x)$, $g(x)$, $h(x)$ の間に（$a\leqq x_1<x_2<b$）

$$\int_{x_1}^{x_2}f(x)dx\leqq\int_{x_1}^{x_2}g(x)dx\leqq\int_{x_1}^{x_2}h(x)dx$$

の関係がある．又仮定によって

$$\lim_{\varepsilon\to 0}\int_a^{b-\varepsilon}f(x)dx,\ \lim_{\varepsilon\to 0}\int_a^{b-\varepsilon}h(x)dx\quad(0<\varepsilon)$$

が存在する．<u>(2)の解の前に</u>，において学んだ定理 A の必要性によって

x_1, $x_2\to b$ のとき

$\int_{x_1}^{x_2}f(x)dx\to 0$, $\int_{x_1}^{x_2}h(x)dx\to 0$ よって，$\int_{x_1}^{x_2}g(x)dx=0$ も成立する．また定理 A の十分性から

$$\lim_{\varepsilon\to 0}\int_a^{b-\varepsilon}g(x)dx=\int_a^b g(x)dx\quad(0<\varepsilon)$$

が存在する．3 つの関数が $(a, b]$ において連続の場合も同様である．　　　　解了．

(1)と(2)から次の定理がしたがう

定理 B　$f(x)$ は $a\leqq x<b$（または $a<x\leqq b$）で連続とする．

$f(x)(b-x)^\lambda$ (または $f(x)(x-a)^\lambda$) が有界となる実数 $\lambda<1$ が存在すれば広義積分 $\int_a^b f(x)dx$ が存在する．(一行で証明せよ)

$[a,\infty)$ の場合にも(2)のアナログとして次の定理が成立する．

定理 C　3つの関数 $f(x)$, $g(x)$, $h(x)$ は $a\leqq x<\infty$ (または $-\infty\lneqq x\leq b$) において連続とし，$f(x)\leqq g(x)\leqq h(x)$ とする．

$$\int_a^\infty f(x)dx,\ \int_a^\infty h(x)dx$$

$$(\text{または} \int_{-\infty}^b f(x)dx,\ \int_{-\infty}^b h(x)dx)$$

が存在すれば

$$\int_a^\infty g(x)dx\ (\text{または} \int_{-\infty}^b g(x)dx)$$

も存在する．

(3)—(i)の解　$\int_0^1 \log x\,dx=\lim_{\varepsilon\to 0}\int_\varepsilon^1 \log x\,dx=\lim_{\varepsilon\to 0}[x\log x-x]_\varepsilon^1=-1-\lim_{\varepsilon\to 0}(\varepsilon\log x-\varepsilon)$.

$\lim_{z\to 0}\varepsilon\log\varepsilon$ はロピタルの定理によって次の様に処理される．$\lim_{\varepsilon\to 0}\varepsilon\log\varepsilon=\lim_{\varepsilon\to 0}{}^{\log\varepsilon}\!/_{1/\varepsilon}=\lim_{\varepsilon\to 0}{}^{1/\varepsilon}\!/_{-1/\varepsilon^2}=\lim_{\varepsilon\to 0}-\varepsilon=0$

よって答は -1.

(3)—(ii)の解　上にのべた定理Bを使って積分の存在をしらべて見よう．

まず $f(x)=\log(\sin x)$ は $0<x\leqq\pi/2$ で連続関数なことはあきらかである．正数 $\lambda<1$ を任意にとって

$$\lim_{x\to 0}x^\lambda\log(\sin x)$$
$$=\lim_{x\to 0}(x/\sin x)^\lambda(\sin x)^\lambda\log(\sin x)$$
$$=\lim_{x\to 0}(\sin x)^\lambda\log(\sin x)$$
$$=\lim_{x\to 0}{}^{\log(\sin x)}\!/_{(\sin x)^{-\lambda}}$$
$$=\lim_{x\to 0}{}^{\cot x}\!/_{(-\lambda\cot x(\sin x)^{-\lambda})}$$
$$=\lim_{x\to 0}(1/-\lambda)(\sin x)^\lambda=0.$$

よって $x^\lambda f(x)$ は $0<x\leqq\pi/2$ で有界な関数である．したがって $A=\int_0^{\pi/2}\log(\sin x)dx$ は有限な値として存在する（ここまでを解の前半としよう）．

解の後半　まずAを次の様に2つの数の和として表わす

$$A=\int_0^{\pi/4}\log(\sin x)dx+\int_{\pi/4}^{\pi/2}\log(\sin x)dx.$$

上の第二項に $x=\pi/2-t$ と変数変換をすると

$$\int_{\pi/4}^{\pi/2}\log(\sin x)dx=-\int_{\pi/4}^0\log(\sin t)dt=\int_0^{\pi/4}\log(\cos x)dx$$

よって

$$A=\int_0^{\pi/4}(\log\sin x+\log\cos x)dx$$
$$=\int_0^{\pi/4}\log(\sin 2x/2)dx$$
$$=\int_0^{\pi/4}\log(\sin 2x)dx-\int_0^{\pi/4}\log 2\,dx.$$

上式の第一項は $2x=t$ と変数変換すると $A/2$ と一致する．(これは各自にまかせる)よって

$$A=\frac{A}{2}-\frac{\pi}{4}\log 2\ \cdots\cdots\cdots\cdots\cdots\cdots\cdots\cdots☆$$

A は有限であるから $A=-\frac{\pi}{2}\log 2$.

解の前半を考察せず後半のみであれば上式☆より $A=-\frac{\pi}{2}\log 2$ は出て来ない．($A=\infty$ のケースもあるからである)

(3)—(iii)の解　$\int_{-\infty}^\infty\frac{x}{1+x^2}dx=\int_0^\infty\frac{x}{1+x^2}dx+\int_{-\infty}^0\frac{x}{1+x^2}dx$

第2項を $x=-t$ とおくと　$dx=-dt$

$$\int_{-\infty}^0\frac{x}{1+x^2}dx=\int_\infty^0\frac{-t}{1+t^2}(-dt)$$
$$=-\int_0^\infty\frac{dt}{1+t^2}=-\int_0^\infty\frac{dx}{1+x^2}.$$

しかし $\int_{-\infty}^\infty{}^x\!/_{1+x^2}dx=0$ としてはいけない．$\infty-\infty$ のケースもあるからである．実際

$$\int_0^\infty\frac{x}{1+x^2}dx=\left[\frac{1}{2}\log(1+x^2)\right]_0^\infty$$

$$=\lim_{k\to\infty}\frac{\log(1+k^2)}{2}=\infty$$

であるからこの積分は発散する．(発散とは収束しないことである)

(4)の解 $\sin x\big/1+e^{-x}$ は $x=0$ で値は0，しかもそこで連続である．又 $x\to\infty$ とするとかぎりなく $\sin x$ に似た形になっている．$\int_0^\infty \sin x\,dx$ も発散するのだが，だからといってこの積分も発散するとはいいかねる．

$\lim_{k\to\infty}\int_0^k$ の定義にもとづいた推論をしなければならないことを特にここで強調しておく．

連続関数 $f(x)$ が収束する広義積分 $\int_0^\infty f(x)dx$ を持つための必要かつ十分な条件をコーシー流でいうと次の様になる．

定理 A′ 任意の $\varepsilon>0$ に対し，実数 k が存在して $x_1>x_2>k$ であれば $\left|\int_{x_2}^{x_1}f(x)dx\right|<\varepsilon$ が成立する．

この定理を $f(x)=\sin x\big/1+e^{-x}$ に適用しよう．

そこで $x_1=2n\pi+\frac{\pi}{2}$, $x_2=2n\pi$ として積分を計算する

$$\int_{2n\pi}^{2n\pi+\frac{\pi}{2}}\sin x\Big/1+e^{-x}dx$$

$$=\int_0^{\frac{\pi}{2}}\sin x\Big/1+e^{-2n\pi}\cdot e^{-x}dx$$

$$\geqq\frac{1}{2}\int_0^{\frac{\pi}{2}}\sin x\,dx=\left[-\frac{1}{2}\cos x\right]_0^{\frac{\pi}{2}}=1/2.$$

したがって定理 A' の ε を $1/2$ より小さくすることにより，収束しないことがわかるのである．

(5)—(i)の解 $\log x\big/(1+x^2)$ は $x=1$ を境として符号が変わる．したがって与えられた積分も2つの積分の和として次の様に表わそう．

$$A=\int_0^\infty \log x\Big/(1+x^2)\,dx=\int_0^1 \log x\Big/(1+x^2)\,dx+\int_1^\infty\log x\Big/1+x^2dx \quad\cdots\cdots\cdots\cdots☆☆$$

第一項を $x=1/t$ と変数変換すると x が0から1へと動くとき t は ∞ から1へと動き，$dx=-1/t^2$ より

$$\int_0^1\log x\Big/(1+x^2)dx$$

$$=-\int_1^\infty(-\log t)\Big/(1+1/t^2)\,(-1/t^2)dt$$

$$=-\int_1^\infty\log t\Big/(1+t^2)dt$$

しかし $A=0$ と速断してはいけない，積分が発散するか収束するかを見きわめねばならない．

☆☆の2つの項のうち第1項が有限であることを示そう．

$$\left|\int_0^1\log x\Big/1+x^2dx\right|\leqq\left|\int_0^1\log x\,dx\right|$$

は明らかであり，右辺の積分はすでに(3)—(i)として処理されており，有限であるので $A=0$ の証明は終った．

5—(ii)の解（前半） この積分は不定積分が求まり，したがって値も求まりそうだとの感触をもつことが出来る．しかし，数学の愛好家にとっては別の手段もありそうである．$x=1$ で被積分関数の符号はかわるから積分を2つの項の和に次の様にわける．

$$\int_0^\infty(1-x^2)\Big/(1+x^4)\,dx=\int_0^1(1-x^2)\Big/(1+x^4)\,dx+\int_1^\infty(1-x^2)\Big/(1+x^4)dx.$$

第一項に対して $x=\frac{1}{t}$ とおくと

$$(1-x^2)\Big/(1+x^4)=(1-1/t^2)\Big/1+1/t^4$$

$=t^2(t^2-1)\Big/(t^4+1)$，$dx=-1\Big/t^2$ であるから

$$第一項=-\int_\infty^1(t^2-1)\Big/(t^4+1)dt$$

$$=-\int_1^\infty(1-t^2)\Big/(t^4+1)dt.$$

したがって第一項又は第二項が有限であることを示せばこの積分は0となる．明らかに

第一項の方が $[0,1]$ での連続関数の定積分であるから有限値であり，よって答は 0 となる．

5 —(ii)の（後半）は不定積分をもとめて計算実行しなければならない．未知係数決定法によってもとまる．計算の大要は次の様になる．

$$\int_0^k \frac{dx}{1+x^4}$$
$$=\left[\frac{1}{4\sqrt{2}}\log\left((x^2+\sqrt{2}x+1)\big/(x^2-\sqrt{2}x+1)\right)\right.$$
$$\left.+1/(2\sqrt{2})(\mathrm{Tan}^{-1}(\sqrt{2}x+1)+\mathrm{Tan}^{-1}(\sqrt{2}x-1))\right]_0^k$$
$$\int_0^\infty dx\big/(1+x^4)=\lim_{k\to\infty}\int_0^k dx\big/(1+x^4)$$
$$=\left(1\big/(2\sqrt{2})\right)\pi-\frac{1}{2\sqrt{2}}(\mathrm{Tan}^{-1}1+\mathrm{Tan}^{-1}(-1))$$
$$=\pi\big/(2\sqrt{2}).$$

(6)—(i)の解　$(0,1]$ において $\sin(1/x)$ は連続である．又 $-1\leqq\sin\frac{1}{x}\leqq 1$ が $(0,1]$ で成立する．(2)の $f(x)$, $h(x)$ として -1, 1 をとり，$a=0$, $b=1$ とすると，$\int_0^1\sin(1/x)dx$ が存在することがわかる．

注意　(6)—(i)は，学生にはむづかしく見える問題である．と同時に問題(2)の応用例になっている．

(6)—(ii)の解　この問題もやはり(2)の系といえるものである．$0\leqq x<1$ において次の不等式が成立する．

$$\frac{1}{\sqrt{1-x^2}}\leqq\frac{1}{\sqrt{(1-x^2)(1-k^2x^2)}}$$
$$<\frac{1}{\sqrt{(1-x^2)(1-k^2)}}\quad(0<k<1)$$

一方，$\int_0^1\frac{dx}{\sqrt{1-x^2}}=\pi/2$, $\int_0^1\frac{1}{\sqrt{(1-x^2)(1-k^2)}}=\frac{\pi}{2\sqrt{1-k^2}}$

したがって $f(x)=\frac{1}{\sqrt{1-x^2}}$, $g(x)=\frac{1}{\sqrt{(1-x^2)(1-k^2x^2)}}$, $h(x)=\frac{1}{\sqrt{(1-x^2)(1-k^2)}}$ とおいて問題(2)の結果を適用すると $\int_0^1 g(x)dx$ の存在がただちにしたがう．

注意　上の $g(x)$ は楕円積分の一種である．ここではこれ以上はのべないことにしよう．楕円積分という用語を耳に残しておいてくれればよいのである．

(6)の2つの問題は答を見ると実に簡単だが突然これらの問題を出されると誰でも少しはとまどうものである．**問題(2)をまずあてはめて見よ．**それがキーポイントである．

(7)の解　この問題は一変数広義積分の頂点をなす問題である．

(7)—(i)の解　$f(x)=\sin x\big/x$ は $f(0)=1$ をつけ加えると $\lim_{x\to 0}\sin x\big/x=1$ であるから $f(x)$ は $x=0$ で連続である．もちろん $|f(x)|$ も $x=0$ で連続である．したがって

$$\lim_{k\to\infty}\int_0^k|f(x)|dx=\lim_{n\to\infty}\int_0^{n\pi}\left|\frac{\sin x}{x}\right|dx=\infty$$

を示すことが出来れば十分である．

$$\int_0^{n\pi}\left|\sin x\big/x\right|dx\geqq\sum_{k=1}^n\int_{(k-1)\pi}^{k\pi}\frac{|\sin x|}{k\pi}dx$$
$$=\sum_{k=1}^n\left(1\big/k\pi\right)\int_{(k-1)\pi}^{k\pi}|\sin x|dx.$$
$$\int_{(k-1)\pi}^{k\pi}|\sin x|dx=\int_0^\pi|\sin x|dx$$
$$=2\int_0^{\pi/2}\sin x\,dx=2$$
$$\int_0^{n\pi}\left|\sin x\big/n\right|dx\geqq\frac{2}{\pi}\sum_{k=1}^n\frac{1}{k}$$
$$=\frac{2}{\pi}\left(\frac{1}{1}+\frac{1}{2}+\cdots+\frac{1}{k}\right)$$

$\lim_{n\to\infty}\sum_{k=1}^n 1/k=\infty$ になることはこのシリーズでも1度ならず説明しているが，$\int_1^\infty\frac{1}{x}dx$ との比較をすれば簡単に出来る．よって(7)—(i)は解けた．

(7)—(ii)を解く前に　7—(ii)の解法はいろいろ

あるが積分に関する第2平均値の定理を使うのが主流であるのでその方法による．まずその平均値の定理をのべ証明の概略を記しておこう．

定理 D（積分に関する第2平均値定理）

$f(x)$ を $[a, b]$ で定義された連続関数，$\varphi(x)$ を $[a, b]$ で単調な C^1 級関数とする．（これらの条件はすこし強い）この時 $(a, b)\ni C$ を適当にえらんで

$$\int_a^b f(x)\varphi(x)dx$$
$$=\varphi(a)\int_a^c f(x)dx+\varphi(b)\int_a^b f(x)dx$$

と表わすことが出来る．

定理 D の証明　$F(x)=\int_a^x f(t)dt$ とおき部分積分を行って

$$\int_a^b f(x)\varphi(x)dx$$
$$=[F(x)\varphi(x)]_a^b-\int_a^b F(x)\varphi'(x)dx \quad \cdots☆☆☆$$

上式の右辺に第一平均値の定理を apply する．

（第一平均値の定理とは $f(x)$ を $[a, b]$ 上の連続関数として $p(x)$ を $[a, b]$ 上の可積分で定符号の関数とするとある c によって
$\int_a^b f(x)p(x)dx=f(c)\int_a^b p(x)dx$ が成立することで中間値の定理を使って証明は出来るのでこれは各自にまかせよう．）

☆☆☆の右辺は $p(x)=\varphi'(x)$ とみて第一平均値の定理を使うと

$$F(b)\varphi(b)-F(a)\varphi(a)$$
$$-F(c)(\varphi(b)-\varphi(a))$$
$$=F(b)\varphi(b)-F(c)(\varphi(b)-\varphi(a)$$
$$=\varphi(a)F(c)+\varphi(b)(F(b)-F(c))$$
$$=\varphi(a)\int_a^c f(x)dx+\varphi(b)\int_c^b f(x)dx \quad \text{証了．}$$

(7)—(ii)の解　$f(x)=\sin x/x$ は $f(0)=1$ と定義しておくと $x=0$ で連続とみなしてよいから $\lim_{t\to\infty}\int_0^t f(x)dx$ の存在を示そう．$0\leqq T<t$ とすると第2平均値の定理より

$$\int_T^t f(x)dx=\frac{1}{T}\int_T^c \sin dx+\frac{1}{t}\int_c^t \sin x\, dx$$
$$(c\in(T, t))$$

$\operatorname*{Max}_{a<b}\left|\int_a^b \sin x\, dx\right|=2$ であるから

$$\left|\int_T^t f(x)dx\right|\leqq 2/T+2/t\leqq 4/T.$$

任意の $\varepsilon>0$ に対して $4/T<\varepsilon$ となる様に T をとると

$$\left|\int_T^t f(x)dx\right|<\varepsilon \quad (\text{もちろん } t\geqq T)$$

したがって，(2)を解く前に，で述べたコーシーの定理を使って $\lim_{t\to\infty}\int_0^t f(x)dx$ が存在する．このコーシーの定理を使う正確ないいまわしも各人にまかせる．

注意　実は $\int_0^\infty \sin x/x\, dx=\pi/2$ であるがこれはこのシリーズでのちほどとりあつかう．

§24 広義積分(その2) Γ関数とB関数

問題 24 (1) ガンマ関数 $\Gamma(p)=\int_0^\infty e^{-x}x^{p-1}dx$ (p は正の実数), ベータ関数 $B(p,q)=\int_0^1 x^{p-1}(1-x)^{q-1}dx$ (p,q は正の実数) についてこれらの積分の収束を示せ. 又次の公式を示せ.

(i) $\Gamma(p+1)=p\Gamma(p)$, (ii) $\Gamma(n)=(n-1)!$ (n は自然数)

(iii) $\Gamma\left(\frac{1}{2}\right)=2\int_0^\infty e^{-x^2}dx$ (この値が $\sqrt{\pi}$ になることは(3)より示される)

(iv) $B(p,q)=B(q,p)$, $B(p,1)=1/p$

(2) m,n が自然数のとき

$B(m,n)=\Gamma(m)\Gamma(n)/\Gamma(m+n)$ を示せ.

(3) $I=\int_0^\infty e^{-x^2}dx=\sqrt{\pi}/2$ を以下の手順によって示せ. また□を埋めよ.

積分 I に変数変換 $x=\sqrt{k}\,t$ を apply すると

$I=$㋑$\int_0^\infty e^{-㋺}\,dt$ である. 別の不等式:

$1-t^2\leqq e^{-t^2}\leqq 1/1+t^2\quad (t\geqq 0)$ ……………………………☆

も援用して次式が成立する.

㋩$\int_0^1(1-t^2)^k dt\leqq I\leqq$㋥$\int_0^\infty dt\Big/(1+t^2)^k$.

☆の最左辺の積分に $t=\sin\theta$, 最右辺の積分に $t=\cot\theta$ と変数変換するとそれぞれ次の様に値がさだまる.

1) $\int_0^1(1-t^2)^k dt=2^{2k}(k!)^2\Big/(2k+1)!$, 2) $\int_0^\infty dt\Big/(1+t^2)^k=(2k-2)!\Big/2^{2(k-1)}((k-1)!)^2\cdot\pi/2$

これらを☆に代入して ㋭$\leqq I\leqq$㋬ ……………………………☆☆

となるがここで Wallis の公式 $\sqrt{\pi}=\lim_{n\to\infty}2^{2n}(n!)^2\Big/(2n)!\sqrt{n}$ (解の中で証明あり) を使って $I=\sqrt{\pi}/2$ が得られる.

注意 定積分(3)は数学, 物理学のほとんどの分野における基本公式で通常は2重積分によって示されるが上の証明も昔からよく知られており, 1変数の範囲で求められることがミソである.

(4) 変数変換を適当にえらんで次の問に答えよ．

(i) $\int_0^\infty e^{-x^q}dx$ $(q>0)$ は有限確定であることを示せ．

(ii) $\int_0^{\pi/2}\sin^p\theta d\theta=\Gamma\left(\left.(p+1)\right/2\right)\Big/\Gamma\left(\left.(p+2)\right/2\right)\cdot\sqrt{\pi}\big/2$ $(p>-1)$ を示せ．

ただし $B(p,q)=\Gamma(p)\Gamma(q)\big/\Gamma(p+q)$ (第7回—(6)) を公式として使ってよい．

(iii) $\int_0^1(\log(1/x))^n dx=n!$ を示せ．

(iv) $\int_0^\infty x^{2n+1}e^{-x^2}dx=n!/2$ を示せ．

(v) $\int_0^\infty e^{2n}e^{-x^2}dx=\left((2n-1)!!\big/2^{n+1}\right)\sqrt{\pi}$

ここで !! は1つおきの階乗をあらわす．

(5) $\begin{cases}\int_0^1(1-x^2)^n dx=\dfrac{1}{2}B(n+1,1/2)\\ \int_0^\infty dx\big/(1+x^2)^n=\dfrac{1}{2}B\left(n-\dfrac{1}{2},\dfrac{1}{2}\right)\end{cases}$

を示せ．

(6) $p,q>-1$ のとき

$\int_0^1 x^p(\log(1/x))^q dx=\Gamma(q+1)\big/(p+1)^{q+1}$ を示せ．

(1)の解 Γ 関数の定義の被積分関数 $e^{-x}x^{p-1}$ に $1/x^{p-1}$ を乗ずると e^{-x} となり，これはもちろん $(0,\varepsilon)$ で有界である．したがってこの広義積分は $x=0$ の近くで収束することが前回の結果からあきらかである．又 $x\to\infty$ においての広義積分としての収束は $e^{-x}x^{p-1}=e^{-x}x^{p+1}\cdot(1/x^2)$ とし，$\lim\limits_{x\to\infty}e^{-x}x^{p+1}=0$ がロピタルの定理からただちにしたがうからやはり前回の結果から結論づけられる．

B 関数の B はビーではなくギリシヤ文字 β に対応するギリシヤ大文字ベータである．B 関数はややもすると広義積分ではないと初学者には受けとられ勝ちであるが，念のためいっておくと $1>p>0$, $1>q>0$ の場合には広義積分になる．

1—(i)の解 $\Gamma(p+1)=\int_0^\infty x^pe^{-x}dx=-[x^pe^{-x}]_0^\infty+p\int_0^\infty x^{p-1}e^{-x}dx$ が部分積分法によって示される．第一項はロピタルの定理によって0であることが（これは各自たしかめよ）わかり，よって $\Gamma(p+1)=p\Gamma(p)$ となる．

(1)—(ii)の解 (i)をくりかえし使って成立することがわかる．

注意 35年も前のことだが若い頃東工大の化学の先生につかまり，物理化学の書物に $p!$ (p は自然数とはかぎらない) が多用されていることに関して質問を受けた．$p(p-1)\cdots$ とどこまでやってよいかわからないとの事であった．この場合 $p!=\Gamma(p+1)$ だといってあげたのだが割り切れないお顔をなさっていた．何やら先生には思いこみがあったようだ．私の方はおかげで物理化学では $p!$ が説明なしで利用されている状況がわかり1つ物覚えをしたのだが．

(1)—(iii)の解 $\Gamma\left(\dfrac{1}{2}\right)=\int_0^\infty e^{-x}x^{-1/2}dx$.

$x=t^2$ とすると $dx=2t\,dt=2\sqrt{x}\,dt$．よって $\Gamma\left(\dfrac{1}{2}\right)=\int_0^\infty e^{-t^2}\cdot 2\sqrt{x}\big/\sqrt{x}\,dt=2\int_0^\infty e^{-t^2}dt$.

この積分の値は問題(3)の解によって得られる．

(1)—(iv)の前半の解　$x=1-y$ とおくと部分積分法によって

$$B(p,q)=\int_0^1 x^{p-1}(1-x)^{q-1}dx$$
$$=-\int_1^0 (1-y)^{p-1}y^{q-1}dy$$
$$=\int_0^1 y^{q-1}(1-y)^{p-1}dy=B(q,p).$$

(1)—(iv)の後半の解　$B(p,1)=\int_0^1 x^{p-1}dx=[x^p/p]_0^1=1/p.$

(2)の解　$B(p,q+1)=\int_0^1 x^{p-1}(1-x)^q\,dx$ に部分積分法を適用して

$$=[(x^p/p)(1-x)^q]_0^1-\int_0^1(-q/p)x^p(1-x)^{q-1}dx$$

第一項は0になるから

$$=q/p\int_0^1 x^p(1-x)^{q-1}\,dx=(q/p)B(p+1,q),$$

よって

$$B(m,n)=\frac{(n-1)}{m}\cdot B(m+1,n-1)$$
$$=\frac{(n-1)}{m}\cdot\frac{(n-2)}{(m+1)}B(m+2,n-2)$$
$$=\cdots\cdots$$
$$=\frac{(n-1)!}{(m+n-2)!}B(m+n-1,1)(n-1)!$$
$$=\frac{(m-1)!(n-1)!}{(m+n-1)!}$$
$$=\frac{\Gamma(m)\Gamma(n)}{\Gamma(m+n)}.$$

注意　この(2)は $B(p,q)=\frac{\Gamma(p)\Gamma(q)}{\Gamma(p+q)}$ $(p,q>0)$ と一般の正の実数 p,q についても成立する．これは2重積分の定理なのでここでは証明しない．((4)—(ii)参照)

(3)の解　(3)が証明出来ると $\Gamma\left(\frac{1}{2}\right)=\sqrt{\pi}$ となる．この証明は上の注意でのべた公式に $p=1/2$, $q=1/2$ と代入すると（$\Gamma(1)=1$ は明らかだから）$B(1/2,\ 1/2)=(\Gamma(1/2))^2$ となり，$B(1/2,\ 1/2)=\pi$ を示せばよいことになる．ベータ関数の定義に $x=\sin^2\theta$ と変数変換を適用すると $B(p,q)=2\int_0^{\pi/2}\sin^{2p-1}\theta\cos^{2q-1}\theta\,d\theta$ となり

$$B(1/2,\ 1/2)=2\int_0^{\pi/2}1\cdot d\theta=\pi.$$

しかし本講ではこの方法をさけることにした．

$x=\sqrt{k}\,t$ により $dx=\sqrt{k}\,dt$ であるから $I=\sqrt{k}\int_0^\infty e^{-kt^2}dt$　つまり [イ]$=\sqrt{k}$, [ロ]$=kt^2$ である．つぎに不等式

$$1-t^2\leqq e^{-t^2}\leqq\frac{1}{1+t^2}.$$

の証明のうち第2不等号は $e^{t^2}\geqq 1+t^2$. すなわち $e^t\geqq 1+t$ $(t\geqq 0)$ を示せばよい．$t=0$ で両辺は1，両辺の導関数はそれぞれ e^t と1であるから証明は終わった．第1の不等号は $(1-t)e^t\leqq 1$ を示せばよい．$t=0$ では左辺，右辺ともに1. 左辺の導関数は $-e^t+(1-t)e^t=-te^t$ で $t\geqq 0$ なら負，右辺1の導関数は0であるから☆の証明は終わった．微積分の教科書にはこの様な微分を使った不等式の証明問題があるが，散発的にそれらを証明してもあまり学力向上に結びつかない．この問題の様に何か目的の下で1つの流れの中の一項目としてとらえることが良い勉強の方法なのである．

上述の2つの式より

$$\sqrt{k}\int_0^1(1-t^2)^k dt\leqq\sqrt{k}\int_0^\infty e^{-kt^2}dt$$
$$\leqq\sqrt{k}\int_0^\infty\frac{1}{(1+t^2)^k}dt$$

となるから [ハ]$=\sqrt{k}$, [ニ]$=\sqrt{k}$ である．

1) $\int_0^1(1-t^2)^k dt=\int_0^{\pi/2}\cos^{2k}\theta\cdot\cos\theta\,d\theta$
$$=\int_0^{\pi/2}\cos^{2k+1}\theta\,d\theta.$$

2) $\int_0^\infty\frac{dt}{(1+t^2)^k}=\int_{\pi/2}^0\frac{d\cot\theta}{(1+\cot^2\theta)^k}$
$$=\int_{\pi/2}^0\left(-\frac{1}{\sin^2\theta}\right)(\sin^{2k}\theta)d\theta$$
$$=\int_0^{\pi/2}\sin^{2k-2}\theta\,d\theta.$$

部分積分法と漸化公式を使って

$$S_n=\int_0^{\frac{\pi}{2}}\sin^n x\,dx=\begin{cases}\dfrac{1\cdot3\cdot5\cdots(n-1)}{2\cdot4\cdot6\cdots\cdot n}\cdot\pi/2\\ \dfrac{2\cdot4\cdot6\cdots(n-1)}{3\cdot5\cdot7\cdots n}\end{cases}$$

$$=\frac{(2k)!}{2^{2k}(k!)^2}\cdot\pi/2\ (n=2k)$$

$$=\frac{2^{2k}(k!)^2}{(2k+1)!}\ (n=2k+1)\qquad\cdots☆☆☆$$

が示される．(これは各自チェックし，おぼえよ．)

これを 1)，2) に代入して(2)の方は k のかわりに $k-1$ とする) 1)，2) の数値を得た．

Wallis（ウオリス）の公式の証明　$0<x<\pi/2$ なら $S_n=\int_0^{\pi/2}\sin^n x\,dx$ はあきらかに n について減少である．

$1<\dfrac{S_{2n}}{S_{2n+1}}<\dfrac{S_{2n-1}}{S_{2n+1}}=\dfrac{2n+1}{2n}$ が S_n に関する上の公式☆☆☆から出る．よって $\lim_{n\to\infty}\dfrac{S_{2n}}{S_{2n+1}}=1$ となる．S_n の数値から見て意外に受けとる人もいよう．この極限式に S_{2n}，S_{2n+1} の値（上述）を代入すると少し整理（各人にまかせる）する必要があるが

$$\sqrt{S_{2n}S_{2n+1}}=\sqrt{\pi/2(2n+1)}$$

よって $n\to\infty$ のとき

$$\lim_{n\to\infty}\sqrt{n}S_{2n+1}=\sqrt{\pi}/2.$$

ここで $S_{2n+1}=\dfrac{2^{2n}}{(2n+1)}\cdot1\Big/\dbinom{2n}{n}$ と書くと $\left(\dbinom{n}{r}={}_n\mathrm{C}_r\right)$

$$\lim_{n\to\infty}\frac{\sqrt{n}}{2^{2n}}\binom{2n}{n}=1/\sqrt{\pi}.$$ Wallis の定理の証明おわり．

(3)の解にもどって　☆☆に☆☆☆から代入して

$$\frac{2^{2n}(n!)^2}{\sqrt{n}(2n)!}\frac{n}{2n+1}\leqq I\leqq\frac{\sqrt{n-1}}{2^{2n-2}}\frac{(2n-2)!}{((n-1)!)^2}\frac{\sqrt{n}}{\sqrt{n-1}}\cdot\frac{\pi}{2}$$

が得られ，ここで Wallis の公式を引用しつつ $n\to\infty$ とすると $I=\sqrt{\pi}/2$ はただちにしたがう．(3)の解終了．

(4)の解　(i)の解を求めるには簡単のため $\Gamma(1/q)$ を計算しよう．$\Gamma(1/q)=\int_0^\infty e^{-x}x^{1/q-1}dx$ を $x=t^q$ と変換すると

$$=\int_0^\infty e^{-t^q}(t^q)^{(\frac{1}{q}-1)}\cdot qt^{q-1}dt=q\int_0^\infty e^{-t^q}\,dt.$$

つまり $(1/q)\Gamma(1/q)=\int_0^\infty e^{-t^q}\,dt$，$\Gamma(1/q)$ の有限確定性（これは問題(1)の結果である）が(4)―(i)の解答になっている．

(4)―(ii)の解　(3)の解のはじめに結果だけ記して利用した公式をあらためて示すことからはじめよう．

公式A　$\boldsymbol{B(p,q)=2\int_0^{\pi/2}(\sin\theta)^{2p-1}(\cos\theta)^{2q-1}d\theta=B(q,p)}$

公式の解． ベータ関数の定義に $x=\sin^2\theta$ を代入すると

$$B(p,q)=\int_0^1 x^{p-1}(1-x)^{q-1}dx$$
$$=\int_0^{\pi/2}(\sin\theta)^{2p-2}(\cos\theta)^{2q-2}\cdot2\sin\theta\cos d\theta$$
$$=2\int_0^{\pi/2}(\sin\theta)^{2p-1}(\cos\theta)^{2q-1}d\theta.$$

これに $\theta=\pi/2-\varphi$ を代入すると

$$=-2\int_{\pi/2}^0(\cos\theta)^{2p-1}(\sin\theta)^{2q-1}d\theta$$
$$=2\int_0^{\pi/2}(\sin\theta)^{2q-1}(\cos\theta)^{2p-1}d\theta$$
$$=B(q,p)$$

つまり $\int_0^{\pi/2}\sin^p\theta\cos^q\theta\,d\theta=\dfrac{1}{2}B\left(\dfrac{p+1}{2},\dfrac{q+1}{2}\right)$ $(p,q>-1)$ が成立する．

そこで $\int_0^{\pi/2}\sin^p\theta\,d\theta=\int_0^{\pi/2}\cos^p\theta\,d\theta=\dfrac{1}{2}B\left(\dfrac{1}{2},\ \dfrac{p+1}{2}\right)$. ……………………☆☆☆☆

又 $B(p,q)=\dfrac{\Gamma(p)\Gamma(q)}{\Gamma(p+q)}$ を使えば上式は

$$=\frac{1}{2}\Gamma(1/2)\Gamma\left({p+1}/_{2}\right)\Big/\Gamma\left({p+2}/_{2}\right).$$

$$(p>-1)$$

(3)の結果である $\Gamma(1/2)=\sqrt{\pi}/_2$ を代入して 4 —(ii)の証明は終わった.

4 —(iii)の証明　$\int_0^1(\log(1/x))^n\,dx$ は単純に $\log(1/x)=t$ と変数変換する. $1/x=e^t$, $x=e^{-t}$ であるから

$dx=-e^{-t}\,dt$ でありこれらを代入すると

$$=-\int_\infty^0 t^n e^{-t}dt=\int_0^\infty t^n e^{-t}dx=\Gamma(n+1)=n!$$

4 —(iii)　解了.

Γ 関数の計算にはこの様に積分変数の変換だけで自然にいきつくものと工夫を要するものにわかれる. すこし似ているが後述の(6)の問題などは 4 —(iii)と同様にはいかない.

4 —(iv), (v)の証明　この型の問題を解くために次の公式を設定するのが普通である.

公式 B　$\int_0^\infty e^{-ax^p}x^q dx=$

$$(1/p)\Gamma\left({(q+1)}/_{p}\right)a^{-(q+1)/p},\ (p,\ a,\ q+1>0)$$

公式 B の証明　$\int_0^\infty e^{-ax^b}x^q dx$ に積分変数の変換 $t=ax^p$ を適用すると $x=(t/a)^{1/p}$, $dx=(1/pa)(t/a)^{(1/p)-1}dt$ より

$$=\int_0^\infty e^{-t}t^{q/p}(1/p)t^{(1/p)-1}a^{-q/p}a^{-(1/p)}dt$$

$$=a^{-(q+1)/p}\cdot(1/p)\int_0^\infty e^{-t}t^{(q+1)/p-1}dt$$

$$=a^{-(q+1)/p}\cdot(1/p)\Gamma\left({q+1}/_{p}\right).$$ 証了.

(4)—(iv)の証明は公式Bで $q=2n+1$, $a=1$, $p=2$ のケースであるから

$$(1/2)\Gamma\left({(2n+1+1)}/_{2}\right)=(1/2)\Gamma(n+1)$$

$$={n!}/_{2}.$$

また **4 —(v)の証明**は同じく, $q=2n$, $a=1$, $p=2$ のケースであるから

$$(1/2)\Gamma\left({(2n+1)}/_{2}\right)=(1/2)\Gamma(n+(1/2))$$

$$=\frac{1}{2}(n-(1/2))(n-(3/2))\cdots\frac{1}{2}\cdot\Gamma(1/2)$$

$$=(1/2)\frac{(2n-1)!!}{2^n}\sqrt{\pi}$$

ここで!! は1つおきの階乗（例　5!!=5・3・1）である.

(5)の解　5の第1式は 4 —(ii)の解の中で実質的に得られている. すなわち, 積分変数変換 $x=\cos\theta$ によって

$$\int_0^1(1-x^2)^n\,dx=\int_0^{\pi/2}\sin^{2n}\theta\cdot\sin\theta\,d\theta$$

$$=\int_0^{\pi/2}\sin^{2n+1}\theta\,d\theta$$

(4)—(ii)の解の公式 A より

$$=\frac{1}{2}\mathrm{B}\left(\frac{1}{2},\ n+1\right).$$　前半終了.

後半をあつかうには通常次の公式を利用する.

公式 C　$B(p,q)=\int_0^\infty x^{p-1}/_{(1+x)^{p+q}}dx$

$$(p,\ q>0)$$

公式 C の証明　$B(p,q)$ の定義 $\int_0^1 x^{p-1}(1-x)^{q-1}dx$　$(p,q>0)$ に $x=1/_{y+1}$ と積分変数の変換をすると x が0から1へと動くとき y は∞から0へと動くことを観察し, $dx=-1/_{(y+1)^2}\,dy$ であるから

$$B(p,q)=\int_\infty^0\frac{1}{(y+1)^{p-1}}\cdot\left(\frac{y}{y+1}\right)^{q-1}$$

$$\cdot(-1)/_{(y+1)^2}\,dy$$

これを整理すると公式Cが出る.

後半を証明するには公式Cで $x=t^2$, $p=(1+\lambda)/2$, $p+q=n$ とおくと

$$\int_0^\infty\frac{t^{2(p-1)}}{(1+t^2)^n}\cdot 2t\,dt=2\int_0^\infty\frac{t^\lambda}{(1+t^2)^n}\,dt=$$

$B\left(\frac{1+\lambda}{2}\cdot n-\frac{1+\lambda}{2}\right)$. ここでさらに $\lambda=0$ とおくと

$$\int_0^\infty\frac{dt}{(1+t^2)^n}=\frac{1}{2}B\left(\frac{1}{2},n-\frac{1}{2}\right).$$

となるのである.

(i)と(ii)はペアをなしているとされているがその正確な意味は

$I=\int_0^\infty \frac{dt}{(1+t^2)^n}$ で $t=\cot\theta$ とおくと $dt=\frac{-1}{\sin^2\theta}d\theta$ であり，$I=\int_0^{\frac{\pi}{2}}\sin^{2n-2}\theta\,d\theta$ の形になり，前半の積分 $\int_0^{\pi/2}\sin^{2n+1}\theta\,d\theta$ と対比をなすことによる．n を1つ増加させた方がペアになるのには都合がよい．

(6) の 解　$\int_0^1 x^p(\log(1/x))^q dx$ を $t=\log(1/x)$ と変数変換すると $\frac{1}{x}=e^t$ すなわち $x=e^{-t}$，$dx=-e^{-t}\,dt$ より

$$\int_0^1 x^p(\log(1/x))^q=\int_\infty^0 e^{-pt}t^q(-e^{-t}\,dt)$$
$$=\int_0^\infty e^{-(p+1)t}t^q\,dt.$$

さてこの形の積分をガンマ関数になおすには公式Bを使わねばならない．公式Bにあてはめると

$=\Gamma(q+1)(1+p)^{-(q+1)}$.　　　　　　解了．

注意　大学一年生の微積分の対象となる範囲で Γ 関数と B 関数の公式をならべた．この外にもスターリングの公式など大学一年生の学習範囲内の話題になるものがいくつかあるがそれらは割愛した．また Γ 関数を複素関数として，より本質的に把握する話は複素関数論など大学2年生の話題としてここではとりあつかわない．

Γ 関数，B 関数，それにこのシリーズで直接間接にとりあつかったルジャンドル，エルミートなどの関数，あるいは楕円関数といった初等関数から外れるものを総称して特殊関数という．特殊関数の占める領域は実は大変な量の公式の羅列，公式の海から成っている．古典的な工業数学，あるいは現代数学の中枢である整数論，表現論など色々の分野で学んでいくとそれらのいくつかには必ず出あう．しかし，それらはそれらの関数を使う立場になってから調べても間にあうもので大学初年度から苦しむ必要はない．特殊関数にすこしでも一般的な理解を与えようとする数学の研究もあり，その中には現代数学の本筋と思われているものもいくつかかぞえられる．

大学理工科の一年生，特に数学専攻のものはこのシリーズに出て来る問題くらいは眺めておいた方が良い，というのは数学科の授業はbasicなものばかりで，抽象代数学とかトポロギーとか，文学にたとえれば，文学志望で入った大学の講義が文法論ばかりといったような具合である．抽象数学を学んでそれを具体的なものに結びつけ発展させるなどということは各個人のセンスにまかせられている．そしてそんな具体的なものを身につけることはそんなに簡単ではなく，たとえばこの様な特殊関数に触れ，運用し，関連する諸科学にも目をやりつつ数学の内での位置づけ，数学の外での位置づけを自身でつかみとらねばならないのである．

§25 一様収束(その1)

問題25 (1) $\{f_n(x)=x^n\ (0\leqq x\leqq 1)\}$ は連続関数の無限列 $(1,2,\cdots n,\cdots)$ である．$f(x)=\lim_{n\to\infty}f_n(x)$ は $0\leqq x\leqq 1$ の各点で存在するが不連続点を持つことをしめせ．

(2) 区間Iを定義域とする関数の列 $\{f_n(x)\}$ が同じく区間Iを定義域とする関数 $f(x)$ に一様収束するとは

任意の $\varepsilon>0$ に対してある正整数 n_0 が存在し $n>n_0$ ならば $\varepsilon>|f_n(x)-f(x)|\quad \forall x\in I$ が成立することである． 次の(i)(ii)(iii)(iv)にこたえよ．

(i) 次の条件は $\{f_n(x)\}$ が $f(x)$ に一様収束する必要かつ十分な条件であることを説明せよ．

$$\forall\varepsilon>0\ \exists n_0;\ n>n_0 \Longrightarrow \sup_{x\in I}|f_n(x)-f(x)|<\varepsilon \quad \forall x\in I$$

(ii) $\{f_n(x)\}$ が $[a,b]$ で定義された連続関数列であるとき，条件(i)は，**$\lim_{n\to\infty}f_n(x)$ も連続関数であって $\forall\varepsilon>0\ \exists n_0;\ n>n_0 \Longrightarrow \mathrm{Max}_{x\in[a,b]}|f_n(x)-f(x)|<\varepsilon$**

と表わされることを示せ．

(iii) I で一様収束する関数列 $\{f_n(x)\}$ は I の部分区間 I' でも一様収束することを確認せよ．

(iv) 問題(1)の関数列は $[0,1]$ では一様収束せず，$[0,1]$ の任意の部分区間で1を境界点として持たぬものにおいては一様収束することを示せ．

(3) 一様収束性をしらべよ．

(i) $f_n(x)=1/_{x+n}\quad (0\leqq x\leqq 1)$　(ii) $f_n(x)={}^{nx}/_{1+n^2x^2}\quad (0\leqq x\leqq 1)$

(iii) $f_n(x)=n^pxe^{-nx^2}\quad (-\infty<x<\infty)$

(4) (i) $[a,b]$ で一様収束する連続関数列 $\{f_n(x)\}$ について次の(a)(b)(c)を示せ．

(a) $\lim_{n\to\infty}\int_a^b f_n(x)dx=\int_a^b \lim_{n\to\infty}f_n(x)dx$，(b) $\left\{\int_a^x f_n(x)dx\right\}$ は $[a,b]$ で一様収束する．

(c) $[a,b]$ で C^1 級関数列 $\{f_n(x)\}$ が $f(x)$ に収束し，$\{f_n'(x)\}$ が $\varphi(x)$ に一様収束するなら $f_n\to f$ も実は一様収束で $\varphi(x)=f'(x)$ である．**(積分，微分と極限との順序交換可能)**

(ii) 区間 I において $|f_n(x)|\leqq C_n$，$\sum_{n=1}^{\infty}C_n$ は収束するとき，$\sum_{n=1}^{\infty}f_n(x)$ は I で一様収束を示せ．**(Weierstrass の定理)**

(5) 次の級数の一様収束性をしらべよ．

(i) $\sum_{n=1}^{\infty}\sin nx/n^p$ $(p>1)$　(ii) $\sum_{n=1}^{\infty}(\log x)^n$　(iii) $\sum_{n=1}^{\infty}(x/3)^n\tan x/3^n$

(iv) $\sum_{n=1}^{\infty}\log(1+2nx^2)/nx^n$　(v) $\sum_{n=0}^{\infty}a^n\cos(b^n\pi x)$ $(|a|<1)$

(6) (i) $\int_0^{\pi}\sum_{n=0}^{\infty}\sin nx/2^n\,dx$ を求めよ．

(ii) $\int_1^{\infty}\log x/x^2-x\;dx=\sum_{n=1}^{\infty}\frac{1}{n^2}$ を示せ．$\left(\text{この値は}\frac{\pi^2}{6}\text{であり，次回に示す}\right)$

(1)の解　$f_1(1)=f_2(1)=\cdots=f(1)=1$ であり，他の $[0,1)$ 内の点 x においては $f_1(x)>f_2(x)\cdots>f(x)=0$ である．

注意　上の例の場合 $\lim_{n\to\infty}f_n(x)=f(x)$ と書くのは良いが省略形で $\lim_{n\to\infty}f_n=f$ と書くことは（通常）許されない．この収束を関数の極限として理解するよりは点 x ごとの収束であるからで，各点収束とよばれる．

(2)の解　(i)を解く前に一様収束の定義をきちんと理解することがかんじんである．一様収束は一様連続よりもずっとやさしい概念であるとだけ記しておこう．

(2)―(i)の証明　一様収束の定義は，任意にあたえられた ε が，ある n_0 について集合 $\{|f_n(x)-f(x)|\,;\,n>n_0,\,x\in[a,b]\}$ の，上界であることを示して居り，$\sup\{|f_n(x)-f(x)|\ n>n_0,\ x\in[a,b]\}$ はその集合の上界の最小数であるから $\varepsilon\geqq\sup|f_n(x)-f(x)|$ となる．（この場合等号はあってもなくてもどうでもよい．その理由は各自が考えよ）(i)の十分性は $\varepsilon>\sup|f_n(x)-f(x)|\geqq f_n(x)-f(x)$ から明らかである．

2―(ii)の証明 (2―(ii)→2―(i)の証明)　f_n,f がともに $[a,b]$ で連続とすると $|f_n-f|$ も $[a,b]$ で連続であり，連続関数の最大(小)値の存在より $\max\{|f_n(x)-f(x)|\ x\in[a,b]\}$ が存在する．したがって 2―(ii)の主張内容は理解出来る．又 max はもし存在すれば sup に同一であるから(ii)→(i)は証明された．

(i)→(ii)の証明　(i)から(ii)を説明するには $[a,b]$ で $\{f_n(x)\}$ が連続関数列でかつ $f(x)$ に一様収束するならば極限関数 $f(x)$ も連続であることを示せば十分である．これはどんな教科書にも出ている定理なので簡単に示す．

$x_0\in[a,b]$ とする．$|f(x)-f(x_0)|\leqq|f(x)-f_n(x)|+|f_n(x)-f_n(x_0)|+|f_n(x_0)-f(x_0)|$ であるから，任意の正の数 ε をとり，

$|f(x)-f_n(x)|<\varepsilon$，$|f_n(x)-f_n(x_0)|<\varepsilon$，$|f_n(x_0)-f(x_0)|<\varepsilon$ の 3 つの不等式を考える．一様収束の定義から上の不等式のうち最初と最後のものは $[a,b]$ と $\{f_n\}$ によって定まる n_0 より大きな n について成立し，第 2 の不等式はそのような n を固定してえらび x を十分 x_0 に近づけると $f_n(x)$ の連続性から成立する．よって $|f(x)-f(x_0)|<3\varepsilon$ となる．3ε はそれ自身任意の数と考えてよいので証明はおわった．

2―(iii)の証明　一様収束の定義をよく見て I における一様収束の定義における ε-n_0 論法がそのまま $I\supset I'$ に適用出来ることを認識出来ればそれでおわりである．これ以上の説明はしない．初学者は無我夢中で勉強していて難しい問と容易な問の区別がつかないこともあろう．老爺心から出した問である．

(2)―(iv)の説明　$y=x^n$ は $[0,1]$ では一様収束ではない．なぜなら極限関数は不連続（$x=1$ だけで 1，他の点では 0 の値をとる）であるから．$I\subset[0,1)$ を問題の区間とする．$I\ni x$ なら $\lim_{n\to\infty}x^n=0$ であるが I の右側境界点 b においても $\lim_{n\to\infty}b^n=0$．任意の $\varepsilon>0$ に対して

$n>n_0$ なら $b^n<\varepsilon$ となる n_0 について $n>n_0$ なら $x^n<\varepsilon$ $(x\in I)$．証明了．

3—(i)の解　x を固定したとき $\lim_{n\to\infty}f_n(x)=0$ はあきらか．よって極限関数 $f(x)$ を恒等的に 0 の関数とする．

$[0,1]$ での $\max_{x\in[0,1]}|f_n(x)-f(x)|=\max_{x\in[0,1]}f_n(x)=1/n$．

よって $1/n<\varepsilon$ であるような最小の整数 $\left[\frac{1}{\varepsilon}\right]+1$ を n_0 とおく．([　] はガウスの記号)

$n>n_0\Rightarrow|f_n(x)-f(x)|<\varepsilon$ $(x\in[0,1])$ となる．解了．

3—(ii)の解　$\lim_{n\to\infty}f_n(x)=0$ はあきらかで $f(x)=0$（極限関数）とおく．$|f_n(x)-f(x)|=f_n(x)$ の最大値を求めてみよう．

$f_n'(x)=0$ より $\{n(1+n^2x^2)-2n^2x\cdot nx\}=0$ となり，$x=1/n$ が極値をあたえる x の候補 $1/n$ の近くでの $f_n'(x)$ の符号をしらべると $f_n\left(\frac{1}{n}\right)=1/2$ が $f_n(x)$ の $[0,1]$ における最大値であり，n に無関係に一定の値をとる．よってこの収束は一様収束ではない．

注意　読者の中には $f_n(x)$ が 0 に各点収束するのまで（上の証明からみて）疑う人もいるかも知れない．最大値をとる点が n と共に移動することを見極めて，一様収束（でないこと）をあらためてつかみなおして欲しい．

3—(iii)の解　p がなんであっても $\lim_{n\to\infty}f_n(x)=\lim_{n\to\infty}n^pxe^{-nx^2}=0$ となる．これがわからない人も少しはいるだろう．説明すると e^{nx^2} をテイラー展開し，$1+nx^2+(1/2!)(nx^2)^2+\cdots$ のうち n について $[p]+1$ 次の項まで展開したものをとると，分母が n について $2([p]+1)$ 次，分子が $[p]+1$ 次と $[p]$ 次の間である．([ ] はガウスの記号)

$|f_n(x)-f(x)|=f_n(x)$ の最大値を求めるには

$f_n'(x)=n^pe^{-nx^2}(1-2nx^2)=0$ より $x=1/\sqrt{2n}$ で最大値 $n^p(1/\sqrt{2n})e^{-(1/2)}=n^{p-1/2}.(1/\sqrt{2e})$ をとる．

$\lim_{n\to\infty}n^{p-1/2}(1/\sqrt{2}e)=0$ となるのは $p<\frac{1}{2}$ の時に限る．この時一様収束する．

(4)—(i)—(a)の証明　まず $[a,b]$ で一様収束する連続関数列であるから(2)—(ii)の条件をみたしていることに注意する．

$$\left|\int_a^b f_n(x)dx-\int_a^b f(x)dx\right|\leqq\int_a^b|f_n(x)-f(x)|dx\leqq M_n(b-a)$$

ここで M_n は $[a,b]$ における $|f_n(x)-f(x)|$ の最大値である．

任意の $\varepsilon>0$ に対して　$\exists n_0$；$n>n_0$ なら $M_n(b-a)<\varepsilon(b-a)$　((2)—(ii)によって)，したがって

$$\left|\int_a^b f_n(x)dx-\int_a^b f(x)dx\right|<\varepsilon(b-a).\quad \text{証了.}$$

4—(i)—(b)の証明　上式の上端 b を x にかえても

$$\left|\int_a^x f_n(t)dt-\int_a^x f(x)dt\right|<\varepsilon(b-a)\quad \text{証了.}$$

4—(i)—(c)の証明　$a<x<b$ として (a)から次式が出る．

$$\lim_{n\to\infty}\int_a^x f_n'(t)dt=\int_a^x\varphi(t)dt.$$

しかし $\int_a^x f_n'(t)dt=f_n(x)-f_n(a)$ の極限 $(n\to\infty)$ は $f(x)-f(a)$．
よって

$$f(x)=\int_a^x\varphi(t)dt+f(a).$$

$f(x)$ はしたがって微分可能で $\frac{d}{dx}f(x)=\varphi(x)$ となる．

$$f_n(x)=f_n(a)+\int_a^x f_n'(t)dt$$

と表現しておき，第一項 $f_n(a)$ は仮定から $f(a)$ に収束し，第 2 項は(3)(b)により

$\int_a^x \varphi(t)dt$ に一様収束するので結局 $f_n(x)$ は $f(x)$ に一様収束するのである.

(4)—(ii)の証明　正項級数 $\sum a_n$ が収束する必十条件を復習しておこう. それは

任意の $\varepsilon>0$ に対してある自然数 n_0 が存在して $m>n>n_0$ ならば

$$\sum_{k=n+1}^{m} a_k<\varepsilon \quad \cdots\cdots\cdots\cdots☆$$

となることであり, 問題の $\{C_k\}$ はもちろんこれをみたしている. $\sum|f_n(x)|$ $(x\in I)$ が収束する条件は☆により, 任意の ε に対して $n_0(x)$ が存在して $\sum_{k=n+1}^{m}|f_k(x)|<\varepsilon$ となればよい.

ところが

$$\sum_{k=n+1}^{m}|f_k(x)|<\sum_{k=n+1}^{m}C_k,\ \text{かつ}\ \sum_{k=n+1}^{n}C_k<\varepsilon$$

であるから定数項級数 $\{C_k\}$ と ε とによって定まる n_0 が $n_0(x)$ の役割をしていて, しかも n_0 は定数 (x に無関係) なので一様収束といえるのである.

(5)の(i)の解　$f_n(x)=\sin nx/n^p$ とおくと $|f_n(x)|<1/n^p$ である. $p>1$ の時 $\sum_{n=1}^{\infty}\frac{1}{n^p}$ は収束する. (その証明の最も簡単なものは $\int_1^{\infty}\frac{dx}{x^p}$ との比較による方法で,

$$\sum_{n=2}^{\infty}\frac{1}{n^p}\leqq\int_1^{\infty}\frac{dx}{x^p} \quad \cdots\cdots\cdots\cdots☆☆$$

は両辺の表わす面積比較によって説明出来る. (その説明は各自にまかせよう) ここで☆☆の右辺は

$$=\frac{1}{1-p}\left[\frac{1}{x^{p-1}}\right]_1^{\infty}=\frac{1}{1-p}\left(\lim_{x\to\infty}\frac{1}{x^{p-1}}-1\right)=$$

$\frac{1}{p-1}$ で有限な値を持つ, したがって Weierstrass の定理 (問題(4)) によって $\lim_{n\to\infty}f_n(x)$ は収束し, しかも一様収束である. なおいいおくれたが収束域は実数全体である.

5の(ii)の解　$\log x>1$ ではこの級数は発散があきらかである. 又 $\log x<-1$ の場合も同じであり, 収束域が $1/e<x<e$ となるのも自明といえる. この収束域にふくまれる閉区間 $[a,b]$ $\left(\frac{1}{e}<a<b<e\right)$ をとる.

$|\log a|$ と $|\log b|$ もあきらかに1より小である. この2つの数の大きい方 (等しい時はどちらでも) を $\max(\log|a|,|\log b|)$ と表わすと $\sum_{n=1}^{\infty}(\max(\log|a|,|\log b|))^n$ は収束し, ちょうど Weierstrass の定理 (問題(4)—(ii)) の C_n の役割をしている. したがって $[a,b]$ で問題の級数は一様収束する. あらためてまとめると, $1/e<x<e$ にふくまれる任意の閉区間で $\sum_{n=1}^{\infty}(\log x)^n$ は一様収束する.

(5)—(iii)の解　$\sum(x/3)^n\tan(x/3^n)$ はとっつきにくい. Weierstrass の定理を使うはずであると思ってもなかなかそれにつながらない. ここで数学を勉強するヒケツを標語として記しておこう.

"隗(カイ)より始めよ"　　すなわち,

$\sum_{n=1}^{\infty}(x/3)^n$ から始めよというわけである. これは等比級数であるから $-1<\frac{x}{3}<1$ が収束域である. 一方 $\tan x/3^n$ もより大きい収束数列で押えて見たい. まず考えられるのは x が正で十分小さい時, 不等式

$$\sin x<x<\tan x \quad \cdots\cdots\cdots\cdots☆☆☆$$

が成立することである. しかし2つの不等式のうち2番目のものは不等号が逆なので使えない. 結局☆☆☆の第一不等式を使って

$$\tan(x/3^n)=\sin(x/3^n)/\cos(x/3^n)$$
$$<x/3^n/\cos(x/3^n)<x/3^n/\cos(x/3^k)$$

(k は固定 $n>k$) を与えられた式に代入すると (x を正として)

$$\sum_{n=1}^{\infty}(x/3)^n\tan(x/3^n)<\sum_{n=1}^{\infty}(x/9)^n x\Big/\cos(x/3^k)$$

となる．x が負の場合も同様に考察すると $-9<x<9$ の間ならあたえられた級数は収束する．この収束域全体では一様収束しないが $(-9,9)$ に含まれる任意の閉区間で一様収束するのは(5)—(ii)とまったく同様に出来る．

今の証明で $x=\pm 9$ での収束発散をチェックしておく必要がある．$x=9$ を代入すると与えられた級数は☆☆☆の第２不等式により

$$\sum_{n=1}^{\infty}3^n\tan 3^{2-n}>\sum_{n=1}^{\infty}3^n\cdot 3^{2-n}=\sum_{n=1}^{\infty}9=\infty,$$

-9 でも同様であり収束域は上の通りとしてよい．

(5)—(iv)の解　この問題も今までの問題と同様に $\log(1+2nx^2)$ を上から押える必要がある．そのためにつぎの公式をおもい出さねばならぬ．

$$\log(1+x)\leqq x$$

この公式はすでにこのシリーズの第９回定積分雑題の(3)で利用している．証明のもつとも簡単なものはグラフを書いてみることである．この説明は省略しよう．この公式によって

$$\log(1+2nx^2)\Big/nx^n\leqq 2nx^2/nx^n=2/x^{n-2},$$

この級数が収束するには $|x|>1$ としなければならない．これが $\sum\log(1+2nx^2)\Big/nx^n$ の収束域である．$x=1$ ではこの級数は $\sum_{n=1}^{\infty}\log(1+2n)\Big/n$ となり，さらに $\gneqq\sum_{n=1}^{\infty}\log 3\Big/n$ であって $\sum_{n=1}^{\infty}1/n$ の発散は何度か述べたが $\int_1^{\infty}\frac{1}{x}dx$ との比較によって示され，結局，$x=1$ ではこの級数の発散は明らかなのである．$|x|>1$ に含まれる任意の区間で一様収束するのが結論である（説明はすこし省略，各自考えよ）．

(5)—(v)の解　この問題はすこしやさしい．$|a|<1$ より $\sum a^n$ は収束する．したがって Weierstrass によってこの級数は収束かつ一様収束する．この問題がくりかえしをいとわずここに入れられたのは次のヒストリカルノートに関係がある．

ヒストリカルノート

連続関数はかならずしも微分可能ではない．たとえば $y=|x|$ は $x=0$ において連続であるが微分不可能である．この関数は，しかし，$x=0$ 以外では微分可能である．そこで前世紀に問題が提出された．いたる所微分不可能な連続関数は存在するのだろうか？　今回この講座で学んだ関数項級数はこの様な問題に対処出来る連続関数の構成法として注目されることになったのである．

Weierstrassは(5)—(v)の $\sum_{n=0}^{\infty}a^n\cos(b^n\pi x)$ $(|a|<1)$ を使ってこれに答えた．この極限関数が連続である事は(v)を解いてすでにわかっている所であるが，b が奇数で $ab>1+3/2\pi(1-a)$ をみたすときこの極限関数がいたる所微分不可能であることまで彼によって示されたのである．

Weierstass は解析学を掘り下げて深い定理を沢山発見した．学生にとっては越えることの出来ぬ大山の様に見える存在である．しかし彼の仕事は今日すべて古典として評価しつくされ，必要があればあたればよく，彼のあとを一つ一つとすべてを follow する必要はない．彼の名は一般人にとっては数学研究の内容よりも美しい人妻の女弟子との恋によって記憶されている．

(6)—(i)の解　$\int_0^{\pi}\sum_{n=0}^{\infty}\sin nx\Big/2^n\,dx$ で積分記号内の級数の収束をしらべると $\left|\sum_{n=0}^{k}\sin nx\Big/2^n\right|$

$\leqq \sum_{n=0}^{k} 1/2^n$ だから，Weierstrass の定理（問題(4)）(ii)によって $[0,\pi]$ で一様収束である．よって(4)—(i)—(a)によって

$$\int_0^\pi \lim_{K\to\infty}\sum_{n=0}^{k} \sin nx/2^n\,dx$$

$$=\lim_{K\to\infty}\int_0^\pi \sum_{n=0}^{k} \sin nx/2^n dx$$

となる．項別積分することにより

$$=\lim_{k\to\infty}\sum_{n=1}^{k}\left[-\cos nx/n2^n\right]_0^\pi$$

$$=\lim_{k\to\infty}\sum_{n=1}^{k}(-(-1)^k+1)/n\cdot 2^n$$

$$=\frac{2}{2}+2/3\cdot 2^3+2/5\cdot 2^5+2/7\cdot 2^7+\cdots,$$

となり，この値を求める問題となった．

$\log(x+1)$ の展開式：$(-1<x<1)$

$$\log(1+x)=x-\frac{1}{2}x^2+\frac{1}{3}x^3-\frac{1}{4}x^4+\cdots$$

を基本の公式とし，偶数次の項を消すために次式を併用する．

$$\log(1-x)=-x-\frac{1}{2}x^2-\frac{1}{3}x^3-\frac{1}{4}x^4+\cdots$$

よって

$$\log 1+x/1-x=2x+\frac{2}{3}x^3+\frac{2}{5}x^5+\cdots$$

$$\log 3=\log 1+1/2/1-1/2$$

$$=2\cdot\frac{1}{2}+\frac{2}{3}\left(\frac{1}{2}\right)^3+\frac{2}{5}\left(\frac{1}{2}\right)^5+\cdots$$

であるから答は $\log 3$ となる．

(6)—(ii)の解　$\log x$ を展開する必要がある．しかし公式 $\log(1+x)=\Sigma(-1)^{n+1}\dfrac{x^n}{n}$ は $(-1<x<1)$ の範囲でしか展開出来ない．そこで積分変数の変換で $\int_0^1$ の積分になおしてから考えよう．$t=1/x$ とすると

左辺 $=\int_0^1 \log x/(x-1)dx$．これは広義積分で

$$\lim_{\substack{\varepsilon_1\to 0\\ \varepsilon_2\to 0}}\int_{\varepsilon_1}^{1-\varepsilon_2}\log x/(x-1)dx \quad \cdots\cdots\cdots\cdots☆☆☆☆$$

積分の中味を展開すると

$$\log x=\log(1+(x-1))$$

$$=x-1-(x-1)^2/2+(x-1)^3/3+\cdots$$

$$(0<x<2)$$

より $\log x/x-1$ は巾級数

$$1-(x-1)/2+(x-1)^2/3-(x-1)^3/4+\cdots$$

で，$x=1$ を中心として収束半径が 1（教科書で勉強せよ）．

積分区域 $[\varepsilon_1, 1-\varepsilon_2]$ は収束域の中の閉区間であるからこの巾級数はそこで一様収束し項別積分出来る．

$$☆☆☆☆=\lim_{\substack{\varepsilon_1\to 0\\ \varepsilon_2\to 0}}\Big[(x-1)-(x-1)^2/2^2$$

$$+(x-1)^3/3^2-(x-1)^4/4^2+\cdots\Big]_{\varepsilon_2}^{1-\varepsilon_1}$$

$$=\lim_{n\to\infty}\left(1+1/2^2+1/3^2+\cdots+1/n^2\right).$$

解了．

注意　教科書によっては巾(べき)級数ではなく整(せい)級数としているものもある．このシリーズはこの先少しであるがもう一度触れる予定である．

§26 フーリエ級数の入口

問題 26　(1)　$r=f(\theta)=1/(1-2a\cos\theta+a^2)$, $(|a|<1)$　$\theta\in[-\pi,\pi]$ について次の問に答えよ．（万有引力による惑星運動の方程式，等比級数よりフーリエ級数へ）

(i)　$f(\theta)$ は有界であることを示せ．$\sup f(\theta)$，$\inf f(\theta)$ をもとめよ．

(ii)　$f(\theta)$ の分母は $(1-ae^{i\theta})(1-ae^{-i\theta})$ であることを示せ．

ここで $e^{i\theta}=\cos\theta+i\sin\theta$（第20回 $e^{i\theta}$ の計算練習参照のこと）とする．

(iii)　$f(\theta)=\left(1/(1-a^2)\right)\left\{1/(1-ae^{i\theta})+1/(1-ae^{-i\theta})-1\right\}$ を示せ．

(iv)　無限複素等比級数の和公式によって次式を示せ．

$$f(\theta)=1/(1-a^2)+2/(1-a^2)\sum_{n=1}^{\infty}a^n\cos n\theta \quad \text{（収束は一様収束）}$$

(v)　$f(\theta)=a_0/2+\sum_{n=1}^{\infty}a_n\cos n\theta$，ただし $a_n=(1/\pi)\int_{-\pi}^{\pi}f(t)\cos nt\,dt$ $(n=0,\ 1,\ 2,\ \cdots,\ n,\ \cdots)$ と表わされることを示せ．

(2)　$[a,b]$ を定義域とする関数列 $\{\varphi_i(x)\}$ が $\int_a^b\varphi_i\varphi_j(x)dx=\tau_i\delta_{ij}$，$\tau_i>0$ $(\delta_{ij}=1\ (i=j)$，$\delta_{ij}=0\ (i\neq j))$ であるときこの関数列を**直交系**といい，$\tau_i=1$ のとき**正規直交系**という．

(i)　$[a,b]$ で連続な $f(x)$ とそこでの直交関数列 $\{\varphi_i(x)\}$ があたえられたとき，$f(x)$ の**形式的 Fourier（フーリエ）級数**とは $\sum c_i\varphi_i(x)$　$(c_i=(1/\tau_i)\int_a^b f(t)\varphi_i(t)dt)$ のことをいい，$f(x)\sim\sum_{i=1}^{n}c_i\varphi_i(x)$ と記す．c_i $(i=1,\ \cdots,\ n)$ を**フーリエ係数**という．

$[-\pi,\ \pi]$ で，1，$\cos x$，$\cdots$，$\cos nx$，$\cdots$，$\sin x$，$\cdots$，$\sin nx$，$\cdots$ は直交関数列をつくることをしめし，τ_i を求めよ．

(ii)　$f(x)$ と $\{\varphi_i(x)\}$ として $[-\pi,\ \pi]$ において有限直交系，1，$\cos x$，$\sin x$，$\cos 2x$，$\sin 2x$，$\cdots$ $\cos nx$，$\sin nx$ をとり，$\int_{-\pi}^{\pi}[f(x)-(a_0/2+a_1\cos x+b_1\sin x+\cdots+a_n\cos nx+b_n\sin nx)]^2dx$ を最小とする a_k，b_k，$k=1,\ \cdots,\ n$ はフーリエ係数と一致することを示せ．

(3)　(2)におけるフーリエ級数（形式的）の定義の下で次の(i)〜(iii)を証明せよ．

(i)　$\sum_{n=1}^{\infty}c_i{}^2$ は収束する．

(ii)　$\int_a^b f(x)^2dx\geqq\sum_{i=0}^{\infty}c_i{}^2$ をみたす．(**Bessel（ベッセル）の不等式**)

(iii) $\lim_{n\to\infty} c_n = 0$

(4) $[a, b]$ で定義された関数の集合 $\{f(x)\}$ を考える．{たとえば $f(a)=f(b)$ をみたす連続関数の全体}．この集合に属する任意の関数 $f(x)$ を正規直交列 $\{\varphi_i(x)\}$ によって形式的に Fourier 展開 $\left(\sum_{i=1}^{\infty} c_i\varphi_2(x)\right)$ したとき $\int_a^b f(x)^2 dx = \sum_{i=1}^{\infty} c_i{}^2$ (**Parseval**) ……………………☆

が成り立つならば $\{\varphi_n(x)\}$ はその関数の集合に対して**完全**であるという．

(i) ☆の必要かつ十分な条件として次式が得られることを示せ．

$$\lim_{n\to\infty}\int_a^b \left\{ f(x) - \sum_{i=0}^{n} c_i\varphi_i(x) \right\}^2 dx = 0$$

(ii) $[a, b]$ での正規直交列 $\{\varphi_i(x)\}$ が連続関数のある集合に対して完全であり，この集合に属する f のフーリエ展開 $\sum_{i=1}^{\infty} c_i\varphi_i(x)$ が一様収束の時その和は $f(x)$ に等しいことを示せ．

(5) つぎの関数の形式的 Fourier 級数を書け（直交系は 1，$\cos x$，$\sin x$，$\cos 2x$，$\sin 2x$，…をとる）．

(i) $f(x)=x$ $(-\pi<x<\pi)$ （**ノコギリ波**）

(ii) $f(x)=|x|$ $(-\pi\leqq x\leqq \pi)$ （**三角波**）

(iii) $f(x)=e^x$ $(-\pi<x<\pi)$

(6) (5)と同一の直交系に関して $f(x)=-1$ $(-T\leqq x<0)$，$f(x)=+1$ $(0<x\leqq T)$ であたえられる関数 f の形式的フーリエ級数をもとめよ．（**矩形波**）

(7) 直交関数列 1, $\cos nx$, $\sin nx$ $(n=1, 2, \cdots n, \cdots)$ が $[-\pi, \pi]$ を定義域とし $f(-\pi) = f(\pi)$ である連続関数の場合に対して完全であることを知っているとする．次の級数の和を求めよ．

(i) $\sum_{n=1}^{\infty} 1\big/n^2$ （ヒント：$[-\pi, \pi]$ で $f(x)=x^2$ を考える） (ii) $\sum_{n=1}^{\infty} 1\big/(2n-1)^4$ （ヒント：(5)—(ii)の結果と(4)—(i)を使う） (iii) $\sum_{n=1}^{\infty} 1\big/1+n^2$ （ヒント(5)—(iii)を使う）

(1)の解 $r=f(\theta)=1\big/(1-2a\cos\theta+a^2)$ は区間 $[-\pi, \pi]$ で連続かつなめらか（c^∞ 級）な周期関数で，以下で示す様に初等的計算でフーリエ級数の形に表現出来る典型的な関数である．太陽からの距離を $r=f(\theta)$（θ は回転角度）とする．この関数はニュートン力学でお目にかかる万有引力下での惑星運動の方程式であるが $|a|<1$ の時楕円，$|a|>1$ の時双曲線，$|a|=1$ のとき放物線の軌道を持ち，我々の問題は楕円運動のケースである．

(1)—(i)の解 $\dfrac{1}{(1+|a|)^2} \leqq f(x) \leqq \dfrac{1}{(1-|a|)^2}$ をまず示そう．まず $|a|\geqq a\cos\theta$，これより $1+a^2-2|a|<1+a^2-2a\cos\theta$．結局 $(1-|a|)^2<1-2a\cos\theta+a^2$．右側の不等式の証明が完成した．左側の不等式は各人にまかせよう．

(1)—(ii)の解 第20回で学んだように $\cos\theta + i\sin\theta$ を $e^{i\theta}$ と表わす．$e^{-i\theta}=\cos\theta - i\sin\theta$ で $e^{i\theta}e^{-i\theta}=\cos^2\theta+\sin^2\theta=1$．その外，指数法則もみたされている．

$$(1-ae^{i\theta})(1-ae^{-i\theta}) = 1-a(e^{i\theta}+e^{-i\theta}) + a^2e^{i\theta}\cdot e^{-i\theta} = 1+a^2-2a\cos\theta.$$

(1)—(iii)の解 通分するだけである．

$$1\big/(1-ae^{i\theta}) + 1\big/(1-ae^{-i\theta}) - 1 = \frac{2-2a\cos\theta}{1-2a\cos\theta+a^2} - 1 = \frac{1-a^2}{1-2a\cos\theta+a^2}.$$

(1)—(iv)の解 複素数の等比級数の和公式は実

数のケースとまったく同じ．

$1/(1-ae^{i\theta})=\sum_{n=0}^{\infty}a^n(e^{i\theta})^n=\sum_{n=0}^{\infty}a^ne^{in\theta}$.

同様に $1/(1-ae^{-i\theta})=\sum_{n=0}^{\infty}a^ne^{-in\theta}$.

$f(\theta)=1/(1-a^2)\left\{1+\sum_{n=1}^{\infty}a^n(e^{in\theta}+e^{-in\theta})\right\}$.

$\left|\sum_{n=p}^{q}a^n\cos n\theta\right|\leqq\sum_{n=p}^{q}|a|^n$ であり，$\Sigma|a|^n$ は収束する等比級数であるから前回の一様収束で紹介したWeierstrassの定理によってこの級数は一様収束（θ に関して一様に）する．

(1)—(v)の解　$(1/\pi)\int_{-\pi}^{\pi}f(t)\cos nt\,dt$ を計算して(iv)の級数における $\cos n\theta$ の係数と一致するのを確かめよう．$\{\cos n\theta\}$ の直交性：$\int_0^{2\pi}\cos n\theta\cos m\theta\,d\theta=0$ $(m\neq n)$ を使い，さらに前回勉強した一様収束級数の積分と無限和の交換法則を使うと

$$=(1/\pi)\int_0^{2\pi}\left(1/(1-a^2)+2/(1-a^2)\sum_{m=1}^{\infty}a^m\cos m\theta\right)\cos n\theta d\theta$$

$$=(1/\pi)\cdot 2/(1-a^2)\sum_{m=1}^{\infty}a^m\int_0^{2\pi}\cos m\theta\cos n\theta d\theta$$

$$=2/(1-a^2)\pi a^n\int_0^{2\pi}\cos^2 n\theta\,d\theta=2a^n/(1-a^2)\cdot$$

これは(iv)で $\cos n\theta$ の係数と一致し a_n と名づけてよい．ただし上の計算は $n\geqq1$ のケースのみである．$n=0$ のケースは各自たしかめよ．

(2)—(i)の解　$\{1,\ \cos nx,\ \sin nx,\ (n\geqq1)\}$ が直交系をなすことは定積分の簡単な計算練習であり，各自にまかせる．一方 $\int_{-\pi}^{\pi}1^2dx=2\pi$，$\int_{-\pi}^{\pi}(\cos nx)^2dx=\int_{-\pi}^{\pi}(\sin nx)^2dx=\pi$ $(n\geqq1)$ も簡単にチェックされる．$a_0=(1/\pi)\int_{-\pi}^{\pi}f(x)dx$，$a_n=(1/\pi)\int_{-\pi}^{\pi}f(x)\cos nx\,dx$，$b_n=(1/\pi)\int_{-\pi}^{\pi}\sin nx\,dx$ とおくと

$$f(x)\sim a_0/2+\sum_{n=1}^{\infty}a_n\cos nx+\sum_{n=1}^{\infty}b_n\sin nx.$$

（a_0 の分母の2に注意すること．）

(2)—(ii)の解　$[a,\ b]$ における連続関数 $f(x)$ と直交系 $\varphi_i(x)$　$(i\geqq0)$ について

$$I=\int_a^b(f(x)-\sum_{i=0}^{n}c_i\varphi_i(x)^2)dx$$

$$=\int_a^b f^2(x)dx-2\sum_{i=0}^{n}c_i\int_a^b f(x)\varphi_i(x)dx$$

$$+\sum_{i=0}^{n}c_i{}^2\int_a^b(\varphi_i(x))^2dx$$

$$+\sum_{i\neq j}c_ic_j\int_a^b\varphi_i(x)\varphi_j(x)dx$$

$$=\int_a^b f(x)^2dx-2\sum_{i=0}^{n}\int_a^b f(x)\varphi_i(x)dx+\sum_{i=0}^{n}\tau_ic_i{}^2$$

$$=\sum_{i=0}^{n}\tau_i\left(c_i-\frac{1}{\tau_i}\int_a^b f(x)\varphi_i(x)dx\right)^2$$

$$+\int_a^b f(x)^2dx-\left(1/\tau_i\right)\left(\int_a^b f(x)\varphi_i(x)dx\right)^2.$$

この式を c_0，…，c_n に関する2次関数とみて最小問題を解くと

$c_i=\left(1/\tau_i\right)\int_a^b f(x)\varphi_2(x)dx$ の時が解である．

(3)の解　前問(ii)のベッセルの不等式をさらに利用しよう．級数 $\left\{\sum_{i=1}^{n}c_i{}^2\right\}$ の上界としての $\int_a^b f^2(x)dx$ は f の連続性の仮定より有限確定である（この辺は教科書の定積分に関する基本定理を復習されたい）．そして級数 $\sum_{\tau=1}^{n}c_i{}^2$ の単調性（正項級数であるから）と数列の基本定理単調有界数列は収束するを使って(i)(ii)はただちに示され，収束級数の一般項は0に収束することより $\lim_{n\to\infty}c_n$ も0になる．

(4)—(i)の解　与えられた条件 $\lim_{n\to\infty}\int_a^b\left\{f(x)-\sum_{\tau=1}^{n}c_i\varphi_i(x)\right\}^2dx=0$ を展開してみると

$$\lim_{n\to\infty}\int_a^b\left\{f^2(x)-2\sum_{i=1}^{n}c_if(x)\varphi_i(x)+\sum_{i=1}^{n}c_i{}^2\varphi_i(x)^2+2\sum_{i\neq j}c_ic_j\varphi_i(x)\varphi_j(x)\right\}dx$$

$$=\lim_{n\to\infty}\left\{\int_a^b f^2(x)dx-2\sum_{i=1}^{n}c_i{}^2+\sum_{i=1}^{n}c_i{}^2\right\}dx$$

$$=\int_a^b f^2(x)-\lim_{n\to\infty}\sum_{i=1}^{n}c_i{}^2=0$$

となって完全性と同一であることがわかる.

(4)—(ii)の解　$\sum_{i=1}^{\infty} c_i\varphi_i(x)$ の一様収束性より

$f(x)-\sum_{i=1}^{n} c_i\varphi_i(x)$ は $f(x)-\sum_{i=1}^{\infty} c_i\varphi_i(x)$ に一様収束し,

$\left(f(x)-\sum_{i=1}^{n} c_i\varphi_i(x)\right)^2$ は $\left(f(x)-\sum_{i=1}^{\infty} c_i\varphi_i(x)\right)^2$ に一様収束する. したがって前回示した**一様収束関数列の積分と極限操作の交換性**より

$$\lim_{n\to\infty}\int_a^b\left(f(x)-\sum_{i=1}^{n} c_i\varphi_i(x)\right)^2 dx$$

$$=\int_a^b\left(f(x)-\sum_{i=1}^{\infty} c_i\varphi_i(x)\right)^2 dx$$

となり, (i)の結果を使うと左辺が 0 であるから右辺も 0 である. $\left(f(x)-\sum_{i=1}^{\infty} c_i\varphi_i(x)\right)^2$ は連続関数の一様収束極限関数として連続関数であるからこの関数を $g(x)$ とおいて $\int_a^b g(x)dx=0$ になる. g は連続関数であるから点 $x_0\in[a,\ b]$ で $g(x_0)\neq 0$ なら x_0 をふくむ小さな区間 $[x_0-\varepsilon,\ x_0+\varepsilon]$ で g は正であり, したがって $\int_a^b g(x)dx>\int_{x_0-\varepsilon}^{x_0+\varepsilon} g(x)dx>0$ となり矛盾であるから $g(x)\equiv 0 \quad x\in[a,\ b]$ でなければならない. したがって $0=g(x)=f(x)-\sum_{i=1}^{\infty} c_i\varphi_i(x)$ となり, $f(x)$ から形式的につくったフーリエ級数は $f(x)$ と一致することがわかった. (4)解了.

(5)—(i)の解　$f(x)=x$ は奇関数であるから $a_n=1/\pi\int_{-\pi}^{\pi} x\cos nx\,dx$ の被積分関数も奇関数であり $a_n=0$ となる. 一方

$$b_n=\frac{1}{\pi}\int_{-\pi}^{\pi} x\sin nx\,dx=(-1)^{n-1}2/n.$$

よって x のフーリエ展開は次式の様になる.

$$x\sim 2\left(\sin x-\frac{\sin 2x}{2}+\frac{\sin 3x}{3}+\cdots+(-1)^{n-1}\frac{\sin nx}{n}+\cdots\right).$$

関数 x を周期関数として実軸上に拡張した関数はやはり上のフーリエ展開を持つと考えられるがそのグラフの形状はのこぎりの歯の様になっており, 一次元の波動と見て**ノコギリ波**とよばれる.

(5)—(ii)の解　$f(x)=|x|$ は偶関数であるから $|x|\sin x$ は奇関数であり, $b_n=\int_{-\pi}^{\pi}|x|\sin x\,dx=0$ $(i=1,\ \cdots,\ n,\ \cdots)$ である. 一方,

$$a_n=(2/\pi)\int_0^{\pi} x\cos nx dx$$

$$=(2/\pi)\left[x\sin nx\Big/n+\cos nx\Big/n^2\right]_0^{\pi}\quad(n\geqq 1)$$

$$a_0=1\Big/\pi\int_{-\pi}^{\pi}|x|\,dx=(2/\pi)\int_0^{\pi} x\,dx$$

$$=2/\pi\left[\frac{x^2}{2}\right]_0^{\pi}=\pi.$$

よって $n(\neq 0)$ が偶数のとき $a_n=0$. 奇数のとき $a_n=-4\Big/n^2\pi$ である. したがって $|x|$ のフーリエ級数は

$$|x|\sim\pi/2-4/\pi\left\{\cos x+\frac{\cos 3x}{3^2}+\frac{\cos 5x}{5^2}+\cdots+\frac{\cos(2n-1)x}{(2n-1)^2}+\cdots\right\}$$

である. $|\cos nx|<1$ であり, 級数

$$1+1/3^2+1/5^2+\cdots+1/(2n-1)^2+\cdots$$

の収束は積分 $\int_1^{\infty} dx/(2x-1)^2$ の収束と同値であって, 容易に収束することが示される. Weierstrass の定理が適用出来て $|x|$ の形式的フーリエ展開は収束（一様）するのである.

関数 $|x|$ $(-\pi<x<\pi)$ を左右に周期性を使って拡張した関数のグラフの意味）は次の様になっていて三角波とよばれる.

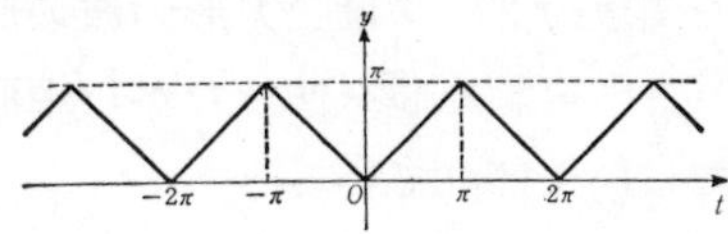

(5)—(iii)の解　$e^x\sim\frac{a_0}{2}+\sum_{n=1}^{\infty} a_n\cos nx+\sum_{n=1}^{\infty} b_n\sin nx$ とおいて係数を定めると

$$a_0=(1/\pi)\int_{-\pi}^{\pi} e^x dx=(e^{\pi}-e^{-\pi})/\pi$$

$$a_n=(1/\pi)\int_{-\pi}^{\pi}e^x\cos nx dx$$
$$=\left[e^x\sin nx\Big/n\pi\right]_{-\pi}^{\pi}-\left(1\Big/n\pi\right)\int_{-\pi}^{\pi}e^x\sin nx\,dx$$
$$=-(1/\pi n)\int_{-\pi}^{\pi}e^x\sin nx\,dx$$
$$=\left(1\Big/n^2\pi\right)[e^x\cos nx]_{-\pi}^{\pi}-\frac{1}{n^2}a_n.$$

よって

$$a_n=(1/(n^2+1)\pi)(e^{\pi}-e^{-\pi})\cos n\pi.$$

同様に b_n を求めると

$$b_n=(1/\pi)\int_{-\pi}^{\pi}e^x\sin nx\,dx$$
$$=-(1/n\pi)[e^x\cos nx]_{-\pi}^{\pi}+\frac{1}{n\pi}\int_{-\pi}^{\pi}e^x\cos nx\,dx$$

右辺の最後の項に a_n の値を代入すると

$$b_n=(e^{\pi}-e^{-\pi})\Big/n\pi\times(-1)^{n+1}+\frac{1}{n(n^2+1)\pi}(e^{\pi}-e^{-\pi})(-1)^n$$
$$=(e^{\pi}-e^{-\pi})(-1)^{n+1}\left(n\Big/n^2+1\right),$$
$$(n=1,\ 2,\ \cdots,\ n,\ \cdots).$$

以上によって e^x の形式的フーリエ級数は

$$e^x\sim(e^{\pi}-e^{-\pi})\Big/2\pi+(e^{\pi}-e^{-\pi})\Big/\pi\sum_{n=1}^{\infty}(-1)^n\Big/(1+n^2)\cos nx+(e^{\pi}-e^{-\pi})\Big/\pi\sum_{n=1}^{\infty}(-1)^{n+1}n\Big/(n^2+1)\sin nx$$

となる.

(6)の解　この関数をそのまま周期関数として拡張した関数のグラフは長方形の波の形をしていて（古い言葉矩形を使ったが）矩形波と（物理では）よばれている.

しかし関数の値が $+1$ と -1 のみであり，この意味でデジタル波動の一つと見てよい.

まず周期が $2T$ なのでこのままでは計算がしにくい. そこで変数変換して $t=\frac{2\pi}{T}x$ とおくと関数は $-\pi<t<0$ で -1, $0<t<\pi$ で $+1$ の値をとりこれを 1, $\cos nt$, $\sin nt$ ($n>1$) の一次結合としてフーリエ級数（形式的）$\frac{a_0}{2}+a_1\cos t+\cdots+a_n\cos nt+\cdots+b_1\sin t+\cdots+b_n\sin nt+\cdots$ とし，係数 a_i, b_i を求めることになる. あきらかに $a_n=0$ であって

$$b_n=\frac{1}{\pi}\int_0^{\pi}(+1)\sin ntdt+\frac{1}{\pi}\int_{-\pi}^{0}(-1)\sin ntdt$$
$$=\frac{1}{\pi}\left[\frac{-\cos nt}{n}\right]_0^{\pi}+\frac{1}{\pi}\left[\frac{\cos nt}{n}\right]_{-\pi}^{0}$$
$$=\frac{2}{\pi}\left(\frac{1-(-1)^n}{n}\right)$$

したがって $\sum_{n=1}^{\infty}\frac{2}{\pi}\left(\frac{1-(-1)^n}{n}\right)\sin nt$ が変数 t で書きあげた形式的フーリエ級数で，これを変数 x にもどすと

$$\frac{2}{\pi}\sum_{n=1}^{\infty}\frac{(1-(-1)^n)}{n}\sin\frac{n\pi}{T}x$$

がこの場合の形式的フーリエ級数である.

注意　上の形式的フーリエ級数に関して2つだけ注意をあたえておこう. その1つは $1-(-1)^n$ は n が偶数の時0になり $f(x)\sim\frac{4}{\pi}\Sigma1\Big/(2m+1)\sin(2m+1)\pi x/T$ となる. n が奇数の項だけからなるというのはいちじるしい現象であり，$f(x)$ の形から想像出来ないほどである. もう一つ，この形式的フーリエ級数は $x=kT$ (k=整数) で0になり，もとの関数の値が ±1 をとることと比較して明確な差が存在する. これは関数が不連続（正確には定義されていない）点を持つことと関係がありここではこれ以上論じないが，**フーリエ級数はその発足時からこの様な不連続性とのかかわりを持っているのであり**，それを克服しなければフーリエ級数を学んだとはいえないのである.

(7)—(i)の解　$y=x^2$ を $[-\pi,\pi]$ で考える. 偶関数であるから形式的フーリエ級数はコサイン項だけからなる.

$$a_0=\frac{2}{\pi}\int_0^{\pi}x^2dx=(2/\pi)\,[x^2/3]_0^{\pi}=2\pi^2/3$$

$$a_n=(2/\pi)\int_0^\pi x^2\cos nx\,dx$$
$$=-(4/\pi n)\int_0^\pi x\sin nx\,dx$$
$$=(4/\pi n^2)[x\cos nx]_0^\pi-(4/\pi n^2)\int_0^\pi \cos nx\,dx$$
$$=4(-1)^n/n^2.$$
$$x^2\sim\frac{\pi^2}{3}-4\left[\cos x/1-\cos 2x/2^2+\cos 3x/3^2\cdots\right]$$
となる．この級数が一様収束であることの説明はもうはぶいてもよいであろう．

問題の仮定によってこの三角関数の直交列は連続な（周期 2π）の関数の集合で完全であるから(4)―(ii)の結論により（一様収束を使って）
$$x^2=\pi^2/3-4\left[\cos x/1-\cos 2x/2^2+\cos 3x/3^2\cdots\right]$$
となる．

$x=\pi$ とすれば
$$\pi^2=\pi^2/3-4\left[-1-1/2^2-1/3^2-\cdots\right]$$
よって $\pi^2/6=1+1/2^2+1/3^2+\cdots$ となる．

解了．

(7)―(ii)の解　5―(ii)のフーリエ級数（形式的）は次式であった．
$$|x|\sim\pi/2-4/\pi\Big\{\cos x+\cos 3x/3^2+\cos 5x/5^2+\cdots+\cos(2n-1)x/(2n-1)^2+\cdots,\quad\cdots☆☆$$
このフーリエ展開からは $\Sigma\,1/(2n-1)^2$ しかのぞめない．要求されているのは $\Sigma\,1/(2n-1)^2$ なので問題(4)の入口で定義した Parseval の条件を利用しなくてはならないことに気がつく．まず三角関数の列を正規直交系になおさねばならない．
$$\int_{-\pi}^{\pi}1^2dx=2\pi,$$
$$\int_{-\pi}^{\pi}\cos^2 n\theta d\theta=\left[\frac{\cos 2n\theta+1}{2}\right]_{-\pi}^{\pi}=\pi$$
$=\int_{-\pi}^{\pi}\sin^2 n\theta d\theta$ であるから

$\{1,\ \cos n\theta,\ \sin n\theta,\ (n\geqq 1)\}$ のかわりに $\left\{1/\sqrt{2\pi},\ \cos x/\sqrt{\pi},\ \sin nx/\sqrt{\pi}\ (n\geqq1)\right\}$ をとり上記☆☆を
$$|x|=\pi^{3/2}/\sqrt{2}\cdot 1/\sqrt{2\pi}+4/\sqrt{\pi}\Big(\cos x/\sqrt{\pi}+\cos 3x/\sqrt{\pi}\cdot 3^2+\cdots+\cos(2n-1)x/\sqrt{\pi}\cdot(2n-1)^2+\cdots\Big)$$
とし，$\int_{-\pi}^{\pi}|x|^2dx=\pi^3/2+16/\pi\Big(1+1/3^4+\cdots+1/(2n-1)^4+\cdots\Big)$ とすると
$$\sum_{n=1}^{\infty}1/(2n-1)^4=\pi^4/96.$$
解了．

(7)―(iii)の解　5―(iii)で e^x の形式的フーリエ展開を求めたが $e^\pi\neq e^{-\pi}$ であり，対称化して $\dfrac{e^x+e^{-x}}{2}$ のフーリエ展開を求めよう．問題の仮定である完全性を使って 4―(ii)より
$\dfrac{e^x+e^{-x}}{2}=\dfrac{a_0}{2}+\sum_{n=1}^{\infty}a_n\cos nx$ となる．a_0 と a_n を求めると
$$a_0=\frac{1}{2\pi}\int_{-\pi}^{\pi}(e^x+e^{-x})dx$$
$$=[e^x-e^{-x}]_{-\pi}^{\pi}/2\pi=(e^\pi-e^{-\pi})/\pi.$$
$$a_n=(1/\pi)\int_{-\pi}^{\pi}(e^x+e^{-x})/2\cdot\cos nx\,dx$$
$$=(1/\pi)\int_{-\pi}^{\pi}e^x\cos nx\,dx.$$
ここで $\int_{-\pi}^{\pi}e^x\cos nx\,dx$ は部分積分を 2 回実行して計算すると $(-1)^n/1+n^2\cdot(e^\pi-e^{-\pi})$.
$$\frac{e^x+e^{-x}}{2}=(e^\pi-e^{-\pi})/2\pi+\sum_{n=1}^{\infty}(-1)^n/(1+n^2)\pi\,(e^\pi-e^{-\pi})\cos nx$$
ここで $x=\pi$ を代入すると
$$(e^\pi+e^{-\pi})/2=(e^\pi-e^{-\pi})/2\pi+\sum_{n=1}^{\infty}(e^\pi-e^{-\pi})/(1+n^2)\pi$$
$$\sum_{n=1}^{\infty}1/1+n^2=\pi/2\cdot(e^\pi+e^{-\pi})/(e^\pi-e^{-\pi})-1/2.$$
解了．

§27 広義重積分

問題 27 (1) 1変数広義積分の代表的例 $\int_0^1 1/x^\alpha\,dx$ $(0<\alpha<1)$, $\int_1^\infty 1/x^\alpha\,dx$ $(1<\alpha<\infty)$ に対応して重積分の場合，次の積分の収束発散をしらべよ．(K は単位円 $(x^2+y^2\leqq 1)$, $K'=\{(x,y):x^2+y^2\geqq 1\}$, $\alpha>0$)

(i) $\iint_K dxdy/(\sqrt{x^2+y^2})^\alpha$　　(ii) $\iint_{K'} dxdy/(\sqrt{x^2+y^2})^\alpha$.

(2) $$\iint_{0<x,y\leqq 1}(x+y)^p dxdy=\begin{cases}(2^{p+2}-2)/(p+1)(p+2) & (p>-2 \quad p\neq -1)\\ 2\log 2 & p=-1\end{cases}$$

を示せ，$p\leqq -2$ の時はどうか．

(3) (i) $f(x,y)=O(r^{-2-\alpha})$ $(r\to+\infty)$ の時非有界領域 Ω $(\overline{\Omega}\ni(0,0))$ 上の広義積分の存在を示せ．ここで f は連続，$r=\sqrt{x^2+y^2}$ とする．また，$\alpha>0$ とする．

(3) (ii) $\iint_{x\geqq 0,y\geqq 0}\dfrac{dxdy}{1+x^2+y^2}$ は発散し，$\iint_{x\geqq 0,y\geqq 0}\dfrac{dxdy}{1+x^m+y^m}$ $(m\geqq 3)$ は収束することを示せ．

(4) $\iint_{0\leqq y<x\leqq 1} dxdy/(x-y)^p$ $(p<1)$ の値が $1/2$, $9/10$ になるように p の値をさだめよ．

(5) $\int_0^\infty e^{-x^2}dx$ を $\iint_{0\leqq x,y<\infty} e^{-(x^2+y^2)}dxdy$ に関連させて求めよ．

(6) $B(p,q)=\Gamma(p)\Gamma(q)/\Gamma(p+q)$ を証明せよ．

広義積分概略　2変数以上の広義積分を1変数の場合の単なる拡張と思ってはいけない．積分が収束するという条件がよりきびしくなっている．わずらわしさをさけるため，$f(x,y)$ を定義域で正値連続な関数とする．上の問題のどれもが $f(x,y)>0$ であることをまず観察してほしい．面積確定の有界閉領域を $\overline{D}_n$ などで表わす．

正の関数 $f(x,y)$ が点集合 A で定義されているとしよう．その上で面積確定な有界閉領域の列 $\{D_n\}$ で次の3つの条件をみたすものが存在するとしよう．

(1) $\overline{D}_1\subset\overline{D}_2\subset\cdots\cdots\overline{D}_n\subset\overline{D}_{n+1}\subset\cdots\subset A$

(2) A の任意の有界部分閉領域は十分大きな番号 n に対して $\overline{D}_n$ にふくまれる．

(3) 各 $\overline{D}_n$ で $f(x,y)$ は有界かつ積分可能である．

さらに $\lim_{n\to\infty}\iint_{D_n} f(x,y)dxdy$ が極限値をもつ

とする．この極限値を $\iint_A f(x, y)dxdy$ と表わし，A における f の広義積分（値）という．f の値を正であるものに制限していることと条件(2)とを使って，この様な $\{\overline{D}_n\}$ のえらびかたを変更しても(1)，(2)，(3)をみたすかぎり同一の極限値が得られることが示される．

さてここで積分の**変数変換の復習**もしておこう．

$f(x, y)$ を xy 平面上の閉領域 $\overline{D}$ で連続な関数とする．

$x=\varphi(u, v)$，$y=\psi(u, v)$ （φ，ψ はともに C^1 級の関数）によって $\overline{D}$ が u, v 平面上の閉領域 A に 1：1 に対応すると仮定する．この時次式が成立する．

$$\iint_{\overline{D}} f(x, y)dxdy$$
$$=\iint_A f(\varphi(u, v), \psi(u, v))|J|\,dudv.$$

ここで J は2次の行列式 $\begin{vmatrix} \varphi_u & \varphi_v \\ \psi_u & \psi_v \end{vmatrix}$ である．

上の式を重積分の変数変換公式という．この公式は広義積分の場合もそのまま成立する．なお3重積分でも同様な公式がある．各自手持ちのテキストでたしかめられたい．

とくに，あたえられた積分を極座標に変換して表示してみよう．極座標は2次元の場合

$$x=r\cos\theta,\ y=r\sin\theta$$

であるからそのヤコビアンは

$$J(:=\varphi_x\psi_y-\varphi_y\psi_x)$$
$$=\cos\theta\cdot r\cos\theta-\sin\theta\cdot r(-\cos\theta)$$
$$=r$$

となる．ここで $r=\sqrt{x^2+y^2}\geqq 0$ である．

よって x, y 座標から r, θ 座標にうった場合，積分の変換公式は

$$\iint_{\overline{D}} f(x, y)dxdy$$
$$=\iint_A f(r\cos\theta, r\sin\theta)r\,drd\theta$$

となる．

(1)の解　(i)の積分を極座標に変換して表示してみよう．$x^2+y^2=r^2$ であるから

$$\iint_{0<x^2+y^2\leqq 1} \frac{dxdy}{(x^2+y^2)^{\frac{\alpha}{2}}}$$
$$=\iint_{0<r^2\leqq 1} r\,drd\theta/r^\alpha$$
$$=\lim_{\varepsilon\to 0}\int_\varepsilon^1\left(\int_0^{2\pi} 1/r^{\alpha-1}\,d\theta\right)dr.$$

$\alpha\neq 2$ の時この積分は

$$=\lim_{\varepsilon\to 0}\int_\varepsilon^1 2\pi/r^{\alpha-1}\,dr=\lim_{\varepsilon\to 0}\left[\frac{2\pi r^{2-\alpha}}{2-\alpha}\right]_\varepsilon^1$$
$$=\lim_{\varepsilon\to 0}\left(\frac{2\pi}{2-\alpha}-\frac{2\pi\varepsilon^{2-\alpha}}{2-\alpha}\right)$$
$$=\begin{cases} 2\pi/2-\alpha & (2>\alpha) \\ \infty & (\alpha>2) \end{cases}$$

$\alpha=2$ の時は

$$\iint_{0<x^2+y^2\leqq 1} dxdy/(x^2+y^2)=\lim_{\varepsilon\to 0}\int_\varepsilon^1 2\pi/r\,dr$$
$$=\lim_{\varepsilon\to 0} 2\pi[\log r]_\varepsilon^1=\infty.$$

(ii)の場合はほぼ同様に処理してまず

$$\iint_{x^2+y^2\geqq 1} dxdy/(x^2+y^2)^{\alpha/2}=\iint_{r\geqq 1} r\,drd\theta/r^\alpha$$
$$=\lim_{K\to\infty}\int_1^K\left(\int_0^{2\pi} 1/r^{\alpha-1}\,d\theta\right)dr.$$

$\alpha\neq 2$ の時この積分は

$$=\lim_{K\to\infty}\int_1^K 2\pi/r^{\alpha-1}\,dr=\lim_{K\to\infty}\left[\frac{2\pi r^{2-\alpha}}{2-\alpha}\right]_1^K$$
$$=\lim_{K\to\infty}\left(2\pi/2-\alpha\right)K^{2-\alpha}-\frac{2\pi}{2-\alpha}$$
$$=\begin{cases} \infty & \alpha<2 \\ 2\pi/\alpha-2 & \alpha>2 \end{cases}$$

$\alpha=2$ の時上の積分は

$$\iint_{x^2+y^2\geqq 1} dxdy/x^2+y^2=\lim_{K\to\infty}\int_1^K\left(\int_0^{2\pi} 1/\pi\,d\theta\right)dr$$
$$=\infty.$$

(2)の解　(1)と似た問題ではある．$p=-2$ が共通して収束の限界になっているのも同様でありここに問題の意義もひそんでいる．

$A=\{(x,\ y)\quad 0<x\leqq 1,\ 0<y\leqq 1\}$ とするとき

$(x+y)^p$ はAの点においていつでも値が正であり，かつ連続である（原点はAに属さないことを一言注意しておこう.）もちろんpが負の時$(x+y)^p$ はAで有界ではない．Aに収束する閉領域の列として$\{D_n\}$, $D_n=\{(x, y)| 1/n \leqq x \leqq 1,\ 1/n \leqq y \leqq 1\}$ をとる.

$$\iint_{D_n}(x+y)^p dxdy=\int_{1/n}^1\left(\int_{1/n}^1(x+y)^p dy\right)dx$$

$$=\left(1\big/p+1\right)\int_{1/n}^1\{(x+1)^{p+1}-(x+1/n)^{p+1}\}dx$$

$$=1\big/(p+1)(p+2)\left(2^{p+2}-2(1+1/n)^{k+2}\right.$$
$$\left.+\left(2\big/n\right)^{p+2}\right)$$
$$(p \neq -2,\ -1)$$

$$\iint_D(x+y)^p dxdy=\lim_{n\to\infty}\iint_{D_n}(x+y)^p dxdy$$ であるから

$p>-2$ なら

$$\iint_D(x+y)^p dxdy$$
$$=(2^{p+2}-2)\big/(p+1)(p+2)\quad (\text{ただし}\ p \neq -1)$$

$p=-1$ の時は

$$\iint_{D_n}(x+y)^{-1}dxdy=\int_{1/n}^1\int_{1/n}^1((x+y)^{-1}dy)dx$$

$$=\int_{1/n}^1\{\log(1+x)-\log((1/n)+x)\}dx$$

$$=2\log 2-2-(1+1/n)\log(1+1/n)+1/n+1$$
$$-((1/n)+1)\log(1+1/n)+1$$
$$+(2/n)\log(2/n)+\frac{2}{n}.$$

ここで$\log x$ の原始関数として$x\log x-x$ を使っている．そこで$n\to\infty$ として極限値をもとめると$2\log 2$となる（ロピタルを使う).

$p<-2$ の時は $p\neq-2,\ -1$ における上式をそのまま使用し，

$$\lim_{n\to\infty}\iint_{D_n}(x+y)^{-p}dxdy$$
$$=1\big/(p+1)(p+2)(2^{p+2}-2^{p+2}+2^{p+2}\lim_{n\to\infty}n^{-p-2})$$
$$=\infty$$

$p=-2$ の場合は

$$\iint_{0<x,y\leqq 1} 1/(x+y)^2\,dxdy$$
$$=\lim_{n\to\infty}\int_{1/n}^1\left(\int_{1/n}^1 dx/(x+y)^2\right)dy$$
$$=\lim_{n\to\infty}\int_{1/n}^1\left(1\big/1/n+y-1\big/1+y\right)dy$$
$$=\lim_{n\to\infty}\{2\log(1+1/n)+\log n-2\log 2)=\infty.$$

(3)—(i)の解　無限小無限大の諸概念の復習がまず必要であるが，大きいOの説明だけはしておこう．1変数の場合，

$f(x)$ が $x\to\infty$ で無限小であるとは
$$\lim_{x\to\infty}f(x)=0$$
のことをいう．多変数の場合もまったく同様である．2つの2変数の無限小の間に $f(x, y)=O(g(x, y))$ の関係が存在するとはf, gがともに無限小で, $|f(x, y)/g(x, y)|$ が有界であることで，Oで結ばれる2つの関数はともに無限小であることが大前提[注]として仮定されている．この問の場合 $f(x, y)=O(r^{-2-\alpha})$ とあるから, $r^{-2-\alpha}$ は $r\to\infty$ の時無限小であるが, $\lim_{r\to\infty}f(x, y)=0$ も仮定されている．さらに2変数の場合 $\lim_{(x,y)\to(a,b)}f(x, y)$ は$x\to a$ かつ$y\to b$ではなく，$\sqrt{(x-a)^2+(y-b)^2}\to 0$ で定義されることもおもいおこしてほしい．

$f=O(r^{-2-\alpha})$ だからある定数 $a>0$ とある $r_0>0$ が存在して

$r>r_0$ なら
$$|f(x, y)|\leqq a/r^{2+\alpha}$$
である．

よって

$$\iint_\Omega|f(x, y)|\,dxdy$$
$$\leqq a\iint_{r\geqq r_0}dxdy/r^{2+\alpha}+\iint_{\Omega\cap S_{r_0}}|f(x, y)|\,dxdy \cdots☆$$

となる．ここでS_r は半径 r で原点$(0,\ 0)$を中心とする円を表わす．

上式で右辺の第1項は累次積分の形になおして計算出来る：

$$\iint_{r \geqq r_0} dxdy/r^{2+\alpha}=\int_{\theta=0}^{2\pi}\int_{r_0}^{+\infty} r\,drd\theta/r^{2+\alpha}$$

$=(2\pi/\alpha)(r_0)^{-\alpha}$.

ここで極座標への変数変換を利用している（被積分関数中の分子の r はこの場合のヤコビアンの値である）．

☆の右辺の第2項もあきらかに有限の値であるから，☆の左辺，つまり求める積分値の存在は上からの有界性によって保証されている．

(3)—(ii)の解　(i)　被積分関数 $1/1+x^2+y^2$ は閉領域 $\overline{D}=\{x,\ y\geqq 0\}$ 上で連続かつ正である．今閉領域の列として $\overline{A}_n=\{0\leqq x,\ y\leqq n\}$ $(n=1, 2, \cdots, n, \cdots)$ を考えると $\overline{A}_n$ は $\overline{D}$ の近似増加列である．$f(x, y)=1/1+x^2+y^2$ は $x\geqq 1$ 又は $y\geqq 1$ であれば

$f(x, y)\geqq 1/(2x^2+2y^2)$ をみたすから

$$\iint_{\overline{A}_n} f\,dxdy=\iint_{\overline{A}_n-A_1} f\,dxdy+\iint_{\overline{A}_1} f\,dxdy$$

$$\geqq \iint_{\overline{A}_n-A_1} f\,dxdy$$

ここで $z=f(x, y)$ のグラフ（A_n-A_1 に制限した）は平面 $y=x$ に関して対称であることを考慮しながら計算を進めよう．

$$\iint_{\overline{A}_n-\overline{A}_1} f(x, y)dxdy\geqq 2\int_1^n\left\{\int_0^x dy/2(x^2+y^2)\right\}dx$$

ここで上式右辺の累次積分を計算すると

$$=\int_1^n[(1/x)\mathrm{Tan}^{-1}(y/x)]_0^x dx$$

$$=\int_1^n(\mathrm{Tan}^{-1}1)(1/x)dx$$

$$=(\pi/4)\int_1^n 1/x\,dx=(\pi/4)\log n$$

$$\iint_D f\,dxdy=\lim_{n\to\infty}\iint_{\overline{A}_n} f(x, y)dxdy$$

$$>\lim_{n\to\infty}(\pi/4)\log n=\infty$$

よって(1)の積分は発散する．　　　解了．

(3)—(ii)後半　$f_m(x, y)=1/1+x^m+y^m$ とおく $(m\geqq 3)$ とする．$0<f_m(x, y)\leqq 1$ である．（関数の番号 m と領域の番号 n を混同しないようにする）

$$\iint_{\overline{A}_n} f_m(x, y)dxdy$$

$$=\iint_{\overline{A}_n-A_1} f_m(x, y)dxdy+\iint_{A_1} f_m(x, y)dxdy$$

の右辺第2項は1より小であり，第1項は累次積分

$2\int_1^n\left\{\int_0^x f_m(x, y)dx\right\}dx$ と表わされ，

$$\int_1^n dx\int_0^x f_m(x, y)dy<\int_1^n dx\int_0^x 1/x^m+y^m\,dy$$

$$=\int_1^n\left\{\left(dx/x^{m-1}\right)\int_0^1 dt/1+t^m\right\}$$

$$<\int_1^\infty dx/x^{m-1}<1.$$

$\iint_{\overline{A}_n} f_m(x, y)dxdy$ は一様有界（m に関係なく有界）である．解了．

(4)の解　$\iint_{0\leqq y<x\leqq 1} dxdy/(x-y)^p$ を累次積分の極限になおすと

$$=\lim_{\varepsilon\to 0}\int_\varepsilon^{1-\varepsilon}\left\{\int_{y+\varepsilon}^1 dx/(x-y)^p\right\}dy.$$

$$\int_{y+\varepsilon}^1 dx/(x-y)^p=\left(-1/p-1\right)\left[1/(x-y)^{p-1}\right]_{y+\varepsilon}^1$$

$$=\left(-1/p-1\right)\left\{1/(1-y)^{p-1}-\varepsilon^{1-p}\right\}$$

$$\int_\varepsilon^{1-\varepsilon}\left\{\int_{y+\varepsilon}^1 dx/(x-y)^p\right\}dy$$

$$=-1/(p-1)(p-2)\{\varepsilon^{2-p}-1-\varepsilon^{1-p}(\varepsilon-1)\}.$$

よって

$$\lim_{\varepsilon\to 0}\int_\varepsilon^{1-\varepsilon}\left\{\int_{y+\varepsilon}^1 dx/(x-y)^p\right\}dy=1/(p-1)(p-2)$$

$1/(p-1)(p-2)=1/2\Rightarrow p^2+3p=0\Rightarrow p=0$

又 $1/(p-1)(p-2)=9/10$ より　$9p^2-27p+8=0$

$$p=(27\pm\sqrt{441})/18=(27\pm 21)/18=1/3.$$

なお積分が1/2のケースは，上述の積分計算によらずとも $p=0$ がただちに観察される．それはこの積分の p に関する単調性からこの様な p が存在すればただひとつだけであることがわかり，積分領域の面積が1/2であ

るから被積分関数は $z=1=1f(x-y)^0$ であることが自明なのである．

(5)の解　この問題はほとんどの教科書に例題としてのっている．このシリーズでもこれを外すわけにはいかない．$A=\{(x,y)\,|\,D\leqq x\leqq a,\ 0\leqq y\leqq a\}$ とするとき，

$$\iint_A e^{-(x^2+y^2)}\,dxdy=\left(\int_0^a e^{-x^2}dx\right)\left(\int_0^a e^{-y^2}dy\right)$$

となりこれを $I^2(a)$ で表わす．もちろん $I(a)=\int_0^a e^{-x^2}dx$ としたもので $\lim_{a\to\infty}I(a)$ が求める数値である．

2次元座標平面の第1象限をKとしたとき，

$$\iint_K e^{-(x^2+y^2)}dxdy=\lim_{a\to\infty}\iint_A e^{-(x^2+y^2)}dxdy=$$

$(\lim_{a\to\infty}I(a))^2$ となる．

そこで，第一象限Kを $B=\{(x,\ y)|\,0\leqq x^2+y^2\leqq a\}$ の単調増加極限（集合としての極限であるが直観的ないい方をした）とみて次式を認識してほしい．

$$\iint_K e^{-(x^2+y^2)}dxdy=\lim_{a\to\infty}\iint_B e^{-(x^2+y^2)}dxdy.$$

この右辺を極座標へ積分変数変換して積分値を求めよう．

$$\iint_B e^{-(x^2+y^2)}=\int_0^a dr\left\{\int_0^{\pi/2}e^{-r^2}\cdot r\,d\theta\right\}$$

$$=(\pi/2)\int_0^a e^{-r^2}\cdot r\,dr=(\pi/2)[-e^{-r^2}/2]_0^a$$

$$=(\pi/4)(1-e^{-a^2}),$$

$$\lim\iint_A e^{-(x^2+y^2)}dxdy=\lim\iint_B e^{-(x^2+y^2)}dxdy$$

$$=\pi/4.$$

よって $I^2(a)=\iint_K e^{-(x^2+y^2)}dxdy=\pi/4.$

$$I(a)=\sqrt{\pi}/2.$$

> **類題**　$\boldsymbol{R}^2$ において $\sqrt{(x^2+y^2)}e^{-(x^2+y^2)}$ の(重)積分値をもとめよ．$xe^{-(x^2+y^2)}$ の(重)積分値ももとめよ．

類題の解　類題をえらぶのに無意味なものはこまるから，(5)に附属したモーメント計算の成分を求めることにした．

$I=\iint_{x\geqq 0,y\geqq 0}\sqrt{x^2+y^2}\,e^{-(x^2+y^2)}dxdy$ に極座標変換すると

$$I=\lim_{a\to 0}\int_0^{\pi/2}\int_0^a r^2e^{-r^2}drd\theta$$

$$=(\pi/2)\lim_{a\to 0}\int_0^a r^2e^{-r^2}dr.$$

右辺の積分に部分積分法をほどこすと

$$\int_0^a r^2e^{-r^2}dr$$

$$=[-r\ e^{-r^2}/2]_0^a-\int -e^{-r^2}/2\ dr$$

$$=-a\ e^{-a^2}/2+\int_0^a e^{-r^2}/2\ dr.$$

これを上の I の値に代入すると

$$I=-\lim_{a\to\infty}\pi a\cdot e^{-a^2}/4+(\pi/4)\lim_{a\to\infty}\int_0^a e^{-r^2}dr.$$

第一項をロピタルの定理によって計算すると 0，第2項は(5)より代入して $(\pi/4)(\sqrt{\pi}/2)=\pi^{\frac{3}{2}}/8.$

類題後半の解答　$I=\iint_{x\geqq 0,\,y\geqq 0}x\ e^{-(x^2+y^2)}dxdy$ も極座標に変換すると

$$I=\left(\int_0^{\pi/2}\cos\theta\,d\theta\right)\lim_{a\to\infty}\int_0^a r^2e^{-r^2}dr$$

$$=\lim_{a\to\infty}\int_0^a r^2e^{-r^2}dr$$

前半の解の中の計算を利用してこの量は把握出来る．

$=\sqrt{\pi}/4.$　　　解了．

注意　e^{-x^2}，あるいはもっと一般に e の肩に負の2次形式で表わされる関数は確率，統計はもちろん数学をこえて広い領域の人々に利用され，**ガウシアン**とよばれている．

> **(5)の系**　$\Gamma(1/2)=\sqrt{\pi}$

解　この値は求め方がいくつもあるが $\Gamma(1/2)=2\int_0^\infty e^{-x^2}dx=\sqrt{\pi}$ と(5)を応用するのが一番楽である．

(6)の解　まずガンマ関数 $\Gamma(p)$ とベータ関数 $B(p,q)$ の定義からはじめよう．

$$\Gamma(p)=\int_0^\infty e^{-t}t^{p-1}\,dt\ \ (p>0)$$

$$B(p,q)=\int_0^1 t^{p-1}(1-t)^{q-1}\,dt\ \ (p,q>0).$$

$\Gamma(p)\Gamma(q)=B(p,q)\Gamma(p+q)$ の左辺を変形して右辺に達しよう．

$$\Gamma(p)\Gamma(q)=\left(\int_0^\infty e^{-t}t^{p-1}\,dt\right)\left(\int_0^\infty e^{-s}s^{q-1}\,ds\right)$$

$=S$ とおく．

S は2次元平面上の累次積分(広義)として重積分(広義)

$$\int_0^\infty\left\{\int_0^\infty e^{-t-s}t^{p-1}s^{q-1}\,dt\right\}ds$$

$$=\iint_K e^{-t-s}t^{p-1}s^{q-1}\,dtds$$

(K は第一象限)と見なすことが出来，重積分の変数変換 $t=uv$, $s=v-uv$ をほどこすと，

$$S=\iint_{K'} e^{-v}(uv)^{p-1}v^{q-1}(1-u)^{q-1}v\,dvdu$$

ここで上記変換のヤコビアンは

$$\frac{\partial(t,s)}{\partial(u,v)}=\begin{vmatrix} v & u \\ -v & 1-u \end{vmatrix}=v$$

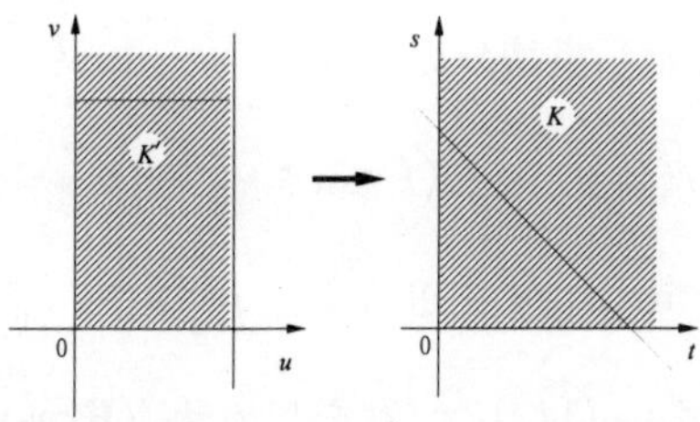

である．又 K' は上記長方形領域である．

そこで累次積分（広義）になおして計算をまとめると

$$S=\left(\int_0^\infty e^{-v}v^{p+q-1}\,dv\right)\int_0^1 u^{p-1}(1-u)^{q-1}\,du$$

$$=\Gamma(p+q)B(p,q).$$

上記 K' が上の図の無限長方形領域であることを説明しよう．変換を u,v について解くと

$u=t/v$, $v=t+s$ であるから結局

$$\begin{cases} u=t/_{t+s} \\ v=t+s \end{cases}$$ と表わされる．$t>0$, $s>0$ であることに注意する．

この式より (u,v) の全体は図の様に表示されることがわかる（説明はすこし省略した．その部分は読者が補足せよ）．

又，$u=$一定，$v=$一定の半直線は t,s 平面においてそれぞれ，半直線，直線の一部となることもただちにわかる．

(注)　有界な関数 $f(x)$ を $f(n)=0(1)$ と記す例外が存在する．

§28 一様収束(その2) —連続パラメータの場合—

問題 28 (1) Weierstrass の定理：$\left(\sum_{n=1}^{\infty} c_n\right.$ が収束し，$|u_n(x)| \leqq c_n$ をみたすとき関数項級数 $\sum u_n(x)$ は一様収束する．$\Big)$ で $\sum_{n=1}^{\infty} u_n(x)$ を広義積分 $\int_a^\infty f(x,y)dx$ にとりかえ連続的パラメータに関する Weierstrass の定理をのべ証明もつけよ（この場合の一様収束の定義もつけること）．

(2) (i) $\int_0^\infty e^{-x\sqrt{y}}\cos x\,dx$ $(0<c\leqq y\leqq d)$ は(y に関して)一様に収束することを示せ．

(ii) $\int_0^\infty dx/(x^2+y^2)^p$ $\left(0<c\leqq y\leqq d,\ p>\dfrac{1}{2}\right)$ の一様収束性をしらべよ．

(3) $f(x,y)$ $(x\geqq a,\ y_1\leqq y\leqq y_2)$ は連続でかつ $\int_a^\infty f(x,y)\,dx$ が存在し一様収束しているとしよう．この時 $\int_a^\infty f(x,y)\,dx$ は連続であることを示せ．

(4) $f(x,y)$ は $x\geqq a,\ y_1\leqq y\leqq y_2$ で連続とする．(i) $\int_a^\infty f(x,y)dx$ が一様収束であれば $\int_{y_1}^{y_2} dy\int_a^\infty f(x,y)\,dx=\int_a^\infty dx\int_{y_1}^{y_2} f(x,y)\,dy$ を示せ．ただし重積分の公式

$\int_{y_1}^{y_2}\left\{\int_{x_1}^{x_2} f(x,y)\,dx\right\}dy=\int_{x_1}^{x_2}\left\{\int_{y_1}^{y_2} f(x,y)\,dy\right\}dx$，($f(x,y)$ は $\overline{D}(x_1\leqq x\leqq x_2,\ y_1\leqq y\leqq y_2)$ で連続とする）を既知としてよい．(ii) $\int_0^\infty (1-e^{-x})\sin x/x\,dx$ を求めよ．$\int_{-\infty}^0 (e^{\alpha x}-e^x)/x\,dx$ $(\alpha\geqq 1)$ も求めよ．(iii) $\int_0^\infty \sin(x^2)\,dx=\int_0^\infty \cos(x^2)\,dx=(1/2)\sqrt{\pi}/2$ をしめせ．**(Fresnel (フレネル) の積分)**

$\left(\begin{array}{l}\text{ヒント}\quad \sin\alpha/\sqrt{\alpha}=2/\sqrt{\pi}\int_0^\infty e^{-\alpha n^2}\sin\alpha\,dx \text{ を } \alpha \text{ について，0 から } \infty \text{ まで積分し}\\ \int_0^\infty \sin x\big/\sqrt{x}\,dx=\sqrt{\pi/2} \text{ を導く}(\alpha>0 \text{ とする}).\end{array}\right)$

(5) (i) $f_y(x,y)$ が連続で $\int_a^\infty f(x,y)\,dx$ が存在し $\int_a^\infty f_y(x,y)\,dx$ が一様収束であれば（y が有限区間を動くとき）$\dfrac{d}{dy}\int_a^\infty f(x,y)\,dx=\int_a^\infty \dfrac{\partial}{\partial y}f(x,y)\,dx$ を示せ．

ただし，4 —(i)の場合と同様に有限区間の二重積分の公式

$\dfrac{d}{dy}\int_{x_1}^{x_2} f(x,y)\,dx=\int_{x_1}^{x_2} f_y(x,y)\,dx$ （$f_y(x,y)$ がDで連続として）を既知としてよい．

(ii) $I=\int_0^{\infty} e^{-\alpha x}\sin\beta x\Big/_x\,dx$ $(\alpha>0)$ を求めよ. (iii) $J=\int_0^{\infty}\sin\beta x\Big/_x\,dx$ を求めよ.

(6) (i) $\int_0^1 (x^{\beta}-x^{\alpha})\Big/_{\log x}\,dx$ $(0>\alpha>\beta)$ を求めよ. (ii) $\int_0^1 \log(1+x)\Big/_{1+x^2}\,dx$ を求めよ. (iii) $\int_0^{\infty} e^{-\beta x^2}\cos(2\alpha x)\,dx$ を求めよ. $(\beta>0)$ (**Laplace**(**ラプラス**)**の積分**)

(7) $f(x)$ は $[a,\infty)$ で連続, $\int_a^{\infty} f(x)\,dx$ が存在の仮定で (i) $F_K{}^{\alpha}=\int_a^K f(x)e^{-\alpha x}\,dx$ とおくとき $F_K{}^{\alpha}$ は変数 α について ($\alpha\in[0,1]$ で) 連続であることを示せ. (ii) $F^{\alpha}=\int_a^{\infty} f(x)e^{-\alpha x}$ とおく. $F_K{}^{\alpha}$ は F^{α} に $(k\to\infty)$ 一様収束することを示せ. (iii) $\lim_{\alpha\to 0}\int_a^{\infty} f(x)e^{-\alpha x}\,dx=\int_a^{\infty} f(x)\,dx$ を示せ. これを利用して 5—(ii)の解から 5—(iii)の解をみちびけ.

(1)の解 $u(x,y)$ は $x\in[a,\infty)$, $y\in[c,d]$ で 2 変数の連続関数とする. $c(x)\geqq 0$ は $x\in[a,\infty)$ で定義され, $\int_a^{\infty} c(x)\,dx<\infty$ とする. Weierstrass の定理を形づくってみると

$$\left(\begin{array}{l}|u(x,y)|\leqq c(x)\ (y\in[c,d]\ \text{なら}\ \int_a^{\infty} u(x,y)\\ dx\ \text{は}\ [c,d]\ \text{で一様収束する.}\end{array}\right)$$

次に一様収束の概念を関数項級数のアナログとして $\int_a^{\infty} u(x,y)\,dx$ の場合にかぎって定義してみよう. (一般の場合は各自試みよ)

$x\geqq a$, $y_1\leqq y\leqq y_2$ で $f(x,y)$ が連続で $\int_a^{\infty} f(x,y)\,dx$ が存在し, 任意の正数 ε に対しある t_0 が存在して $t>t_0$ なら

$$\left|\int_a^{\infty} f(x,y)\,dx-\int_a^t f(x,y)\,dx\right|<\varepsilon$$

が $y_1\leqq y\leqq y_2$ でつねに成立するならば $\int_a^{\infty} f(x,y)\,dx$ は一様収束であるという.

上記 Weierstrass の定理(連続パラメータ)の証明. $\int_a^{\infty} c(x)\,dx$ は収束するから任意の ε に対してある $T\in R$ が存在して $t,s>T$ ならば ($c(x)\geqq 0$ に注意して) $\int_s^t c(x)dx<\varepsilon$ となる. よって $u(x,y)$ についても $|u(x,y)|\leqq c(x)$ より $\int_s^t |u(x,y)|\,dx<\varepsilon$ となり, $\left|\int_s^t u(x,y)\right|<\varepsilon$ である. この条件は $\int_a^{\infty} u(x,y)<\infty$ を意味する $\int_a^{\infty} u(x,y)$ は収束し, この ε. T 論法は y に無関係であるから一様収束といえる.

(2)—(i)の解 $|e^{-x\sqrt{y}}\cos x|\leqq e^{-x\sqrt{c}}$.

$c(x)=e^{-x\sqrt{c}}$ とおいて問題(1)で作った Weierstrass の定理を apply しよう.

$\int_0^{\infty} e^{-x\sqrt{c}}\,dx<\infty$ は各自にまかせる.

2—(ii)の解 $1/(x^2+y^2)^p\leqq 1/(x^2+c^2)^p$.

$\int_0^{\infty} dx/(x^2+c^2)^p=\int_1^{\infty} dx/(x^2+c^2)^p$ $+\int_0^1 dx/(x^2+c^2)^p$ と 2 つの項の和にわける. 第 1 項は

$$\int_1^{\infty} dx/(x^2+c^2)^p\leqq\int_1^{\infty} dx/x^2<\infty.$$

又第 2 項は $\int_0^1 dx/c^{2p}<\infty$ したがって $\int_0^{\infty} dx/(x^2+y^2)^p<\infty$ であり, しかも広義積分として一様収束であるのが問題(1)の Weierstrass の定理からあきらかである.

(3)の解 $\varphi(y)=\lim_{t\to\infty}\int_a^t f(x,y)\,dx$ $(y_1\leqq y\leqq y_2)$ とする. $\varphi(y+k)=\lim_{t\to\infty}\int_a^t f(x,y+k)\,dx$ であり, $\int_a^t f(x,y)\,dx=F(y,t)$ とおいて

$|\varphi(y+k)-\varphi(y)|\leqq|\varphi(y+k)-F(y+k,t)|+|\varphi(y)-F(y,t)|+|F(y+k,t)-F(y,t)|$

となり，任意の $\varepsilon<0$ にたいしてある実数Tが存在して $t>T$ ならば（これは一様収束の定義，(1)の解より）$|\varphi(y+k)-F(y+k,t)|<\varepsilon$，$|\varphi(y)-F(y,t)|<\varepsilon$ が同時に成立する．$F(y,t)=\int_a^t f(x,y)dx$ は，f の連続性より，連続性が示されるから，ある k_0 が存在して $|k|<k_0$ なら $|F(y+k,t)-F(y,t)|<\varepsilon$ この k の範囲において $|\varphi(y+k)-\varphi(y)|<3\varepsilon$ が成立する．

解了．

(4)—(i)の証明　数列 $\{t_n\}$ を $a\leqq t_1\leqq\cdots\leqq t_n\cdots$ $\lim_{n\to\infty} t_n=\infty$ となる様に１つとる．$\varphi(y)$ を(3)と同様に定義すると，

$$\varphi(y)=\int_a^{t_1} f(x,y)\,dx+\int_{t_1}^{t_2} f(x,y)\,dx+\cdots+\int_{t_{n-1}}^{t_n}+\cdots$$

となり両辺を y_1 から y_2 まで積分し，右辺に対しては級数の項別積分（級数としても一様収束しているので）が可能で

$$\int_{y_1}^{y_2}\varphi(y)\,dy=\int_{y_1}^{y_2}dy\int_a^{t_1} f(x,y)\,dx+\int_{y_1}^{y_2}dy\int_{t_1}^{t_2} f(x,y)\,dx+\cdots.$$

となるが右辺の各項は問題にある注意によって積分の順序交換が可能である．よって

$$\int_{y_1}^{y_2}\varphi(y)\,dy=\int_a^{t_1}dx\int_{y_1}^{y_2} f(x,y)\,dy+\int_{t_1}^{t_2}dx\int_{y_1}^{y_2} f(x,y)\,dx+\cdots.$$
$$=\int_a^{\infty}dx\int_{y_1}^{y_2} f(x,y)\,dy$$

となる．　解了．

4—(ii) 前半の解　$\int_0^\infty(1-e^{-x})\sin x/x\,dx=\int_0^\infty\left\{\int_0^1 e^{-yx}\,dy\right\}\sin x\,dx\cdots☆$

$\int_0^\infty e^{-yx}\sin x\,dx$ は $|e^{-yx}\sin x|\leqq e^{-yx}$ より一様収束（Weierstrassにより）である．よって積分順序の交換が出来て

$$☆=\int_0^1\left\{\int_0^\infty e^{-yx}\sin x\,dx\right\}dy$$
$$=\int_0^1\left[e^{-yx}\Big/1+y^2(-y\sin x-\cos x)\right]_{x=0}^{x=\infty}dy$$
$$=\int_0^1 1\Big/1+y^2\,dy=\pi/2.$$

後半の解　$\int_{-\infty}^0(e^{\alpha x}-e^x)/x\,dx=-\int_0^\infty(e^{-\alpha t}-e^{-t})/t\,dt.$（$t=-x$ とおいて変数変換する）

$$\text{上式右辺}=\int_0^\infty\left(\int_1^\alpha e^{-yt}\,dy\right)dt$$
$$=\int_1^\alpha\left(\int_0^\infty e^{-yt}\,dt\right)dy\ \ (4-(\mathrm{i})\text{より})$$
$$=\int_1^\alpha\left[\frac{e^{-yt}}{-y}\right]_{t=0}^{t=\infty}dy=\int_1^\alpha\frac{dy}{y}$$
$$=\log\alpha.$$

解了．

4—(iii)の解　まずヒントの積分公式の理解が必要である．重積分で学んだばかりの $\int_0^\infty e^{-x^2}dx=\sqrt{\pi}/2$ で $x=\sqrt{\alpha}\,t$ とおくと

$\int_0^\infty e^{-\alpha t^2}\sqrt{\alpha}\,dt=\sqrt{\pi}/2$ となり

$$2/\sqrt{\pi}\int_0^\infty e^{-\alpha t^2}\sin\alpha\,dt=\sin\alpha/\sqrt{\alpha}.$$

両辺を α について 0 から ∞ まで積分し

$$\int_0^\infty\sin\alpha/\sqrt{\alpha}\,d\alpha$$
$$=(2/\sqrt{\pi})\int_0^\infty\left\{\int_0^\infty e^{-\alpha x^2}\sin\alpha\,dx\right\}d\alpha.$$

積分の順序交換（問題(4)をさらに広義積分として拡張し，利用する）により上式は

$$=(2/\sqrt{\pi})\int_0^\infty\left\{\int_0^\infty e^{-\alpha x^2}\sin\alpha\,d\alpha\right\}dx\ \cdots☆☆$$

まず $\int_0^\infty e^{-\alpha x^2}\sin\alpha\,d\alpha$ は部分積分法により

$$X:=\int_0^\infty e^{-\alpha x^2}\sin\alpha\,d\alpha$$
$$=\left[e^{-\alpha x^2}(-\cos\alpha)\right]_{\alpha=0}^\infty-x^2\int_0^\infty e^{-\alpha x^2}\cos\alpha\,d\alpha$$

$$Y:=\int_0^\infty e^{-\alpha x^2}\cos\alpha\,d\alpha$$
$$=\left[e^{-\alpha x^2}\sin\alpha\right]_{\alpha=0}^\infty+x^2\int_0^\infty e^{-\alpha x^2}\sin\alpha\,d\alpha$$

よって $X=1-x^2Y$，$Y=x^2X$ を連立一次方程式（X，Y について）として解いて

$X=\dfrac{1}{1+x^4}$, したがって,

$☆☆=(2/\sqrt{\pi})\int_0^\infty 1\Big/1+x^4\,dx.$

$\int dx\Big/1+x^4=(1/4\sqrt{2})(\log(x^2+\sqrt{2}x+1)-\log(x^2-\sqrt{2}x+1))+\dfrac{1}{2\sqrt{2}}\{\tan^{-1}(\sqrt{2}x+1)+\tan^{-1}(\sqrt{2}x-1)\}.$

$☆☆=(1/\sqrt{2\pi})\Big[\tan^{-1}(\sqrt{2}x+1)+\tan^{-1}(\sqrt{2}x-1)\Big]_0^\infty=\sqrt{\pi/2}$. **(ヒント部分の説明了)**

結局 $\int_0^\infty \sin(x^2)\,dx=\int_0^\infty \sin t\cdot\dfrac{dt}{2\sqrt{t}}=(1/2)(\sqrt{\pi/2})$ となる.

$\int_0^\infty \cos(x^2)\,dx$ が同一の値をとることは各人にまかせよう. 以下にはその方針だけをのべておく. $Y=x^2\Big/1+x^4$ がこの場合には使えて

$$\int_0^\infty \cos\alpha/\sqrt{\alpha}\;d\alpha=(2/\pi)\int_0^\infty x^2\Big/1+x^4\;dx=\frac{1}{\sqrt{2}\pi}\left\{\int_0^\infty\frac{-x\,dx}{1+x^2+\sqrt{2}x}+\int_0^\infty\frac{x\,dx}{1+x^2-\sqrt{2}x}\right\}$$

を実行していけばよい.

注意 フレネル積分の求め方には色々の方法があり, 1) 複素関数論でコーシーの積分定理を使う方法. 2) 実解析では今世紀になってから Hardy-Titchmarsh の方法(一松信解析学序説(上)に紹介がある.)などが代表的なものである. 上の証明は不定積分 $\int dx\Big/x^4+1$ が単なる積分の計算練習ではなく, フレネル積分を通じて古典的な光学, 物理学にかかわっていることをもしめしたかったのである(§15参照).

(5)―(i)の証明 $\varphi(y)=\int_a^\infty f_y(x,y)\,dy$ とおく.

$$\int_{y_1}^y \varphi(t)\,dt=\int_{y_1}^y\left\{\int_a^\infty f_t(x,t)\,dx\right\}dt$$

は(4)―(i)によって $=\int_a^\infty\left\{\int_{y_1}^y f_t(x,t)dt\right\}dx=\int_a^\infty\{f(x,y)-f(x,y_1)\}\,dx$

この式を y で微分すると

$$\varphi(y)=\frac{\alpha}{dy}\int_a^\infty\Big\{f(x,y)-f(x,y_1)\Big\}dx$$
$$=\frac{d}{dy}\int_a^\infty f(x,y)dx.$$

証明了.

(5)―(ii)の解 $f(x,\beta)=e^{-\alpha x}\left(\sin\beta x\Big/x\right)$ は $x>0$, $-\infty<\beta<\infty$ で連続 $\lim_{x\to 0}f(x,\beta)=\beta$ であるから $\int_0^1 f(x,\beta)dx$ は存在する. $|(f(x,\beta)|\leqq e^{-\alpha x}$ $(x\geqq 1)$ より任意の $\varepsilon>0$ に対してある正数 T が存在して $t_1>t_2>T$ ならば $\left|\int_{t_1}^{t_2}f(x,\beta)\,dx\right|\leqq\int_{t_1}^{t_2}|f(x,\beta)|\,dx\leqq\int_{t_1}^{t_2}e^{-\alpha x}dx<\varepsilon$

よって $I=\int_0^\infty f(x,\beta)\,dx$ は収束して, しかも一様収束である(Weierstrass ((1)参照)). 一方 f の β による偏微分係数 $f_\beta(x,\beta)=e^{-\alpha x}\cos\beta x$ は連続関数で上の T, t_1, t_2 に対してやはり次式が成立する.

$$\left|\int_{t_1}^{t_2}f_\beta(x,\beta)dx\right|\leqq\int_{t_1}^{t_2}e^{-\alpha x}\,dx<\varepsilon.$$

したがって $\int_0^\infty f_\beta(x,\beta)$ は β の任意の閉区間に関して一様収束であり問題(5)―(i)の結果を応用することが出来て

$$dI/d\beta=\int_0^\infty f_\beta(x,\beta)dx=\int_0^\infty e^{-\alpha x}\cos\beta x\;dx$$

この最右辺の求積は各自にまかせる.

$dI/d\beta=\alpha\Big/\alpha^2+\beta^2$ を β について積分して $I=\mathrm{Tan}^{-1}\beta/\alpha+c$. $\beta=0$ の時 $I=0$ であり, $c=0$ となる. よって $I=\mathrm{Tan}^{-1}(\beta/\alpha)$. 解了.

(5)―(iii)の解 この問の解は5―(ii)の解を利用しても得られる. そのいきさつを一般化した上で(7)―(iii)としてあらためてみなおすことになるが, 以下の証明は少し狭い意味での(5)―(ii)の利用法である. (5)―(ii)によって

$$\int_0^\infty e^{-\alpha x}\sin\beta x/x\;dx=\mathrm{Tan}^{-1}\beta/\alpha\quad(\alpha>0)$$

は β が任意の閉区間をうごくとき, 一様収束する. したがって(4)―(i)の結果により, 上式の両辺を0から $\overline{\beta}$ まで積分したとき, 左辺で

は積分の順序変更が可能で，結果として

$$\int_0^\infty \int_0^{\tilde\beta} e^{-\alpha x}\sin\beta x/x\,d\beta = \int_0^{\tilde\beta} \mathrm{Tan}^{-1}\beta/\alpha\,d\beta.$$

$\int_0^{\tilde\beta} e^{-\alpha x}\sin\beta x/x\,d\beta$ はかんたんに処理出来るから（各自にまかせる）次式が得られる．（$\tilde\beta$ を β に書きかえて）

$$\int_0^\infty e^{-\alpha x}(1-\cos\beta x)/x^2\,dx = \beta\,\mathrm{Tan}^{-1}\beta/\alpha$$
$$-(\alpha/2)\log(\alpha^2+\beta^2)+\alpha\log\alpha \quad \cdots\cdots☆☆☆$$

$\alpha \geqq 0$，$x>0$ として

$0<e^{-\alpha x}\leqq 1$

$0\leqq e^{-\alpha x}(1-\cos\beta x)/x^2 \leqq (1-\cos\beta x)/x^2.$

しかも $\lim_{x\to+0}(1-\cos\beta x)/x^2=\beta^2/2.$

一方，$\int_{t_1}^{t_2}(1-\cos\beta x)/x^2\,dx < \int_{t_1}^{t_2} 2/x^2\,dx = 2(1/t_1-1/t_2)$. 任意の $\varepsilon>0$ にたいして正数 T が存在し，$t_2>t_1>T$ なら

$$\left|\int_{t_1}^{t_2} e^{-\alpha x}(1-\cos\beta x)/x^2\,dx\right| < \varepsilon$$

よって等式☆☆☆の左辺は $\alpha\geqq 0$ で一様収束であり，連続関数（変数 α の）の極限（一様）として連続関数である（$\alpha\geqq 0$ で）．よって $\alpha\to 0$ としたとき

$$(1/\beta)\int_0^\infty (1-\cos\beta x)/x^2\,dx = \begin{cases}\beta\pi/2 & (\beta>0)\\ -\beta\pi/2 & (\beta<0)\end{cases}$$

が得られ，部分積分法とロピタルで

$$\int_0^\infty \sin\beta x/x\,dx = \begin{cases}\pi/2 & (\beta>0)\\ -\pi/2 & (\beta<0)\end{cases}$$

と書きなおされる．　　　　解了．

(6)—(i)の解　この問題は有限区間で発散する関数の広義積分についてであるが(4)—(i)，(5)—(i)と同様な定理が成立する．説明は各自にまかせる．

$$\int_0^1 (x^\beta - x^\alpha)/\log x\,dx = \int_0^1\left(\int_\alpha^\beta x^t\,dt\right)dx$$
$$=\int_\alpha^\beta\left(\int_0^1 x^t\,dx\right)dt.$$

ここで $\int_0^1 x^t\,dx$ の一様収束は明らかであり，4—(i)に対応するこの場合の公式が適用され，上式の等号は成立する．$0>\alpha>\beta>-1$ の場合は $\log|\beta+1|-\log|\alpha+1|$，他のケースは各自にまかせる．

(6)—(ii)の解　$I=\int_0^1 \log(1+x)\big/1+x^2\,dx$ を一様収束の応用として求めてみよう．この問題は定積分雑題としてこのシリーズで他の方法によって解いたことがある．

$$I(\alpha)=\int_0^1 \log(1+\alpha x)\big/1+x^2\,dx \quad (0\leqq\alpha\leqq 1)$$

とおくと　$I(0)=0$，$I(1)=I$.

$$\int_0^1 \frac{\partial}{\partial\alpha}\left(\log(1+\alpha x)\big/1+x^2\right)dx$$
$$=\int_0^1 x\big/(1+\alpha x)(1+x^2)\,dx.$$

右辺の被積分関数を部分分数展開して

$$=\int_0^1\left(\frac{1}{1+\alpha^2}\right)\left(-\alpha\big/1+\alpha x + (x+\alpha)\big/1+x^2\right)dx$$
$$=\frac{1}{1+\alpha^2}\{-\log(1+\alpha)+(\pi/4)\alpha+(1/2)\log 2\}.$$

ここで5—(i)（有限区間で対応した定理を作りそれを）を適用してこの式は $\frac{d}{d\alpha}I(\alpha)$ と一致することがわかる．

$$I=I(1)=\int_0^1 I'(\alpha)d\alpha$$
$$=-\int_0^1 \log(1+\alpha)\big/1+\alpha^2\,d\alpha$$
$$+\pi/4\int_0^1 \alpha\big/1+\alpha^2\,d\alpha$$
$$+\left(\log 2\big/2\right)\int_0^1 d\alpha\big/1+\alpha^2.$$

$\therefore\quad I=-I+(\pi/8)\log 2+(\pi/8)\log 2.$

よって $I=(\pi/8)\log 2$.（途中広義積分一様収束の吟味をはぶいた．）

6—(iii)の解　$\left|\frac{\partial}{\partial\alpha}(e^{-x^2}\cos 2\alpha x)\right| = |-2xe^{-x^2}\sin 2\alpha x| \leqq 2xe^{-x^2}$. $\beta=1$ の時の求むる積分値を $I(\alpha)$ とおく．$I(\alpha)$ は C^1 級である．又(5)—(i)によって

$$\frac{d}{d\alpha}I(\alpha)=-2\int_0^\infty xe^{-x^2}\sin 2\alpha x\,dx$$
$$=-2\alpha\int_0^\infty e^{-x^2}\cos 2\alpha x\,dx=-2\alpha I(\alpha).$$

これより $I(\alpha)=ce^{-\alpha^2}$. $c=I(0)=\int_0^\infty e^{-x^2}dx$

$=\sqrt{\pi}/2$. $I(\alpha)=(\sqrt{\pi}/2)e^{-\alpha^2}$.

あとは簡単な置換積分により解 $1/2\sqrt{\pi/\beta}\exp(-\alpha^2/\beta)$ へ到達する． 解了．

7―(i)の解 $F_K{}^{\alpha}=\int_a^K f(x)e^{-\alpha x}\,dx$ とおく．

$$|F_K{}^{\alpha}-F_K{}^{\beta}|$$

$$\leqq \sup_{a\leqq x\leqq K}|e^{-\alpha x}-e^{-\beta x}|\times\left|\int_a^K f(x)\,dx\right|$$

$(\alpha,\ \beta\in[0,1])$ $\lim_{\beta\to\alpha}F_K{}^{\beta}=F_K{}^{\alpha}$ となることは上式より明らかである．($\alpha=0$ の時も問題はないことを注意すること）よって $F_K{}^{x}$ ($K=$一定）は変数 x の関数として $[0,1]$ で連続である． 解了．

(7)―(ii)の解 $\int_a^{\infty}f(x)\,dx$ の存在の仮定より $\forall\varepsilon>0$ に対してある T が存在して $\left|\int_T^{\infty}f(x)dx\right|<\varepsilon$ となる．この様な T に対して $J=\int_T^{\infty}f(x)e^{-\alpha x}\,dx$ を部分積分してみると $J=[F(x)e^{-\alpha x}]_T^{\infty}+\alpha\int_T^{\infty}F(x)e^{-\alpha x}\,dx$ ただし $F(x)=\int_T^{x}f(t)\,dt$. T を十分大きくとって $|F(x)|<\varepsilon$, $x\geqq T$ としておく．

$\alpha\neq 0$ の条件があれば上式の第一項は $\lim_{x\to\infty}e^{-\alpha x}\int_T^{x}f(t)\,dt=0$. 第2項は絶対値をとると

$$\left|\alpha\int_T^{\infty}F(x)\,e^{-\alpha x}\,dx\right|<\varepsilon\alpha\int_T^{\infty}e^{-\alpha x}\,dx<\varepsilon$$

$\alpha=0$ の時 $|J|<\varepsilon$ も仮定から明らか．これらより $\sup_{0\leqq\alpha\leqq 1}\left|\int_T^{\infty}f(x)\,e^{-\alpha x}\right|<\varepsilon$. これは $\int_T^{x}f(x)\,e^{-\alpha x}\,dx$ が $J=\int_T^{\infty}f(x)e^{-\alpha x}\,dx$ に一様収束することを示すとともに連続関数の一様収束極限として $\int_T^{\infty}f(x)e^{-\alpha x}\,dx$ は α について $\alpha\geqq 0$ で連続関数であること．したがって求める等式が成立することを示している．

(7)―(iii)の解 (5)―(ii)から(5)―(iii)の解をみちびけとの主旨である．(5)―(iii)の解は β の符号にのみ depend しているが何故にその様なことがおこるのかという疑問にある程度答えてくれる別解である．(7)―(ii)より $\int_a^{\infty}f(x)e^{-\alpha x}\,dx$ は α について連続であり

$\lim_{\alpha\to 0}\int_a^{\infty}f(x)e^{-\alpha x}\,dx=\int_a^{\infty}f(x)\,dx$ が成立する．

$a=0$ として 5―(ii)の解を左辺に代入すると

$$\lim_{\alpha\to 0}\int_0^{\infty}e^{-\alpha x}\sin\beta x/x\,dx=\lim_{\alpha\to 0}\mathrm{Tan}^{-1}(\beta/\alpha).$$

(5)―(ii)では $\alpha>0$ を仮定しているので β の符号によって $\lim_{\alpha\to 0}\mathrm{Tan}^{-1}(\beta/\alpha)=\pm\frac{\pi}{2}$.（複号は β の符号と一致させる）

これは(5)―(iii)の解と一致する．

§29 曲線と弧長に関する補足（楕円積分，楕円関数にもふれて）

問題 29 (1) 平面上の異なる2点A，Bからの距離の積が一定である点の軌跡のうち線分ABの中点を通るものをもとめよ．(**ベルヌーイのレムニスケート**)

(2) x軸，y軸にとられる線分の長さがlである直線(平面上の)のあつまりの包絡線をもとめよ．(**asteroid アステロイド**)

(3) (i) 放物線 $y=cx^2$ $(c>0)$ 上の点$(0,\ 0)$と$(a,\ ca^2)$の間の弧の長さをもとめよ．

(ii) $y=a/2(e^{x/a}+e^{-x/a})$ の $x=0$ と $x=x_0$ の間の弧の長さをもとめよ．(**カテナリー**)

(iii) $\sqrt{x}+\sqrt{y}=1$ の全長をもとめよ．(2)で得た包絡線の全長をもとめよ．

(4) 次の空白を適当な数値で埋めよ．

(i) 楕円 $x^2/a^2+y^2/b^2=1$ の全長は $\boxed{イ}\int_0^{2\pi}\sqrt{1-\boxed{ロ}^2\sin^2\theta}\,d\theta$ と表わされる．$(a>b>0,\ 1>\boxed{ロ}>0)$

(ii) レムニスケート $r^2=2a^2\cos 2\theta$ のグラフの全長は $4a\int_0^{\boxed{ハ}}dt\Big/\sqrt{1-t^2}\sqrt{1-t^2/\boxed{ニ}}$ となり，これは $\boxed{ホ}\int_0^{\pi/4}d\theta/\sqrt{1-\boxed{ヘ}\sin^2\theta}$ とも表わされる．

(5) (i) $\sum_{n=0}^{K}a_nx^n$ が収束するxを考え，この様なxの絶対値の上限をrと記し，この級数の収束半径という．$|x|<r$ なら $\sum a_nx^n$ は絶対収束，$|x|>r$ ならば $\sum a_nx^n$ は収束しない．これを説明せよ．((i)は(ii)のための補助的考察)

(ii) 楕円，レムニスケートの全長を，その積分表示(4)—(i)，(ii)の被積分関数の級数展開とその収束半径をもとに，級数展開表示せよ．(級数の一様収束を参照のこと)

(1)の解 平面上の2点A，Bに対して直交座標系をえらんで，A，Bの座標をそれぞれ$(a,\ 0)$，$(-a,\ 0)$としておく．問題の条件は$\{(x+a)^2+y^2\}\{(x-a)^2+y^2\}=c^4$ と表わすことが出来る．上式の左辺を$f(x,y)$とおいたとき $f_x=0$ は $x(x^2+y^2-a^2)=0$，$f_y=0$ は $y(x^2+y^2+a^2)=0$ を意味するので，$(0,0)$は$f(x,y)$の特異点である．グラフが$(0,0)$を通る陰関数（教科書の陰関数定理の項目を復習すること）は極座標の導入によって次の様に把握される．$(0,0)$を通る条件を代入すると上式は $a^4=c^4$ となり，これを再び条件式に代入して整とんすると，まず

$$(x^2+y^2)^2+2a^2(y^2-x^2)=0\quad(a>0)$$

としてよいがさらに $x=r\cos\theta$，$y=r\sin\theta$ を代入すると

$$r^2=2a^2\cos 2\theta$$

と表わされる．θを$-\pi/2$から$\pi/2$まで増加

させると θ が負の時 r^2 は増加して $\theta=0$ の時 $2k^2$, θ が正の域に入ると r^2 は減少となる．よってグラフは次の図の様になる．

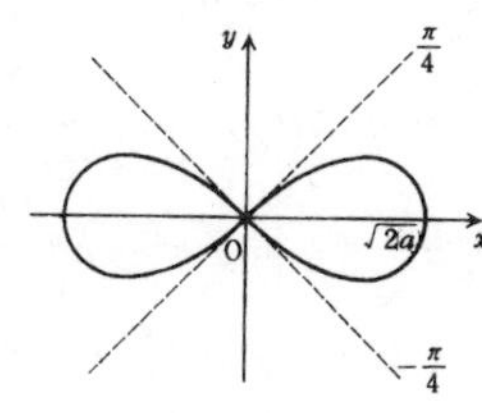

(2)の解　簡単な例をとり，包絡線の説明からはじめよう．$(x^2-a)^2+y^2=1$ は a をいろいろ変えるとき中心が x 軸をうごく円をグラフに持つ曲線の族である．2つの直線 $x=1$ および $x=-1$ は上述の各円に接し，しかもこれらの直線のパラメータ表示として各円とこれらの直線の接点の x 座標 a を採用することが出来る．これらの直線を（この曲線族の）包絡線と呼ぶのである．もっと一般にのべると曲線族 $\{C_a\}$：が $F(x,y,a)=0$ であたえられたとする（F は3変数 C^1 級）．この時別の C^1 級曲線 E が $\{C_a\}$ の各々と接し，しかも C_a との接点 $(\varphi(a),\ \psi(a))$ の軌跡として $E=x=x(a)$, $y=y(a)$ とパラメータ表示されるならば E を $\{C_a\}$ の包絡線という．包絡線の求め方について次の定理がある．（証明省略）

定 理　E: $\{x=\varphi(t), y=\psi(t)\}$ が C_α：$F(x,y,a)=0$ の包絡線は $F(\varphi(t),\psi(t),t)=0$, $F_t(\varphi(t),\psi(t),t)=0$ …☆ をみたす．しかし逆は成立せず，各 C_α の特異点の軌跡（もし存在すれば）もこの条件をみたす．（ここで F, φ, ψ は はすべて C^1 級とする）

さて(2)の解を求めよう．問題を第一象限に限定して，あとは座標軸に対する対称性で処理しよう．x 軸と直線のなす角を a とするとき問題の線分の方程式は

$$x/\cos a+y/\sin a-l=0 \quad \cdots\cdots\cdots\cdots(1)$$

上式左辺を $F(x,y,a)$ としたとき $F_a(x,y,a)=0$ は

$$x\sin a\Big/\cos^2 a-y\cos a\Big/\sin^2 a=0 \quad \cdots(2)$$

となる．これらを連立方程式とみて解いてみよう．この2つの式(1)と(2)を連立方程式として解くと $x=l\cos^3 a$, $y=l\sin^3 a$ となる．

これより $x^{2/3}+y^{2/3}=l^{2/3}$ となる．曲線族は直線族であり，特異点の軌跡は存在しないことに注意をしたい．（☆参照）

(3)の解　C^1 級の曲線 $x=x(t)$, $y=y(t)$, $(a\leqq t\leqq b)$ の弧長は $s=\int_a^b\sqrt{\left(\frac{dx}{dt}\right)^2+\left(\frac{dy}{dt}\right)^2}\,dt$ であたえられる．この証明は一様連続な関数の諸性質を使って示される．ここでは説明せず各自，教科書で勉強してほしい．このシリーズはこの様な基本的性質の説明を目的としているわけではなく，はぶくこともある．

(3)—(i)について， この曲線はパラメータとして x をとり，$x=x$, $y=cx^2$ と表示する．

$$s=\int_0^a\sqrt{1+\left(\frac{dy}{dx}\right)^2}\,dx=\int_0^a\sqrt{1+(2cx)^2}\,dx$$

$$=2c\int_0^a\sqrt{1\Big/4c^2+x^2}\,dx$$

$$=2c\Big[x\sqrt{1\Big/4c^2+x^2}$$

$$+1\Big/4c^2\log\left(x+\sqrt{1\Big/4c^2+x^2}\right)\Big]_0^a$$

$$=a\sqrt{1+4c^2a^2}$$

$$+(1/2c)\log(2(ca+\sqrt{1+4c^2a^2})).$$

この問題は放物線の弧長を求める問題で，初等関数の求積法によって解に到達出来る．しかし2次曲線の中で楕円と双曲線について弧長を求めるのはそんなに容易なことではない．楕円については後で(4)および(5)において少し触れるが楕円積分の概念が必要になり，積分は初等関数の域をこえてしまう．**(3)—(i)は放物線の場合が（2次曲線の中で）例外的に処理する**ことの出来る曲線であることに**力点**をおいた問題である．

(ii)　この問題も(i)と同様に初等的な積分で弧長がもとまるケースであり，**送電線**などに使われるケースとして古来有名である．

$y=a\cosh(x/a)$, $dy/dx=\sinh(x/a)$, 長さ

s は(i)とほぼ同様の計算で，

$$s=\int_0^{x_0}\sqrt{1+\sinh^2 x/a}\,dx=\int_0^{x_0}\cosh x/a\,dx$$
$$=[a\sinh x/a]_0^{x_0}=a\sinh x_0/a$$
$$=a/2(e^{x_0/a}-e^{-x_0/a}).$$

(3)―(iii)の解　まず計算の典型的な失敗例をお目にかけよう．

あたえられた式を y について解く．

$$y=(1-\sqrt{x})^2=1-2\sqrt{x}+x.\ y'=1-1/\sqrt{x}$$
$$\sqrt{1+\left(\frac{dy}{dx}\right)^2}=\sqrt{1+(1-1/\sqrt{x})^2}$$
$$=\sqrt{2-2/\sqrt{x}+1/x}.$$

これを積分して長さを得たい．しかし，この積分は処理しにくい．これでヘコタレてはいけない．別法を考え出し切りぬける努力が必要である．まず式を有理化（根号消去）してみよう．移項して 2 乗すると $x=1-2\sqrt{y}+y$, また移項して 2 乗し，$x^2+y^2-2xy-2(x+y)+1=0$ となる．この 2 次曲線を $\pi/4$ だけの座標軸の回転によって表示を変えてみたい．（$\pi/4$ は与式が x と y について対称であることによって想定した．）座標系が正の方向に θ だけ回転した時，点 (x, y) の新しい座標系による表示が X, Y となったとしよう．$x=X\cos\theta-Y\sin\theta$, $y=X\sin\theta+Y\cos\theta$ の関係がある．$\theta=\pi/4$ であるから $x=(1/\sqrt{2})(X-Y)$, $y=(1/\sqrt{2})(X+Y)$ であり，上で得た 2 次式に代入し，

$$(X-Y)^2+(X+Y)^2-2(X-Y)(X+Y)-2\sqrt{2}(2X)+2=0$$

整理して $Y^2-2\sqrt{2}X+1=0$. 放物線であるから(i)と同様の計算で求積法で長さがもとまる．答は $1+1/\sqrt{2}\log(1+\sqrt{2})$ である．計算は各自にまかせよう．

3―(iii)のもう一つの問題は各自にまかせよう．弧長の積分は置換積分により簡単にもとまる．

(4)―(i)の解　楕円 $x^2/a^2+y^2/b^2=1$ のパラメータ表示を $x=a\sin\theta$, $y=b\cos\theta$ とする．念のため $\sin\theta$ と $\cos\theta$ が逆でないかと思われるかも知れないがここは極座標と関係がない．(3)の解の前にで述べた $\theta=\alpha$ から $\theta=\beta$ までの弧長の公式により

$$s=\int_\alpha^\beta\sqrt{a^2\cos^2\theta+b^2\sin^2\theta}\,d\theta$$
$$=a\int_\alpha^\beta\sqrt{1-k^2\sin^2\theta}\,d\theta\quad(k=\sqrt{a^2-b^2}/a$$

で $0<k<1$）をみたす．k は楕円の離心率である．（これは別に勉強すること）[イ]と[ロ]はこれで出た．もちろん $\beta=2\pi$, $\alpha=0$ としてのことである．

ところで問題の積分をさらに変数変換 $\sin\theta=t$ によって表現しなおすと（a を度外視して）

$$\int_{\sin\alpha}^{\sin\beta}\sqrt{1-k^2t^2\Big/1-t^2}\,dt$$

となる．この積分を**第 2 種の（実）楕円積分**という．第 1 種はここでは説明しないが第一種というのは次の問(ii)で得られたものである．

4―(ii)の解　問題のレムニスケートは(1)におけるものと同一である．$r^2=2a^2\cos 2\theta$ は極座標に関するものと理解してよい．ところで極座標に関しては曲線の長さは

$$s=\int_a^b\sqrt{(f'(\theta))^2+(f(\theta))^2}\,d\theta$$

$\left(r=f(\theta),\ \dfrac{df}{d\theta}=f'(\theta)\text{ と表示}\right)$ であたえられる．この公式の証明は各自にまかせよう（すべてのテキストにあり）．

$f^2(\theta)=2a^2\cos 2\theta$ とすると $f(\theta)=\sqrt{2}a(\cos 2\theta)^{1/2}$, よって

$$f'(\theta)=\sqrt{2}a(1/2)(\cos 2\theta)^{-1/2}(-2)\sin 2\theta$$
$$=-\sqrt{2}\,a\sin 2\theta\Big/(\cos 2\theta)^{1/2},$$

$f^2(\theta)+(f'(\theta))^2=2a^2/\cos 2\theta$ よって(1)の解の中のグラフを参考することにより，曲線の全長を L とすると

$$L=4\sqrt{2}a\int_0^{\pi/4}\sqrt{1\Big/\cos 2\theta}\,d\theta\quad\cdots\cdots☆☆$$

この積分の変数変換を 2 通り考える．

まず $1/\cos 2\theta=1/(2\cos^2\theta-1)$ で $\tan\theta=x$ とおくと $\tan^2\theta+1=1/\cos^2\theta$ すなわち $\cos^2\theta={1}/{1+x^2}$. $2\cos^2\theta-1={(1-x^2)}/{1+x^2}$.

又 $d\theta={dx}/{1+x^2}$ であるから

$$L=4\sqrt{2}a\int_0^1\sqrt{{1+x^2}/{1-x^2}}\cdot\left({1}/{1+x^2}\right)dx$$

$$=4\sqrt{2}a\int_0^1 1/\sqrt{1-x^4}\,dx.$$

又☆☆は積分変数変換 $t=\sqrt{2}\sin\theta$ により

$$=4a\int_0^1 dt/(\sqrt{1-t^2}\sqrt{1-t^2/2})$$

となるが再び $t=\sin\theta$ とおきかえて

$$=4a\int_0^{\pi/4}d\theta/\sqrt{1-\sin^2\theta/2}$$

となる．この式より(ホ)と(ヘ)はもとめられた．

注意　☆☆に直接倍角の公式を使って得た $4\sqrt{2}a\int_0^{\pi/4}\sqrt{1/(1-2\sin^2\theta)}\,d\theta$ と上式は異なりこの形は計算上いろいろの難点があり通常は採用されない．一般に $\int_0^1 {dt}/{\sqrt{1-t^2}\sqrt{1-k^2t^2}}$ 又は $\int_0^{\pi/4}d\theta/\sqrt{1-k^2\sin^2}$ $(0<k<1)$ を**第一種楕円積分**という．

(5)—(i)の解　上限の定義をまず復習すること．$|x|<r$ なら $|x|<t\leqq r$ をみたす t で $\sum a_nt^n$ が収束するものが存在する．$|a_nt^n|\to 0$ $(n\to\infty)$ であるから $|a_nt^n|<M$ $(n>n_0)$ となる数Mが存在する．

$n>n_0$ で $|a_nx^n|\leqq|a_nt^n||x|^n/|t|^n\leqq M|x|^n/|t|^n$. $\{|x|^n/|t|^n\ (n>n_0)\}$ は等比数列で公比が1より小であり，収束する．したがって正項級数 $\sum|a_nx^n|$ も収束する．$|x|>r$ ならば $\sum a_nx^n$ が収束しないのは上限の定義からあきらかである．

(5)—(ii)の解　楕円の場合，楕円 $x^2/a^2+y^2/b^2=1$ の全長は

$$4a\int_0^{\pi/2}\sqrt{1-k^2\sin^2\theta}\,d\theta\ (0<k^2<1)$$ (k は離心率) であったがこの積分は初等的ではない．そこでこの値を級数の形に表わして全長を求める工夫をこころみよという問である．

まず被積分関数の形が $\sqrt{1-X}$ の形をしていることからそのべき級数展開をしてみよう．$\sqrt{1-X}=(1-X)^{1/2}$ であるから一般の公式として次を記しておこう．

$$(1+x)^\alpha=1+(\alpha/1!)x+\alpha(\alpha-1)/2!+\cdots+\{\alpha(\alpha-1)\cdots(\alpha-n+1)\}/n!\,x^n+\cdots\ (|x|<1)$$

この公式で $x=-X$，$\alpha=\frac{1}{2}$ として考える．

$$\sqrt{1-X}=1+(-1)(1/2)X+(-1)^2(1/2)(-1/2)X^2/2!+(-1)^3(1/2)(-1/2)(-3/2)X^3/3!+\cdots+(-1)^n(1/2)(-1/2)(-3/2)\cdots(-(2n-3)/2)X^n/n!+\cdots\cdots$$

でその収束半径は1である．しかもその収束域に含まれる任意の閉区間で一様収束である．

X^n の係数を整理することによって次の様に上式を表現することが出来る．

$\sqrt{1-X}=1-\sum_{n=1}^{\infty}(2n-1)!!/(2n)!!\ X^n/(2n-1)$，ここで !! は1つおきの階乗である．

$\left(\int_0^{\pi/2}\sin^{2n}x=(2n-1)!!/2n!!\ \pi/2\right.$ を使って$\left.\right)$ 項別積分（第25回一様収束 参照）によって全長は次の様になる．

$$4a\int_0^{\pi/2}\sqrt{1-k^2\sin^2\theta}\,d\theta$$

$$=4a(\pi/2-\sum_{n=1}^{\infty}((2n-1)!!/2n!!)^2\,\pi k^{2n}/2(2n-1))\ (0<k^2<1).$$

レムニスケートの全長　$1/\sqrt{1-X}=(1-X)^{-1/2}$

$$=1+(-1/2)(-X)+(-1/2)(-3/2)(-X)^2/2!+(-1/2)(-3/2)(-5/2)(-X)^3/3!+\cdots+(-1/2)(-3/2)\cdots(-(2n-1)/2)(-X)^n/n!+\cdots$$

この整級数の収束半径はやはり1で $(-1, 1)$ の中の任意の閉区間で一様収束する (Weierstrass の定理からすぐ出る)．

$1\Big/\sqrt{1-k^2\sin^2 x}$

$=\sum_{n=0}^{\infty}(2n-1)!!/(2n)!!\ k^{2n}\sin^{2n}x$

（k は(4)で求めた数 ⌒ ここでは伏せておく.）

$4a\int_0^{\frac{\pi}{4}} dx/\sqrt{1-k^2\sin^2 x}$

$=4a\pi\sum_{n=0}^{\infty}\left\{1+\sum_{n=1}^{\infty}((2n-1)!!/(2n)!!)^2\right\}$

参考 楕円関数について

$u=f(\varphi)=\int_0^{\varphi} d\theta\Big/\sqrt{1-k^2\sin\theta}$ $(0<k<1)$ で関数 $f(\varphi)$ を定義する.

$du\Big/d\varphi=1\Big/\sqrt{1-k^2\sin\varphi}>0$ よって $f(\varphi)$ は単調増加である．陰関数定理を利用すると f の逆関数が存在する．これを $\varphi=\mathrm{am}\,u$ と書く．読み方はアムプリチュード（amplitude)．以下では am u の基本的性質をしらべる.

三角関数および定積分より

(A) $1/\sqrt{1-k^2\sin^2\theta}$ は周期 π の関数である.

(B) $\int_0^{\frac{\pi}{2}} d\theta/\sqrt{1-k^2\sin^2\varphi}$

$=\int_{\pi/2}^{\pi} d\theta\Big/\sqrt{1-k^2\sin^2\theta}$

$=(1/2)\int_0^{\pi} d\theta/\sqrt{1-k^2\sin^2\theta}$．（$=K$ と以下でおく）

(A)の解　$\sin^2\theta=(1/2)(1-\cos 2\theta)$ であるから周期 π である.

(B)の解　$\theta=\tau+\pi$ とおくと（積分変数変換として）

$\int_{\pi/2}^{\pi} d\theta/\sqrt{1-k^2\sin^2\theta}$

$=\int_{-\pi/2}^{0} d\tau/\sqrt{1-k^2\sin^2(\tau+\pi)}$

$=\int_0^{\pi/2} d\tau/\sqrt{1-k^2\sin^2\tau}$

（上式の証明には(A)と $\sin^2\tau$ の y 軸に関する対称性を使っている）

am u の基本的性質

(i)　$\mathrm{am}(-u)=-\mathrm{am}\,u$

(ii)　$\mathrm{am}(u+2nK)=\mathrm{am}\,u+n\pi$

(i)の証明　$\varphi_1=\mathrm{am}(-u)$ とおくと $-u=\int_0^{\varphi_1} d\theta/\sqrt{1-k^2\sin^2\theta}$，一方 $\varphi_2=-\mathrm{am}\,u$ とおくと $u=\int_0^{-\varphi_2} d\theta/\sqrt{1-k^2\sin^2\theta}$

$=\int_0^{\varphi_2} d\theta/\sqrt{1-k^2\sin^2\theta}$

よって $\varphi_1=\varphi_2$（逆関数の一意性）

(i)の証明了.

(ii)の証明　$\varphi_1=\mathrm{am}(u+2nK)$ とおくと $u+2nK=\int_0^{\varphi_1} d\theta/\sqrt{1-k^2\sin^2\theta}$.

$\varphi_2=\mathrm{am}\,u+n\pi$ とおくと

$u=\int_0^{\varphi_2-n\pi} d\theta/\sqrt{1-k^2\sin^2\theta}$

$=\int_{-n\pi}^{\varphi_2-n\pi} d\theta/\sqrt{1-k^2\sin^2\theta}$

$+\int_0^{-n\pi} d\theta/\sqrt{1-k^2\sin^2\theta}$.

$=\int_{-n\pi}^{\varphi_2-n\pi} d\theta/\sqrt{1-k^2\sin^2\theta}$

$+\int_0^{n\pi} d\theta/\sqrt{1-k^2\sin^2\theta}$

(B)の結果をくりかえして適用し，第２項は $2nK$ と一致する．第一項は被積分関数が周期 π であることより

$\int_0^{\varphi_2} d\theta/\sqrt{1-k^2\sin^2\theta}$ と一致する.

$\int_0^{\varphi_1} d\theta/\sqrt{1-k^2\sin^2\theta}=u$

$=\int_0^{\varphi_2} d\theta/\sqrt{1-k^2\sin^2\theta}$ これより $\varphi_1=\varphi_2$ がしめされた.

ところで $u=f(\varphi)$，およびその逆関数 am u のグラフを書くとつぎの様に概形を書くことが出来る．これは上の(i)，(ii)を使って得られるものである．もちろん am u のグラフはこのグラフを横か

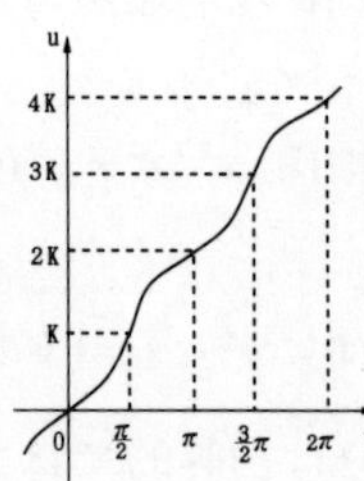

らながめることによって認識出来る．

つぎに，$u=g(x)=\int_0^x \frac{dt}{\sqrt{1-t^2}\sqrt{1-k^2t^2}}$ $(0<k<1)$ によって定義される関数 $u=g(x)$ $(-1<x<1)$ の逆関数をもとめよう．

$x=\sin\varphi$ $(\pi/2<\varphi<\pi/2)$ との合成関数をつくれば
上の積分は

(iii) $u=g(\sin\varphi)=\int_0^\varphi d\varphi/\sqrt{1-k^2\sin^2\varphi}$

となる．これは積分変数の変換とみて次の様な形で証明出来る．

(iii)の説明 定積分

$g(x)=\int_0^x dt/(\sqrt{1-t^2}\sqrt{1-k^2t^2})$ の積分変数変換として

$t=\sin\theta$ $(-\pi/2<\theta<\pi/2)$ を考えると $t=x$ の時，$x=\sin\varphi$ をあわせ考えると $\theta=\varphi$ となり

$u=g(\sin\varphi)$

$=\int_0^\varphi d\sin\theta/\sqrt{1-\sin^2\theta}\sqrt{1-k^2\sin^2\theta}$

$=\int_0^\varphi d\theta/\sqrt{1-k^2\sin^2\theta}$.

am の定義と比較することにより

$$\varphi=\mathrm{am}\ u \quad (-K<u<K)$$

よって

$$x=\sin(\mathrm{am}\ u)$$

これが $u=g(x)$ の逆関数である．

$\mathrm{sn}\ u=\sin(\mathrm{am}\ u)$

$\mathrm{cn}\ u=\cos(\mathrm{am}\ u)$

$\mathrm{dn}\ u=\Delta(\mathrm{am}\ u)$

$(\Delta(t)=\sqrt{1-k^2\sin^2 t})$

と定義するこれらを **Jacobi（ヤコビ）の楕円関数**という．

ところで sn u，cn u，dn u のグラフは，(am u が直線に近いから) sin u, cos u，$\Delta(u)$ に似た形状をしている．Jacobi のそれに限らず楕円関数は複素関数論において 2 重周期関数として学ばれ，さらなる展開の入口に到達出来る．特にJacobi の楕円関数についていえばそれは複素上半平面からある長方形の内部への等角写像という特徴づけを持っている．

基本公式として次のものがある．

○$\mathrm{sn}(-u)=-\mathrm{sn}\ u$

○$\mathrm{cn}(-u)=\mathrm{cn}\ u$

○$\mathrm{dn}(-u)=\mathrm{dn}\ u$

○$\mathrm{sn}(u+4\mathrm{n}K)=\mathrm{sn}\ u$

○$\mathrm{cn}(u+4\mathrm{n}K)=\mathrm{cn}\ u$

たとえば第一番目のものは am の基本的性質(i)と sin が奇関数であることによる．他は各自がこころみよ．

○$\mathrm{dn}\ u=\sqrt{1-k^2\mathrm{sn}^2 u}$

○$\frac{d}{du}\mathrm{am}\ u=\mathrm{dn}\ u$

○$\frac{d}{du}\mathrm{sn}\ u=(\mathrm{cn}\ u)(\mathrm{dn}\ u)$

○$\frac{d}{du}\mathrm{cn}\ u=-(\mathrm{sn}\ u)(\mathrm{dn}\ u)$

○$\frac{d}{du}\mathrm{dn}\ u=-k^2\mathrm{sn}\ u\ \mathrm{cn}\ u$

○$\mathrm{sn}^2 u+\mathrm{cn}^2 u=1$，$k^2\mathrm{sn}^2 u+\mathrm{dn}\ u^2=1$

第 2 番目のものを説明すると

$\frac{d}{du}\mathrm{am}\ u=\frac{d\varphi}{\mathrm{du}}=\sqrt{1-k^2\sin^2\varphi}$

$=\sqrt{1-k^2\sin^2(\mathrm{am}\ u)}=\sqrt{1-k^2\mathrm{sn}^2 u}$

$=\mathrm{dn}\ u$.

これを使うと第 3 番目のものは

左辺$=\cos(\mathrm{am}\ u)\cdot\frac{d\,\mathrm{am}}{du}=\mathrm{cn}\ u\cdot\mathrm{dn}\ u$.

他のものは同様であるので各自にまかせる．

§30 ガウスの(発散)定理 波動方程式への応用に話題をしぼって

問題 30 (1) 空間で曲面 $(x-a)^2+(y-b)^2-(z-c)^2=0$ を考える．(i) この曲面のグラフの概形を記せ．(ii) この曲面の法線方向比を (X_n, Y_n, Z_n) とベクトル表示した時，$X_n{}^2+Y_n{}^2-Z_n{}^2=0$ をみたすことを示せ．

(2) (i) 空間内の領域 D を定義域とする実数値関数 f（スカラー場という）を直交座標系 $(\mathrm{O}, \boldsymbol{i}, \boldsymbol{j}, \boldsymbol{k})$ に関する 3 変数関数 $f(x, y, z)$ と表示する．（ここで O は座標原点，$\boldsymbol{i}, \boldsymbol{j}, \boldsymbol{k}$ は各座標軸上の単位ベクトル）f に対してベクトル場 ∇f を $\nabla f=f_x(x, y, z)\boldsymbol{i}+f_y(x, y, z)\boldsymbol{i}+f_z(x, y, z)\boldsymbol{k}$ であたえる．∇f は直交座標系のとり方に無関係であることを示せ（∇f を f の匂配 $\mathbf{grad}\, f$（グレジェント）ともいう）．

(ii) 領域 D でベクトル場 $\boldsymbol{A}=A_1\boldsymbol{i}+A_2\boldsymbol{j}+A_3\boldsymbol{k}$ があたえられたとき，スカラー場 $\partial A_1(x, y, z)/\partial x+\partial A_2(x, y, z)/\partial y+\partial A_3(x, y, z)/\partial z$ を $\mathrm{div}\boldsymbol{A}$ であらわす．$\mathrm{div}\boldsymbol{A}$ は直交座標系に無関係に $\boldsymbol{A}$ からさだまることを示せ．（div はダイバージェント）

(iii) (ii)と同様な条件で $\boldsymbol{A}$ が与えられたとき，

$$(\partial A_3/\partial y-\partial A_2/\partial z)\boldsymbol{i}+(\partial A_1/\partial z-\partial A_3/\partial x)\boldsymbol{j}+(\partial A_2/\partial x-\partial A_1/\partial y)\boldsymbol{k}$$

で定義されたベクトル場を $\mathbf{rot}\,\boldsymbol{A}$ という．$\mathbf{rot}\,\boldsymbol{A}$ は直交座標系（右手系）のとり方に無関係にさだまることを示せ．（**rot**；ローテーション）

(3) (i) 3 次元空間のベクトル場 $\boldsymbol{V}(x, y, t)$ で $\mathrm{div}\,\boldsymbol{V}=0$ である例，および $\mathbf{rot}\,\boldsymbol{V}=\boldsymbol{0}$ である例をあげよ．(ii) $f_{tt}=f_{xx}+f_{yy}$ をみたす $f(x, y, t)$ にたいし $\boldsymbol{V}=(-2f_tf_x, -2f_tf_y, (f_x)^2+(f_y)^2+(f_t)^2)$ は $\mathrm{div}\,\boldsymbol{V}=0$ をみたすことを示せ．

(4) $z=\varphi(x, y)$ を C^1 級，$f(x, y, z)$ を $(x, y, \varphi(x, y))$ を含む領域で連続な関数とする．$z=\varphi(x, y)$ のグラフを F とし，F には裏表（法線方向の指定）があるとする．z 軸の正方向と法線（裏から表へ向う）の方向との角を θ とするとき次の様に定義する

$$\iint_F f(x, y, z)dxdy=\iint_{\overline{D}} f(x, y, \varphi(x, y))dxdy \quad (0<\pi/2)$$

$$\iint_F f(x, y, z)dxdy=-\iint_{\overline{D}} f(x, y, \varphi(x, y))dxdy \quad (\theta>\pi/2).$$

C^1 級閉曲面 F のかこむ閉領域を V としたとき $X(x, y, z)$，$Y(x, y, z)$，$Z(x, y, z)$ が C^1 級なら次式が成立することを示せ．

$$\iiint_{\overline{V}} (\partial X/\partial x+\partial Y/\partial y+\partial Z/\partial z)dxdydz=\iint_F (Xdydz+Ydzdx+Zdxdy).$$ （ガウスの発散

定理）

(5) 次の積分値を求めよ

(i) $\iint_F x^2yzdzdx$ (F: $x+y+z=1$, $x\geqq 0$, $y\geqq 0$, $z\geqq 0$, $x+y+z<1$ の側を表とする．)

(ii) $\iint_F (zdxdy-yzdzdx)$ (F: $\{x^2+y^2+z^2=1,\ z\geqq 0\}$ $x^2+y^2+z^2>1$ の側を表とする．)

(iii) $\iint_S (y\cos^2 x+y^4)dzdx+z(\sin^2 x-4y^3)dxdy$ ($S=\{(x,y,z)\mid x^2+y^2+2^2=4\}$ S の外側を表とする)．同一の条件で $\iint_S (x+y)dydz+(y+z)dzdx+(z+x)dxdy$ も求めよ．

(6) $f(x,y,t)$ が全空間 $\boldsymbol{R}^3$ で C^2 級で $f_{tt}=f_{xx}+f_{yy}$ をみたすとする．$f(x,y,0)\equiv 0$ かつ $f_t(x,y,0)\equiv 0$ ならば $f(x,y,t)\equiv 0$ となることを示せ．**（波動方程式）**

(1)の解 (i) この曲面を平行移動し，原点を通る様にすると $X^2+Y^2-Z^2=0$ ($X=x-a$, $Y=y-b, Z=z-c$ とおく)．$Z=\pm\sqrt{X^2+Y^2}$ であるから，$Z=\pm X$ で定まる XZ-平面上の 2 直線を Z 軸のまわりに回転させて得た曲面であり，曲面を逆の平行移動で元の位置にもどしても概形はもちろん変らない．2 つの円錐を頂点でつないだ形をしている．((6)の解の図参照)

(ii) 法線は曲面と直交する（接平面と直交する）直線である．法線ベクトルは曲面を平行移動しても変らないから(i)で考察した $X^2+Y^2-Z^2=0$ で考える．この曲面上のベクトルを (X,Y,Z) とおく．(曲面上の点の位置ベクトルといい表してもよい) 法線ベクトルはこれに直交するので $(\rho X,\rho Y,-\rho Z)$ とおいてよい．つまり法ベクトルも曲面上の他の点の位置ベクトルであることが $(\rho X)^2+(\rho Y)^2-(-\rho Z)^2=\rho^2(X^2+Y^2-Z^2)=0$ からあきらかである．

(2)の解 2 つの直交座標系 $(\mathrm{O},\boldsymbol{i},\boldsymbol{j},\boldsymbol{k})$, $(\mathrm{O}',\boldsymbol{i},\boldsymbol{j},\boldsymbol{k})$ の間の関係式として

$$i=l_1\boldsymbol{i}'+m_1\boldsymbol{j}'+n_1\boldsymbol{k}'$$
$$j=l_2\boldsymbol{i}'+m_2\boldsymbol{j}'+n_2\boldsymbol{k}'$$
$$k=l_3\boldsymbol{i}'+m_3\boldsymbol{j}'+n_2\boldsymbol{k}'$$
$$(\boldsymbol{i},\boldsymbol{j},\boldsymbol{k})=(\boldsymbol{i}',\boldsymbol{j}',\boldsymbol{k}')L$$

ここで $L=\begin{pmatrix} l_1 & l_2 & l_3 \\ m_1 & m_2 & m_3 \\ n_1 & n_2 & n_3 \end{pmatrix}$ は $\boldsymbol{i}$, $\boldsymbol{j}$, $\boldsymbol{k}$ が長さ 1 で直交していること，i', i', k' も同様であるから $L{}^tL={}^tLL=E$ をみたす．ここで E は単位行列，${}^tL$ は L の転置である．ベクトル $x\boldsymbol{i}+y\boldsymbol{j}+z\boldsymbol{k}$ が $x'\boldsymbol{i}'+y'\boldsymbol{j}'+z'\boldsymbol{k}'$ と新しい基に関して表示されているとき

$$\begin{pmatrix} x' \\ y' \\ z' \end{pmatrix}=L\begin{pmatrix} x \\ y \\ z \end{pmatrix}$$ が成立する．

$f(x,y,z)=g(x',y',z')$ と表わされるとき次の関係が成立する．

$$\begin{aligned}\nabla f=&(g_{x'}l_1+g_{y'}m_1+g_{z'}n_1)(l_1\boldsymbol{i}'+m_1\boldsymbol{j}'+n_1\boldsymbol{k}')\\ &+(g_{x'}l_1+g_{y'}m_2+g_{z'}n_2)(l_2\boldsymbol{i}'+m_2\boldsymbol{j}'+n_2\boldsymbol{k}')\\ &+(g_{x'}l_3+g_{y'}m_3+g_{z'}n_3)(l_3\boldsymbol{i}'+m_3\boldsymbol{j}'+n_3\boldsymbol{k}')\\ =&g_{x'}\boldsymbol{i}'+g_{y'}\boldsymbol{j}'+g_{z'}\boldsymbol{k}'\end{aligned}$$

2—(i) おわり

(2)—(ii)の解 (i)の計算と基本的には同一である．しかしベクトル場の成分が座標変換とともにかわることにも注意しなければならない．

$A=A_1(x,y,z)\boldsymbol{i}+A_2(x,y,z)\boldsymbol{j}+A_3(x,y,z)\boldsymbol{k}=A_1'(x',y',z')\boldsymbol{i}'+A_2'(x',y',z')\boldsymbol{j}'+A_3'(x',y',z')\boldsymbol{k}'$ とする．

このとき，$$\begin{pmatrix} A_1' \\ A_2' \\ A_3' \end{pmatrix}=L\begin{pmatrix} A_1 \\ A_2 \\ A_3 \end{pmatrix}$$ ……☆

すなわち $A_1'=l_1A_1+l_2A_2+l_3A_3$, $A_2'=m_1A_1+m_2A_2+m_3A_3$, $A_3'=n_1A_1+n_2A_2+n_3A_3$ となる.

$\partial A_1'(x', y', z')/\partial x'+\partial A_2'(x', y', z')/\partial y'+\partial A_3'(x', y', z')/\partial z'$

$$
\begin{aligned}
&=l_1\left(\frac{\partial A_1}{\partial x}\frac{\partial x}{\partial x'}+\frac{\partial A_1}{\partial y}\frac{\partial y}{\partial x'}+\frac{\partial A_1}{\partial z}\frac{\partial z}{\partial x'}\right)\\
&\quad+l_2\left(\frac{\partial A_2}{\partial x}\frac{\partial x}{\partial x'}+\frac{\partial A_2}{\partial y}\frac{\partial y}{\partial x'}+\frac{\partial A_2}{\partial z}\frac{\partial z}{\partial x'}\right)\\
&\quad+l_3\left(\frac{\partial A_3}{\partial x}\frac{\partial x}{\partial x'}+\frac{\partial A_3}{\partial y}\frac{\partial y}{\partial x'}+\frac{\partial A_3}{\partial z}\frac{\partial z}{\partial x'}\right)\\
&\quad+m_1\left(\frac{\partial A_1}{\partial x}\frac{\partial x}{\partial y'}+\frac{\partial A_1}{\partial y}\frac{\partial y}{\partial y'}+\frac{\partial A_1}{\partial z}\frac{\partial z}{\partial y'}\right)\\
&\quad+m_2\left(\frac{\partial A_2}{\partial x}\frac{\partial x}{\partial y'}+\frac{\partial A_2}{\partial y}\frac{\partial y}{\partial y'}+\frac{\partial A_2}{\partial z}\frac{\partial z}{\partial y'}\right)\\
&\quad+m_3\left(\frac{\partial A_3}{\partial x}\frac{\partial x}{\partial y'}+\frac{\partial A_3}{\partial y}\frac{\partial y}{\partial y'}+\frac{\partial A_3}{\partial z}\frac{\partial z}{\partial y'}\right)\\
&\quad+n_1\left(\frac{\partial A_1}{\partial x}\frac{\partial x}{\partial z'}+\frac{\partial A_1}{\partial y}\frac{\partial y}{\partial z'}+\frac{\partial A_1}{\partial z}\frac{\partial z}{\partial z'}\right)\\
&\quad+n_2\left(\frac{\partial A_2}{\partial x}\frac{\partial x}{\partial z'}+\frac{\partial A_2}{\partial y}\frac{\partial y}{\partial z'}+\frac{\partial A_2}{\partial z}\frac{\partial z}{\partial z'}\right)\\
&\quad+n_3\left(\frac{\partial A_3}{\partial x}\frac{\partial x}{\partial z'}+\frac{\partial A_3}{\partial y}\frac{\partial y}{\partial z'}+\frac{\partial A_3}{\partial z}\frac{\partial z}{\partial z'}\right)
\end{aligned}
$$

………☆☆

直交行列の定義 $L^{-1}=L^t$ により

$$
\begin{pmatrix} x \\ y \\ z \end{pmatrix}={}^tL\begin{pmatrix} x_1 \\ y_1 \\ z_1 \end{pmatrix}.
$$

よって $\dfrac{\partial(x, y, z)}{\partial(x'y'z')}={}^tL$. これを☆☆に代入して(ii)の証明が得られる.

この最後のツメは省略し各自にまかせることとした.

(2)—(iii)の証明 (ii)と同様に計算するのだがもっと“はんさ”になる. まず右手系の直交変換について簡単に説明を入れる.

直交行列は $L\cdot{}^tL=E$ で定義され, これに正方行列の基本性質行列の積の行列式は行列式の積になるを適用すると $|L\cdot{}^tL|=|L||{}^tL|=|L|^2=|E|=1$. すなわち $|L|=\pm1$ となる. 行列式の値が $+1$ の直交行列を右手系の直交行列という. 直交変換には回転と折りかえしがあるが, 右手系の直交変換は回転に対応する.

$\left(\partial A_3'/\partial y'-\partial A_2'/\partial z'\right)\boldsymbol{i}'+\left(\partial A_1'/\partial z'-A_3'/\partial x'\right)\boldsymbol{j}'+\left(\partial A_2'/\partial x'-\partial A_1'/\partial y'\right)\boldsymbol{k}'$ に☆☆より代入し, $(\boldsymbol{i}', \boldsymbol{j}', \boldsymbol{k}')=(\boldsymbol{i}, \boldsymbol{j}, \boldsymbol{k}){}^tL$ を使って, 変形すると

$$
\begin{aligned}
&=\Bigl\{n_1\left(\frac{\partial A_1}{\partial x}\frac{\partial x}{\partial y'}+\frac{\partial A_1}{\partial y}\frac{\partial y}{\partial y'}+\frac{\partial A_1}{\partial z}\frac{\partial z}{\partial y'}\right)\\
&\quad+n_2\left(\frac{\partial A_2}{\partial x}\frac{\partial x}{\partial y'}+\frac{\partial A_2}{\partial y}\frac{\partial y}{\partial y'}+\frac{\partial A_2}{\partial z}\frac{\partial z}{\partial y'}\right)\\
&\quad+n_3\left(\frac{\partial A_3}{\partial x}\frac{\partial x}{\partial y'}+\frac{\partial A_3}{\partial y}\frac{\partial y}{\partial y'}+\frac{\partial A_3}{\partial z}\frac{\partial z}{\partial y'}\right)\\
&\quad-m_1\left(\frac{\partial A_1}{\partial x}\frac{\partial x}{\partial z'}+\frac{\partial A_1}{\partial y}\frac{\partial y}{\partial z'}+\frac{\partial A_1}{\partial z}\frac{\partial z}{\partial z'}\right)\\
&\quad-m_2\left(\frac{\partial A_2}{\partial x}\frac{\partial x}{\partial z'}+\frac{\partial A_2}{\partial y}\frac{\partial y}{\partial z'}+\frac{\partial A_2}{\partial z}\frac{\partial z}{\partial z'}\right)\\
&\quad-m_3\left(\frac{\partial A_3}{\partial x}\frac{\partial x}{\partial z'}+\frac{\partial A_3}{\partial y}\frac{\partial y}{\partial z'}+\frac{\partial A_3}{\partial z}\frac{\partial z}{\partial z'}\right)\Bigr\}\\
&\quad\times(l_1\boldsymbol{i}+l_2\boldsymbol{j}+l_3\boldsymbol{k})\\
&\quad+\Bigl\{l_1\left(\frac{\partial A_1}{\partial x}\frac{\partial x}{\partial z'}+\frac{\partial A_1}{\partial y}\frac{\partial y}{\partial z'}+\frac{\partial A_1}{\partial z}\frac{\partial z}{\partial z'}\right)\\
&\quad+l_2\left(\frac{\partial A_1}{\partial x}\frac{\partial x}{\partial z'}+\frac{\partial A_2}{\partial y}\frac{\partial y}{\partial z'}+\frac{\partial A_2}{\partial z}\frac{\partial z}{\partial z'}\right)\\
&\quad+l_3\left(\frac{\partial A_3}{\partial x}\frac{\partial x}{\partial z'}+\frac{\partial A_3}{\partial y}\frac{\partial y}{\partial z'}+\frac{\partial A_3}{\partial z}\frac{\partial z}{\partial z'}\right)\\
&\quad-n_1\left(\frac{\partial A_1}{\partial x}\frac{\partial x}{\partial x'}+\frac{\partial A_1}{\partial y}\frac{\partial y}{\partial x'}+\frac{\partial A_1}{\partial z}\frac{\partial z}{\partial x'}\right)\\
&\quad-n_2\left(\frac{\partial A_2}{\partial x}\frac{\partial x}{\partial x'}+\frac{\partial A_2}{\partial y}\frac{\partial y}{\partial x'}+\frac{\partial A_2}{\partial z}\frac{\partial z}{\partial x'}\right)\\
&\quad-n_3\left(\frac{\partial A_3}{\partial x}\frac{\partial x}{\partial x'}+\frac{\partial A_3}{\partial y}\frac{\partial y}{\partial x'}+\frac{\partial A_3}{\partial z}\frac{\partial z}{\partial x'}\right)\Bigr\}\\
&\quad\times(m_1\boldsymbol{i}+m_2\boldsymbol{j}+m_3\boldsymbol{k})\\
&\quad+\Bigl\{m_1\left(\frac{\partial A_1}{\partial x}\frac{\partial x}{\partial x'}+\frac{\partial A_1}{\partial y}\frac{\partial y}{\partial x'}+\frac{\partial A_1}{\partial z}\frac{\partial z}{\partial x'}\right)\\
&\quad+m_2\left(\frac{\partial A_2}{\partial x}\frac{\partial x}{\partial x'}+\frac{\partial A_2}{\partial y}\frac{\partial y}{\partial x'}+\frac{\partial A_2}{\partial z}\frac{\partial z}{\partial x'}\right)\\
&\quad+m_3\left(\frac{\partial A_3}{\partial x}\frac{\partial x}{\partial x'}+\frac{\partial A_3}{\partial y}\frac{\partial y}{\partial x'}+\frac{\partial A_3}{\partial z}\frac{\partial z}{\partial x'}\right)\\
&\quad-l_1\left(\frac{\partial A_1}{\partial x}\frac{\partial x}{\partial y'}+\frac{\partial A_1}{\partial y}\frac{\partial y}{\partial y'}+\frac{\partial A_1}{\partial z}\frac{\partial z}{\partial y'}\right)\\
&\quad-l_2\left(\frac{\partial A_2}{\partial x}\frac{\partial x}{\partial y'}+\frac{\partial A_2}{\partial y}\frac{\partial y}{\partial y'}+\frac{\partial A_2}{\partial z}\frac{\partial z}{\partial y'}\right)\\
&\quad-l_3\left(\frac{\partial A_3}{\partial x}\frac{\partial x}{\partial y'}+\frac{\partial A_3}{\partial y}\frac{\partial y}{\partial y'}+\frac{\partial A_3}{\partial z}\frac{\partial z}{\partial y'}\right)\Bigr\}
\end{aligned}
$$

$\times(n_1\boldsymbol{i}+\boldsymbol{n}_2\boldsymbol{j}+n_3\boldsymbol{k})$

さてこの内 $\boldsymbol{i}$ の係数が $\partial A_3/\partial y-\partial A_2/\partial z$ となることを示そう．$\boldsymbol{j}$, $\boldsymbol{k}$ については同様であるから省略してよいであろう．

$\dfrac{\partial(x,y,z)}{\partial(x'y'z')}={}^tL=\begin{pmatrix} l_1 & m_1 & n_1\\ l_2 & m_2 & n_2\\ l_3 & m_3 & n_3\end{pmatrix}$ を上式に代入して整理すると，$\boldsymbol{i}$ の係数は

$$\partial A_2/\partial z(l_1n_2m_3-l_1m_2n_3+m_1l_2n_3-m_1n_2l_3+n_1m_2l_3-n_1l_2m_3)+\partial A_3/\partial y(l_1n_3m_2-l_1m_3n_2+m_1l_3n_2-m_1n_3l_2+n_1m_3l_2-n_1l_3m_2)$$

$$=\begin{vmatrix} l_1 & l_2 & l_3\\ n_1 & m_2 & n_3\\ n_1 & n_2 & n_3\end{vmatrix}\left(\partial A_3/\partial y-\partial A_2/\partial z\right)$$

$$=\left(\partial A_3/\partial y-\partial A_2/\partial z\right),$$

右手系の直交行列の行列式は1だからである．　(2)の解了．

ここで導入した演算の基本公式を記しておく．

a) $\nabla(fg)=g\nabla f+f\nabla g$

b) $\mathrm{div}(f\boldsymbol{A})=f(\mathrm{div}\,\boldsymbol{A})+(\nabla f,\boldsymbol{A})$
（ , ）は内積

c) $\mathbf{rot}(f\boldsymbol{A})=f\,\mathbf{rot}\,\boldsymbol{A}+\nabla f\times\boldsymbol{A}$
×は外積（線形代数参照）

d) $\mathrm{rot}\,\mathbf{grad}\,f=\mathbf{0}$

e) $\mathrm{div}\,\mathbf{rot}\,f=0$

f) $\mathrm{div}\,\mathbf{grad}\,f=\Delta f$　　Δ はラプラシアン

証明は省略する．

(3)の解　div は微分演算子であるからまず定数ベクトル：$a\boldsymbol{i}+b\boldsymbol{j}+c\boldsymbol{k}$ は div によって零ベクトルにかわる．div の値が零の非定数ベクトルとしては上の公式 *e*) により関数 f の **rot** がそれである．次に **rot** も微分演算子であるから定数ベクトルは **rot** によって 0 ベクトルにかわる．又公式の *d*) によって f の grad は **rot** によってやはり 0 ベクトルにうつる．(3)の最後の問題は計算でただちに veri*fy* される．これは(6)の解に利用される．

(4)の解の前に　$x=f(u,v)$, $y=g(u,v)$, $z=h(u,v)$ (f,g,h は C^1 級) で表わされる $\boldsymbol{R}^3$ 内の点集合 $\{(x,y,z)\}$ を曲面という．ここで $\forall(u,v)\in D$ で D は u,v 平面上の（面積確定な）領域とする．偏微分の定義にもとづいて考察すると (x_u,y_u,z_u) および (x_v,y_v,z_v), ($x_u=\partial x/\partial u$ etc.) はこの曲面の接ベクトルであることがわかり，これらを $\boldsymbol{X}(u,v)$, $\boldsymbol{Y}(u,v)$ で表わしたとき，$\boldsymbol{N}=\boldsymbol{X}(u,v)\times\boldsymbol{Y}(u,v)$ (×は外積) はこの曲面の法ベクトル（曲面と直交する）である．

関数 f とベクトル場 $\boldsymbol{V}=(V_x,V_y,V_z)$ のそれぞれを，曲面をふくむ $\boldsymbol{R}^3$ の開集合で定義されたスカラー場，およびベクトル場と考える．このとき

$$\iint_S fdS=\iint_D f(\boldsymbol{X}(u,v))|\boldsymbol{N}(u,v)|dudv$$

$$\iint_S \boldsymbol{V}dS=\iint_D (V_xN_x+V_yN_y+V_zN_z)dudv$$

……☆☆☆

で**面積分**を定義する，ここで $N=(N_x,N_y,N_z)$.

☆☆☆の右辺を $\iint_D V_xdydz+\iint_D V_ydzdx+\iint_D V_zdxdy$ と書く．$\boldsymbol{N}$ と同一方向の単位ベクトル $\boldsymbol{n}$ は $(\cos\alpha,\cos\beta,\cos\gamma)$ α,β,γ はそれぞれ $\boldsymbol{n}$ と $\boldsymbol{i},\boldsymbol{j},\boldsymbol{k}$ のなす角と表示出来るので（これの説明をこころみよ）

$$\iint_S \boldsymbol{V}dS=\iint_S (V_x\cos\alpha+V_y\cos\beta+V_z\cos\gamma)d\sigma$$

($d\sigma=|\boldsymbol{N}|dudv$) とも表わされる．これは(4)で与えた積分を一般的に把握しなおしたものである．

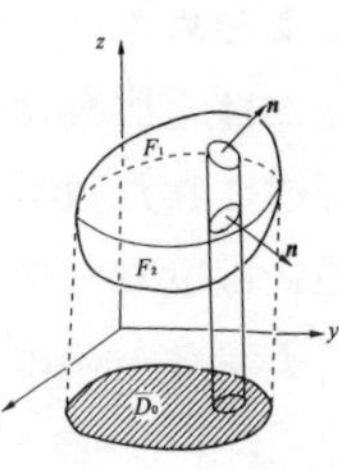

(4)の解　情況を出来るだけ簡単なものにセットし，

その場合の解をのべる．図の様に F_1 と F_2 とで単純な領域をかこっている場合は法線を外側にとるのである．その上で問題のガウスの（発散）定理を示すにはその両辺の３つの項がそれぞれ等しいことを証明すれば十分である．

すなわち $\iiint_V \partial X/\partial x\, dxdydz = \iint_F X dydz$

など３つの等式を示すことになる．

これはさほどむずかしいことではない．図の様に領域 V が xy 平面から見て単純な場合すなわち F_1 を $z=\varphi_1(x,y)$ の，F_2 を $z=\varphi_2(x,y)$ のグラフと見た場合３重積分の累次積分による表示によって

$$\iint_F f(x,y,z)dxdy$$

$$=\iint_{\overline{D_0}} f(x,y,\varphi_1(x,y))-f(x,y,\varphi_2(x,y))dxdy$$

$$=\iint_{\overline{D_0}}\left\{\int_{\varphi_2(x,y)}^{\varphi_1(x,y)} f_z(x,y,z)dz\right\}dxdy=\iiint_V f_z dV$$

となる．結局 xy 平面，yz 平面，zx 平面のいずれから見ても単純なケースに限って発散定理は容易に示され，もっと一般の場合としてこの様な単純な領域の有限個の和集合の形に表わされる場合にこの定理は成立するのである．

ところで３つの積分公式を加えたものが発散定理であるがこれらの一つ一つには意味がまったくないこともの べておこう．３つ加えて３重積分の複積分関数がベクトルのダイバージェント，すなわち直交群の変換に無関係な形にまとめてられているので価値がある．グリーンの公式，ストークスの公式なども同様の形―直交群の不等式―にまとめられているのがよいのである．自然界には座標軸は存在せず，したがって座標で記述された数学は，それだけでは，物理量の記述には役立たない．座標系の自然な変換に関して不変なもののみが興味を持たれるのである．

(5)―(i)の解　２重積分（F に沿った）を xy 平面上の領域上の積分になおすには F の表の指定によって符号が変ることを忘れてはいけない．(閉曲面の場合は特に指定がなければ外側と解釈する．) この問題の場合表側の法線は y 軸の正の方向と $\pi/2$ 以上の角をなすから，符号はマイナスをつける．

$$\iint_F x^2yzdzdx=-\int_0^1\left\{\int_0^{1-x}x^2(1-x-z)zdz\right\}dx$$

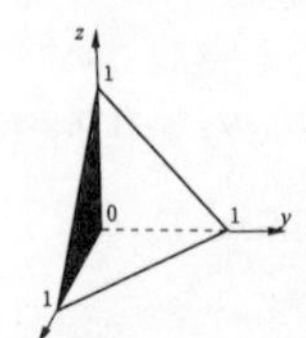

マイナスの意味と被積分関数形がわかれば後の計算は各自にまかせる．

(5)―(ii)の解　F: $x^2+y^2+z^2=1$ $z\geqq 0$ で外側の法線 n について $\cos(n,z)\geqq 0$ であるから符号は $+1$ をとり，((n,z) は法線 n の方向と z 軸の正の方向のなす角)

$$\iint_F zdxdy=\int_{-1}^1\int_0^{\sqrt{1-x^2}}\sqrt{1-x^2-y^2}\,dydx.$$

極座標への積分変数変換のヤコビアンは r であるから

$$=\int_0^\pi\left\{\int_0^1\sqrt{1-r^2}\cdot rdr\right\}d\theta$$

$$=\int_0^\pi(-1/3)\Big[(1-r^2)^{3/2}\Big]_0^1 d\theta$$

$$=\pi/3.$$

一方第２項については $\cos(n,y)$ が関係してくるから $\{x^2+y^2+z^2=1,\ z\geqq 0,\ y\geqq 0\}$ と $\{x^2+y^2+z^2=1,\ z\geqq 0,\ y\leqq 0\}$ では符号が違い，前者では＋，後者では－である．ところが前者では被積分関数が $z\sqrt{1-x^2-z^2}$，後者では $-z\sqrt{1-x^2-z^2}$ であるから

$$\iint_F yzdzdx=2\int_0^1\left\{\int_0^{\sqrt{1-z^2}} z\sqrt{1-x^2-z^2}\,dx\right\}dz$$

この積分も極座標に変換して $z=r\cos\theta$ であるから ($x=r\sin\theta$) 上式 $=2\int_0^{\pi/2}\int_0^1 r^2\cos\theta\sqrt{1-r^2}\,drd\theta$.

ここで不定積分 $\int r^2\sqrt{1-r^2}\,dr$ はともすると面倒な迷路にまよいこむ可能性がある．部分

積分法などでは何も得られない．ここは定積分の公式を使う場所である．すなわち

$$\int_0^1 r^2\sqrt{1-r^2}\,dr=\int_0^{\pi/2}\sin^2\theta\cos^2\theta\,d\theta$$

$(r=\sin\theta$ とおく)

$$=\int_0^{\pi/2}\sin^2\theta\,d\theta-\int_0^{\pi/2}\sin^4\theta\,d\theta$$

n が偶数のとき

$$\int_0^{\pi/2}\sin^n\theta\,d\theta$$

$$=n-1/n\cdot n-3/n-2\cdots 3/4\cdot 1/2\cdot \pi/2$$

$\int_0^{\pi/2}\sin^2\theta\,d\theta=\pi/4$ であるから 上式 $=\pi/4-3/4\cdot\pi/4=\pi/16$，(ii)の解は $\pi/3-2\cdot\pi/16=5\pi/24$．

(5)―(iii)の解 ベクトル場 $(0,\ y\cos^2 x+y^4,\ z\sin^2 x-4zy^3)$ のダイバージェントは1である．よってガウスの発散定理によって，この積分は $\iiint_{x^2+y^2+z^2\leqq 2^2} dxdydz=(4/3)\boldsymbol{\pi}\mathbf{2}^3$．第2の問題については $(z+x, y+z, x+y)$ のダイバージェントは3であるから $\mathbf{32}\boldsymbol{\pi}$ となる．

ガウスの定理を使用しないとこれらの問題は少し時間がかかる．

(6)の解 $\boldsymbol{R}^3$ 内に点 (x_0, y_0, t_0) $(t_0\neq 0)$ をとりこの点を頂点とし，xy 平面に底面をとる直円錐を右図の様にとる．ただし回転の軸（z 軸に平行）と母線のなす角を $\pi/4$ にとる．図は $t_0>0$ のケースである．この円錐の底面 $(t=0)$ を S_1，円錐を $z=t_2$ $(t_2t_0>0,\ 0<|t_2|<|t_0|)$ で切った切口を S_2 とする．S_1 と S_2 を底面とする円錐台を考え側面を S と名づける．S_1，S および S_2 でかこまれた領域 Ω（円錐台の内部）とベクトル場 $\boldsymbol{V}$（(3)―(ii)で定義した）にガウスの定理（(5)参照）を適用して，$\mathrm{div}\,\boldsymbol{V}=0$ であるから

$$0=\iint_{\Omega}\mathrm{div}\,\boldsymbol{V}dxdydz=\iint_{\partial\Omega}\boldsymbol{V}\cdot\boldsymbol{n}\,d\sigma$$

$$=\iint_{S_1}\boldsymbol{V}\cdot\boldsymbol{n}\,d\sigma+\iint_{S_2}\boldsymbol{V}\cdot\boldsymbol{n}d\sigma+\iint_{S}\boldsymbol{V}\cdot\boldsymbol{n}\,d\sigma$$

……☆☆☆☆

となる．$\boldsymbol{n}$ は円錐台の表面各点における外向きの単位法線ベクトル場である．上式の最右辺の第一項は，($t=0$ で $f_t=0$ であるから V も $t=0$ で0になることより) 0になる．第2項は $\iint_{S_2} V_z dxdy=\varepsilon\iint_{S_2}(f_x)^2+(f_y)^2+(f_t)^2)\,dxdy$ となる（ε は t_0 の符号と一致する様に1又は -1 をとったものである)．次に第3項を考えてみよう．側面に対する法線 $\boldsymbol{n}=(n_x, n_y, n_t)$ は(1)―(ii)の結果より $n_x{}^2+n_y{}^2=n_t{}^2$ をみたす．また図より n_t の符号は t_0 の符号（すなわち ε）と一致する．この項の被積分関数は $V\cdot n=-2f_tf_xn_x-2f_xf_yn_y+((f_x)^2+(f_y)^2+(f_t)^2)n_t=n_t{}^{-1}\{-2f_tf_xn_xn_t-2f_tf_yn_yn_t+((f_x)^2+(f_y)^2+(f_t)^2)(n_t)^2=n_t{}^{-1}\{(f_xn_t-f_tn_x)^2+(f_yn_t-f_tn_y)^2-f_t{}^2n_x{}^2-f_t{}^2n_y{}^2+f_t{}^2n_t{}^2\}=n_t{}^{-1}\{(f_xn_t-f_tn_x)^2+(f_yn_t-f_tn_y)^2\}$．

☆☆☆☆より 第2項と第3項は符号が同一でしかも加えて0になるので各々が0．$\iint_{S_2}V\cdot n\,d\sigma=0$ より $f_x=f_y=f_t=0$ これより f は $\overline{\Omega}$ で定数となる．t_2 は t_0 にいくらでも近くなるので $f(x_0, y_0, t_0)=0$，(x_0, y_0, x_0) は任意であるから $f\equiv 0$．

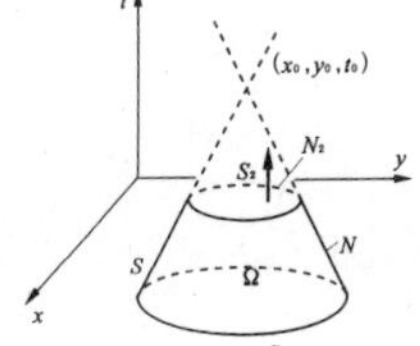

解了．

索　引

（タ行）

（ナ行）

（ハ行）

（マ行）

（ヤ行）

（ラ行）

（ワ行）

（著者紹介）

住友　洸

昭和 29 年　北海道大学理学部卒

昭和 34 年　理学博士　東工大助手，阪大助教授を経て

現在著述業

著　　書　「大学一年生の微積分」（現代数学社）　数学以外では石川啄木「一握の砂」研究

ーもう一人の著者の存在ー(日本図書刊行会 1999.5 月)

微分積分マスター30 題

2000 年 5 月 20 日　　初版　第 1 刷

著　　者　住友　洸

発 行 所　株式会社 現代数学社

京都市左京区鹿ケ谷西寺之前町 1

電話　075(751)0727

振替　01010-8-11144

印　　刷　牟禮印刷株式会社

製　　本　兼文堂

検印省略

ISBN4-7687-0263-5　C3041　　Printed in Japan